U0306219

农业信息
科研进展 2014

● 中国农业科学院农业信息研究所 编著

SCIENTIFIC RESEARCH
PROGRESS IN AGRICULTURAL INFORMATION 2014

Compiled by Agricultural Information Institute, Chinese Academy of
Agricultural Sciences

中国农业科学技术出版社
China Agricultural Science and Technology Press

图书在版编目（CIP）数据

农业信息科研进展.2014 / 中国农业科学院农业信息研究所编著.—北京：中国农业科学技术出版社，2015.12

ISBN 978 - 7 - 5116 - 2349 - 2

Ⅰ.①农…　Ⅱ.①中…　Ⅲ.①信息技术-应用-农业-文集②农业经济-经济信息-信息管理-文集　Ⅳ.①S126 - 53②F302.4 - 53

中国版本图书馆 CIP 数据核字（2015）第 262233 号

| 责任编辑 | 徐　毅　张志花 |
| 责任校对 | 贾海霞 |

出 版 者	中国农业科学技术出版社
	北京市中关村南大街 12 号　邮编：100081
电　　话	（010）82106636(编辑室)　（010）82109702(发行部)
	（010）82109709(读者服务部)
传　　真	（010）82106631
网　　址	http://www.castp.cn
经 销 者	各地新华书店
印 刷 者	北京富泰印刷有限责任公司
开　　本	787 mm×1 092 mm　1/16
印　　张	31.5
字　　数	590 千字
版　　次	2015 年 12 月第 1 版　2015 年 12 月第 1 次印刷
定　　价	68.00 元

编　委　会

前　言

2014 年在部、院党组的正确领导下，在农业部、科技部等相关部委的大力支持下，信息所①紧密围绕十八届三中、四中全会精神，全面落实本年度各项工作计划。按照"团结进取、务实创新"的工作方针，周密部署各项工作，圆满完成了科学研究、公益服务等各项任务目标，取得了良好的成绩。

《农业信息科研进展》原名为《农业信息技术与信息管理》，从 2002 年起每年公开出版一册，2013 年更名为《农业信息科研进展》。主要是将信息所科技人员当年发表的学术论文和撰写的科技报告选编成册，以充分检阅和展示这些成绩，尊重和激励全所科技人员的创造性劳动，更广泛地宣传和应用好这些研究成果。

《农业信息科研进展 2014》集中反映了 2014 年信息所在农业信息技术、农业信息分析、农业信息管理等学科领域的科研进展，收集了科研人员在农业信息系统管理、农业信息智能分析、农业信息网络技术、农业数据库建设、农业信息管理、农业信息化、农产品供求分析、期刊编辑等方面的研究论文与探讨类文章。

《农业信息科研进展 2014》共选编了信息所研究人员 2014 年度的论文与科技报告 42 篇，分农业信息技术、农业信息分析、农业信息资源管理、农业科技期刊 4 个部分。

———————————

① 　中国农业科学院农业信息研究所简称信息所，全书同

　　本书附录中收录了中国农业科学院农业信息研究所组织机构和负责人的名单，以及 2014 年部分在研课题、出版著作、获奖科研成果、登记的软件著作权、获得的专利权等情况，还选编了研究所大事记，以进一步增强本书的纪实性。

　　为方便交流，收录的学术论文题目和作者均采用了中英文两种文字。希望通过本书的出版，进一步得到社会各界对信息所工作的关心与支持，不断提高信息所的科技创新能力、公益服务能力和成果应用能力，也希望能通过这种形式加强与科技同行的学术交流，共同为我国农业信息科技事业发展作出新的贡献。

中国农业科学院农业信息研究所所长

2015 年 9 月

Foreword

In 2014, under the correct leadership of the Party group of Ministry of Agriculture and the Chinese Academy of Agricultural Sciences, with the substantial support of Ministry of Agriculture, Ministry of Science and Technology and other relevant ministries, AII-CAAS has fully implemented all the work plans of this year, by centering around the spirit of Eighteen Third and fourth Plenary Session. Following the working policy of Solidarity, progress, pragmatic and innovation, meticulously prepared all works, AII-CAAS has successfully completed all the tasks and objectives like scientific researches and public services, and achieved great development results.

"Scientific Research Progress in Agricultural Information" formerly known as "Agricultural Information Technology and Information Management", it has published annually since 2002, and has changed its name since 2013. The publication has mainly collected academic papers and the reports of science and technology written by research staff of the AII-CAAS every year, to fully inspect and show these achievements, to respect and stimulate all the creative work of scientific and technical personnel in the institution, and to promote and apply these research achievements more widely.

"Scientific Research Progress in Agricultural Information 2014" has centrally reflected the research progress of the AII-CAAS in agricultural information technology, agricultural information analysis, agricultural information management, and other areas of science in 2014, and collected research papers and discussion articles written by research staff in the aspects of agricultural information system management, agricultural information intelligence analysis, agricultural information network technology, agricultural database construction, agricultural information management, agricultural information, farm products supply and demand analysis, agricultural periodical editing, and so on.

"Scientific Research Progress in Agricultural Information 2014" has selected 42 papers and science and technology reports written by the research staff of the AII-CAAS. It divides into four parts: Agricultural Information Technology, Agricultural Information Analysis, Agricultural Information Resource Management, Agricultural Science and Technology Periodicals.

The list of the organizations of AII-CAAS, and their persons in charge have included in the appendix, as well as partial on-going research projects in 2014, published works, awards of research achievements, copyright of registered computer software, gained patent rights and so on. In addition, it has edited the Events of the AII-CAAS, so as to further enhance the monograph on-the-spot.

This book has adopted both Chinese and English languages in the title and author of the collected academic papers for the convenience of communication, We hope that we can get further concern and support in our works from all sectors of the society through the publication of this monograph, continue to improve our science and technology innovation capacity, public welfare service capacity and industrial development capacity, strive to strengthen academic exchange with science and technology colleagues through this form as well, and join hands in making new contributions to the development of agricultural information science and technology in China.

Sun Tan

Director-General,

Agricultural Information Institute,

Chinese Academy of Agricultural Sciences (AII CAAS),

September 2015

目　录

农业信息资源管理

农 业 科 技 期 刊

附 录

Contents

Agricultural Information Technology

Agricultural Information Analysis

Agricultural Information Resource Management

Agricultural Science and Technology Journal

Appendixes

农业信息技术

Agricultural Information Technology

大数据时代农业信息服务的技术创新[*]

Technological Innovation of Agricultural Information Service in the Age of Big Data

李秀峰^{**}　　陈守合　　郭雷风

Li Xiufeng，Chen Shouhe，Guo Leifeng

（中国农业科学院农业信息研究所，北京　100081）

摘　要： 农业数据属于典型的大数据，将大数据技术应用于农业信息服务领域，不仅可为农业信息服务技术带来革命性进展，还可促进农业产业的整体进步。概括了农业信息服务中存在的与大数据相关的问题，认为农业大数据需要农业信息服务实现技术创新，主要包括：农业大数据智能处理技术、农业大数据决策本体技术、农业信息化云服务人机交互技术，并分别就这3个方面提出了技术方案设想和重点研发任务。农业信息服务领域大数据的发展和应用前景广阔，将加快农业信息化的进程、促进产学研等的有效结合，有望很快在技术和应用上实现突破。建议成立国家级农业大数据共享联盟，开展基于大数据的农业信息服务示范，公共资金应大力支持相关基础研究。

关键词： 大数据时代；农业大数据；农业信息服务；技术创新

近年国内外关于"大数据"的话题和研究如火如荼[1~4]，数据被认为是一种新的战略资源，能够挖掘出更大的潜在价值[5]。随着云计算带来的计算能力革命，针对大数据资源的处理挖掘和分析，找到这些数据相对应的人群，再将这些群体进行个性化的分析、总结，并以此展开个性化的服务逐步成为可能。农业数据由结构化数据和非结构化数据构成，数据量大、涵盖领域广、数据类型多，属于典型的大数据。农业信息服务目标内容广泛，个性化需求强烈，将大数据技术应用于农业信息服务领域，不仅可为农业信息服务技术带来革命性

＊　基金项目：国家"十二五"支撑计划（2013BAD15B02）

＊＊　作者简介：李秀峰，研究员，博士，博士生导师，研究方向为农业农村信息化。E-mail：lixiufeng@caas.cn

进展，还可促进农业产业的整体进步。"农业大数据"的概念已进入人们的视野[6~8]，也有学者提出"建设一个农业大数据分析应用平台[9]"的设想，但对农业大数据资源的处理挖掘和分析技术，还不多见。在此提出本文的写作目的。农业信息服务要主动跟上大数据时代的步伐，适应未来发展趋势，借助大数据技术带来的契机，着力克服目前农业信息服务领域中存在的问题，努力实现农业信息服务的技术创新。

1 目前农业信息服务中存在的问题

各种信息技术已广泛用于农业信息服务领域，但是我国农业信息服务发展程度还不高、在各地区各行业应用很不均衡、很多农业信息技术适用面窄、转化率不高、同国外相比还有很大差距，面对势头汹涌的大数据时代，我国农业信息服务领域存在的某些问题越发凸显，主要表现在以下几个方面。

第一，现有农业信息得不到有效的整合。在我国"四化"同步的大背景下，粮食安全、农产品质量安全和食品安全受到前所未有的关注，农业涉及的环节众多，其影响面将越来越大，涵盖经济、社会、民生、生态、环境等多个方面，单一专业领域的信息不能应对这样复杂的局面，需要从农业全产业链的视野统筹考虑，各类农业信息都要通盘掌握。然而目前还做不到这一点，现有的农业信息比较分散，没有得到有效的整合，不利于各相关主体作出科学的决策。大数据的优势有望从技术上改变这样的问题。

第二，农业信息资源质量低。很多农业网站的信息重复度较高，缺乏应有的特色和针对性。高层信息机构远离基层用户，基层信息站点缺少人才、技术和设备，基础性信息资源建设工作滞后，难以提供针对性的信息。表现为一般性新闻类的信息多，权威性、有深度、可用性的信息少，结合本地情况开发利用的信息资源更是匮乏。身处"数据的海洋"，要找到真正需要的信息却很困难，仍是很多人的切实感受。

第三，农业信息服务反应机制不健全。尤其在农产品市场价格及供求波动方面，往往事后总结分析居多，事前预警防范较难，即使知道其发生规律，在具体的时间、地点上也难以做到对突发事件及时发现苗头并提前应对。大数据吸引人的关键不在于技术和数据，"大数据核心就是预测"，它是把数学算法运用到海量的数据上来预测事情发生的可能性[10]。因此，大数据在农业监测预警分析方面将来应大有作为。

2 农业大数据需要农业信息服务的技术创新

大数据是新一代信息技术的集中反映，无法用现有的软件工具提取、存储、搜索、共享、分析和处理海量的、复杂的数据集合[11,12]。农业系统是子系统繁多、具有不同层次、内部存在复杂结构且相互联系的巨系统。目前那些关注于数据、聚类和演变，以及检索和统计分析的数据挖掘技术和工具，无法揭示农业庞杂子系统的内部关系。要完成农业大数据的决策服务，必须通过信息系统将各类涉农的社会和经济模型组合在一起，通过系统对社会和经济模型自动反复验证推理，以揭示农业子系统内部关系及规律。要达到这一目标，重点需完成 3 项任务：①农业大数据去冗降噪、融合存储的智能化规范处理；②将各类涉农的社会和经济模型组合在一起形成农业大数据决策本体；③通过交互引擎和交互控制实现农业信息化云服务的人机交互服务。

2.1 农业大数据智能处理技术

针对农业大数据的数据海量、数据源异构、数据结构多样、数据变化快等特点，应用大数据去冗降噪、数据存储、融合技术、非结构化和半结构化数据的高效处理技术、适合不同行业的大数据挖掘分析工具和开发环境等技术[5]，根据农业种植、养殖等分类标准定义主体的信息处理意向，开发农业大数据采集、转换、分类、清洗、聚类等智能分析系统，将从本地数据库、互联网、物联网、野外工作人员等数据源接收的海量数据，自动、实时地按照特定策略进行过滤，丢弃无效信息，生成不同类型的数据库，并自动生成元数据、准确描述数据出处、获得途径和环境等背景信息，如图 1 所示。重点研发任务包括以下几项。

2.1.1 建立面向非结构化和半结构化数据的高效处理平台

以 MapReduce 和 Hadoop 等非关系数据分析技术为代表的数据处理技术已在互联网行业取得了不错的应用效果[13]，但还缺乏适合非结构农业大数据处理、大规模并行处理的高效数据处理平台，农业大数据搜索、分析领域等业务应用缺乏必要的技术支撑，因此，农业大数据需要建立面向非结构化和半结构化数据的高效处理平台。

2.1.2 建立低成本的大数据存储、高效的数据检索系统

数据噪声、数据冗余等问题必然带来数据存储成本增加，高效率低成本的数据存储技术尤为重要[14]。研究以行存储、列存储、行列混合数据存储结构为主要技术的数据管理系统，建立 NoSQL 等技术支撑的非关系型数据库系

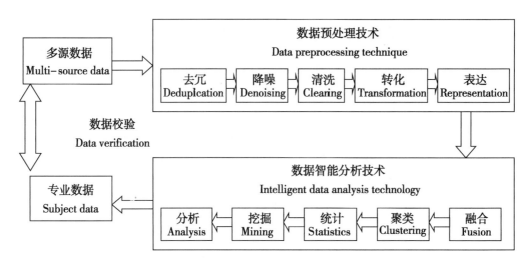

图 1　农业大数据智能处理流程

Fig. 1　Flowchart of agricultural big data intelligent processing

统，研究多源多模态数据高质量获取与整合的理论和技术、流式数据的高速索引创建与存储、错误自动检测与修复的理论和技术、低质量数据的近似计算的理论和算法等，提供灵活、高效的数据检索功能。

2.1.3　研究适合农业大数据的挖掘分析工具和开发环境

不同行业需要不同的大数据分析工具和开发环境，针对农业大数据特点，重点在分析工具和开发环境上创新。突破跨领域、跨行业、跨学科的数据共享问题，采集海量交叉、综合、关联数据，进行跨领域的数据分析，形成真正的知识和智慧，产生更大的价值。

2.2　农业大数据决策本体技术

参考本体论的数据关联分析、数据关系表达关系，开发决策本体系统，与领域专家配合，构建不同数据集之间的数据融合模型[15]，将多个大数据集和已经开发完成的众多小农业专业本体综合成为一个元数据集，按照决策模型联系建立数据集关系表达式，构建各类农业决策本体的数据体系结构，形成一个可根据需要随时提取、输入和并按照链状关系连续进行语义推理和关系解析的大型农业决策本体，通过模型预测为各级用户提供咨询服务，如图2所示。重点研发任务包括以下几项。

2.2.1　构建覆盖面广泛、数据高度集成、数据关联表达的农业数据集关系本体

农业数据具有复杂性、地域差异性和丰富性等特点，农业数据集的收集和表示较其他领域更为复杂、更具挑战性。构建数据多源、数据种类丰富、数据

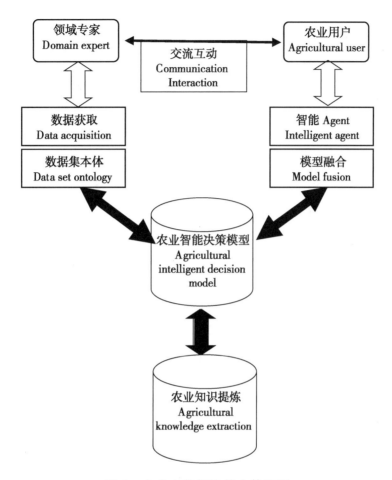

图 2　农业大数据决策本体流程

Fig. 2　Flowchart of agricultural big data decision ontology

高效组织的农业数据集关系本体是农业大数据决策本体技术的关键技术之一。

2.2.2　大数据关联的农业智能决策模型融合

迄今为止，农业经济和社会学的领域专家已经建立了一系列用于决策的经济社会模型，如何将这些模型通过决策问题描述、求解问题推理、模型参数解析、人机交互等一系列关键技术集成在一起，形成实时响应、高效处理、交互描述、预动反应的农业智能决策综合系统[16]，是实现大数据关联的农业智能决策模型融合的重要内容。

2.2.3　大数据关联的农业知识库对智能决策结果的提炼、分析

在大数据时代，并行数据处理、海量数据挖掘等技术不断发展，农业知识库的集成、互操作，知识表示、知识转化、数据共享已成为下一步数据处理分析的前提[17]。将大数据关联的农业智能初步结果存入知识库，通过知识库的

集成、互操作，和知识表示、知识转化、数据共享等知识库技术进一步的提炼、分析，最终形成决策内容。

2.3 农业信息化云服务人机交互技术

"平台上移，服务下延"是农业农村信息服务的主要方向，农业信息服务过程处理方法缺乏、农业信息服务方式落后等是我国农业信息服务依然存在的突出问题。个性化、智能化、互动化的农业信息服务将是大数据时代的重要研究方向。以农业决策本体为基础，通过交互引擎和交互控制，通过信息系统的建模、形式化描述、整合算法、评估方法以及软件框架等信息技术，研究基于我国农民交互习惯的用户模型、语音交互、信息呈现方式、多通道交互信息整合、人机交互软件体系结构，为农民提供高效便捷、简明直观、双向互动的服务，如图 3 所示。重点研发任务包括以下几项。

2.3.1 服务动态组合、重构、优化的农村云服务技术

基于软件即服务的云服务模式，具有成本低、效率高等特点，可以在我国广大农村地区大面积推广。与此同时，农业信息服务综合化、专业化、个性化水平不断提高，研究与建设适合农村地区的农村综合信息云服务平台将是信息服务的重要基础。

2.3.2 多类型、多层次、多水平农村用户服务模型

农村用户服务模型是利用计算机技术建立机器学习模型来模拟用户现有的行为和知识，并以此来预测用户未来的行为和意愿。用户模型应具有一定的鲁棒性[①]和实时更新特性，应能够精准反映多类型、多层次、多水平的农村用户在信息资源、服务内容、服务方式等个性化特征。

2.3.3 农业大数据可视化交互技术

随着移动通信技术、可视化技术、多媒体技术的不断发展，面向广大基层的普适移动智能终端将进入千家万户，应重点研究语音交互、信息呈现方式、多通道交互信息整合、人机交互软件、大数据可视化等信息技术，以提供多级网络服务、普适终端自助服务、个性化新型的精准农业信息服务。

3 农业大数据的发展和应用前景

农业受自然、社会、经济、技术等多因素影响，生产、流通、消费变化难

---

① 鲁棒性是英文 robustness 的音译，一般用来描述某个东西的稳健性或稳定性，当遇到某种干扰时，其性质能够保持稳定

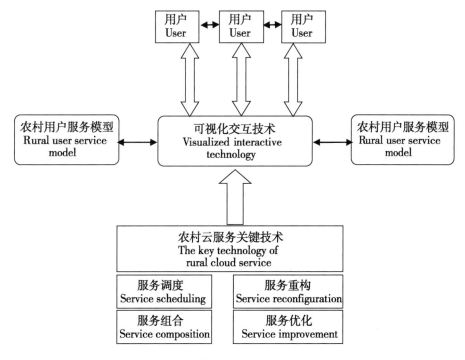

图 3　农业大数据云服务人机交互流程

Fig. 3　Flowchart of agricultural big data cloud service on Human-Machine Interaction

以预测。而农业大数据决策服务将有助于解决这一问题，这类研究有望在政府决策和农村服务中取得革命性的创新成果。中国工程院院士汪懋华教授在2014年2月的"科学数据大会"上表示，现代农业发展对大数据科学的应用需求巨大，应当加强农业大数据应用研究。因此，这类研究必会受到政府部门、学界和IT企业的高度重视，在技术上也将获得革命性进展。

3.1　农业大数据技术的应用将加快农业信息化的进程

　　农业信息化是改造传统农业、发展现代农业的必然选择。农业信息服务具有很强的实践应用特点，近年来，物联网、移动互联、传感器、云计算、3S等新一代信息技术及智能农业装备在大田种植、畜禽养殖、水产养殖、设施园艺、农产品流通及农产品质量安全等领域的应用逐渐增多，产生了来源多样、类型不一、用途各异的海量数据，用大数据技术对这些数据进行有效的采集、整理和开发利用，有利于形成完整、可循环的农业数据链条，促进农业生产经营的数字化、智能化、精准化和可视化，实现科学管理，避免"只有数据、没有利用"，消除城乡数字鸿沟和信息孤岛，推动农业信息技术的推广，使单项信息技术应用向综合技术集成、组装和配套应用转变成为可能，加快农业信息化进程。

3.2 农业大数据技术的应用将促进产学研等的有效结合

"大数据"这一概念不仅是数据和技术的创新，更是一种思维变革[10]。大数据技术能够为政府决策当智囊，为企业管理做支撑，为学科发展建平台，为管理升级供手段，农业大数据研究需要多学科协同攻关，实践证明，组建农业大数据产业技术创新联盟是一种可行的协同机制[12]，将促进产学研等各方面有效结合。2013 年 6 月，山东成立国内首家农业大数据产业技术创新战略联盟就是很好的例证[6~8]，其涵盖政府部门、高校、科研单位、IT 企业、农业企业等各方面，跨行业效应渐显[8]。农业部正在积极推动国家农业云服务平台建设，选择了天津、上海和安徽开展首批"物联网区试工程"，逐步构建以12316 热线为纽带，村级信息员为窗口，乡镇信息点为依托，县有服务中心、省有云服务平台的全国农业信息服务体系，提出运用大数据技术深度挖掘分析，提供信息支撑。这些都为农业大数据技术的应用提供了条件，有助于破解产学研脱节难题。

3.3 农业信息服务领域大数据示范应用有望很快实现突破

尽管大数据的技术门槛较高，农业信息服务领域大数据示范应用有望很快实现突破，其原因有：首先，在国家相关项目支持下，我国在农业数据的标准化与语义描述、多源农业异构数据的时空转换与尺度融合、异常数据自动探测、冗余矛盾等数据清洗、农业信息语义分类等方面已经取得突破，为农业大数据智能处理提供了基础技术。其次，随着农村信息化示范省项目逐渐深入开展，促成了耕地、播种、产量、农药、肥料、农膜、饲料、种畜禽、疫病、农机、农产品质量检测、市场供求、物流监控、气象、土壤、水利、环境资源等各类涉农大数据的共建共享，为农业大数据决策提供了数据保障。

4 发展农业大数据信息服务的政策建议

4.1 成立全国农业大数据共享联盟

成立国家级农业大数据共享联盟，实现各类涉农等大数据共建共享，加强产学研等各方面的有效结合。在共享联盟的框架下，建立全国农业大数据平台和决策本体，开展农业信息服务技术研发。广泛收集与农业农村生产、生活有关的各类经济、社会模型，按照本体建设要求集成到大数据平台上，可根据需要随时进行语义推理和关系解析。

4.2 开展基于大数据的农业信息服务示范

加快建设技术同构、数据集中、业务协同、资源共享的全国农业信息服务云平台，逐步整合现有各类农业信息服务系统。运用大数据技术深度挖掘分析，为政府决策、农户经营、市场引导提供信息支撑。

4.3　公共资金应大力支持农业信息服务领域大数据的基础研究

农业大数据决策研究目前还处于基础研究阶段，其重点任务是大数据的采集、处理和决策模型融合等基础技术的研究，现阶段难以产生直接的经济效益。因此，公共资金应大力支持相关研究，以公益性科研机构为主，联合高校、IT 企业、农业企业等单位，发挥协同效应，联合攻关，待取得一定科研成果后，再向社会示范推广。

2012 年 3 月，美国奥巴马政府宣布投资 2 亿美元拉动大数据相关产业发展，将"大数据战略"上升为国家战略。2013 年 7 月，英国政府发布的 *A UK Strategy for Agricultural Technologies*（《英国农业技术战略》）指出，英国今后对农业技术的投资将集中在大数据上，并致力于将英国打造成农业信息学世界级强国。2014 年 3 月，李克强总理在《政府工作报告》中明确指出，要设立新兴产业创业创新平台，在大数据等方面赶超先进，引领未来产业发展。这足以说明大数据的研究与应用将成为国家"创新、竞争和生产力的下一个前沿[1]"，将对每个国家都具有战略意义，农业大数据是其重要领域，发展前景不可小视。

致谢

衷心感谢匿名审稿专家提出的宝贵修改意见和建议，使本文更加完善，当然，文责由作者承担。

参考文献

[1] McKinsey Global Institute. Big data：the next frontier for innovation，competition，and productivity（Annual Report）[R/OL]. http：//www. mckinsey. com/insights/，2011：1-143.

[2] 邹大斌. 迎接大数据时代 [N]. 计算机世界，2011-5-30.

[3] Steve Lohr. The Age of Big Data [N/OL]. The New York Times，www. nytimes. com/2012/02/12/sunday-review/big-datas-impact-in-the-world. html，February 11，2012.

[4] 姜奇平. 大数据时代到来 [J]. 互联网周刊，2012（2）：6.

[5] 李国杰，程学旗. 大数据研究：未来科技及经济社会发展的重大战略领域——大数据的研究现状与科学思考 [J]. 中国科学院院刊. 2012，27（6）：647-657.

Li G J，Cheng X Q. Research status and scientific thinking of big data ［J］. Bull. Chin. Acad. Sci. ，2012，27（6）：647-657.

［6］ 杨宇 . 农业大数据产业技术创新战略联盟成立 ［OL］.山东农业大学新闻网 . http：// news. sdau. edu. cn/view. php？Id＝57487. 2013-6-18.

［7］ 山东成立国内首家农业大数据产业技术创新战略联盟 ［J］.硅谷 . 2013（14）：19.

［8］ 陈雨霏 . 农业大数据的跨界旋风 ［J］.中国农村科技，2013（8）：20-23.

［9］ 孙忠富，杜克明，郑飞翔，等 . 大数据在智慧农业中研究与应用展望 ［J］.中国农业科技导报，2013，15（6）：63-71.

Sun Z F，Du K M，Zhang F X，*et al*. Perspectives of Research and Application of Big Data on Smart Agriculture ［J］. Journal of Agricultural Science and Technology，2013，15（6）：63-71.

［10］ 维克托•迈尔-舍恩伯格，库克耶 （著）；盛杨燕，周涛 （译）. 大数据时代——生活、工作与思维的大变革 ［M］.杭州：浙江人民出版社，2013：16.

［11］ 温孚江 . 农业大数据与发展新机遇 ［J］.中国农村科技，2013（10）：14.

［12］ 温孚江 . 农业大数据研究的战略意义与协同机制 ［J］.高等农业教育，2013（11）：3-6.

［13］ 王元卓，靳小龙，程学旗 . 网络大数据：现状与展望 ［J］.计算机学报，2013，36（6）：1 125-1 138.

［14］ Shengmei Luo，Zhikun Wang，Zhiping Wang. Big-Data Analytics：Challenges，Key Technologies and Prospects ［J］. ZTE Communications，2013，11（2）：11-17.

［15］ Nengfu XIE. Research on Agricultural Ontology and Fusion Rules Based Knowledge Fusion Framework ［J］. Agricultural Science & Technology，2012，13（12）：2 638-2 641.

［16］ 陶海军，王亚东，郭茂祖，等 . 基于智能 Agent 的农业智能决策系统研究 ［J］.高技术通讯，2008，18（4）：392-399.

Tao H J，Wang Y D，Guo M Z，*et al*. An intelligent agent-based intelligent agriculture decision system ［J］. CHINESE HIGH TECHNOLOGY LETTERS，2008，18（4）：392-399.

［17］ 魏圆圆 . 基于本体论的农业知识建模及推理研究 ［D］.合肥：中国科学技术大学，2011.

中文自动标引中歧义词消除方法研究

Elimination Method Study of Ambiguous Words in Chinese Automatic Indexing

王　丹[*]　杨晓蓉

Wang Dan，Yang Xiaorong

（中国农业科学院农业信息研究所，北京　100081）

摘　要：随着信息技术的快速发展，人们已将计算机技术应用于文献标引中，即从文献中抽取出关键词或分类号。中文关键词之间没有间隔，词和词组的边界模糊不清，且存在着大量的歧义概念。本文重点论述自动标引中的交叉型歧义词消除方法，提出一种将穷举法和消歧规则相结合的消除歧义词算法。本文涉及的歧义词虽是特定环境下出现的，但结果表明，仍是一种行之有效的消除歧义词的方法。

关键词：中文文本；自动标引；关键词提取；歧义词消除；算法研究

0　引言

中文文献标引是反映中文文献特征的标识过程，通常是标引人员通过分析文献的内容，将具有检索意义的文献特征（主题词或分类号）从文献中提取并记录下来，作为文献检索的依据，为检索到切题文献，通常是在主题标引的情况下对主题词进行索引处理后才能进行精准检索、前方一致检索和后方一致检索等检索操作。中文自动标引就是将文献特征（主题词）的提取过程用计算机来实现。随着信息技术的快速发展，人们已将计算机技术应用于文献的标引工作，其基本思想就是应用计算机技术，经过一些分词算法和匹配规则，从文献中抽取出文献的主题词（关键词）或分类号（分类标识）。对于中文文献而言，用于表达文献主题概念的是关键词（主题词），含在文献的标题、文摘和正文

　＊　作者简介：王丹（1972—　　），女，湖北人，硕士，副研究员，主要从事农业信息管理、数据挖掘工作。E-mail：wangdan01@caas.cn

中，而关键词是由字组成的，关键词之间没有间隔，词和词组的边界模糊不清，复句和分句定义又复杂，并且存在着大量的歧义概念。这种歧义词在人工标引的情况下不会出现，但是在用计算机进行标引时，若不进行处理，往往就会出现。再如"中华人民共和国"一词，在抽词处理过程中也可以把"华人"一词提取出来，也会造成歧义词标引。本文论述的自动标引中的歧义词消除方法就是解决这类歧义词的排除方法。

1 标引算法

在目前的研究现状中，从中文文献（文本）中提取关键词或短语的方法大致可分为两类：基于规则[1]的分词方法和基于统计分析[2]的分词方法，前者需要知识库作支撑，后者不需要，省去了一部分工作量，但是检索效果不佳，为精准检索仍需进一步对检索结果进行筛选。笔者认为将两种方法结合起来，一并运用到自动标引中，将会大大提高自动标引的效果。

1.1 自动标引系统框架

自动标引系统和本文歧义词消除系统的框架如图 1 所示。

自动标引系统先对文本进行预处理，包括一些标点符号处理，特征词提取（用特殊符号括起来的词，直接作为标引词），再使用停用词表（虚词和通用词）对文本进行处理和过滤，得到词语或短语、短句的集合；然后根据通用词表和专业词表进行抽词处理，获取候选关键词；最后依据关键词在文本中的词频和词出现的位置赋予相应的权值，进行统计排序和依据设置的关键词阈值取舍关键词。

经过词表匹配后获取的较长关键词再切分处理，往往会产生歧义词，歧义词清除方法在下节中论述。

1.2 文本预处理

文本预处理首先要将用特殊字符标识出来的信息提取处理，如书名号引起来的书名，或特殊符号引起来的地名或人名等抽取出来，然后再用标点符号和停用词表进行粗切分处理。

1.3 知识库的构造

知识库包括停用词表、通用主题词表和专业主题词表，它是自动标引的基础，其质量直接影响自动标引词的效果。

停用词表用来对已切分（标点符号切分处理）的文本进行操作，它包括汉语中常用的虚词，例如，介词、连词、助词等，有的还包括通用词。利用停用

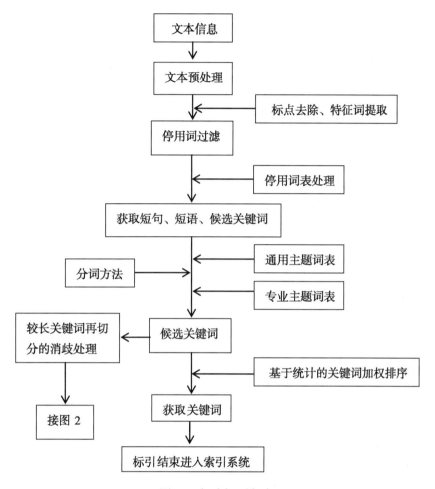

图 1　自动标引框架

词表过滤掉文本中无用的字和词并对文本进行粗切分，以便加快文本处理速度。

　　词表是对分词过程中对关键词进行控制的重要依据，为了加快分词和匹配处理的速度和准确性，一般都将词表分为通用词表和专业词表。《中国分类主题词表》和各专业的主题词表经过扩充和修改可做通用词表和专业词表。

1.4　分词方法

1.4.1　正向最长匹配方法

　　对粗切分后获取的字符串，从左向右逐字增字扫描并与主题词表匹配，选取主题词表最大匹配者为预选关键词，例如，在主题词表中有"干部任职年限"，还分别有"干部""任职""年限"。最长匹配法就是"有长不短"的抽词规则，只抽取"干部任职年限"一词。

1.4.2 逆向最长匹配方法

对粗切分后获取的字符串，从右向左逐字增字扫描，一个一个词与主题词表进行匹配，选取主题词表中最大匹配者为预选关键词。

在本文论述的算法中，首先根据最长匹配规则把与词表中被匹配上的主题词抽取出来，作为预选关键词。对于预选关键词长度大于或等于 4 的词，再进行切分处理，可能产生本文论述的歧义词。切分处理的最小单位是 2 个汉字，单汉字标引算法参考文献[3]。

1.5 关键词的频率与权值

在对文本进行预处理之前，先对文本的各部分的重要程度做区分标识，给出对文本内容贡献大小的权值。

（1）文本区置：标题、文摘和正文中的关键词、权值要有区别，前者大，后者小，而且来自标题的关键词权值要绝对大，以保证出现在标引词中。

（2）重要语句：文章中的小标题或每段中的段首或段尾语句中的关键词权值要大于正文中的关键词权值。

（3）词频统计：对切分出的关键词根据出现的频率和权值进行统计分析和排序，根据标引深度（保留标引词最多的个数为阈值）给出文本的最终主题词。根据文献报道，手工标引深度平均为 7，自动标引深度稍大些，一般为10～15。

1.6 较长关键词处理

在自动标引过程中，经过双向扫描最大匹配后获取的关键词已具有独立的检索概念，可直接进入检索系统的索引处理，提供检索服务。但是，这类词中有些词很长，词中的词还含有独立的概念，亦具有检索意义，如不进行切分处理，会丢掉具有检索意义的关键词，造成漏标，一般来说，对较长的主题词要进行再切分处理。若再进行切分处理，可能会产生上述一类的歧义词。

2 歧义词产生

2.1 歧义词类型

歧义词是指在一个字符串（短句、词语、较长的关键词）中存在不止一种切分形式时，由不同的切分方法而产生非本文含义的词。歧义词分为交叉型歧义词（交叉歧义）、组合型歧义词（覆盖歧义）两种。据统计，交叉型歧义词占到了总歧义词的 86%，所以，解决交叉型歧义词是分词要解决的重点。本文排除自动标引中歧义词的算法是指交叉型歧义词。

2.2 消歧方法[4]

目前排除歧义词的典型方法有如下几种。

（1）穷举法：找出待分析字串中所有可能的词，多数采用正向匹配算法或逆向匹配算法的穷举法，或正反双向匹配算法相结合的穷举法。此方法在分词不正确时会产生歧义词。

（2）联想—回溯法：李国臣等[5]提出联想—回溯法，先将待分的汉字串依特征词分割为若干子串，每个字串或为词或为词群，然后利用实体词库和规则库再将词群细分为词。分词时利用了一定的语法知识。

（3）短语匹配与语义规则法：姚继伟、赵东范[6]在短语结构文法的基础上，提出一种局部单一短语匹配和语义规则相结合的消歧方法。

（4）词性标注：白栓虎[7]利用马尔可夫链的词性标注技术结合分词算法消解切分歧义。

本文消除歧义词的算法是穷举法和消歧规则相结合的一种方法。

3 歧义词消除算法

本文论述的歧义词消除算法是对已切分出来的较长关键词或称词语、词组，进行再处理。较长的关键词是一个有实际意义的标引词（该标引词出现在词典中）。若对该词不再进行分词处理，可能会出现关键词的漏标现象，为了不产生漏标，再进行分词处理（增加文献的检索点），此时会出现上述的歧义词。

3.1 消歧流程（图 2）

3.2 消歧算法

设定一个待处理的汉字串（较长的关键词），该汉字串长度一般大于 4（含 4）个汉字，在不考虑单汉字切分的情况下，用不同的切分方法可能切分出 3 个或大于 3 个的关键词，经与主题词匹配后，获取一个由 N（N≥3）个关键词组成的序列串，简称大序列串。此时，消歧方法有两种：其一，对大序列串的每个关键词依照待处理的汉字串（较长的关键词）顺序进行排序，依次把相邻的 3 个关键词组成子序列串，这样就组合成若干个子序列串，再分别对每个子序列串进行消歧处理：即第二个关键词的第一个字是第一个关键词的最后一个字，而第二个关键词的最后一个字又是第三个关键词的第一个字，则第二个关键词是歧义词。这样，经对每个子序列串进行处理，就把所有歧义词消

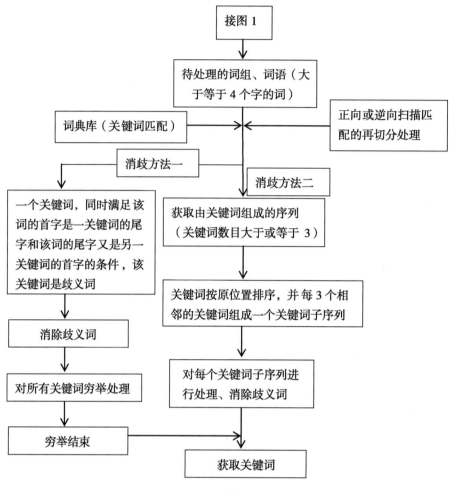

图 2 消歧流程

除掉了。其二，对大序列串不进行排列组合，即不形成子序列串，而是对大序列串的每一个关键词（简称 A 词）的首字和尾字分别与其余关键词的尾字和首字进行核对，能同时满足：A 词的首字是其中一词的尾字；A 词的尾字又是另一关键词的首字，则 A 关键词是歧义词，这样经过对每个关键词的上述处理，就把所有歧义词消除掉了。

3.3 示例与分析

切分出来的预选关键词要与通用词表或专业词表进行匹配，如"中华人民共和国""少将军衔""东海水产分布"以及"民主""华人""将军"和"海水"都是通用词表中的词。经过上述的消歧算法处理，就能依次去除"民主""华人""将军"和"海水"这些歧义词。另外，在专业词表中，例如，农业词表[8]，常有一类词，如"微生物肥料（分类号为 S114）"的下位词："抗生菌肥料""根瘤菌肥料""固氮菌肥料"等，对于这类词经过上述切分处理后，把"菌肥"一词（上位词）也作为关键词抽取出来，若作为标引词，这样就产生了上位词标引。根据标引规则，上位词不能作为标引词。因为对海量文献进行检索操作，用上位词作为检索条件，检出结果往往出现大量不切题的文献，上位词标引是其主要原因。再如"××病理学"中的"病理"一词，"××树种管理"中的"树种"一词，都是上位词，严格说来，这类词虽然不是歧义词，但是，它是歧义词标引，均应一一消除。通过对上述两大类歧义词标引的分析和初步的消歧实验，此方法是消除歧义词的一种有效方法，以供读者借鉴。

4 结束语

歧义消除和未登录词的识别是目前中文分词研究领域中难点问题。歧义词类型很多，产生的原因也很多，不同分词处理方法产生的歧义词消除方法也不同。本文涉及的歧义词是特定环境下出现的，消除这类歧义词虽有条件支撑，但仍是一种行之有效地消除歧义词的方法。笔者更希望广大研究者在广泛的方法论上探讨算法，提出创新的一揽子方案，设计出通用的清除歧义词方法，提高分词精度和速度。另外，大量文献集中于统计分词研究，基于统计分词及与其他方法相组合也是消除歧义词的研究热点，它们将会给中文分词技术带来实质性的突破。

参考文献

[1] 李钝，曹元大，万月亮．基于关联规则的安全特色关键词提取研究［J］．计算机工程与应用，2006（S1）：105-107.

[2] 肖红，许少华．基于词汇同现模型的关键词自动提取方法研究［J］．沈阳理工大学学报，2009（5）：38-41.

[3] 苏新宁，刘晓清，邵品洪．论中文标题的单字标引与位置检索［J］．南京大学学报，1990，26（2）：329-333.

[4] 翁宏伟．中文信息处理中歧义及歧义自动识别方法比较［J］．语言应用研究，2006（12）：93-94.

[5] 李国臣，刘开瑛，张永奎．汉语自动分词及歧义组合结构的处理［J］．中文信息学报，1988，2（3）：27-32.

[6] 姚继伟，赵东范．基于短语匹配的中文分词消歧方法［J］．吉林大学学报（理学版），

2010，48（3）：427-432.

[7] 白栓虎.汉语词切分及词性标注一体化方法.计算语言学进展与应用［M］.北京：清华大学出版社，1995.

[8] 蔡捷.《中国图书馆分类法》专业分类表系列——《农业专业分类法》［M］.北京：北京图书馆出版社，1999.

基于干湿期的随机天气发生器[*]

Dry and Wet Spell-based Stochastic Weather Generator[*]

李世娟[**]　　诸叶平[***]

Li Shijuan，Zhu Yeping

（中国农业科学院农业信息研究所/农业部农业信息服务技术重点实验室，北京　100081）

摘　要： 为了按不同的应用需求生成可信的任意长序列逐日天气数据，为作物天气系统研究提供数据支持，该文描述了一个以干湿期随机模型为基础，组合了日降水量、温度和辐射变量随机模型的逐日天气发生器 WGDWS，它分为两部分：以干湿期为独立随机变量的干湿期模型部分和依赖第一种模型生成其余天气变量的模型部分。其天气要素的生成主要分 2 个步骤，即首先根据月经验分布值产生一个干期或湿期长度，然后生成干期或湿期的逐日值。利用代表中国不同地理区域的 9 个站点 1973—2003 年的逐日气象资料对天气发生器 WGD-WS（Weather Generator based on Dry and Wet Spells）进行了检验，并与基于干湿日开发的 DWSS 天气发生器进行了比较。结果表明两者性能基本相近，并且 WGDWS 模拟干湿期的效果更好。因此，WGDWS 天气发生器用于生成逐日天气序列是可靠的，同时作为一个 JAVA 组件，还可以方便地嵌入作物模型系统。

关键词： 模型；干期；湿期；降水；天气发生器

中图分类号： TP311　　**文献标志码：** A

文章编号： 1002-6819（2014）-11-0000-07

────────────

　* 基金项目：国家 863 计划课题（2013AA102305）

　** 作者简介：李世娟（1975—　），女，山东人，副研究员，主要研究方向为计算机农业应用、作物模拟模型研究与应用。E-mail：lishijuan@caas.cn

　*** 通讯作者：诸叶平（1958—　），女，北京人，研究员，主要从事农业信息技术应用研究。E-mail：zhuyeping@caas.cn

0 引 言

随机天气发生器是一组计算机程序，可用于产生任意长的天气变量时间序列。所产生的数据常被用作农业、生态和环境等系统模型的输入，以便分析和评估天气对系统的潜在影响。

构造随机天气发生器，缘起于人们试图应用作物环境系统模型早期预测作物产量。由于预测所需的未来生长季天气数据通常无从获取，因而确定性产量预测难以编制。但概率统计预测可以实现。Crank[1] 研究了每日天气变量的概率分布，开发了一种按相应变量的概率分布进行随机抽样，生成每日天气的程序。这是见诸文献最早的一个随机天气发生器。Bond[2] 在 Crank 的工作基础上，用 80 年历史观测数据，估计 5～8 月生长季每日天气变量的概率统计参数，并用这些参数生成 100 年的逐日降水、最高和最低温度，为当时的作物产量概率统计预报提供输入数据。Richardson[3] 考虑了干、湿日条件下的天气变量（最高、最低温度和太阳辐射）的季节变化和变量的自相关及互相关，并假定日降水事件的时间序列是个两状态的一阶马尔科夫链，且日降水量服从指数分布，由此构造逐日天气随机模拟模型，以生成多变量综合天气序列。Larsen 等[4] 提出一个多变量的逐日天气随机模型，用一阶马尔科夫链和 Gamma 分布模拟日降水时间序列，并假设最高温度、最低温度距平服从双变量正态分布，用 2 参数 Gamma 分布模拟干日辐射量距晴天最大辐射量的差值，对雨日条件下的差值则用 2 参数 BETA 分布。Richardson 等[5] 发表了一个实用性较强，也是迄今应用较广的天气发生器 WGEN。这是一个可运行在微机上的 Fortran 程序，在 Richardson 的模型基础上做了修正，主要是日雨量分布采用 2 参数 Gamma 函数。他们用遍布全美 48 个州的 139 个台站资料，统计出 48 个雨日、雨量参数和 12 个温度、辐射参数，且制成参数列表和等值线图。WGEN 可综合生成降水、最高气温、最低气温和太阳辐射变量的逐日天气序列。此后，有众多的天气发生器发表，如 CLIGEN、USCLIMATE、CLIMAK、ClimGen、CWG、VS-WGEN 和 NCC 等[6～11]。其中大量工作是对 WGEN 的移植。有些研发者采用了 WGEN 的基本架构，但是改进了一些参数算法[12]，或引入附加变量[13,14]，或放宽某些变量的正态性约束[15] 等。Racsko 等[16] 开发了一个逐日天气模拟的系列方法（serial approach），它试图克服马尔科夫链模型的局限，改善对持续干旱或降水的模拟。Richardson 等[17] 基于该方法开发了发生器 LARS-WG，并用处于不同气候区的美国、欧洲和亚洲的 18 个站点资料，与

WGEN 进行测试和比较，证实两者性能相近，并且后者对连续干旱或降水的模拟效果更好。在一些文献中，人们常将与 WGEN 相似的发生器称为 Richardson 类；而将与 LARS-WG 相近的称为系列类。

Harmel 等[18]指出，月最高和最低温度的概率分布一般是偏斜的，用正态分布生成的温度，有可能出现缺乏物理依据的值。Schoof 等[12]为此放弃了正态性约束，并研建了基于地表气温谱属性的天气模拟器。Lall 等[19]分析了参数化随机模型存在的问题，提出一个单站无参的干、湿交替随机模型，并使用无参技术的核密度估算（Kernel Density Estimation，KDE）法进行概率分布函数的估计。随机天气的生成，本质上是利用天气变量的统计属性进行随机抽样。为了更好地反映模型中天气变量在空间上的相关性，Buishand 等[20]应用最邻近重复抽样技术（nearest- neighbor resampling），实现了逐日降水和温度多站点的随机模拟。Regniere 等[21]开发了一个逐日温度和降水随机发生器 TEMPGEN，为气候变化影响研究提供逐日天气数据。他们使用 11 组月常规统计作为输入，假设降水最可能出现在温度日较差相对较小的日子里，采用了先温度、后降水的算法时序，这与以降水模拟为基础的算法结构正好相反。王磊等[22]基于中国 10 个主要城市气温指标建立了天气发生器模型，用 Fourier 分析和时间序列的方法进行建模，用统计模拟的方法分别生成了 1a 的气温数据，对当地的气温指标进行预测，并对模型进行改进，通过增加模拟次数，建立了全年日均气温的点估计和区间估计。廖要明等[23]采用两状态一阶马尔科夫链和两参数 Gamma 分布建立天气发生器，根据中国 672 个气象站点 1961—2000 年的逐日降水资料，计算了降水转移概率 P（WD）、P（WW）及 Gamma 分布参数 Alpha 和 Beta，并分析了 4 个参数在中国各地的空间分布特征与不同地区各参数的季节分布特征。

不同类型天气发生器的开发，通常服务于不同的应用目标。有些为水质或水文学研究而设计[24]，有些是为了给作物生长模拟模型提供数据输入[25,26]，有些是为将 GCM's 的输出作尺度缩减处理[27,28]。本文将描述一个基于干湿期的随机天气发生器（weather generator based on dry and wet spell，WGD-WS），其开发目标是为作物模型提供长序列逐日天气输入，以便研究作物对天气条件特别是持续干旱和淫雨天气的反应。发生器是一个 JAVA 应用，可作为组件嵌入到作物模型应用系统内。

1 基于干湿期的随机天气发生器（WGDWS）的基本结构和运行机制

发生器 WGDWS 定义了 6 个随机变量，即干旱持续日数（简称干期）、降水持续日数（简称湿期）、日降水量、日最高温度、日最低温度和日太阳总辐射。其中，干、湿期是主变量，其随机值由干湿期模型独立生成；其余是倚变量，某日的取值依赖于该日是处于干期还是湿期，即它们是按干湿状态的取值有条件地生成。发生器的核心结构是干湿期模型、日降水量模型和温度辐射模型。

1.1 干湿期模型

一个随机变量的概率统计属性完整表述，是它的分布函数。鉴于一些经典的参数化分布函数不能较好地配合干湿期频数，故采用经验分布函数建立干（或湿）期随机模型[29]。这是一种最简单的非参数化方法，它不使用任何假设。

定义干（或湿）期 x 的经验分布函数为

$$F_n(x) = \begin{cases} 0, x < x_1^* \\ \dfrac{k}{n}, x_k^* \leqslant x < x_{k+1}^*, k = 1, 2, \cdots, n-1 \\ 1, x \geqslant x_n^* \end{cases} \quad (1)$$

式中：x 是随机变量干（或湿）期，x_k^* 是按大小排序的 x 观测值中的第 k 个观测值（$k=1$，2，$\cdots$，n）。$F_n(x)$ 表示事件发生的频率。因受限于观测样本，实际上用来构造经验分布的公式为：

$$F_n(x) = \begin{cases} 0, x < x_1^* \\ \dfrac{\sum\limits_{j=1}^{i} n_j}{n}, x_i^\# \leqslant x < x_{i+1}^\#, i = 1, 2, \cdots, k-1 \\ 1, x \geqslant x_n^* \end{cases} \quad (2)$$

式中：$x_i^\#$ 是对观测值进行分组的第 i 个节点，n_i（即 $\sum\limits_{j=1}^{i} n_j$）是第 i 组的频数，k 是组数，n 是观测值个数。显然，式（2）表示，每月的经验分布将由 $k+1$ 个节点值和 k 个累积频率来描述，它们构成一个累积频率多边形。

1.2 日降水量模型

逐日降水量的随机模拟，采用 2 参数的 Gamma 分布，其概率密度函数

$f(p)$ 定义为:

$$f(p) = \frac{p^{\alpha-1}e^{-p/\beta}}{\beta^{\alpha}\Gamma(\alpha)} \tag{3}$$

式中:p 为日降水量,mm;$\Gamma(\alpha) = \int_{0}^{\infty}x^{\alpha-1}e^{-x}dx$,α,β 为分布参数,可用日降水量历史数据估算[3]:

$$\alpha = \frac{8.898919 + 9.059950P + 0.9775373P^2}{P(17.79728 + 11.968477P + P^2)},$$

$$\beta = \bar{p}/\alpha,$$

$$\bar{p} = \sum_{i=1}^{n}p_i/n,$$

$$P = \ln\bar{p} - \sum_{i=1}^{n}\ln p_i/n$$

α,β 将被分月估算。

1.3 日最高、最低温度和日总辐射模型

日最高、最低温度和日总辐射变量间有显著的互相关,且每个变量的时间序列亦有显著的序列相关。在扣除变量的季节变化后,其残差(或标准化)序列可用一阶 3 变量自回归模型来描述(Richardson,1981)[3],即:

$$\chi_{y,i}(j) = A\chi_{y,i-1}(j) + B\in_{y,i}(j) \tag{4}$$

式中:$\chi_{y,i}(j)$ 和 $\chi_{y,i-1}(j)$ 都是(3×1)矩阵,其元素是日最高气温、日最低气温和日太阳辐射的残差;$\in_{y,i}(j)$ 是由正态分布的独立随机分量构成的(3×1)矩阵,每个分量服从平均数为 0、方差为 1 的正态分布。A 和 B 是(3×3)矩阵,其元素由变量延迟 0 和 1 天的自相关和互相关系数构成。$j = 1$,2,3 分别代表日最高气温、日最低气温和日太阳辐射;下标 y 为年序,i 为日序。

残差变量值由下列公式生成:

$$\chi_{y,i}(j) = \frac{X_{y,i}(j) - \overline{X_i^0}(j)}{\sigma_i^0(j)} \qquad (p_{y,i} < 0.1 \ mm)$$

或

$$\chi_{y,i}(j) = \frac{X_{y,i}(j) - \overline{X_i^1}(j)}{\sigma_i^1(j)} \qquad (p_{y,i} \geqslant 0.1 \ mm) \tag{5}$$

式中:$p_{y,i}$ 是年日编号分别为 y 和 i 时的日降水量,mm;$X_{y,i}(j)$ 为对应于 $\chi_{y,i}(j)$ 的原变量值,$\overline{X_i^0}(j)$ 为原变量在干日的平均数,$\overline{X_i^1}(j)$ 为原变量在

湿日的平均数，$\sigma_i^0(j)$ 为原变量在干日的标准差，$\sigma_i^1(j)$ 为原变量在湿日的标准差。

通过谐波分析，可获取日最高温度、日最低温度和日总辐射平均数和标准差的均值和振幅。用这些参数及式（4）和式（5），可生成最高温度、最低温度和总辐射的逐日序列。

发生器运行时，将按当前月的干（或湿）期经验分布，随机抽样生成相应的干（或湿）期，然后以此为前提，逐日生成降水、最高温度、最低温度和总辐射等变量值，直至期末。在每一个干（或湿）期结束时，按次日所在月的湿（或干）期经验分布进行随机抽样，生成湿（或干）期长度，并转至次日变量值的条件生成。如此反复，直至获得所需逐日天气序列值。

各天气变量的生成算法如图1。

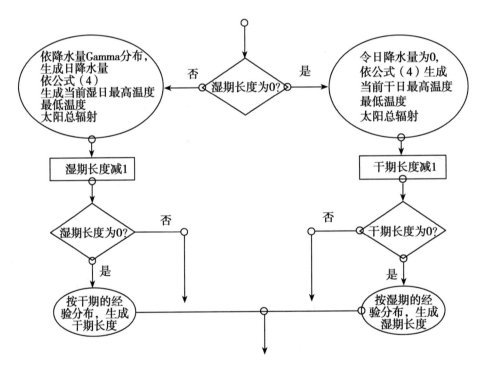

图 1　逐日天气变量的生成流程

Fig. 1　Flow chart of daily weather variables generation

2　WGDWS 的运行测试

选定涵盖中国大多数气候类型、分布于哈尔滨、喀什和广州等不同地理区域的 9 个站点，收集整理了这些站点 1973—2003 年共 30 年的降水、最高温度、最低温度和太阳辐射逐日资料。分月统计各站的干湿期经验分布、日降水量 Gamma 分布参数，并按逐日干湿状态，对日最高温度、最低温度和日辐射作谐波分析，获取相应参数，建立所有模型参数库。应用这些参数，分别生成 9 个站点的 100 年逐日天气数据。统计 1~12 月的干湿期长度、降水量、降水日数、最高温度、最低温度和太阳辐射生成值。同时，应用一个基于干湿日转移概率的 Richardson 类发生器 DWSS[30]，做同样的生成与统计。所有结果见表 1、表 2、图 2 和图 3。

2.1 WGDWS 生成的序列月统计检验

每个天气变量逐日时间序列的月统计值 t 检验显示（表 1），在 $P=0.01$ 水平上，生成值和实测值并无显著差异。在每个天气变量所有站点的 108 个月统计值中，最高气温、最低气温的生成与实测值之差（简称误差）≤0.3℃ 的分别占 87% 和 93%，≤0.5℃ 的分别占 96% 和 94%。最高气温和最低气温误差最大值均出现在哈尔滨 2 月，分别为 0.9℃ 和 0.7℃。月降水日数误差小于 1d 的占 92%，其余 8% 虽误差大于等于 1d，但小于 2d。月降水量误差≤10mm 和≤15mm 的分别占 91% 和 95%；广州 7 月误差大至 43.5mm。月总辐射误差≤1kJ/m² 的占 64%，≤2kJ/m² 的占 89%；广州站 3 月、4 月误差均高达 3.5kJ/m²。

表 1　不同地理站点生成和实测天气序列月统计差异显著性 t 检验（$t_{0.01}=2.819$，$\mathrm{df}=22$）

Table 1　Significance test of differences between generated and observed monthly statistics

站点 Sites	月序 Month	最高气温 Maximum temperature/℃		最低气温 Minimum temperature/℃		降水日数 Rainy days/d		降水量 Rainfall/mm		总辐射 Total radiation/ (kJ·m⁻²)	
		实测 Observed	生成 Generated	实测 Observed	生成 Generated	实测 Observed	生成 Generated	实测 Observed	生成 Generated	实测 Observed	生成 Generated
	1	1.9	2.1	−8.2	−8.0	1.8	1.9	2.9	2.9	8.2	8.5
	2	5.3	5.8	−5.3	−4.9	2.4	1.8	4.6	3.4	11.1	10.9
	3	11.9	12.1	0.7	0.8	3.3	3.0	8.5	7.4	14.7	14.1
	4	20.3	20.3	8.1	8.0	4.8	4.5	22.5	21.4	17.9	17.5
	5	26.2	26.3	13.8	13.9	5.7	5.8	33.8	30.8	20.5	20.1
	6	30.1	30.2	18.9	18.9	9.8	9.4	77.3	75.4	19.7	20.6
北京 Beijing	7	31.0	31.1	22.1	22.1	13.6	13.0	174.2	170.3	17.2	19.1
	8	29.9	29.9	20.9	20.8	11.9	11.1	158.0	149.2	16.3	17.2
	9	26.0	26.0	15.0	15.0	7.6	7.6	42.7	40.9	15.0	14.3
	10	19.0	19.0	8.0	8.0	5.4	5.3	25.7	25.8	11.6	11.1
	11	10.0	10.2	0.0	0.1	3.5	3.5	8.9	8.9	8.3	8.7
	12	3.7	3.7	−5.7	−5.5	2.0	2.4	3.0	3.9	7.0	7.5
	t	0.028		0.016		0.145		0.076		0.088	

（续表）

站点 Sites	月序 Month	最高气温 Maximum temperature/℃		最低气温 Minimum temperature/℃		降水日数 Rainy days/d		降水量 Rainfall/mm		总辐射 Total radiation/ (kJ·m⁻²)	
		实测 Observed	生成 Generated	实测 Observed	生成 Generated	实测 Observed	生成 Generated	实测 Observed	生成 Generated	实测 Observed	生成 Generated
哈尔滨 Harbin	t	0.006		0		0.002		0.030		0.123	
郑州 Zhengzhou	t	0.006		0.005		0.044		0.072		0.119	
武汉 Wuhan	t	0.021		0.012		0.026		0.091		0.132	
广州 Guangzhou	t	0.062		0.056		0.032		0.098		0.253	
乌鲁木齐 Urumchi	t	0.029		0.009		0.406		0.294		0.067	
喀什 Kashi	t	0.012		0.021		0.012		0.386		0.005	
昆明 Kunming	t	0.062		0.050		0.070		0.039		0.139	
沈阳 Shenyang	t	0.026		0.018		0.001		0.005		0.128	

　　对干湿期分布的生成值和观测值的差异显著性检验，采用的是 Kolmogorov-Smirnov（K-S）统计量 D。9 个站点各月干湿期分布的该统计量计算结果表明，在 $P=0.05$ 水平上，生成和实测的经验分布并无显著差异。这是可预期的，因 WGDWS 所生成的干湿期，正是依据其实测的经验分布，通过随机抽样获得的。表 2 列出了各站 1 月干期和 7 月湿期经验分布的统计量 D 值。

表 2　生成的干湿期分布 K-S 检验 （$n=10$，$D_{0.05}=0.409$）

Table 2　K-S tests of generated dry and wet spell distributions

站点 Site	K-S 统计量 D value	
	1 月干期长度 Length of dry spell in January	7 月湿期长度 Length of wet spell in July
北京 Beijing	0.135	0.027
广州 Guangzhou	0.020	0.096
哈尔滨 Harbin	0.084	0.149
喀什 Kashi	0.032	0.017
昆明 Kunming	0.010	0.045
沈阳 Shenyang	0.052	0.121
乌鲁木齐 Urumchi	0.042	0.047
武汉 Wuhan	0.060	0.067
郑州 Zhengzhou	0.080	0.108

2.2 WGDWS 与 DWSS 生成的天气数据质量对比

如前所述，WGDWS 是基于干湿期而建立的。为了比较 WGDWS 与基于干湿日的 Richardson 类随机天气模拟器 DWSS 的性能，对采用 2 类模型所生成的逐日天气数据进行了比较分析。

图 2 和图 3 是这 2 个天气发生器生成的天气变量逐日时间序列月统计值和干湿期统计值的相对误差绝对值分布图。它们是以每个天气变量的 108 个月统计量的生成值和实际值的相对误差绝对值为样本，对其累积频率进行统计绘制而成。图 2 显示，2 个发生器生成的最高气温、最低气温和太阳总辐射月统计值相对误差绝对值的分布曲线（2a、2b、2e）极为相近（北京 11 月最低气温实测值为 0，相对误差不确定，故从样本中剔除，因此，样本数为 107）；但月降水日数和月降水量的误差分布有明显差异。根据分布曲线（图 2c），在等概率（即累积频率）条件下，发生器 WGDWS 比 DWSS 生成的月降水日数，一般具有更小的相对误差，包括有更小的平均相对误差（即对应于概率为 50% 时的相对误差）。反之，曲线（图 2d）表明，生成的月降水量，用发生器 WGDWS 比用 DWSS 一般具有更大的相对误差，包括平均相对误差。

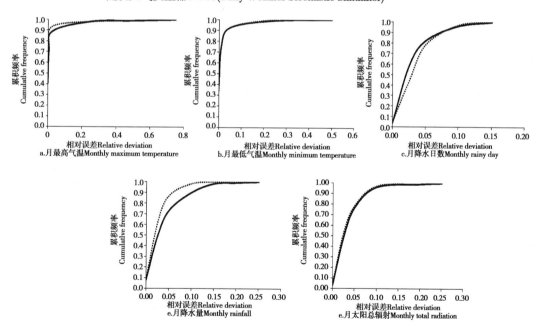

图 2　WGDWS 和 DWSS 生成序列月统计值相对误差分布

Fig. 2　Distribution of monthly statistics generated by WGDWS and DWSS

图 3 显示，用 WGDWS 比用 DWSS 生成的最长干期、最长湿期和平均湿期（图 3a、图 3b、图 3d）都具有更小的相对误差，包括平均相对误差。两者生成的平均干期（图 3c），其误差分布则非常接近。

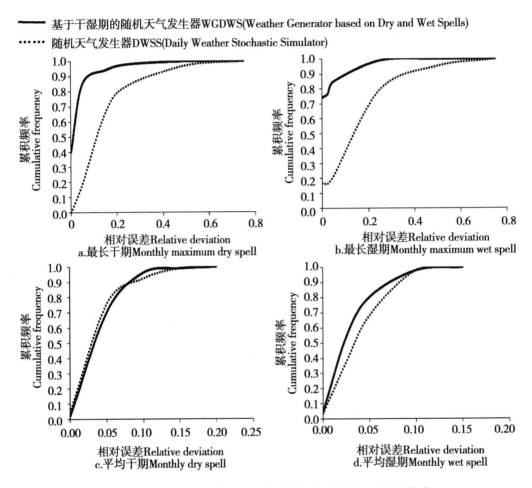

图 3　WGDWS 和 DWSS 的干湿期生成值相对误差分布

Fig. 3　Distribution of monthly dry and wet spells generated by WGDWS and DWSS

3　结论

t 和 $K\text{-}S$ 统计检验表明，基于干湿期模型的天气发生器 WGDWS 所提供的长序列随机天气数据和实际天气相比较，月气候特征无显著差异。在从事作物品种气候适应性分析和种植风险评估时，这些人工数据可用作作物天气模型系统的输入。但是，对不同地理区域，WGDWS 所提供的数据质量不同。与目前应用最为普遍的基于干湿日转移概率的天气发生器相比，两者性能基本相近，但 WGDWS 模拟干湿期的性能更好，因而在研究作物对持续干旱和淫雨天气的反应时，可提供更为有效的长序列逐日天气输入。

致谢

本文所用气象资料承蒙中国气象局气象资料室提供，作者谨表诚挚谢意。

参考文献

［1］ Crank K N. Simulating Daily Weather Variables ［M］. Washington：USDA，Statistical Reporting Service，1977.

［2］ Bond D C. Generating Daily Weather Values by Computer Simulation Techniques for Crop Yield Forecasting Models ［M］. Washington：U. S. Dept. of Agriculture，Agricultural Research Service，（formerly USDA-ESCS），1979.

［3］ Richardson C W. Stochastic simulation of daily precipitation of temperature and solar radiation ［J］. Water Resources research，1981，17（1）：182-190.

［4］ Larsen G A，Pense R B. Stochastic simulation of daily climatic data for agronomic models ［J］. Agronomy Journal，1982，74：510-514.

［5］ Richardson C W，Wright D A. WGEN：A Model for Generating Daily Weather Variables ［M］. Washington：U. S. Dept. of Agriculture，Agricultural Research Service，1984.

［6］ Johnson G L，Hanson C L，Hsrdegree S P，et al. Stochastic weather simulation：Overview and analysis of two commonly used models ［J］. Journal of Applied Meteorology，1996，35（1）：1878-1896.

［7］ 胡云华，贺秀斌，郭丰. CLIGEN 天气发生器在长江上游地区的适用性评价 ［J］. 中国水土保持科学，2013，11（6）：58-65.
Hu Yunhua，He Xiubin，Guo Feng. An applicability assessment of the weather generator CLIGEN used in the upper Yangtze River ［J］. Seience of Soil and Water Conservation，2013，11（6）：58-65.（in Chinese with English abstract）

［8］ Stockle C O，Campbell G S，Nelson R. Clim Gen Manual ［M］. Pullman：Biological Systems Engineering Department，Washington State University，1999.

［9］ 林而达，张厚宣，王京华，等. 全球气候变化对中国农业影响的模拟 ［M］. 北京：中国农业出版社，1997.
Lin Erda，Zhang Houxuan，Wang Jinghua，et al. Impact of Changing Climate on Agriculture in China ［M］. Beijing：China Agricultural Press，1997.（in Chinese with English abstract）

[10] 马晓光，沈佐锐. 随机天气发生器的可视化编程及其将来在农业生态学上的应用 [J].
中国农业科学，2002，35 (12): 1 473-1 478.

Ma Xiaoguang，Shen Zuorui. Visual programming stochastic weather generator and
its applications to ecological study in future [J]. Scientia Agricultura Sinaca，2002，
35 (12): 1 473-1 478. (in Chinese with English abstract)

[11] Chen J，Brissette F P，Leconte R. A daily stochastic weather generator for preser-
ving low-frequency of climate variability [J]. Journal of Hydrology，2010，388
(3/4): 480-490.

[12] Schoof J T，Arguez A，Brolley J，et al. A new weather generator based on spectral
properties of surface air temperatures [J]. Agricultural and Forest Meteorology，
2005，135 (1-4): 241-251.

[13] Nicks A D，Richrdson C W，Williams J R. Evaluation of the EPIC model weather genera-
tor [C]. Sharpley，A. N. and Williams，J. R.，Erosion/Productivity Impact Caculator
Model Document//USA：USDA-ARS Technical Bulletin 1798，1990：235.

[14] Hanson C L，Johnson G L. GEM (Generation of weather Elements for Multiple ap-
plications): Its application in areas of complex terrain [C]. Karel Kovar，Hydrol-
ogy，water resources and ecology in Headwaters//Wallingford：International Asso-
ciation of Hydrological Sciences (IAHS) Press，1998：27-32.

[15] Parlange M B，Katz R W. An extended version of the Richardson model for simula-
ting daily weather variables [J]. Journal of Applied Meteorology，2000，39 (1):
610-622.

[16] Racsko P，Szeidl L，Semenov M. A serial approach to local stochastic weather mod-
els [J]. Ecological Modelling，1991，57 (1/2): 27-41.

[17] Richardson C W，Barrow E M，Semenov M A，et al. Comparison of the WGEN and
LARS-WG stochastic weather generators for diverse climates [J]. Climate Re-
search，1998，10 (2): 95-107.

[18] Harmel R D，Richardson C W，Hanson C L，et al. Evaluating the adequacy of sim-
ulating maximum and minimum daily air temperature with the normal distribution
[J]. Journal of Applied Meteorology，2002，41 (7): 744-753.

[19] Lall U，Rajagopalan B，Tarboton D G. A nonparametric wet/dry spell model for re-
sampling daily precipitation [J]. Water Resoures Research，1996，32 (9):
2 803-2 823.

[20] Buishand T A，Brandsma T. Multisite simulation of daily precipitation and tempera-
ture in the Rhine Bsin by nearest-neighbor resampling [J]. Water Resoures Re-
search，2001，37 (11): 2 761-2 776.

[21] Regniere J，St-Amant R. Stochastic simulation of daily air temperature and precipi-

tation from monthly normals in North America north of Mexico [J]. International Journal of Biometeorology，2007，51（5）：415-430.

[22] 王磊，吴蔚，李树良. 基于 WEGN 模型对我国主要城市气温的模拟和预测 [J]. 数理统计与管理，2011，30（2）：191-200.

Wang Lei，Wu Wei，Li Shuliang. Simulation and prediction of Chinese major cities' temperature based on WEGN model [J]. Journal of Applied Statistics and Management，2011，30（2）：191-200.（in Chinese with English abstract）

[23] 廖要明，陈德亮，谢云. 中国天气发生器非降水变量模拟参数分布特征 [J]. 气象学报，2013，71（6）：1 103-1 114.

Liao Yaoming，Chen Deliang，Xie Yun. Spatial variability of the parameters of the Chinese stochastic wather generator for daily non-precipitation variables simulation in China [J]. Acta Meteorologica Sinica，2013，71（6）：1 103-1 114.（in Chinese with English abstract）

[24] 张徐杰，许月萍，高希超. CCSM3 模式下汉江流域设计暴雨计算 [J]. 水力发电学报，2012，31（4）：49-53.

Zhang Xujie，Xu Yueping，Gao Xichao，et al. Estimation of design storm in Han River basin with CCSM3 model [J]. Journal of Hydroeletric Engineeringm，2012，31（4）：49-53.（in Chinese with English abstract）

[25] Li Shijuan，Zhu Yeping. Evaluating simulation model based on generated weather data [C]. Li D and Zhao C，Computer and Computing Technologies in Agriculture V，Part Ⅲ：IFIP Advances in Information and Communication Technology//Boston：Springer，2012：129-135.

[26] Zinyengere N，Mhizha T，Mashonjowa E，et al. Using seasonal climate forecasts to improve maize production decision support in Zimbabwe [J]. Agricultural and Forest Meteorology，2011，151（12）：1 792-1 799.

[27] Somkiat A，Federico B，Guillermo P，et al. Linking weather generators and crop models for assessment of climate forecast outcomes [J]. Agricultural and Forest Meteorology，2010，150（2）：166-174.

[28] Burkhard O. A method for downscaling global climate model calculations by a statistical weather generator. Ecological Modelling，1995，82（2）：199-204.

[29] 王世耆，诸叶平，李世娟. 干湿持续期随机模拟 [J]. 应用气象学报，2009，2（2）：179-185.

Wang Shiqi，Zhu Yeping，Li Shijuan. Stochastic simulation for dry and wet spell [J]. Journal of Applied Meteorological Science，2009，2（2）：179-185.（in Chinese with English abstract）

[30] 诸叶平，王世耆. 随机天气模型及其 JAVA 实现 [J]. 电子学报，2007，35（12）：

2 267-2 271.

Zhu Yeping，Wang Shiqi. Stochastic modeling of daily weather and its implementation in JAVA [J]. Acta Electronica Sinaca，2007，35（12）：2 267-2 271.（in Chinese with English abstract）

原文发表于《农业工程学报》，2014（30）.

认知转向背景下用户相关性
判断研究的方法观察[*]

A Methodological Survey on the User Relevance
Judgment in Context of Cognitive Turn

王　健[1][**]　王志强[2][**]　刘　茜[1][**]　崔运鹏[1][**]
赵　华[1][**]　王　剑[1][**]　满　芮[1][**]

Wang Jian，Wang Zhiqiang，Liu Qian，Cui Yunpeng，
Zhao Hua，Wang Jian，Man Rui

（1. 中国农业科学院农业信息研究所，北京　100081；
2. 中国科学院地理科学与资源研究所，北京　100039）

摘　要：调查了 1967—2013 年期间与用户相关性判断研究相关的 82 篇文献，筛选其中 55 篇在研究方法上具有代表性者构成样本文献。通过分析发现：样本文献在方法论思想和具体研究方法上存在较多共性和规律性的观点与做法，并可以在结构上组织为一个以相关性判断的情境依赖、认知主因和真实情境设定中开展研究 3 项方法原则为核心，纵向上涵盖方法论思想。研究策略和具体研究方案设计等多个层次，横向上涉及样本选取、数据采集与分析策略制定等多个研究方案设计关键环节的参考性框架。认为信息查询与检索领域的认知观是该方法框架形成、发展和进一步演化的关键驱动因素，并据此分析该框架的未来发展。

关键词：用户相关性判断；研究方法；认知；信息检索；信息行为

中图分类号：G250

---

* 本课题受到国家社会科学基金 14BTQ056、国家自然科学基金 41371536 与国家社会科学基金 14BTQ029 支持

** 作者简介：王健（1971—　），男，副研究员，博士，发表论文 31 篇，参编专著 3 部；王志强（1976—　），男，副研究员，博士，发表论文 30 篇；刘茜（1986—　），女，助理研究员，硕士，发表论文 1 篇；崔运鹏（1973—　），男，副研究员，博士，发表论文 30 篇，参编专著 5 部；赵华（1980—　），女，助理研究员，硕士；王剑（1976—　），男，助理研究员，博士，发表论文 14 篇，参编专著 1 部；满芮（1985—　），女，助理研究员，硕士

0 引言

发生在信息查询与检索（information seeking & retrieval，ISR）领域的认知革命对用户相关性判断研究产生了深刻的影响[1]。从 1990 年至今的 20 余年内，该领域涌现了大量研究，不仅在理论上丰富了人们对相关性评估行为及其认知机制的理解，在研究方法方面也取得了明显的进展。但相对而言，针对该主题的方法论观察在整体上是间接、零散和非系统的——大部分观察发生在相关性研究、信息查询与检索研究以及信息行为研究等相关领域，或散见于若干用户相关性判断研究论著的部分章节中，缺乏直接针对该主题的专门性方法论总结与思考。在历经 50 余年的发展，特别是在近 20 余年相对高速发展并逐渐呈现更鲜明认知特色的情况下，全面系统地分析与总结相关性判断研究方法，识别其中存在的共识与趋势，既具有充分条件，也是有必要和有意义的。

1 研究设计

研究的目的是希望发现 ISR 领域中的认知革命[2]对用户相关性判断研究方法的影响，包括：①是否存在一个或多个与认知观相适应的方法论思想；②如果存在，则与这一方法论思想相适应的研究策略和典型研究方案有哪些；③相应的测量和数据分析方法。

本研究采用了文献调查的方法，力图通过对 ISR 领域认知转向前后重要文献的分析探求上述问题的答案。

1.1 样本文献选择

为全面反映相关性判断在研究方法方面的进展与现状，本研究采用 3 种方法获取重要的或在方法上具有代表的学术论文：①雪球抽样法：以 1967 年 C. A. Cuadra 等[3]和 A. M. Rees 等[4]两篇引用率最高的文献为种子，通过文献引用关系获取相关文献集合，并选择其中与相关性判断有关的研究；②关键字检索方法：采用 user relevance（用户相关）、user relevance criteria（用户相关性标准/判据）、user judgment of relevance（用户相关性判断）等关键词，在 Google scholar、CNKI、Web of knowledge、ARIST、ScienceDirect 等数据库中检索相关文献；③重点学者学术追踪法：根据研究重点和学术贡献确定了 L. Schamber、A. Taylor、T. K. Park、Wang Peiling 4 位重要学者，追踪其相关学术著作作为样本。利用上述 3 种方法共获得 1967—2013 年间的相关学术论文 82 篇。以研究方法描述的充分性和代表性与否作为筛选条件，经过本文作者群体的德菲尔评价，最后得到 55 篇文献，构成了本次文献调研的样本集合。

1.2 数据分析方法

本研究致力于获取样本文献的目标科学问题、方法论思想、研究策略、典型研究方案以及数据采集和分析方法等方面的信息，以此发现其中的共性并探求其背后的因素，从而在全景和具体方案与方法选择两个层面相对完整的描述相关性判断研究方法的现状。

研究采取以定性分析为主、定量分析为辅的策略。定性分析主要用于分析样本研究所针对的科学问题、方法论思想、研究策略和研究方案等，定量分析主要采用描述性统计的方法识别样本文献集（或其子集）结构特征和趋势特征等。

2 相关性判断研究方法综述

对某一研究主题的方法论观察室研究发展至一定阶段的必要工作，一般涉及方法论思想、研究策略、典型研究方案以及主要的数据采集和分析方法等方面。

2.1 相关性判断研究方法论思想的发展

大多数学者均将文献 [3]、[4] 作为相关性研究的转折点——它们首次明确地将研究对象从查询或检索系统移向其用户，初步构建了（用户）相关性判断这一研究主题，并提出了两个影响深远的、涉及研究方法的重要观点：相关判断行为的情境（和判断者个体）依赖性和用户相关性判断行为的认知主因。从后续研究分析，情境依赖性主要影响了观测对象的确定，用户相关性判断行为的认知主因则强调了用户的认知因素是主要的行文解释变量，它主要影响了观测和分析的重点。影响该主题研究方法的另一个重要原则——在真实情境（含真实用户和真实需求）设定中开展研究——则始于 L. Schamber[5] 和 T. K. Park[6] 于 20 世纪 90 年代初的研究。对样本文献的分析和统计表明，上述 3 个观点或原则在绝大多数文献（55 项研究中的 49 项）中得到了明确的表达，见表 1。

表 1　样本文献的方法论核心观点

核心的方法论观点	首次明确提出该观点的 文献序号（出半年）	持此观点的后续研究文献序号
基于相关判断的情境（含判断这 个体）依赖性设定观测对象	[4]（1967），[7]（1967）	[8]～[35]（合计28项）
相关判断行为的认知—情感主因	[4]（1967），[7]（1967）	[36]～[42]（合计7项）
在真实情境（含真实用户和真实 需求）设定中开展研究	[5]（1991），[6]（1992）	[43]～[52]（合计10项）
其他		[53]～[58]（合计6项）
合计		55项

注：同时表现多个观点的研究仅按照其中表现最为突出的观点归类

2.1.1　相关判断的情境（含判断者个体）依赖性

在研究焦点转向用户的开始，C. A. Cuadra[7]已经从可观测性和可获得性等角度质疑了用户需求作为观测对象的操作可行性，因为用户的相关性判断行为就成为了几乎唯一的测量对象。随着对相关性判断理解的深入，特别是对情境和用户个体认知两类关键要素的作用及其结构的深入研究，研究者的视野逐渐从单一的判断行为扩展到该行为发生前后的情境，进而延伸至对用户个体影响的更早期的教育经历和信息处理经验形成阶段；观测的角度也从单一的物理行为记录发展到出声思考、眼动观测等多角度和系统化的三角测量模式。显然，对相关判断行为情境依赖性的认识驱动了观测对象及观测策略的发展。

2.1.2　相关判断行为的认知主因

相关性判断研究和传统的用户研究的重要区别之一是以何种因素解释用户行为，前者认为认知要素而非人口统计学特征等外部因素是主要和关键的解释因素。这一判断同样始于 C. A. Cuadra 的研究[7]——在其作为研究结论的相关性评估模型中，全部6类变量均可不同程度地归结于用户的认知要素或认知结果；同期 A. M. Rees 等[4]开展的研究则具体强调了相关性判断结果对个体知识储备及其动态变化的强烈依赖性；稍后 L. Schamber[5]开展的研究则开始将认知要素贯穿于被试遴选、实验设计、数据采集与分析等全过程，体现了认知要素与分析在相关性判断研究中全面和核心的作用。

2.1.3　在真实情境（含真实用户和真实需求）设定中开展研究

相对前两项原则，围绕真实场景、真实用户和真实需求开展研究的观点形成稍晚。C. A. Cuadra[7]和 A. M. Rees[4]的研究发生在从系统中心向用户中心模式转换的过程中，研究思想和方案中还存在以系统为中心模式强调严格控制试验变量因而对用户个体关注不足的痕迹，而 20 余年后 L. Schamber[5]和 T. K. Park[6]等开展的研究则明确地强调真实场景、真实用户和真实需求的必要性，T. K. Park 更在其论文中专门讨论了自然探究法对相关性判断研究的适宜性。从后续研究中可以发现，这一观点得到了很多研究者的认可，其结果是即使在实验室实验中，研究者也通过情境设定、被试遴选、刺激类型和呈现方式等变量的控制尽量接近真实的场景、用户和需求。

2.2　研究策略与典型的研究方案

研究策略是对研究项目做出整体安排的各种考虑和选择，包括数据采集和分析方法的选择与研究方案设计等[1]。就某一具体研究而言，研究策略是承接方法论思想与待解决科学问题的关键环节——研究者在方法论思想的指导下，基于对当前所面临的科学问题的理解，综合考虑期望达到的目标和可用资源、知识技能结构与外部环境等约束条件，在研究目的、时间特征、研究类型等方面做出策略性选择并据此设计研究方案。观察样本研究在研究策略与研究方案方面的共性或趋势性特征，有助于发现在当前研究方法框架下学者们的倾向和典型或有代表性的研究方案，从而为后续研究提供借鉴和参考。

2.2.1　研究目的相关的策略选择：探索性、描述性和解释性

此类策略的选择与研究者对当前问题的理解和研究目的有关，有时也被定义为研究性质的策略选择。就相关性判断研究而言，绝大部分样本研究都是探索性或描述性的（表 2），表明目前的理解程度还停留在问题概念化和主要现象共识性理解的构建阶段，或者如 P. Ingwersen 等所言，当前的研究策略与问题阐述还存在较大的片面性。

表 2　研究目的相关的策略类型

论文发表时间	研究目的相关的策略			合计	研究类型结构		
	探索性研究	描述性研究	解释性研究		探索性研究占比	描述性研究占比	解释性研究占比
2000 年前	[6]，[44]，[45]，[37]，[11]，[47]，[13]，[40]，[48]，[5]，[14]，[15]，[53]，[52]（合计 14 项）	[4]，[7]，[8]，[36]，[12]，[38]，[39]，[16]，[34]（合计 9 项）	[10]（合计 1 项）	24	58%	38%	4%
2000—2010 年	[9]，[46]，[41]，[17]，[18]，[49]，[50]，[54]，[51]，[19]，[21]，[22]，[23]，[55]，[35]（合计 15 项）	[20]，[24]，[56]，[42]（合计 4 项）		19	79%	21%	0%
2011—2013 年	[43]，[25]，[26]，[27]，[28]，[29]，[30]，[31]，[32]，[58]（合计 10 项）	[57]，[33]（合计 2 项）		12	82%	18%	0%
合计	39	15	1	55	71%	27%	2%

注：表中文献序号按发表年份增序及同一作者文献相对集中的方式综合排列，下同

2.2.2 时间特征相关的策略选择：横向与纵向

纵向研究关注研究对象在较长时期内的变化。具体到相关性判断研究中，一般超过一个检索与相关性判断的会话周期，跨度从数周至数月不等。从数量上分析，样本研究中的横向研究占绝对多数，纵向研究仅发生了 9 项，且主要集中在两个方面：① J. A. Bateman[8]、P. Vakkari 等[9]与 A. R. Taylor 等[20~22,32,33]基于 KulhthauI S P 框架开展的研究，其目的在于探索用户相关性标准与任务完成阶段之间的关系，每项研究均跨多个学期；②TangRong 致力于建立相关性判断行为与"心智模型"之间的关系，所开展的案例研究中被试的两次测量间隔了一个月[37]。

横向研究策略和纵向研究策略分歧的根源在于研究者对相关性判断中认知因素类型和作用的理解不同。横向研究关注会话层次的认知要素，一般位于被试认知结构中的"工作区域"或短时记忆中；纵向研究重点考察被试认知结构中的中、长期性因素，一般位于长时记忆区。显然，横向研究和纵向研究是互补而非竞争关系，因而二者数量的差别似乎应更多地从研究成本角度予以解释：纵向研究的投入远高于横向研究，并且随持续时间的拉长其成本增加更为显著。

2.2.3 研究类型相关的策略选择：实验与调查

研究类型相关的策略选择直接决定了具体的研究方案。对样本研究的观察（表 3）表明，实验类型占据绝对优势（在 51 项研究中出现了 39 次），各种类型调查的数量居于第二位（在 51 项研究中出现了 13 次），案例调查仅出现了 5 次，其目的是探索相关性判断者的认知模型[37]和探索眼动观测技术在相关性判断研究中的适宜性[26]。

表 3 研究类型相关的策略类型

论文发表时间	研究类型				研究类型结构		
	实验性研究	调查性研究	案例等其他类型	合计（项）	实验性研究占比	调查性研究占比	案例等其他类型占比
2000年前	[4]，[7]，[6]，[44]，[36]，[10]，[11]，[12]，[47]，[13]，[38]，[39]，[40]，[48]，[5]，[14]，[15]，[53]，[16]，[34]（合计20项）	[45]，[8]，[15]（合计3项）	[37]，[52]（合计2项）	25	80%	12%	8%
2000—2010年	[9]，[46]，[41]，[18]，[49]，[50]，[54]，[19]，[20]，[21]，[22]，[55]，[23]，[30]（合计14项）	[46]，[41]，[17]，[51]，[24]，[56]，[42]（合计7项）	[35]（合计1项）	22	64%	32%	4%

（续表）

论文发表时间	研究类型				研究类型结构		
	实验性研究	调查性研究	案例等其他类型	合计（项）	实验性研究占比	调查性研究占比	案例等其他类型占比
2011—2013年	[43]，[27]，[29]，[32]，[33]（合计5项）	[57]，[30]，[31]（合计3项）	[25]，[26]，[28]，[58]（合计4项）	12	42%	25%	33%
合计（项）	39	13	7	59	66%	22%	

注：C. Cool 等在其1993年的论文[15]中、Tang Rong 等在其2001年的论文[41]中、Meng Yang 等在其2005年的论文[46]中以及 R. Savolainen 在其2010年的研究[30]中分别描述了实验性研究和调查性研究各1项，因此，表3中将其分别统计入两个类型

实验性研究和调查性研究是目前相关性判断研究中最重要的两个类型，不仅由于数量最多，更重要的是它们产生了典型研究方案或其雏形。在39项实验性研究中可以观察到1个典型的研究方案；在13项调查研究中虽然没有类似发现，但也出现了自然主义探究这一颇具发展潜力的研究方案。

（1）实验性研究策略与典型研究方案。在众多的实验性研究中，K. L. Marglaughlin 等为探索用户相关性判断标准所开展的实验研究在实验设计、程序与操作、数据采集与分析方法等方面颇具代表性[17]。在该实验室实验中，被试群体由12名公开招募的社会科学研究生组成，其遴选方法参照立意抽样。设定情境为学术环境中的网络文献查询，刺激材料为学术论文的书目记录（含全文）。为缩小实验情境与真实情境的差距，所选被试均具备各自的真实任务（例如准备学位论文）。实验主体包括检索前访谈、检索与相关性评估、后访谈等3个阶段。检索前的非结构化访谈力图获取被试当前的研究主题与理解程度、已经开展的相关信息检索、对检索质量与数量的期望和当前研究项目的截止日期等与被试认知特征和情境有关的辅助信息。研究者根据访谈信息为被试检索20篇以上的论文并提交后者进行三值（相关/部分相关/不相关）相关性评估，并要求被试在评估过程中标记影响其判断的段落。被试完成全部文献的评估后即开始非结构化后访谈，主要获取的数据是被试标记特定段落的原因、相关性评估结果的解释等。参考辅助数据对后访谈数据进行归纳性内容分析，最终提取出被试相关性判断的6类共29个标准。

K. L. Marglaughlin 等的实验包括了被试遴选、情境与刺激材料设定、相关性评估行为与过程测量、辅助信息获取以及数据分析等典型相关性判断实验模式的5个主要方面或环节。在实际的操作中，根据研究者目标、策略和可用资源的不同，上述环节或方面均存在丰富与强化的空间。考虑到测量和数据分

析内容的相对独立性，下面仅着重说明"被试遴选"与"情境设定"等环节，"数据采集"和"数据分析"内容在 2.3 与 2.4 章节中另行详述。

在被试遴选方面，研究者们均采用了非概率抽样方法，其中大部分为方便抽样法，主要基于被试的参加意愿；部分研究为立意抽样法，主要基于研究者对问题的理解去选择最具代表性的样本。根据研究问题的不同，样本的数量和构成也有很大的区别。部分实验的被试群体仅有 3～5 人，某些实验则涉及近 20 余人。被试群体的构成主要体现了研究者对用户认知结构多样性（包括教育程度、职业、专业背景）与相关性判断之间关系的理解，例如，L. Schamber 在其 1991 年实验研究中的样本选择[5]。

在情境设定与刺激材料选择方面，学者们普遍认可情境在用户相关性判断中的关键作用，认为情境包括用户面临的任务、信息环境以及物理社会环境等 3 个方面（广义的情境还包括用户本身）。在具体实验设计中，情境一般作为控制变量或自变量出现。前者的典型做法之一是将情境视为随机变量，并一般尽量使其贴近真实情况以追求更高的随机性和研究结果的概推性，例如，L. Schamber 的研究[5]；控制变量的另一个做法是情境变量的常量化，例如，P. Balastsoukas 等[28]为所有被试指定相同的任务或检索主题。相对而言，将情境作为自变量的研究数量较少，目前主要发现 J. A. Bateman[8]、P. Vakkari 等[9]与 A. R. Taylor 等[20]在开展问题解决阶段与相关性判断之间关系研究时采用了这一策略。

刺激材料的选择与研究问题和情境密切相关。绝大部分样本研究均直接选用不同形式的目标信息类型作为刺激材料，例如，学术论文或网页型信息。然而也有研究体现了对信息刺激更为细致的观察，例如，J. W. Janes 等[12]、A. Crystal 等[49]等先后给被试提供文献替代物（书目信息）与文献正文，较好地模拟了真实的文献检索场景；K. L. Maglaughlin[17]等对网页型信息中链接和网页本身的关注则体现了研究者对递增型信息刺激情况的关注。

（2）调查性研究策略与自然主义探究。相对于实验研究，调查的研究策略使用频率较少且相对其他研究类型呈减少趋势（表 3）。此现象与学者的研究重点和探索深度密切相关。早期的相关性判断研究重点在于问题的概念化，主要针对各种情境—用户组合中的相关性判断标准和影响因素的识别与界定。L. Schamber[5]、T. K. Park[45]等开展了多项大规模群体（例如大学师生）的小样本调查研究，力图获取被试认知—情感空间的多角度观察，并借助内容分析等定性方法建构相关判断行为的系统性理解。从研究的结果看，这种策略是卓有成效的——不仅基本上建立了相关性判断的概念模型。相对而言，2000 年之后开展的调查性研究更多地表现为早期调查方法在新的情境－用户组合中的应用，方法的发展非常有限，期间的代表性研究包括 Meng Yang 等[46]、C. Inskip 等[29]针对音乐、口述资料、Web 页面等多种不同于学术论文的"新"信息类型的研究，也包括 C. Papaeconomou 等[23]涉及的日常和职业性网络环境、日常生活环境等新的情境以及小学生[14]、音乐专家[46]、房产购买者[23]等新的用户类型的探索。

调查性研究可进一步分为大样本调查和小样本调查两种类型。大样本调查包括 S. Kim 等[42]、V. T. Burton 等[24]、A. Goodrum 等[57]针对相关性标准、标准的重要性（使用频率）等开展的调查，调查的样本数分别为 465、543、379，主要方法为问卷。小样本调查包括 A. Laplante[31]、R. Savolainen[30]、T. K. Park[45]、L. Westbrook 等[51]的研究，主要针对相关性影响因素和相关性标准识别，调查的样本数为 5～16 人不等，主要方法为开放访谈、半结构访谈、时间线访谈等。从调查的目的和结果分析，大样本调查致力于获取目标群体的整体描述，但其结论往往对情境关注不足，因而深度和可信程度并不充分；相对而言，小样本调查虽然成本更高，但其在自然主义探究和扎根理论等的指导下可以更加深入地探查被试的认知－情感空间以获取更丰富的情境相关数据，因而其结论往往更为深刻、系统和全面。L. Schamber[5]、A. Spink 等[13]开展的小样本调查研究的高引用率可部分地支持这一判断。

在已经开展的各种调查性研究中，自然主义探究是值得关注的一种方法论思想与策略，其典型做法是：①采用立意抽样或类似方法获取更富代表性的样本；②进入（而非设定）目标情境并采用深入访谈等交互性方式获取被试的相关性判断动机与解释；③借助内容分析或扎根理论等定性分析方法获取归纳性的理解与知识；④最终逐渐发展对相关性判断行为的整体理解。尽管只有 T. K. Park[45]、Tang Rong 等[37]和 MengYang 等[46]明确声明其采用了自然主义探究类型，但是从调查设计的思想、方案以及具体测量和分析方法的选取等角度考察，绝大部分小样本类型的调查研究都不同程度地表现出自然主义探究的性质或特征。

（1）自然状态下的调查。这是自然主义探究最为突出的特征，其目的是实现真实无扭曲的观察。几乎所有学者都力图将其研究限定在自然状态或尽最大可能地减少对情境的操控，例如 T. K. Park[45]、A. Spink 等[13]均选择具有真实信息需求的被试，并且调查主要发生在被试的常规活动场所而非实验室或其他设定场景中。

（2）定性研究方法的采用。自然主义研究力图借助定性方法获取和分析数据，以此捕获多层次和多角度的信息。学者们在数据获取阶段主要采用各类访谈方法和观察（录像）方法，在数据分析阶段则普遍采用归纳性内容分析和扎根理论方法（表6）。

（3）立意抽样思想。T. K. Park[45]、Tang Rong 等[37]、Meng Yang 等[46]明确说明了其立意抽样原则，Wang Peiling[36]虽然没有指明具体原则，但其样本的确定无疑遵循了立意抽样的思想。

从自然主义探究的思想和系统化的调查控制策略分析，这一方法可以支持研究者开展更为丰富与深刻的洞察，并特别契合了相关性判断中情境密切相关与主观性资料占比较高等特点，因此，虽然存在投入成本高和对使用者理论水平要求高等不足，但该方法仍有望成为未来调查性研究的重要策略和典型研究方案。

2.3 数据采集

2.3.1 测量对象与采集数据的类型

样本研究在数据采集层面的差异明显小于研究策略层面。一方面，研究策略的不同基本没有影响测量对象的选择和所采集数据的种类——实验性和调查性研究在这两个方面均表现出较高的一致性，主要的区别仅在于后者的观测目标一般集中于被试的主观陈述，因而采集的数据在覆盖度、种类和细节方面弱于实验性研究；另一方面，测量方法的选用与研究策略之间也没有表现出明显的相关关系——很多方法（例如，访谈、调查问卷等）在实验性和调查性研究中均得到了应用。

表 4　测量对象与测量方法

测量对象 测量方法	相关性评估行为	相关性评估行为解释	被试人口学特征与认知特征	情景特征
访谈　自由/半结构/结构化访谈		[4]，[43]，[7]，[6]，[44]，[45]，[37]，[10]，[47]，[13]，[48]，[15]，[53]，[41]，[17]，[51]，[20]，[21]，[27]，[28]，[29]，[30]，[31]，[58]（合计23项）	[4]，[7]，[45]，[36]，[38]，[39]，[48]，[17]，[18]，[49]，[23]，[58]（合计12项）	[4]，[7]，[10]，[45]，[48]（合计5项）
时间线访谈		[46]，[5]（合计2项）		[5]（合计1项）
问卷		[8]，[11]，[12]，[15]，[16]，[41]，[22]，[24]，[56]，[25]，[57]，[32]，[33]，[34]（合计14项）	[11]，[12]，[16]，[17]，[26]，[27]，[28]，[32]，[34]（合计9项）	[25]（合计1项）

（续表）

测量方法＼测量对象	相关性评估行为	相关性评估行为解释	被试人口学特征与认知特征	情景特征
出声思考		［36］，［9］，［37］，［38］，［39］，［14］，［18］，［49］，［54］，［19］，［23］，［26］，［27］，［28］，［35］（合计15项）		
眼动	［23］，［26］，［27］，［28］（合计4项）			
录音/录像	［50］，［49］，［51］，［25］（合计4项）			
日志	［9］，［13］（合计2项）			
刺激物标记	［37］，［47］，［16］，［49］，［29］（合计5项）			
小计（项）	15	55	21	7
合计（项）	91	7		

注：由于数据采集环节描述不充分或未采用表中所列研究方法，本分析未将于春等［55］、D. L. Howard［40］、T. K. Park［52］的研究予以纳入。同时，文献［49］、［27］、［28］分别涉及了4种不同的方法，文献［4］、［7］、［45］、［37］、［48］、［16］、［17］、［23］、［25］、［26］等分别涉及了3种不同的方法，文献［36］、［9］、［10］、［11］、［12］、［47］、［13］、［38］、［39］、［5］、［15］、［41］、［18］、［51］、［29］、［32］、［58］、［34］等分别涉及了两种不同的方法，均在相应的类型中进行了多次统计

如表4所示，55项样本研究中的测量对象主要是被试的相关性评估行为及其解释，由此获取的数据包括相关性评估结果、评估行为（例如，［49］实验中对被试评估行为的全程录像）及其痕迹（例如，［12］和［29］实验中被试在文献上有助于其做出判断的段落上做出的纸面或电子的标记和［27］实验中记录的被试眼动数据）以及被试对评估行为动机的认知－情感解释（通过出声思考等主动形式或者是深度访谈等交互形式）。除上述基本数据外，某些研究还力图获取评估相关的更为详细的信息，这些辅助性的数据包括被试的年龄、职业、教育背景、对当前问题的理解等人口统计学和认知特征，以及被试面临的问题及其进展等情境信息。

2.3.2 数据采集策略

数据采集策略是研究设计的重要内容。根据被试相关性评估行为及其解释发生的同步与否，研究人员分别采用了即时（或并发［38］）和回溯两种不同的策略（表5）：即时策略力求在相关性评估行为发生的同时获取被试的解释，

回溯策略则在评估结束后（从若干分钟直至若干月，后者往往发生在调查性研究中）由被试通过回忆阐述其相关性评估行为的认知情感动机。两种策略各有优劣：即时策略的情境现时性好，但是被试往往需要接受特定方法的培训，同时也可能存在时间压力的影响。回溯策略中被试的时间压力和培训成本小，但是往往需要通过时间线[59]、标记物[16]等"重建"情境，同时也容易受到学习和遗忘等因素的影响。

表 5　测量策略

研究类型	即时测量策略	回溯测量策略
实验性研究	[36]，[9]，[10]，[11]，[12]，[13]，[38]，[39]，[14]，[16]，[41]，[18]，[49]，[50]，[54]，[19]，[21]，[23]，[27]，[29]，[34]（合计 21 项）	[4]，[43]，[7]，[44]，[46]，[47]，[48]，[5]，[15]，[17]，[20]，[22]，[32]，[33]（合计 14 项）
调查性研究		[6]，[45]，[8]，[15]，[41]，[51]，[24]，[56]，[57]，[30]，[31]（合计 11 项）
其他类型研究	[37]，[26]，[28]，[58]（合计 4 项）	[25]（合计 1 项）
合计（项）	25	26

注：C. Cool 等[15]与 Tang Rong 等[41]开展的研究中包括调查和实验类型各一项，因此，分别统计进入不同类型。L. Schamber 等[53]、S. Kim 等[42]与 D. L. Howard[40]、于春等[55]、Wang Peiling[35]、T. K. Park 等[52]开展的研究中不涉及相关性判断行为或缺乏相关细节，因此，未被列入分析

数据采集的另一个重要策略选择是三角测量的采用与否。借助不同方法对同一测量对象开展不同角度的观察可有效地构成三角测量，从而增加数据的可靠性和信度。从已有研究观察，采用一种以上测量方法获得相关性评估基本数据和辅助数据的实验已经日渐流行，比较典型的是 P. Balatsoukas[27]等分别采用了眼动测量、出声思考、评估后访谈等 3 种方法采集数据，以及 K. L. Maglaughlin[17]在其研究中借助评估后访谈和事前访谈构成了观测三角。

2.3.3　数据采集方法

在过去 50 年间，相关性判断研究中的数据采集方法在种类和使用等方面表现了较高的稳定性——问卷调查、访谈、出声思考等传统的方法在不同的情境中被反复地单独或组合使用。这种稳定性可能表明相关性判断研究在数据采集方面的成熟性，然而由于传统方法普遍存在的介入性和主观性等局限，它更可能是测量方法发展进入瓶颈期的标志。P. Ingwersen 认为只有加大被试数量才能弱化测量方法的介入性对实验对象和采集数据的影响[1]，然而现有实验性研究中的被试数量基本位于 5～16，显然难以满足大样本的要求。此外，现有方法还普遍依赖被试的主观陈述，客观性的采集手段非常匮乏。传统方法的介

入性与主观性形成了目前数据采集方法的局限和隐忧。

在这种情况下，眼动观测技术的引入成为值得关注的重要发展。较早的报道来自 C. Papaeconomou 等在 2008 年开展的相关性标准研究[23]。研究者们使用眼动追踪技术获取了被试在刺激材料（网页）上的视觉热点数据，并将其与相关性评估行为和认知解释等共同纳入分析。随后 P. Balatsoukas 等在 2012 年的研究[27]中提出了一种基于眼动观测技术的更为系统的测量方案：源自被试眼动追踪的注视点、注视时间以及眼动轨迹等 3 类数据，同评估过程中的出声思考数据以及评估后的访谈数据共同构成了彼此澄清的数据。同时，该研究表明，平均注视频率与注视时间同相关性标准存在统计上的正相关关系，相关性标准使用与注视模式之间存在关联等[26~27]。这些发现首次明确地从方法论角度触及了眼动观测技术的适宜性和有效性。

分析眼动观测技术的应用案例可知，研究者在某种程度上将其作为一种更为客观、高效、更详细与更准确的新的标记手段（可简略地类比于被试的纸面标记[47,49]），因而眼动观测总是与出声思考或事后访谈等方法构成三角测量以提供更丰富的数据。P. Balatsoukas 认为眼动观测技术的优势在于获取客观、实时的数据，并为建立视觉搜索行为与个体认知过程之间的关系提供可能[27]。如果考虑到该技术在人机交互等领域的表现，眼动追踪完全有可能成为相关性判断研究中发展迅速的观测方法。

2.4 数据分析

样本研究在数据分析的方法选择和具体使用上表现了较高的集中度和稳定性。表 6 统计了涉及数据分析的 52 项样本研究，除 16 项研究中采用了描述性统计分析等定量方法外，其余 36 项研究均采用了内容分析或扎根理论等定性分析方法，其中内容分析又可进一步分为预定义编码（13 项）、归纳性编码（17 项）和探索性编码（4 项）等类型。L. Schamber 等学者认为归纳性或探索性内容分析方法非常适于分析用户在不同情景中的感知，因而对于相关性判断研究具有良好的适宜性[59]。P. Ingwersen 认为归纳性内容分析可以通过分析信息查询中的访谈类数据帮助研究者了解用户在不同情景中的认知过程[1]。除对内容分析方法（特别是归纳性内容分析）的一致性认可和使用外，第二个值得关注的现象是多项数据综合分析策略的应用不断增多。WangPeiling 等[36,38~39]、P. Vakkari 等[9]、K. Maglaughlin 等[17]、P. Balatsoukas 等[26~27]、C. Papaeconomou 等[23]均在其研究中综合了出声访谈、事前访谈、全程录像（眼动观测）与调查问卷等多来源的数据开展分析。这一现象同样与相关性判断的情境相关性有关——只有尽可能获取更多信息以使分析始终位于目标情境中的研究才有意义。L. Schamber 在其专门探讨研究方法的论文中也表达了近似的观点[59]。

表 6 数据分析方法与策略

特征\数据分析方法	编码类型			小计（项）
	预定义编码	探索式编码	归纳式编码	
内容分析	[8]，[9]，[37]，[49]，[50]，[19]，[20]，[21]，[23]，[26]，[27]，[28]，[30]（合计13项）	[51]，[54]，[42]，[29]（合计4项）	[43]，[6]，[44]，[45]，[36]，[46]，[47]，[38]，[39]，[48]，[5]，[14]，[15]，[41]，[17]，[31]，[52]（合计17项）	34
扎根理论	[46]，[18]，[58]（合计3项）			3
其他：描述性统计等	[4]，[7]，[10]，[11]，[12]，[13]，[16]，[22]，[55]，[24]，[56]，[25]，[57]，[32]，[33]，[34]（合计16项）			16
小计（项）	53			

注：Meng Yang 的研究[46]同时采用了内容分析和扎根理论方法。L. Schamber 等[53]、D. L. Howard[40]、Wang Peiling[35]开展的研究中不涉及分析方法或缺乏相关细节，因此，未将其纳入分析

表 6 同时显示，扎根理论方法也在 3 项研究中被使用。严格的说，虽然本文和部分学者[1,61]均将其视为一种分析方法，但其事实上是一种综合的系统性研究策略，其核心是强调从数据中衍生理论而非验证既有理论。扎根理论倡导的分析方法涵盖了样本生成、初始编码、聚焦编码、轴心编码与理论编码等环节，并强调了编码的开放性和数据分析与数据采集的互馈。另一方面，作为系统性、完整性与规范性的代价，扎根理论方法也存在工作强度大等不足，同时对研究人员的理论敏感性和分析能力也提出了更高的要求。这可能是目前该方法在相关性判断研究中没有得到更多应用的重要原因之一。

表 6 没有体现内容分析方法与扎根理论方法劳动强度过大的弱点。尽管目前已经存在多个半自动或自动化软件工具，但是由于涉及语言（特别是汉语等复杂或不常涉及的语种）处理，需要大量人类智能的投入。另外，由于相关性判断与情境的密切关联，已有的各种编码系统的共享程度非常低。语言处理能力不足和已有编码共享程度低等因素是两种方法劳动强度大的重要原因，D. O. Case 在其信息行为研究的专著中也谈及了这一局限[60]。

3 认知导向相关性判断研究方法框架及其驱动力和未来发展分析

3.1 认知导向的用户相关性判断研究方法框架

对样本文献的综述展示了目前用户相关性判断研究在方法层面的诸多共性和规律性的观点与做法，这些共识以相关性判断的情境依赖性等3项方法原则为核心，纵向上涵盖方法论思想、研究策略、具体研究方案设计等层次，横向上涉及样本选取、测量与分析策略等关键环节，在结构上形成了一个具有较强参考意义的方法框架（图1）。同时，由于方法论思想所表现出的鲜明的认知特征，该方法框架又具有了明确的认知导向性质。

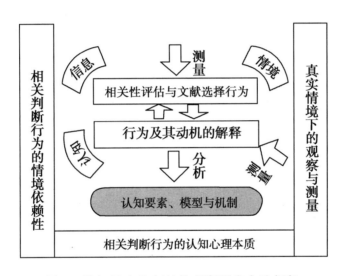

图 1   认知导向的相关性判断研究方法框架

在方法论思想层面，框架内的各类研究方案普遍遵从3个认知心理学范畴的原则，即用户相关性判断行为的情境依赖性、相关性判断行为的认知主因以及追求在真实情境设定下开展观察与测量。在上述原则中，情境是一个包括认知行动者个体、个体所处外部社会－物理环境（重点是信息环境）、个体的内部环境[6]（源自个体对外部环境的感知）等内容的关键要素，是除了目标信息刺激外被试接收到的其他各种刺激的综合，同时也是被试相关判断行为及其动机解释发生的容器。可以观察到的一个明显趋势是研究者们日益重视情境在相关性判断中的作用，并在研究中发展了事前、事后访谈等多种方法获取情境信息。相关性判断行为的认知主因源自学者们对相关性判断中认知因素核心作用的理解，即具备刺激反应特征的相关判断行为主要被认为是一个认知心理现象，相关的研究方法也应集中在认知心理类数据的采集与分析方面。追求在真实情境、真实用户以及真实需求等"真实"设定中开展研究是影响很广的方法论原则，无论是开展调查还是试验，研究者均力图减少对情境、被试和过程的干扰，在实践中则表现为自然主义调查和围绕被试的真实需求开展实验等策略。

在研究策略和典型研究模式层面，方法框架主要表现为探索和描述性研究占优、解释性研究比例小；在时间维度上表现为横向研究占优、纵向研究占比低；在研究类型上主要表现为实验性研究占优、调查和案例等类型比重小。相对于方法论思想层面，研究策略选择中的认知色彩相对淡薄，但参考心理学其他领域的研究发展可以发现，实验性研究类型占比增大是研究方法逐渐系统化的重要标志，而以 K. L. Maglaughlin、P. Balatsoukas 等提出的研究方案为代表的典型实验的出现进一步明确了这一趋势。

具体到测量方法和数据分析方法选用层面，框架中的方案具有两个突出特点：首先是以相关判断行为的系统化、多角度观测为核心的三角测量，眼动观测技术的引入进一步提高了测量的客观性、系统性和准确性；其次是以归纳性内容分析为主体的多种数据分析方法的综合运用，有效地表明了多数据综合分析模式对于析取认知行动者个体认知情感要素（相关性标准或影响因素等）及其作用机制的适宜性，为后续研究提供了相对坚实的方法选用依据。

3.2 认知导向方法框架形成发展的驱动力与发展趋势分析

该方法框架在各个方面均存在鲜明的认知特征，追踪这些特征可以发现认知思想在其形成和发展过程中的关键作用——它一方面激发了学者们更多地运用认知－情感要素解释相关性判断行为，从而直接促成了方法框架的形成；同时还引入了眼动追踪等认知心理学研究方法和手段，进一步丰富和发展了该框架。从研究发展的趋势分析，这些直接与间接的驱动力仍将在未来的研究中发挥作用，并将推动研究方法框架向更系统、更细致与更完善的方向发展。

首先，随着对情境（刺激）—认知结构—相关性判断三者之间关系的理解更加深入，学者们将发现更多用以测量 3 类要素及其关系的操作变量和方法，从而开展更多的解释性研究，并最终推动相关性判断研究方法从目前以描述性为主的阶段向以解释性为主的阶段发展。由此，实验性研究的比重将不断提高，研究方法框架也将更为系统、精细和规范。

其次，人们将持续地拓展研究视野，更多的情境－用户组合将被讨论——可能的目标包括日常生活情境、科学数据等新的信息类型以及学术和专业领域之外的用户群体等。由此，尽管整体上数量仍将少于实验性研究，但调查性研究的价值依然存在，并有望在自然主义探究等方面取得进展。

最后，从研究方法自身发展的角度，现有研究方法在介入性、主观性等方面的不足也将得到重视和改善，包括寻找更为客观和精确的数据采集与分析方法和发展更为成熟精密的实验模式等。前期研究已经在这一方向有所收获，未来这一方向上很可能将持续发展。

4   结论

通过分析 55 项具有代表性的用户相关性判断研究文献，本文提出一个认知导向的相关性判断研究方法框架。该框架来源于学者们对于相关性判断的共同理解，并反映了信息查询与检索领域中认知思想发展对相关性判断研究方法的影响。框架以相关性判断的情境依赖性、判断行为的认知主因以及在真实情境设定中开展研究等 3 项方法论观点为核心，纵向上涵盖方法论思想、研究策略、具体研究方案设计等层次，横向上涉及样本选取、测量与分析策略等关键环节。本文认为曾经驱动该框架产生和发展的认知思想仍将发挥积极作用，并借由人们对相关性判断理解的加深来推动该方法框架的进一步发展。

参考文献

[1] Ingwersen P，Jarvelin K. The Turn：Integration of Information Seeking and Retrieval in Context（The Information Retrieval Series）[M]. New York：Springer-Verlag，Inc.，2005.

[2] Robertson S E，Hancock-Beaulieu M M. On the evaluation of IR systems [J]. Information Processing & Management，1992，28（4）：457-466.

[3] Cuadra C A，Katter R V. Opening the black box of 'relevance' [J]. Journal of Documentation，1967，23（4）：291-303.

[4] Rees A M，Schultz D G. A field experimental approach to the study of relevance assessments in relation to document searching [R]. Cleveland：Case Western Reserve University，1967.

[5] Schamber L. Users' criteria for evaluation in multimedia information seeking and use situations [D]. New York：Syracuse University，1991.

[6] Park T K. The nature of relevance in information retrieval：An empirical study [J]. The Library Quarterly，1993，63（3）：318-351.

[7] Cuadra C A. Experimental Studies of Relevance Judgments. Final Report. volume 1：

Project summary. [M]. System Development Corporation, 1967.

[8] Bateman J A. Modeling changes in end-user relevance criteria: An information seeking study [D]. Texas: University of North Texas, May, 1998.

[9] Vakkari P, Hakala N. Changes in relevance criteria and problem stages in task performance [J]. Journal of Documentation, 2000, 56 (5): 540-562.

[10] Eisenberg M, Barry C. Order effects: A study of the possible influence of presentation order on user judgments of document relevance [J]. Journal of the American Society for Information Science, 1988, 39 (5): 293-300.

[11] Janes J W, McKinney R. Relevance judgments of actual users and secondary judges: A comparative study [J]. The Library Quarterly, 1992, 62 (2): 150-168.

[12] Janes J W. Other people's judgments: a comparison of users' and others' judgments of document relevance, topicality, and utility [J]. Journal of the American Society for Information Science, 1994, 45 (3): 160-171.

[13] Spink A, Greisdorf H, Bateman J. Examining Different Regions of Relevance: From Highly Relevant to Not Relevant [C] // Proceedings of the ASIS Annual Meeting. USA: American Society for Information Science and Technology, 1998: 3-12.

[14] Hirsh S G. Children's relevance criteria and information seeking on electronic resources [J]. Journal of the American Society for Information Science, 1999, 50 (14): 1 265-1 283.

[15] Cool C, Belkin N, Frieder O et al. Characteristics of text affecting relevance judgments [C] // Proceedings of the 14th National Online Meeting. EUROPE: Learned Information LTD, 1993: 77-77.

[16] Janes J W. Relevance judgments and the incremental presentation of document representations [J]. Information Processing & Management, 1991, 27 (6): 629-646.

[17] Maglaughlin K L, Sonnenwald D H. User perspectives on relevance criteria: A comparison among relevant, partially relevant, and not-relevant judgments [J]. Journal of the American Society for information Science and Technology, 2002, 53 (5): 327-342.

[18] Sedghi S, Sanderson Mand Clough P. A study on the relevance criteria for medical images [J]. Pattern Recognition Letters, 2008, 29 (15): 2 046-2 057.

[19] Savolainen R, Kari J. User-defined relevance criteria in web searching [J]. Journal of Documentation, 2006, 62 (6): 685-707.

[20] Taylor A R, Cool C, Belkin N J et al. Relationships between categories of relevance criteria and stage in task completion [J]. Information Processing & Management, 2007, 43 (4): 1 071-1 084.

［21］ Taylor A. Relevance Criterion Choices in Relation to Search Progress ［D］. New Brunswick：Rutgers University，2008.

［22］ Taylor A，Zhang X，Amadio W J. Examination of relevance criteria choices and the information search process ［J］. Journal of Documentation，2009，65（5）：719-744.

［23］ Papaeconomou C，Zijlema A F，Ingwersen P. Searchers' relevance judgments and criteria in evaluating web pages in a learning style perspective ［C］// Proceedings of the second international symposium on Information interaction in context. Texas：ACM，2008：123-132.

［24］ Burton V T，Chadwick S A. Investigating the practices of student researchers：Patterns of use and criteria for use of Internet and library sources ［J］. Computers and Composition，2000，17（3）：309-328.

［25］ A Hamid R，Thom J. Criteria that have an effect on users while making image relevance judgements ［C］// Fifteenth Australasian Document Computing Symposium. Melbourne：School of Computer Science and IT，RMIT University，2010：1-8.

［26］ Balatsoukas P，Ruthven I. What eyes can tell about the use of relevance criteria during predictive relevance judgment? ［C］// Proceedings of the third symposium on Information interaction in context. Texas：ACM，2010：389-394.

［27］ Balatsoukas P，Ruthven I. An eye-tracking approach to the analysis of relevance judgments on the Web：The case of Google search engine ［J］. Journal of the American Society for information Science and Technology，2012，63（9）：1 728-1 746.

［28］ Balatsoukas P，RuthvenI. The use of relevance criteria during predictive judgment：an eye tracking approach ［J］. Proceedings of the American Society for Information Science and Technology，2010，47（1）：1-10.

［29］ Inskip C，MacFarlane A，Rafferty P. Creative professional users' musical relevance criteria ［J］. Journal of Information Science，2010，36（4）：517-529.

［30］ Savolainen R. Source preference criteria in the context of everyday projects：Relevance judgments made by prospective home buyers ［J］. Journal of Documentation，2010，66（1）：70-92.

［31］ Laplante A. Users' Relevance Criteria in Music Retrieval in Everyday Life：An Exploratory Study ［C］// 11th International Society for Music Information Retrieval Conference. Netherlands：ISMIR，2010：601-606.

［32］ Taylor A. User relevance criteria choices and the information search process ［J］. Information Processing & Management，2012，48（1）：136-153.

[33] Taylor A. Examination of work task and criteria choices for the relevance judgment process [J]. Journal of Documentation，2013，69（4）：523-544.

[34] Janes J W. The binary nature of continuous relevance judgments：A study of users'perceptions [J]. Journal of the American Society for Information Science，1991，42（10）：754-756.

[35] Wang P. Contextualizing user relevance criteria：a meta-ethnographic approach to user-centered relevance studies [C] // Proceedings of the third symposium on Information interaction in context. Texas：ACM，2010：293-298.

[36] Wang P. A cognitive model of document selection of real users of information retrieval systems [M]. College Park：University of Maryland at College Park，1994.

[37] Tang R，Solomon P. Toward an understanding of the dynamics of relevance judgment：An analysis of one person's search behavior [J]. Information Processing & Management，1998，34（2）：237-256.

[38] Wang P，Soergel D. A cognitive model of document use during a research project. Study I. Document selection [J]. Journal of the American Society for Information Science，1998，49（2）：115-133.

[39] Wang P，White M D. A Cognitive Model of Document Use during a Research Project. Study Ⅱ. Decisions at the Reading and Citing Stages [J]. Journal of the American Society for Information Science，1999，50（2）：98-114.

[40] Howard D L. Pertinence as reflected in personal constructs [J]. Journal of the American Society for Information Science，1994，45（3）：172-185.

[41] Tang R，Solomon P. Use of relevance criteria across stages of document evaluation：on the complementarity of experimental and naturalistic studies [J]. Journal of the American Society for information Science and Technology，2001，52（8）：676-685.

[42] Kim S，Oh J S，Oh S. Best-answer selection criteria in a social Q&A site from the user-oriented relevance perspective [J]. Proceedings of the American Society for Information Science and Technology，2007，44（1）：1-15.

[43] 成颖. 信息检索相关性判据及应用研究 [D]. 南京：南京大学，2011.

[44] Barry C L. The identification of user criteria of relevance and document characteristics：Beyond the topical approach to information retrieval [D]. New York：Syracuse University，1993.

[45] Park T K. The nature of relevance in information retrieval：An empirical study [J]. The Library Quarterly，1993，63（3）：318-351.

[46] Meng Y，M G. Exploring users' video relevance criteria-A pilot study [C] // Proceedings of the American Society for Information Science and Technology. USA：American Society for Information Science and Technology，2004：229-238.

[47] Barry C L. User-defined relevance criteria：an exploratory study ［J］. JASIS，1994，45（3）：149-159.

[48] Nilan M S，PeekR P，Snyder H W. A methodology for tapping user evaluation behaviors：An exploration of users' strategy，source and information evaluating ［C］// Proceedings of the 51st Annual Meeting of the American Society for Information Science. Atlanta：American Society for Information Science and Technology，1988：152-159.

[49] Crystal A，Greenberg J. Relevance criteria identified by health information users during web searches ［J］. Journal of the American Society for information Science and Technology，2006，57（10）：1 368-1 382.

[50] Lawley K N，Soergel Dand HuangX. Relevance criteria used by teachers in selecting oral history materials ［J］. Proceedings of the American Society for Information Science and Technology，2005，42（1）：421-448.

[51] Westbrook L. Faculty relevance criteria：Internalized user needs ［J］. Library trends，2001，50（2）：197-206.

[52] Park T K. Toward a theory of user-based relevance：A call for a new paradigm of inquiry ［J］. Journal of the American Society for Information Science，1994，45（3）：135-141.

[53] Schamber L，Bateman J. User criteria in relevance evaluation：Toward development of a measurement scale ［C］// Proceedings of the Annual Meeting - American Society for Information Science. USA：American Society for Information Science and Technology，1996：218-225.

[54] Tombros A，Ruthven Iand JoseJ M. Searchers' criteria for assessing web pages ［C］// Proceedings of the 26th annual international ACM SIGIR conference on Research and development in informaion retrieval. Texas：ACM，2003：385-386.

[55] 于春，彭爱东，王波，等. 信息用户对信息检索相关性判断的因素分析 ［J］. 图书情报工作，2009（3）：103-107.

[56] Barnes M D，Penrod C，Neiger B L，et al. Measuring the relevance of evaluation criteria among health information seekers on the Internet ［J］. Journal of health psychology，2003，8（1）：71-82.

[57] Goodrum A，Pope R，Godo E et al. Newsblog relevance：Applying relevance criteria to news-related blogs ［J］. Proceedings of the American Society for Information Science and Technology，2010，47（1）：1-2.

[58] 童迎，李鹏，夏慧. 合作信息查寻与检索相关性判据的探索性因子分析 ［J］. 图书情报工作，2013，57（19）：30-36.

[59] Schamber L. Time-line interviews and inductive content analysis：their effectiveness

for exploring cognitive behaviors [J]. Journal of the American Society for Information Science，2000，51（8）：734-744.

[60] Case D O. Looking for information：A survey of research on information seeking，needs and behavior [M]. United Kingdom：Emerald Group Publishing，2012.

2.4 GHz 无线信道在苹果园中的衰减模型[*]

An Attenuation Model for 2.4GHz Wireless Channel in Apple Orchards

郭秀明[1,2][**]　　周国民[1]　　赵春江[2][***]　　王衍安[3]

Guo Xiuming, Zhou Guomin, Zhao Chunjiang, Wang Yan'an

(1. 中国农业科学院农业信息研究所，北京　100081；

2. 国家农业信息化工程技术研究中心，北京　100097；

3. 山东农业大学生命科学学院，泰安　271018)

摘　要： 为解决苹果园中无线传感器网络的规划和部署问题，研究 2.4GHz 无线信道在苹果园中的传播特性。在山东省肥城市普通的苹果园进行实地试验。选取对信号传播影响最大的一列果树，发射天线固定在两棵树之间发射信号，分别测量 6 个高度 18 个位置点的接收信号强度和丢包率。回归分析结果表明：无论发射天线多高，不同水平高度上的接收信号强度衰减均符合对数路径损耗模型，拟合的决定系数为 0.927～0.987。发射天线高度不变时，衰减系数 n 值能用接收天线高度的二次函数曲线拟合，拟合的决定系数为 0.71～0.89；模型参数 A 和接收天线高度符合线性关系，拟合的 RMSE 为 0.2～1.2。建立以发射天线高度、接收天线高度和传播距离为参数的衰减模型并进行验证试验，结果表明：RMSE 为 2～5，94% 的 R^2 值大于 0.9，预测模型能较好的估算收发天线高度不同时的信号强度损耗。

关键词： 无线网络；信号衰减；2.4GHz 无线信道；苹果园

中图分类号： S126　　**文章编号：** 1007-4333（2014）06-0179-09

文献标志码： A

---

* 基金项目：国家"863"计划课题（2013AA102405）

** 第一作者：郭秀明，助理研究员，博士，主要从事物联网在农业应用中的关键技术及无线射频信号传播特性研究。E-mail：guoxiuming@caas.cn

*** 通讯作者：赵春江，研究员，博士生导师，主要从事农业信息化技术研究。E-mail：zhaocj@ner-cita.org.cn

无线传感器网络（WSN）是继计算机、互联网与移动通信网之后的又一次信息产业浪潮，具有广泛的发展前景。WSN 已被越来越多地应用到农业环境监测与远程控制[1~5]。WSN 通过传感技术采集农田环境中的参数数据，经由多跳路由将信息传输至用于终端，用户能实时、准确地查看农田环境的信息。依据采集数据，制定和执行合理的措施以提高农业生产水平。同时，用户只需轻触鼠标即可实现农田中设备的操控。WSN 将为农业生产提供革命性的变化[6~11]。WSN 节点之间通过无线信道交换信息，受障碍物及空气中粉尘颗粒的影响，无线电波在传播过程中会发生散射、反射和衍射等物理现象，从而导致能量衰减[12,13]。农业生产环境对信号传播的影响因素较多，不同的地势、天气的变化[14~17]，多样的植被种类等都会影响无线信号的传播。研究无线信号在不同农业环境中的传播特性具有现实意义[18]。

对农业环境中无线电波的传播特性的研究较多。植被种类不同，对信号传播的影响不同。已有众多学者研究无线信号在不同植被种类中的传播特性，涉及的植被种类有小麦[19]、柑橘园[20]、椰枣[21]、榴莲[22]等，农田环境复杂，对无线信号传播的影响因素较多。已有研究关注影响信号传播的不同的影响因素：植被的不同生长阶段[19]、天线高度[19,20]、植被深度[20]、地面的影响[23]等。频段也是信号传播的一个重要因素，许多研究者研究不同频段信号的传播规律，包括 2.4GHz[19]、433MHz[20]、2.1GHz[21]、5.8GHz[22] 及超高频和甚高频[23]等。已有研究较多关注数十米高的树木，如椰枣和榴莲，苹果树只有约 3m 高，为灌木科。我国是苹果生产大国，研究 2.4GHz 无线信道在苹果园中的传播特性能为苹果园中无线传感器网络的应用提供技术支持。已有研究较多关注无线信号在水平方向的传播规律，而在实际应用中为采集某个特定位置的参数，可能须将节点放在选定的位置，天线可能不在同一高度。

苹果园中的果树本身是影响信号传播的主要原因，不同的苹果园环境对信号的影响具有共性。苹果园中，果树均成行成列有规律地分布。在水平方向可以划分为 3 层：树干层、果树冠层及果树冠层顶层。在果树树干层，树干的直径较小，可以认为信号在视距范围内传播。在果树冠层，由于枝叶的影响，信号在传播过程中会发生散射而造成能量损耗，在冠层中心高度位置最为明显。在冠层顶部及以上，信号传播受果树的影响最小。同时，苹果园的果树具有相似的行间距、列间距、树高。这些为 2.4GHz 无线信道在苹果园中的传播特性研究的可行性提供依据。

本研究拟采用试验和回归分析方法，研究收发天线高度不同时 2.4GHz 在苹果园中的传播特性，建立以收发天线高度及传播距离为参数的模型，以期为

WSN 在果园应用时的节点部署和网络规划提供支持。

1 材料与方法

试验果园位于山东省肥城市潮泉镇下寨村（116°50′22″E，36°14′01″N）。果园长×宽约为 80m×30m，树龄为 11 年。主栽品种为富士和嘎啦，株行距为 3m×5m，树高约 3m。果树树干高约 0.5m，树形为纺锤形。选取 5 月 23～25 日进行试验。此时果树开始结果，苹果直径约 25mm。

试验选用 WSN 在中国应用时最多采用的 2.4GHz 频段。使用 IRIS 无线传感器节点，接收信号强度（received signal strength index，RSSI）灵敏度为 −91dBm[24]。接收端由 IRIS 节点和 MIB520CB 网关连接组成。IRIS 节点和 MIB520CB 网关均由美国的 CrossBow 公司生产。笔记本电脑通过 RS232 串口与 MIB520CB 网关交换信息。笔记本电脑安装的 TI 公司的抓包工具 Packet Sniffer 软件通过串口接收网关节点发来的数据包，计算其 RSSI 并存储在 Excel 文件中。

选取果园中长势较均匀的一列果树，发射节点固定在选定的两棵树之间发射信号，高度调整为 0.5m。接收节点依次在 0.5m、1.0m、1.5m、2.0m、2.5m 和 3.0m 6 个高度层 18 个位置点接收信号并计算接收信号强度和丢包率。以 0.5m 为间隔重复同样的试验直到发射节点的高度为 3.0m。本试验中发射节点的发射功率固定为 0dBm，使用全向天线，天线增益为 3dBi[24]。考虑到实际应用中天线大多与地面垂直，测量时发射和接收天线均保持与地面垂直。图 1 为试验方法示意图，为清晰起见，只展示了发射天线高 1.5m 时 5 个位置点的情况。

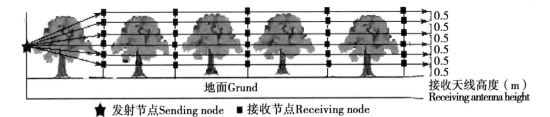

图 1 试验设计方案

Fig.1 Experimental pla

2 结果与分析

2.1 试验结果

发射天线距地面高度 h_s 分别为 0.5m、1.0m、1.5m、2.0m、2.5m 和 3.0m 的 6 个高度时，分别在 0.5m、1.0m、1.5m、2.0m、2.5m 和 3.0m 6 个水平高度与发射节点相隔 1、2…，直至 18 棵树的 18 个位置点接收信号并计算平均接收信号强度 RSSI 值（图 2）。

无论发射节点高度是多少，在每个高度上，随着收发天线间水平距离的增加 RSSI 均呈递减趋势，直至 RSSI 灵敏度 -91dBm。距离较小时，RSSI 减小的速度较快。随着距离的增大，衰减速率减缓直至为 0。发射天线高度 h_s 在冠层中部 1.0～2.0m 处，信号强度总体衰减较快，1.0m 和 1.5m 处尤为明显。h_s 为 0.5m 及大于 2.5m 时，信号强度衰减较慢，这是因为冠层中部枝叶较为茂密，而 0.5m 处主要为果树的枝干，2.5m 及以上为冠层的顶部，枝叶都相对稀疏，没有厚密枝叶的影响，信号衰减较慢。还有，无论发射天线多高，信号强度总是在 2.0m 高处衰减最快。这是因为高 2.0m 处为果树冠层最为中心的位置，此处枝叶最为茂密。图 3 为不同发射天线高度和接收天线高度组合下，RSSI 衰减至接收灵敏度 -91dBm 时收发节点间的水平距离。

发射天线高度为 1.0m 和 1.5m 时，信号较快衰减至 -91dBm，传播距离约为 25m。发射天线和接收天线高为 2.5m 或 3.0m 时，信号在 65m 处还未衰减至 -91dBm，传播的距离最远。无论发射天线多高，接收天线高度总是在 0.5m 或者 3.0m 时射频信号传播的距离最远。发射天线高度为 0.5m、1.0m 和 1.5m 时，接收天线高为 0.5m 时传播的距离最远。发射天线高度为 2.0m、2.5m 和 3.0m 时，接收天线高为 3.0m 时传播的距离最远。

丢包率 PLR（Packet loss rate，PLR）是评价 WSN 性能和信号优劣的重要指标，计算公式为

$$PLR = (n_s - n_r) / n_s \times 100\% \qquad (1)$$

式中 n_s 和 n_r 分别表示发射节点发出包的总数目和接收节点接收到包的数目。发射天线高 1.5m 时，无论接收天线多高，传播距离大于 40m 时都会发生丢包现象，丢包率最严重。其次为发射天线高度为 1.0m、2.0m 和 0.5m 时。发射天线高度为 2.5m 时的丢包现象较轻微，只有接收天线高 1.0 和 1.5m 时候的丢包现象较严重。发射节点高 3.0m 时，丢包现象最轻微，即使在试验最远 63m 处，丢包率也没有达到 100%。发射天线为 0.5m、1.0m、

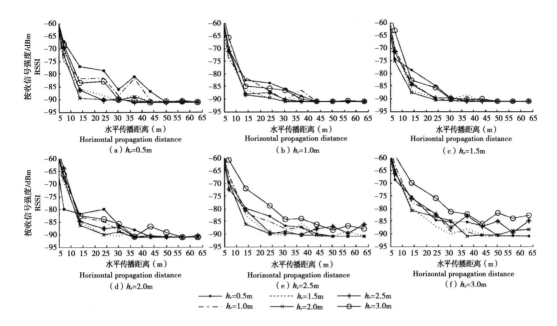

图 2　不同发射天线高度 h_s 和接收天线高度 h_r 下的接收信号强度

Fig. 2　RSSIs at different horizontal distance points under different combinations of sending and receiving antenna heights

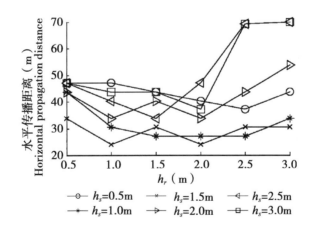

图 3　不同发射天线高度 h_s 下水平传播距离随接收天线高度 h_r 的变化

Fig. 3　Graph of the horizontal distance varied with receiving antenna heights h_r under different sending antenna heights h_s

1.5m 和 2.0m 时，接收天线高度都是在 2.0m 或 1.5m 时的丢包现象较先发生且较严重，3.0m 时的丢包较轻微。

2.2 回归分析结果

2.2.1 对数距离路径损耗模型

农业和林业的很多环境中，路径损耗都能用对数距离路径损耗模型预测[19,20,25,26]，即

$$P_L = 10n \lg d \qquad (2)$$

式中：P_L 为路径损耗，dB；d 为传播距离，m；n 为衰减系数，n 值大小反映信号强度随传播距离增加而衰减的速度，与传播环境相关；P_L 为发射信号强度 A 与接收信号强度 P_R 之差，A 选取为距离发射点 1m 处的信号强度，dBm。为了预测 P_R 需计算 A 和 n 的值。

采用最小二乘法的曲线拟合方法，得出不同发射天线高度和接收天线高度组合下，RSSI 衰减至接收灵敏度之前各参数的拟合值和 R^2 见表1。拟合的相关系数大多大于0.95，最小值为0.906，最大值为0.99。无论发射天线多高，不同水平面上的信号衰减都符合对数路径损耗模型，信号强度可以用式（2）预测。

表1 不同发射天线高度 h_s 和接收天线高度 h_r 下试验数据的路径损耗模型拟合参数

Table 1 Fitting parameters of the log-normal model in different combinations of sending and receiving antenna height

发射天线高度 h_s（m）	拟合参数 Fitting parameters	接收天线高度 h_r（m）					
		0.5	1.0	1.5	2.0	2.5	3.0
0.5	R^2	0.966	0.945	0.954	0.942	0.965	0.959
	n	2.79	2.88	3.00	3.12	3.18	3.02
	A/dBm	−43.74	−44.66	−45.62	−44.07	−45.3	−44.32
1.0	R^2	0.982	0.970	0.990	0.962	0.977	0.972
	n	3.03	3.09	3.52	3.74	3.43	3.24
	A/dBm	−43.25	−43.58	−42.89	−42.52	−42.77	−42.28
1.5	R^2	0.980	0.983	0.961	0.954	0.966	0.951
	n	3.11	3.60	3.39	3.74	3.63	3.23
	A/dBm	−43.25	−40.30	−41.85	−40.76	−39.71	−40.99
2.0	R^2	0.917	0.949	0.958	0.961	0.930	0.946
	n	2.95	3.61	3.34	3.50	3.44	3.07
	A/dBm	−41.92	−39.69	−42.09	−41.42	−39.50	−40.04
2.5	R^2	0.985	0.961	0.962	0.943	0.906	0.968
	n	3.01	3.29	3.59	3.15	3.15	2.91
	A/dBm	−42.89	−40.75	−39.46	−43.04	−41.76	−38.34
3.0	R^2	0.959	0.966	0.974	0.937	0.939	0.945
	n	2.75	3.05	3.13	2.92	2.85	2.71
	A/dBm	−44.67	−43.06	−41.55	−42.15	−42.84	−39.31

2.2.2 衰减系数 n

不同发射天线高度和接收天线高度组合下的衰减系数见图4。发射天线高度相同时，衰减系数与接收天线高度可以用二次多项式函数拟合。

$$n = p_1 (h_r - p_2)^2 + p_3 \tag{3}$$

式中：p_1 为二次项系数，p_2 为对称轴坐标值，p_3 为函数最大值。拟合的决定系数 R^2 为 $0.71 \sim 0.89$。发射天线不同高度时，拟合出的参数值见表2。

为了确定衰减系数 n 与 h_r、h_s 间的关系，需研究 h_s 与 p_1、p_2 及 p_3 间的关系。h_s 和 p_1、p_2、p_3 均能用二次多项式曲线拟合（图5）。拟合结果如下：

$$p_1 = 0.1016h_s^2 - 0.3783h_s + 0.0305 \tag{4}$$

$$p_2 = 0.1121h_s^2 - 0.6634h_s + 2.59 \tag{5}$$

$$p_3 = -0.3551h_s^2 + 1.186h_s + 2.659 \tag{6}$$

由式（3）～（6）可得出衰减系数 n 与发射天线高度 h_s 及接收天线高度 h_r 之间的关系。

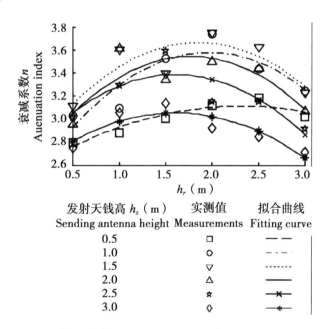

发射天钱高 h_s（m） Sending antenna height	实测值 Measurements	拟合曲线 Fitting curve
0.5	□	— —
1.0	○	— · —
1.5	▽	·······
2.0	△	——
2.5	✳	—✕—
3.0	◇	—✳—

图 4 不同发射天线高度 h_s 和接收天线高度 h_r 下的衰减系数 n

Fig. 4 Attenuation indexes n in different combinations of sending antenna height h_s and receiving antenna height h_r

表 2 不同发射天线高度 h_s 下二次多项式曲线的拟合参数值

Table 2 Fitting parameters of the quadratic polynomial curve in different sending antenna height h_s

参数 Parameters	发射天线高度 h_s（m）					
	0.5	1.0	1.5	2.0	2.5	3.0
p_1	−0.1063	−0.3018	−0.2914	−0.3061	−0.2698	−0.2014
p_2	2.3208	1.9698	1.8514	1.7707	1.6071	1.6063
p_3	3.1115	3.5761	3.6638	3.5427	3.3848	3.0516

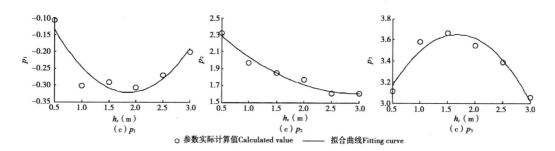

○ 参数实际计算值Calculated value —— 拟合曲线Fitting curve

图 5 不同发射天线高度 h_s 下的 p_1、p_2、p_3 及拟合曲线

Fig. 5 Values of p_1、p_2、p_3 and the corresponding fitting curves with different sending antenna heights h_s

2.2.3 发射信号强度 A

不同发射天线高度和接收天线高度组合下发射信号强度 A 值见图 6。同一发射天线高度下，A 和接收天线高度都可以用直线拟合。

$$A = q_1 h_r + q_2 \tag{7}$$

式中：q_1 和 q_2 分别表示直线函数的一次项系数和常量系数。拟合结果见表 3。拟合的均方根误差 RMSE 为 0.2～1.2。由于受大量不规则枝叶的影响，枝叶的轻微变化都会造成信号传播路径的变化，导致信号强度有较大的波动，所以 RMSE 为 0.2～1.2 是合理的。

参数 q_1 和发射天线高度 h_s 可以用直线拟合，参数 q_2 和 h_s 符合二次多项式曲线（图 7）。拟合结果为

$$q_1 = 0.581 h_s - 0.4 \tag{8}$$

$$q_2 = -1.593 h_s^2 + 5.6 h_s - 47.09 \tag{9}$$

由式（7）～（9）可以建立发射信号强度 A 与发射天线高度 h_s 及接收天线高度 h_r 之间的关系。至此，建立了 2.4GHz 无线信号在苹果园中传播的信号衰减模型。

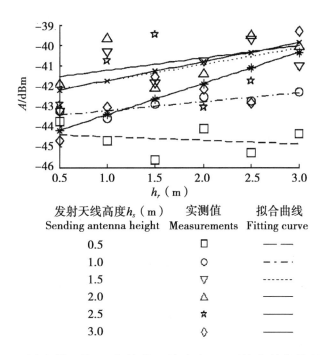

图 6　不同发射天线 h_s 与接收天线高度 h_r 下的发射信号强度 A

Fig. 6　A under different combinations of sending antenna height h_s and receiving antenna height h_r

表 3　不同发射天线高度 h_s 下接收天线高度 h_r 与发射信号强度 A 的直线拟合参数值

Table 3　Fitting parameters between the receiving antenna height h_r and sending signal strength A at different sending antenna height h_s

参数 Parameters	发射天线高度 h_s（m）					
	0.5	1.0	1.5	2.0	2.5	3.0
q_1	−0.1846	0.4378	0.8081	0.6085	0.9253	1.5335
q_2	−44.30	−43.65	−42.56	−41.84	−42.66	−44.95
RMSE	0.788	0.269	1.120	1.136	1.878	1.194

　　所建模型虽然精确，但是公式较复杂。为便于记忆和实际推广应用，分别对 n 和 A 的推导公式进行简化。由图 4 可知，不论 h_s 为何值，n 随 h_r 先增大后减小的拐点多发生在 1.5～2.0m。采用分段直线拟合的方法对公式进行降维处理。同时，对 n 值相近的曲线段进行合并，如当 h_r 小于 1.75m 时，h_s 为 0.5m 和 3.0m 的 n 值相近，对其进行合并以简化公式。归纳简化后的公式为

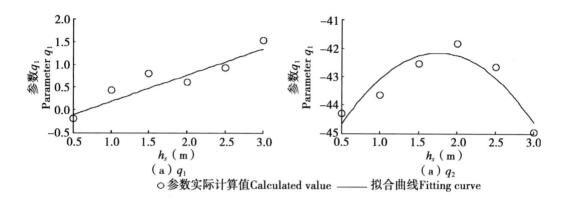

○参数实际计算值Calculated value ——— 拟合曲线Fitting curve

图 7 不同发射天线高度下参数 q_1、q_2 及拟合曲线

Fig. 7 Values of q_1、q_2 and the corresponding fitting curves with different sending antenna heights

$$n=\begin{cases} 0.4836h_r+2.811 & h_r<1.75,\ 1.0{\leqslant}h_s{\leqslant}2.5 \\ 0.2967h_r+2.638 & h_r<1.75,\ h_s=0.5\ \text{或}\ h_s=3.0 \\ -0.4799h_r+4.646 & h_r>1.75,\ 1.0{\leqslant}h_s{\leqslant}2.5 \\ -0.1683h_r+3.508 & h_r>1.75,\ h_s=0.5\ \text{或}\ h_s=2.5 \\ -0.2105h_r+3.351 & h_r>1.75,\ h_s=3.0 \end{cases} \quad (10)$$

当 h_s 不为 3.0m 时，A 随着 h_r 的变化的最大差值均小于 3，把 A 简化为和相应 h_s 对应的常量。同时，当 h_s 为 1.5m、2.0m 和 2.5m 时，相同的 h_r 处的 n 值最大差值小于 1，将其合并以简化模型，结果如下：

$$A=\begin{cases} -44.6 & h_s=0.5 \\ -42.9 & h_s=1.0 \\ -41.0 & 1.0<h_s<3.0 \\ 1.5335h_r-44.95 & h_s=3.0 \end{cases} \quad (11)$$

3 模型验证

果园虽然总体结局与分布相同，但不同的果园在行间距、列间距、树高等方面仍然略有差异，为了对预测模型进行验证，选取另一个果园进行验证试验。采用统计量度均方根误差 RMSE（root mean square error，RMSE）和决定系数 R^2，作为新模型评估的性能指标。

$$\text{RMSE}=\sqrt{\frac{1}{N}\sum_{i=1}^{N}(y_i-\dot{y}_i)^2} \quad (12)$$

$$R^2 = \frac{(\sum\limits_{i=1}^{N}(y-\overline{y})(\dot{y}_i - \widetilde{y}_i))^2}{\sum\limits_{i=1}^{N}(y-\overline{y})^2 \cdot \sum\limits_{i=1}^{N}(\dot{y}_i - \widetilde{y}_i)^2} \tag{13}$$

式中：N 为数据集合中测量点的个数 18，$\overline{y}$ 和 $\widetilde{y}$ 分别表示实际测量平均值和模型预测值平均值，y_i 和 $\dot{y}_i$ 分别表示实际测量值和预测值。

R^2 为 0～1，值越接近 1，模型性能越好。RMSE 越小，模型性能越好。RMSE 和 R^2 的计算结果见表 4。75% 的 RMSE 值为 2～4，最大值为 4.819。78% 的 R^2 值大于 0.94，最小为 0.88。果园环境中大量随机分布的枝叶会较大的影响无线信号传播，信号在传播过程中会发生多径现象，即使同样的传播路径，若果树枝叶位置发生变化，RSSI 都会不同。RMSE 为 2～5 说明了这一情况。

表 4　不同发射天线高度 h_s 和接收天线高度 h_r 下接收信号强度实测值与
模型计算值的均方根误差及决定系数

Table 4　RMSE and R^2 between RSSI measurements and the computed data under different
combinations of sending antenna height h_s and receiving antenna height h_r

发射天线高度 h_s（m）	拟合参数 Fitting parameters	接收天线高度 h_r（m）					
		0.5	1.0	1.5	2.0	2.5	3.0
0.5	R^2	0.941	0.894	0.919	0.908	0.958	0.942
	RMSE	3.223	4.61	4.259	4.59	3.009	3.637
1.0	R^2	0.970	0.9586	0.9876	0.956	0.963	0.946
	RMSE	2.596	3.051	1.911	3.979	3.257	3.767
1.5	R^2	0.961	0.976	0.918	0.954	0.952	0.945
	RMSE	2.89	2.757	3.72	4.227	3.876	3.772
2.0	R^2	0.880	0.927	0.950	0.943	0.918	0.945
	RMSE	4.178	5.128	3.681	4.335	4.819	4.76
2.5	R^2	0.975	0.960	0.952	0.947	0.935	0.965
	RMSE	2.268	3.225	3.684	3.594	3.611	2.707
3.0	R^2	0.945	0.972	0.978	0.945	0.941	0.952
	RMSE	2.977	2.426	2.481	3.417	3.246	3.139

4　结论与讨论

本研究探讨了收发天线高度不同时 2.4GHz 无线信道在苹果园中的传播特性。通过试验及回归分析得到以下主要结论。

（1）无论发射天线多高，在每个水平高度层信号衰减符合对数路径损耗模型，拟合相关系数为 0.906～0.990。

（2）发射天线高度在 1.0～1.5m 时，每个水平高度的衰减系数较大。发射天线高度为 3.0m 时，每个水平高度的衰减系数较小。在同一发射天线高度下，水平高度的衰减系数 n 大多低于其他高度的 n 值。在实际应用中，最好使收发天线处于同一水平高度。

（3）无论发射天线多高，20m 内较少有发生丢包率的现象。随着距离的增加，丢包率也随着增加。发射天线高 1.5m 时的丢包最为严重，3.0m 时最轻微。

（4）建立了果树结果前期沿着果树传播的信号衰减模型，验证结果表明：75% 的 RMSE 值为 2～4，最大值为 4.819，78% 的 R^2 值大于 0.94，最小为 0.88。虽然 RMSE 较大，但这和实际情况一致。模型能用于收发天线高度不同时的路径损耗。

本研究以无线信号的传播规律为研究对象，采用实地试验的方法，建立了无线信号在苹果园中传播的经验模型。由于建模所用数据来自苹果园，不同果树在树高、结构、果树间距等方面差异较大，所以模型具有只适用于苹果园的局限性。进一步，应研究适合多种果树的理论模型。

参考文献

[1] 王俊，李树强，刘刚.基于相似度的温室无线传感器网络定位算法 [J].农业工程学报，2013，29（22）：154-161.

[2] Zhang Man, Li Minzan, Wang Weizhen, et al. Temporal and spatial variability of soil moisture based on WSN [J]. Mathematical and Computer Modelling，2013，58（3）：826-833.

[3] Rehman A, Abbasib A Z, Islam N, et al. A review of wireless sensors and networks'applications in agriculture [J]. Computer Standards & Interfaces，2014，36（2）：263-270.

[4] 王纪章，彭玉礼，李萍萍，等.基于事件驱动与数据融合的温室 WSN 节能传输模型 [J].农业机械学报，2013，44（12）：258-262.

[5] 樊宏攀，李建良，刘正道，等.基于 WSN 的设施农业调光系统设计 [J].农机化研究，2013，12（1）：178-181.

[6] Fernandes M A, Matos S G, Peres E, et al. A framework for wireless sensor networks management for precision viticulture and agriculture based on IEEE 1451

standard [J]. Computers and Electronics in Agriculture，2013，95：19-30.

[7] Yu Xiaoqing，Wu Pute，Han Wenting，et al. A survey on wireless sensor network infrastructure for agriculture [J]. Computer Standards & Interfaces，2013，35（1）：59-64.

[8] Riquelme J A L，Soto F，Suardíaz J，et al. Wireless sensor networks for precision horticulture in southern Spain [J]. Computers and Electronics in Agriculture，2009，68（1）：25-35.

[9] Díaz S E，Pérez J C，Mateos A C，et al. A novel methodology for the monitoring of the agricultural production process based on wireless sensor networks [J]. Computers and Electronics in Agriculture，2011，76（2）：252-265.

[10] Othman M F，Shazali K. Wireless sensor network applications：A study in environ-ment monitoring system [J]. Procedia Engineering，2012，41：1 204-1 210.

[11] 孙彦景，丁晓慧，于满，等.基于物联网的农业信息化系统研究与设计 [J].计算机研究与发展，2011，48（增刊）：326-331.

[12] Emslie A G，Lagace R L，Strong P F. Theory of the propagation of UHF radio waves in coal mine tunnels [J]. IEEE Transactions on Antennas and Propagation，1975，23（2）：192-205.

[13] Wang F，Sarabandi K. A physics-based statistical model forwave propagation through foliage [J]. IEEE Transactions on Antennas and Propagation，2007，55（3）：958-968.

[14] 斯托林斯.无线通信与网络 [M].何军，译.北京：清华大学出版社，2005.

[15] Nisirat M A，Ismail M，Nissirat L，et al. Micro cell path lossestimation by means of terrain slope for the 900and 1 800MHz [C] //International Conference on Computer and Communication Engineering，Kuala Lumpur：IEEE，2012：192-205.

[16] Pelet E R，Salt J E，Wells G. Effect of wind on foliage obstructed line-of-sight channel at 2. 5 GHz [J]. IEEE Transactions on Broadcasting，2004，50（3）：224-232.

[17] Meng Y S，Lee Y H，Ng B C. The effects of tropical weather on radio-wave propa-gation over foliage channel [J]. IEEE Transactions on Vehicular Technology，2009，58（8）：4 023-4 030.

[18] Kamarudin L M，Ahmad R B，Ndzi D，et al. Modeling and simulation of WSNs for agriculture applications using dynamic transimit power control algorithm [C] // International conference on intelligent systems modeling and simulation，Kota Kin-abalu：IEEE，2012：616-621.

[19] 李偲钰，高红菊，姜建钊.小麦田中天线高度对 2.4GHz 无线信道传播特性的影响 [J].农业工程学报，2009，25（增刊 2）：184-189.

［20］文韬，洪添胜，李震，等.橘园无线传感器网络不同节点部署方式下的射频信号传播试验［J］.农业工程学报，2010，26（6）：211-215.

［21］Al-Basheir M S，Shubair R M，Sharif S M. Measurements and analysis for signal attenuation through date palm trees at 2. 1GHz frequency ［J］. Sudan Engineering Society Journal，2004，52（45）：17-22.

［22］Suwalak R，Phaebua K，Phongcharoenpanich C. Path loss model and measurements of 5. 8 GHz wireless network in durian garden ［C］//International symposium on communications and information technologies. Lao：IEEE，2008：698-701.

［23］Meng Y S，Lee Y H，Ng B C. Empirical near ground path loss modeling in a forest at VHF and UHF bands ［J］. IEEE Transactions on Antennas and Propagation，2009，57（5）：1 461-1 468.

［24］邹澎，周晓萍.电磁场与电磁波 ［M］.北京：清华大学出版社，2008.

［25］Tapan K S，Zhong J I，Kyungjung K. A survey of various propagation models for mobile communication ［J］. IEEE Antennas and Propagation Magazine，2003，45（3）：51-82.

［26］Joaquim A R A，Filipe E S S. An empirical propagation modelfor forest environments at tree trunk level ［J］. IEEE Transactions on Antennas and Propagation，2011，56（6）：2 357-2 367.

原文发表于《中国农业大学学报》，2014，19（16）：179-187.

农业科学数据共享中心服务效果的评价方法研究[*]

Research on Estimate Method for Sharing Service Effect of Agridata

王　剑[**]　王　健[***]　赵　华[***]　刘　茜[***]

Wang Jian，Wang Jian，Zhao Hua，Liu Qian

（中国农业科学院农业信息研究所，北京　100081）

摘　要：在对农业科学数据共享服务与农业科技进步的关系分析的基础上，寻找农业数据服务工作影响农业科技进步的因素，建立农业数据服务促进科技进步的评价指标体系，并借助现有的测算方法，对农业科学数据共享中心的服务效果进行测算和分析，提出了改进服务的建议。

关键词：科技贡献；数据共享；农业科学数据共享中心；服务效果；评价

中图法分类号：G203　　**文献标识码**：A

0　引言

农业科学数据共享中心作为科技部"国家科技基础条件平台建设"支持建设的数据中心之一。它以满足广大农业科研和生产人员对农业科学数据共享服

　＊　基金来源：中央级公益性科研院所基本科研业务费专项课题：基于链接分析的农业网站评价与分析（项目编号：2014－J－006）；国家高技术研究发展计划（863）项目：基于模型的果园与油菜作物生产数字化管理平台（项目编号：2013AA102405）

　＊＊　通讯作者：王剑（1976—　　），男，副研究员，主要研究方向：科技资源共享理论等。E-mail：wangjian02@caas.cn

　＊＊＊　作者简介：王健（1971—　　），男，副研究员，主要研究方向：大规模数据智能处理等；赵华（1980—　　），女，助理研究员，研究方向：科技资源共享理论；刘茜（1986—　　），女，助理研究员，研究方向：数据共享理论

务需求为目的，立足于农业部门，以农业科学数据提供单位为主体，以数据中心为依托，通过加工、挖掘、收集、整理等方式汇聚国内外相关的涉农科学资源与数据，并进行规范化标注、分类和分布式存储，最终形成联络全国、沟通世界的共享服务网络，并可提供优质和迅捷的网络化共享服务。随着农业科学数据资源共享服务的深入，对服务效果进行系统、客观的专业化评判成为一种必然趋势。制定一种完善的共享服务效果评价方法，可以在一定程度上消除共享服务运作分散性与服务需求持续累积连续性之间的矛盾，对于推动科技资源共享服务的持续性发展具有重要的意义。目前，对科技平台服务效果的评价多以定性描述为主，量化统计较少，还未形成科学、有效的宏观量化评价指标[1]。

科技贡献就是科技进步对经济增长的作用[2,3]，科技进步通过提高劳动生产率，优化生产资料的性能，改变经济增长方式和优化产业结构来促进整个经济的增长。科技贡献测度是科技进步贡献的数量体现，是衡量区域科技竞争实力的综合性指标，即科技进步对经济增长的贡献率[4]。目前，国内许多专家学者都以科技贡献率（测度）为研究手段来评判各行业中科技的应用效果[5]。学术界普遍认为影响经济增长中最主要的有 3 个因素：资金、人力和技术[6]。科技平台的服务归属于技术的一部分，其服务效果必然也会影响到科技进步[7]，由此可以借助科技贡献测度来评判科技平台的服务效果。因此，本文通过分析农业科学数据共享中心服务与科技进步的关系，寻找农业数据服务工作影响农业科技进步的因素，继而对其进行量化，建立农业数据服务促进科技进步的评价指标体系，并借助现有的测算方法，对农业科学数据共享中心的服务效果进行测算。

1   测算依据与要素指标

由于农业科学数据共享的最终目的是推动农业科技的进步与创新，因而对农业科学数据共享中心服务效果评价的本质是其对农业科技进步与创新作用效能的统计与量化。通常来说，科技进步来源并依附于产生创新所使用的无形资产，而这些无形资产通常以科技研发、数据共享等形式来存在，这些无形资产的有效使用能够带来知识的增长和外延，具有很大的拓展性。因此，无形资产是科技进步的重要保障和动力[8]。一方面，科技平台作为无形资产的物化形式之一，其早投入使用后能够对科技活动产生影响，并通过科技活动的变化来反映出科技进步，最终推动社会进步与经济发展[9,10]。图 1 表示了数据共享服务与科技进步之间的关联。另一方面，像农业科学数据共享中心这种科技平台并不能直接参与科技进步进程，它只能通过数据共享服务等方式间接传导和带动科技进步[9]。因此，在这一传导和带动的过程中，可通过对科技平台影响科技活动和创新的维度以及各维度下的要素和变量进行分析，进而统计和量化这些指标，最终从定量的角度实现对科学数据共享服务效果的衡量和评价。

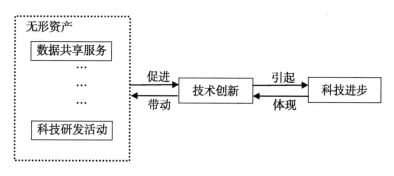

图 1　数据共享服务与科技进步的关系

同时，对农业科学数据共享服务效果的评价只有从科技贡献的视角并以定量的角度来衡量，才能促使数据共享服务管理者按照科技创新活动的实际需要提供更好的数据共享服务，进而强化农业科研工作者对平台数据服务的认知体验，使用户在农业科研创新过程中与平台的数据共享服务形成一个良好的互动关系。这一根据科技贡献测度的数据共享服务评价方式相对于目前较为流行使用的服务对象抽样调查的定性评价方式相比较，是一个比较新颖的评价视角。

因此，指标选取的原则为：从农业科学数据共享服务的最终目标（服务于农业科技创新）为出发点，以科技活动的主导要素为依据，从数据共享服务对科研活动的促进作用角度来选择相应的评价指标。根据这种原则，结合科技共享率的相关理论，本文提出了数据共享服务促进科研创新活动的 4 个方向，并以此为评价维度，开展农业数据资源共享服务评价。同时，其中的维度层次结构确定原则是：从科技贡献率角度入手，以数量为主，综合考虑质量与效率，适当考虑长期潜力。

1.1　科研活动数量增加

共享服务所支持的科研对象所发生的科研活动数量的增加，这种增加由单位时间科研成果的增加和与此有关的被资助的科研项目数量的增加来体现。另一方面，单位时间科研成果与共享服务所涉及的资源的比率也可以反映出科研活动数量的增加。

1.2　科研活动效率增加

单位时间内数据共享服务所支持的科研活动的投入产出比率，在实际统计过程中可借助单位时间内共享服务所支持的科研主体的人均科研产出来度量。一般来说，数据共享服务的效果与该度量指标是呈正相关的关系。

1.3 科研活动质量提升

单位时间内与数据共享服务活动有关的科研主体所发生的高质量的科研活动数量，这一维度的统计可通过数据共享服务所涉及的各类高水平科研成果数量以及该数量相对应全体科研产出的占比来度量。共享服务的效果与该评价维度的相关指标呈正相关的关系。

1.4 长期科研贡献潜力提升

由于数据共享服务所依托的平台规模、服务群体、服务领域与范围的扩大，以及公众对平台及其服务能力认知的提升，平台对科技活动的数量、质量与效率的支持潜力将随之增强。这一维度的统计可以通过共享服务所依托的平台涉及的注册会员、重要用户以及加盟单位数量的变化来衡量，与前述 3 个维度相似，这一维度也与共享服务效果呈正向相关的关系。

上述的这些维度是农业数据共享服务效果的体现，是从不同角度对农业数据共享服务效果的描述。在维度中能够体现出数据服务支撑下的科技活动数量增加、质量提升、效率提高和长期科研支持潜力提升的关键因素，称之为要素。在农业数据服务贡献于农业科技的不同维度下，要素也不尽相同。通常，在计算过程中需要对这些要素进行具体化，这样就形成了指标（或称变量），由于在本文中是从定量的角度对农业科学数据共享中心的服务效果进行评价，因此，在评价过程中所用到的指标均是可量化的，其结果以数值来反映。具体定义如下。

（1）体现科研活动数量增加的要素有两个：科研成果和科研活动，科研成果由论文、专著、标准/专利、新产品/品种研发、软件著作权、图谱等其他知识产品、其他类型成果等指标来反映。科研活动由科技项目数量和其他 R&D 项目数量衡量。

（2）体现科研活动效率提高的要素是人均科技产出数量与强度，由人均科技与人均科技经费 2 个指标来衡量。

（3）体现科研活动质量提升的要素是高水平科研产出所占比例，由高水平论文、专著比例和获奖科技成果数量 2 个指标来衡量。

（4）体现长期科研贡献潜力提升维度的要素包括平台服务范围、服务总量、综合服务潜力，服务范围通过注册用户和注册机构数量来度量，服务总量用共享电子资源总量、实物资源总量、共享设备台机时总量、常规服务总量、专题/主动服务总量等指标来度量，综合服务潜力用社会认知度、目标全体关注度两个指标来度量。

这些指标与科学数据共享服务效果评价中维度与要素之间的相互关系如表 1 所示。

表 1 服务效果评价中维度、要素与指标的关系

维度	要素	指标	说明	识别与否	量化与否
科技活动数量增加	科技成果	论文、专著	数量	是	是
		专利/标准	数量	是	是
		新产品/品种研发	数量	是	是
		软件著作权、图谱等其他知识产品	数量	是	是
		其他类型成果	数量	部分是	是
	科技活动	支持的科技项目数量	总量	部分是	是
		支持的其他 R&D 项目数量	总量	部分是	是
科研活动效率增加	人均科技产出数量与强度	人均科技成果	数量	是	是
		人均科技经费	数量	是	是
科研活动质量提升	高水平科研产出占比提升	高水平论文专著占比	比率	是	是
		获奖科技成果数量	数量	是	是
长期科研支持潜力提升	服务范围扩大	注册用户数量	数量	是	是
		注册机构数量	数量	是	是
	服务总量扩大	共享电子资源总量	数量	是	是
		共享实物资源总量	数量	是	是
		共享设备台站机时总量	数量	是	是
		常规服务总量	数量	是	是
		专题/主动服务总量	数量	是	是
	综合服务潜力	社会认知度	数量	是	是
		目标群体关注度	数量	是	是

2 评价原则

按照经济、准确和有效的原则，本文的评价根据服务评价的目的和评价内容，从服务效果的角度搜集农业科学数据共享中心的相关调查数据。评价内容是按照上述评价维度所确定的要素指标进行分解，主要采用逐项核实要素指标的有无情况和指标数值的完整性来实现评价数据的收集。同时，考虑到评价时间区间跨度较大，指标数据分散且搜集困难的特点，可将评价维度的最终指数定义为评价维度中的各指标要素的加权值和，而这些要素的权重是由数据可获取性的大小以及专家访谈和座谈会等方式来逐步修订并确认的。在数据分析方面，主要采用 SPSS 统计分析工具对评价要素数据进行分析，包括相关性分析、聚类分析和主成分分析等，以便从这些要素数据中挖掘出深层次的规律信息，提高评价效果的实用价值。

由于本文选取的评价对象——农业科学数据共享中心是从 2010 年开始由项目化运营转入服务化运营方式的，所以，评价所搜集的数据是针对 2010 年、2011 年和 2012 年这 3 年的数据共享服务所体现的效果。评价主要侧重于分析农业科学数据共享中心在转入服务化运营 3 年中服务效果的变化趋势，因此，为了便于比较和分析，可将 2010 年这一开始年份定为基期，这一年中的评价维度值正则化为 100，其他各年份的评价维度数值也按照相应的比例进行正则化处理，最后根据 4 个维度数值之和的平均值，计算出农业科学数据共享中心在这 3 年中服务效果总体评价结果（表 2）。这些评价指数随时间变化趋势如图 2 所示。

表 2　农业科学数据中心 2010—2012 年服务效果指数

	2010（基期）	2011	2012
科技产出指数（正则化数值）	100	214.3	514.3
科技活动效率指数（正则化数值）	100	78.1	416.4
科技活动质量指数（正则化数值）	100	104.5	175.3
长期科技发展指数（正则化数值）	100	119.1	225.9
总体评价指数（正则化数值）	100	144.6	364.16

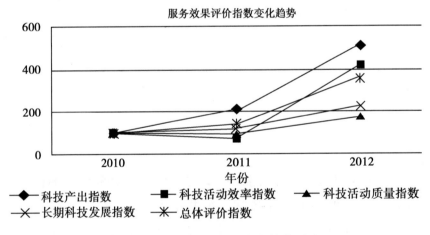

图 2　评价指数随时间变化趋势示意

3　评价结果

一方面，从上述表 2 和图 2 所展示出的农业科学数据共享中心近 3 年中科技产出指数、科研活动质量指数、科研活动效率指数、长期科研贡献发展指数以及总体评价指数变化情况可以看出，农业科学数据共享中心服务的科研活动数量和质量呈明显上升趋势，而其服务的科研活动效率则出现了先下滑后又强势上升的现象，其服务效果所体现的长期科研发展潜力则呈现缓慢增长趋势，进而可以看出其数据服务的总体评价亦呈上升的趋势。

这些服务评价指数的总体变化趋势可以说明：农业科学数据共享中心经过这些年的探索性发展，其所提供的农业数据服务无论是在深度上还是广度上都有了较大规模的提高。在服务的深度方面，主要体现在科研产出数量的增加以及科研活动质量的提高；而在服务的广度方面，则更多地表现为科研活动效率的增加和长期科研支持潜力提升。这种服务深度和广度的拓展与提高，显示出农业科学数据共享中心作为国家级科学数据平台在服务科学技术创新中所发挥的重要作用。

另一方面，从不同服务评价维度指数之间不同的变化趋势可以看出，当农业科学数据共享中心服务化运营模式基本稳定之后，其数据共享服务效果主要彰显于科研活动效率的增加，其次显现为科研活动数量增加，而对科研活动质量的提升并不明显，且长期科研潜力提升虽有一定的促进作用但效果也不是非常显著。农业数据共享中心作为一个科学数据提供平台，通常依照经验认为对其服务于科技创新应主要体现在科技活动数量和质量的增长上，但本文研究所得到的评价数据却反映出数据服务对科研活动质量提升并不明显，相反，其服务对科研活动效率的增加却促进效果明显。这一结果显现出按照经验判断数据服务效果存在着很大的不足之处。

由于资源共享服务效果的表现综合而复杂，其在应用中更多的体现为传导链条而非逻辑链条，对服务效果支持和促进因素众多且彼此之间存在复杂的相互影响，兼之大部分要素缺乏可行的计量手段难以形成高量化水平的关系。因此，传统的评价方法（如可见性评价、经验型评价等）大多倾向于长期地、跟踪性地考察，更强调综合性的社会效益与服务效果，对服务效果的评价结果具有长期性、复杂性与综合性的特点，而本文所提出的这种定量化评价方法适当地转变了评价的思路、视角和导向，从一个全新的角度揭示了数据共享服务价值。同时，也能以一种"量"的形式更快速和清晰地反映出服务过程中一些主体要素（如科研效率、科研活动质量等）的变化趋势，从一定程度上减少了评估主体的主观因素的影响，对未来建立起一种有效的科技资源共享服务评价体系做了一次有益的尝试。

4 结论与建议

本文的研究以其数据服务对科技贡献测度入手，构建了评价农业科学数据共享中心服务效果的 4 个维度指标，从定量的角度评价了 2010—2012 年间该中心数据服务的效果，评价结果说明，农业科学数据共享中心作为一类资源提供平台，其服务效果在深度和广度上都能基本满足农业科研领域对资源共享的需求，服务效果对于科技创新主要体现在科研活动的效率与数量上。这一评价结果对于农业科学数据共享中心调整服务重心，提高服务水平具有显著的指导意义。由此可见，这种面向科技贡献测度的服务评价体系在实践中是较为合理的，具有一定的准确性、适应性和灵活性，能够基本适用于与农业科学数据共享中心相类似的资源提供型服务平台的服务效果评价。我们下一步计划在基于该方法框架下，结合其他类型的服务平台特点，探索建立一个适用于多种科技资源共享服务平台的服务评价体系，为促进科技资源共享服务工作的良性发展作出努力。

根据对农业科学数据共享中心服务评价的结果，我们对其建设与服务提出以下几点建议。

（1）持续补充、更新平台的农业科学数据资源，加强科技资源共享过程中质量控制和管理体系建设，提升和完善科技资源的内容与形式，从而从共享内容上提高了资源共享服务力度，进一步加强数据共享服务力度，提升农业科技的创新能力。

（2）以服务推动科技创新为导向，探索新型的服务创新模式，提高资源共享服务效率，充分发挥和拓展农业科学数据共享中心的服务功能，提高数据服务效率，推动科研活动与服务的深度融合，逐步深化科技资源在科技创新活动中的应用，促进数据平台由"资源建设型"到"资源服务型"的运营模式的转变。

（3）建立科学的数据共享机制和评价体系，以推动科技创新和增强用户体验为主要服务目标，融合并借鉴多种服务评价方法，进而建立可以量化的综合评价和分析体系，不断增强农业科学数据共享中心的服务水平。

文中这种应用科技贡献测度的服务效果评价体系仅是针对诸如农业科学数据共享中心这种数据提供型共享平台的服务效果评价，并不能涵盖所有科技资源共享平台的服务评价要素。实际上，在整个服务过程中，科技资源的共享服务效果很大程度上还受服务机制、共享流程、运营方式等诸多因素的影响[7,10]。因此，若要全方位地评价科技资源共享服务效果的整体情况，则需要结合资源共享服务各个方面综合考虑，只有这样所得到的评价结果才能更加全面地反映科技资源共享服务的效果。而文中研究所提出的服务效果评价方法正是对资源共享服务评价方法研究的一个积极的探索，同时也是对已有的科技资源共享的管理部门和建设单位自评价方法的有益补充。

参考文献

[1] 朱艳华，孙黎然，胡良霖，等．科技数据管理与共享服务效果评价研究探索 [J]．中国科技资源导刊，2013，45（4）：12-17，64.

[2] 李晓伟，刘则渊．科技进步的经济学分析 [J]．软科学，2004，12（18）：1-3.

[3] 尹慧英，解英男，李成．科技进步贡献率概念的建立及测算方法 [J]．哈尔滨师范大学自然科学学报，1998，14（3）：37-40.

[4] 龚三乐．科技进步贡献率测算研究综述 [J]．怀化学院学报，2008（11）：108-109.

[5] 贾凤伶，孙国兴，李瑾，等．"十一五"天津市农业科技进步贡献率测算及分析 [J]．安徽农业科学，2011，39（21）：3 186-3 189.

[6] 宋立荣，王弋波，白力萌，等．26 家省级科学仪器共享平台评价分析 [J]．中国科技资源导刊，2013，45（6）：51-58.

[7] 朱迎春．基于无形资本测算的科技进步贡献率 [N]．科技日报，2012-12-24（1 版）.

[8] 戚湧，张明，杨旭红．江苏资源整合和共享的效率评价体系 [J]．中国科技资源导刊，2013，45（5）：6-11，40.

[9] 彭洁，赵伟，屈宝强．基于用户视角的科技资源开放共享评价理论模型研究 [J]．中国科技资源导刊，2013，45（2）：1-5.

[10] 张莉侠，张睿，林建永．1990—2009 年三大都市农业科技进步贡献率的测算及比较 [J]．中国科技论坛，2012，（11）：104-109.

农业科研信息化水平及其影响因素研究[*]
——基于中国农业科学院信息化建设的调研分析

Study on the Agricultural Research Informatization Level and Its Influencing Factors in China —— Based on the Survey of Informatization Construction in CAAS

郭雷风[**]　　**王文生**[***]　　**刘世洪**

Guo Leifeng，Wang Wensheng，Liu Shihong

（中国农业科学院农业信息研究所/农业部智能化
农业预警技术重点开放实验室，北京　100081）

摘　要： 农业科研信息化对农业科研创新具有重要作用。科研信息化水平测评是促进中国农业科研信息化建设的重要推力。旨在利用中国农业科学院信息化建设的数据，对院属各研究所信息化水平进行测评，并进一步分析农业科研信息化水平与研究所规模、资金等所具有的相关关系，为农业科研信息化建设提供参考和建议。从信息化应用、信息化基础设施、信息化队伍、信息化投入、信息化环境等方面构建了农业科研信息化指标体系，采用主成分分析法对中国农业科学院各研究所信息化水平进行测评。采用多元线性回归法，对研究所规模、资金等因素与农业科研信息化建设相关性进行分析。结果显示，部分研究所信息化水平较高，不同研究所的信息化水平差距较大。资金和规模与农业科研信息化水平存在相关性，资金充足、规模较大的研究所农业科研信息化水平明显较高。农业科研信息化需求迫切，需要统一协调部署；农业科研信息化建

---

* 基金项目：国家科技支撑计划项目（2013BAD15B02）；公益性行业（农业）科研专项经费（201303107）；中国农业科学院农业信息研究所基本科研业务费专项资金（2014-J-002）

** 第一作者简介：郭雷风（1985—　），男，助理研究员，在职博士，研究方向：农业信息服务，农业大数据等。E-mail：guoleifeng@caas.cn

*** 通讯作者：王文生（1965—　），男，黑龙江哈尔滨人，研究员，博士，研究方向：农业农村信息化研究。E-mail：wangwensheng@caas.cn

设尚处在初级阶段，还存在诸多问题；应加大农业科研信息化建设的资金投入，提高信息化水平。

关键词：农业科研；信息化水平；测评；影响因素

中图分类号：S-03　　文献标志码：A　　论文编号：2014-1660

0　引言

随着科学技术的飞速发展，农业科研的深度和广度不断拓展，农业科研活动所要解决的问题更加复杂化和系统化，农业科研对象、手段、方式都发生了巨大变化。以现代信息技术为支撑的农业科研信息化，可突破农业科研过程中工作协同、数据共享、信息交互等在时间、空间、物理上的障碍，提高农业科研能力和水平，对于农业科研活动具有提质、增效的倍增作用。然而，中国农业科研信息化整体水平不高，不同地区间差距较大，农业科研信息化建设还存在很多问题。研究农业科研信息化水平的测评方法，明确其主要影响因素，对于加强农业科研信息化建设，提高科技创新能力具有非常重要的意义。

农业科研信息化是指在农业科学研究和管理各个环节，广泛应用现代信息技术，大幅度提高研究工作和管理工作能力，促进农业各学科建设和发展，加快出成果、出人才和成果转化速度，最终全面提高农业科研水平和效率的过程。孟宪学等对农业科研信息化的问题进行了思考，并诠释了其内涵；许世卫论证了农业科研信息化与农业科研创新的重要关系，并探讨了农业科研信息化平台建设的主要内容。郭雷风等对云计算在农业科研信息化中的应用进行了探索和思考，设计了基于云计算的农业科研创新信息服务平台。与此同时，苏小波、卫建强、刘波也在积极探索各省市农业科研信息化建设。贾向英等介绍了中国农业科研信息化中存在的主要问题。李秀峰对中国农业科研信息化工程总体设想。相比之下，关于农业科研信息化水平测评的研究还比较少。席广亮等利用主成分分析和多元回归等方法研究了南京市居民移动信息化水平指数和影响因素，分析了南京市居民移动信息化水平的特征分布。李瑾等构建了一套农村信息服务综合评价指标体系，并且利用多元线性回归模型，对农村信息服务影响因素进行分析。孙宙设计了高校信息化评价指标体系，利用综合测度方法对江苏省60所高校信息化水平进行实证分析。高新才等利用因子分析法，测度了甘肃省信息化水平，并对其与经济发展之间的相关性进行了研究。

中国农业科研信息化的研究主要在以下几方面：农业科研信息化的意义、主要内容、体系架构、存在问题、平台建设等。然而，对农业科研信息化水平缺乏有效评估，对农业科研信息化建设的影响因素也缺少必要研究。中国农业科学院各研究所分布在全国各地，具有广泛的代表性，研究范围覆盖了作物、畜牧、信息、资源、环境等农业学科。从现实情况来看，中国农业科学院在科技、人才、项目、资源等方面具有明显的优势，信息化建设水平相对较高。另外，近年来，中国农业科学院非常重视对信息化的投入，进行了大量探索，积累了丰富经验。中国农业科研信息化发展水平一定程度上能代表中国农业科研信息化发展水平。笔者以此为切入点，以中国农业科学院各研究所为研究对象，对各研究所的信息化水平及影响因素进行研究。

本研究以中国农业科学院信息化建设调研数据为基础，设计农业科研信息化评价指标体系，对农业科研机构进行信息化水平测评，并在此基础上，进一步研究影响农业科研信息化水平的主要因素。

1 方法与数据

1.1 数据来源

本研究所用数据来自中国农业科学院 2013 年组织的院信息化建设规划调查，调研对象为中国农业科学院 32 个研究所。本次问卷以电子邮件形式发送，总问卷数 32 份，返回问卷 29 份，由于个别所的数据不全，无效问卷 2 份，有效问卷 27 份，有效问卷率为 84.4%。本次问卷填表人主要由各所信息化联络员完成。

1.1.1 地区分布

中国农业科学院的研究所分布在全国 14 个省（自治区、直辖市），根据《2013 年中国信息化发展水平评估报告》，中国农业科学院有 13 个研究所所处地区的信息化水平较高，信息化指数超过了 90，其中，北京地区（中国农业科学院院本部）有 9 个研究所；有 3 个研究所位于中等信息化水平的地区，信息化指数位于 70～80；其余 11 个研究所位于信息化水平较差的地区，信息化指数位于 60～70。

1.1.2 专业分布

中国农业科学院拥有 32 个直属研究所与 9 个共建研究所，全院科研人员 5 000多名，形成了作物、园艺、畜牧、兽医、资源与环境、工程与机械、质量安全与加工、信息与经济等 8 个学科集群、130 多个学科领域、300 多个研究方向的学科体系，学科门类齐全。

1.2　总体分析

中国农业科学院在科研信息化建设方面还不完善，比如，信息化人才队伍方面，很多研究所未配备专职信息化人员，近 50% 的研究所信息化工作由兼职人员承担。只有 7 个研究所同时制定了信息化制度和信息化标准规范，另外，9 个研究所既无信息化制度，也无信息化标准规范。

信息化资金投入方面，资金来源不统一，没有稳定的经费支持。信息化投入方面也存在重复投资现象，几乎所有研究所都建有独立机房。另外，机房配套设施不完善，只有 4 个研究所在空调、不间断电源、消防、防雷、接地、动力监测、视频监控、红外报警等配套设施方面较完备。设备更新换代不及时，很多设备已达到报废年限，还在继续使用。网速慢的问题依然严重，不少研究所希望提高网络访问速度。

1.3　指标体系构建

结合问卷设计中有关农业科研信息化水平问题，从信息化应用、信息化基础设施、信息化队伍、信息化投入、信息化环境等 5 项一级指标和 14 项二级指标构建农业科研信息化指标体系（表1）。

信息化应用，主要是指各研究所在用的各种信息化系统，如办公自动化系统、账务管理系统、人事管理系统、科研项目管理系统、考勤系统、实验室管理系统、门禁管理系统等以及各研究所自建的专业数据库系统，如中国作物种质资源数据库、家养动物种质资源数据库、中国饲料数据库等。另外，邮件系统、文献资源系统由中国农业科学院统一提供服务，各研究所均建有网站，邮件系统、文献资源系统、网站 3 项内容不在统计范围之内。

信息化设备，按照设备的功能划分为网络设备、计算设备、存储设备、安全设备，网络设备主要包括路由器和交换机，安全设备是指防火墙、流量控制设备、用户行为管理设备、负载均衡设备等，按照设备的稀缺性及在信息化中的作用，采用里克特 5 级量化法赋值。

信息化队伍主要由信息化专职人员和兼职人员组成，专职人员每位得 1 分，兼职人员每位 0.5 分。

信息化投入，统计"十二五"期间各研究所信息化建设的投入，由于部分研究所数据不全，采取均值法对空缺数据进行补全。

信息化环境，主要考察信息化运行的软环境支撑情况，采用是否设置信息化机构、是否制定信息化制度、是否制定信息化标准规范 3 个指标。

表 1　农业科研信息化水平评价指标

一级指标	二级指标	指标内容	赋值
信息化应用		信息系统	1
		数据库	1
信息化基础设施	网络设备	路由器	0.9
		交换机	0.1
	存储设备	磁盘阵列	0.7
	计算设备	服务器	0.5
	安全设备	防火墙//行为管理设备/负载均衡设备	0.3
信息化队伍		专职人员	1
		兼职人员	0.5
信息化投入		信息化投入资金	—
信息化环境		信息化机构	1
		信息化制度	1
		信息化标准	1

1.4　研究方法

本研究采用主成分分析法对农业科研信息化水平进行评测，该方法利用降维思路，把多指标转化为少数综合指标，这些指标能够反应原始变量的绝大部分信息。主成分分析法通过数学变换，把给定的一组相关变量通过线性变换转成另一组不相关变量，新变量按照方差依次递减的顺序排列。在数学变换中保持变量的总方差不变，使第一变量具有最大方差，称为第一主成分；第二变量方差次之，并且和第一变量不相关，称为第二主成分。依次类推，i 个变量就有 i 个主成分。一般按照特征值大于 1 或累计贡献率大于 85% 提取主成分。另外，在农业科研信息化影响因素方面采用多元线性回归法，分析了规模、经费对科研信息化水平的影响。

2　结果分析

2.1　主成分分析

在对各指标赋值的基础上，在 SPSS19.0 软件中采用主成分分析法，对所构建的农业科研信息化水平评价指标体系进行分析。

2.1.1　KMO 和球形 Bartlett 检验

KMO 和球形 Bartlett 检验用于对主成分分析的适用性进行检验（表 2），当 KMO 值小于 0.5 时，不适合做主成分分析。经对数据进行 KMO 检验，KMO 值为 0.722，可以做主成分分析，另外，由 Bartlett 检验可知，应拒绝变量独立假设，变量间具有较强相关性。

表 2　KMO 和 Bartlett 检验

取样足够度的 Kaiser-Meyer-Olkin 度量		0.722
Bartlett 的球形度检验	近似卡方	21.998
	df	10
	Sig.	0.015

2.1.2　主成分确定

如果主成分对应的特征值小于 1，则说明主成分的解释力度还不如直接引入一个原变量的平均解释力度大。因此，按照主成分对应的特征值大于 1 的标准提取主成分。从表 3 中可知，需提取 2 个主成分。前两个主成分累加占到总方差的 66.257%，第一主成分贡献率为 46.212%，第二主成分贡献率为 20.045。

表 3　解释的总方差

成分	初始特征值			提取平方和载入		
	合计	方差（%）	累积（%）	合计	方差（%）	累积（%）
1	2.311	46.212	46.212	2.311	46.212	46.212
2	1.002	20.045	66.257	1.002	20.045	66.257
3	0.705	14.096	80.353			
4	0.522	10.450	90.803			
5	0.460	9.197	100.000			

2.1.3　主成分表达式

因子载荷矩阵是因子分析的核心，从表 4 中可以看出，除了信息化队伍主成分载荷相对较低外，其他指标的第一个主成分载荷都较高，意味着信息化应用、信息化基础设施、信息化投入、信息化环境之间存在着显著关系，信息化相关的多变量之间直接相关性较强，存在信息重叠。同时表明，第一个主成分基本反映信息化应用、信息化基础设施、信息化投入、信息化环境这些指标的信息。第二个主成分对信息化队伍的解释较多，主要反映了信息化队伍的信息。

表 4　成分矩阵

	成分	
	1	2
信息化应用	0.655	−0.454
信息化基础设施	0.726	−0.422
信息化队伍	0.516	0.667
信息化投入	0.811	−0.016
信息化环境	0.656	0.414

根据成分矩阵，可求得主成分与信息化指标的关系。

$F_1 = 0.430556 X_1 + 0.477524 X_2 + 0.339529 X_3 + 0.533534 X_4 + 0.431846 X_5$

$F_2 = 0.430556 X_1 + 0.477524 X_2 + 0.339529 X_3 + 0.533534 X_4 + 0.431846 X_5$

$F_3 = -0.45384 X_1 - 0.42195 X_2 + 0.666793 X_3 - 0.01552 X_4 + 0.41398 X_5$

2.1.4　综合得分

以每个主成分所对应特征值占所提取主成分总的特征值之和的比例作为权重计算主成分综合模型，λ_1 为 2.311，λ_2 为 1.002。

$$F = \frac{\lambda_1}{\lambda_1 + \lambda_2} \times F_1 + \frac{\lambda_2}{\lambda_1 + \lambda_2} \times F_2 \qquad (1)$$

通过计算可知（表 5），综合得分前 5 的研究所分别是中国农业科学院植物保护研究所（1.97）、中国农业科学院作物科学研究所（1.68）、中国农业科学院郑州果树研究所（1.58）、中国农业科学院蔬菜花卉研究所（1.34）、中国农业科学院北京畜牧兽医研究所（1.29）。

表 5　综合得分与排名

研究所代号	各因子得分		综合得分
	F_1	F_2	
2	2.976893	−1.32566	1.675608
1	2.348094	1.09852	1.970167
4	1.404069	1.206043	1.344177
8	1.876388	−0.66359	1.108186
5	1.377416	1.095701	1.292213
12	−0.01114	0.127807	0.030887
25	−2.40539	0.607376	−1.49419
13	−0.06234	0.069252	−0.02254
24	−1.91318	0.315089	−1.23925
20	−1.24102	0.221384	−0.79872
14	−0.02866	−0.3739	−0.13308
16	0.197592	−1.49906	−0.31555
19	−0.30737	−0.91803	−0.49206

（续表）

研究所代号	各因子得分		综合得分
	F_1	F_2	
11	0.215785	−0.16227	0.101445
23	−1.8202	0.578493	−1.09473
3	1.997167	0.606101	1.576446
6	1.921899	−0.3224	1.243122
10	0.583422	−0.98622	0.108692
27	−2.32307	−0.50768	−1.77401
21	−1.43609	−0.05906	−1.01961
22	−1.33977	−0.52812	−1.09429
17	−0.82232	0.485344	−0.42683
15	0.500284	−1.91	−0.22869
7	0.472937	2.609663	1.119179
26	−1.78149	−1.26767	−1.62609
18	−1.22543	1.231691	−0.48228
9	0.845517	0.271168	0.671808

从图 1 中可看出，量表总分集中在-2.0～2.0，量表平均值-1.18，标准差 1.1026。信息化水平超过 0.0 的有 12 个研究所；超过 1.0 的有 8 个研究所；在-0.5～0.0 的研究所个数最多，达到 7 个；有 7 个研究所的信息化水平小于 -0.1。另外，还可以看出，中国农业科学院各所信息化差距较大。

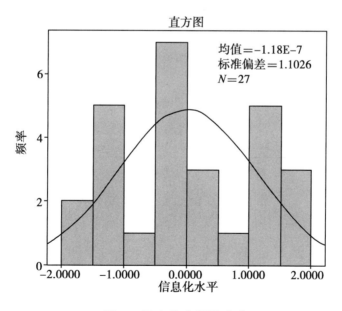

图 1　量表总分频数分布

2.2 影响因素分析

中国农业科研信息化发展相对滞后，受技术、经济、社会发展等诸多外部环境因素影响。从农业科研单位视角分析，科研单位的规模、实力、地域等都对农业科研信息化发展有重要影响，除此之外，农业科研单位主要领导对信息化的认识水平也决定了信息化水平。

考虑数据的可获得性，选取研究所规模（人数）、研究所实力（项目经费）2 个参数作为自变量，以各研究所信息化水平作为因变量进行多元线性回归分析。农业科研信息化水平 $= f$（研究所规模、研究所经费）。

R^2 值越大所反映的自变量与因变量的共变量比率越高，模型与数据的拟合程度越好。从表 6 可知，模型确定系数的平方根为 0.832，确定系数为 0.692，调整后的确定系数为 0.666。

表 6　模型汇总

模型	R	R^2	调整 R^2	标准误
1	0.832a	0.692	0.666	0.6373097

注：a. 预测变量：（常量），经费，规模

从表 7 可知，回归平方和为 21.864，残差平方和为 9.748，总平方和为 31.611，F 统计量的值为 26.915，Sig. $<$ 0.05，可以认为所建立的回归方程有效。

表 7　方差分析

模型		平方和	自由度 df	均方	F	显著性水平 Sig.
1	回归	21.864	2	10.932	26.915	0.000a
	残差	9.748	24	0.406		
	总计	31.611	26			

注：a. 预测变量：（常量），经费，规模；b. 因变量：信息化水平

从表 8 可知，本例因变量 Y 对规模和经费两个自变量回归的非标准化回归系数分别为 0.407 和 0.473，两个回归系统的显著性水平 Sig. 均小于 0.05，可以认为自变量对因变量 Y 均有显著影响。标准化的回归方程为：$Y = -1.609 + 0.407 + 0.473X^2$。

表 8　系数

模型		非标准化系数		标准系数	*t*	Sig.
		B	标准误	Beta		
1	常量	−1.609	0.252	—	−6.391	0.000
	规模	0.002	0.001	0.407	2.224	0.036
	经费	0.001	0.000	0.473	2.588	0.016

注：a. 因变量：信息化水平

　　结果显示研究所的规模和经费对研究所信息化水平存在正相关，这与实际情况相符。一般来讲，经费充足的研究所会分配更多资金投入信息化建设。

3　结论与建议

3.1　农业科研信息化需求迫切，需要统一协调部署

　　各研究所已在积极尝试农业科研信息化建设，如很多研究所都进行农业科研管理信息化建设，账务管理系统、人事管理系统、科研信息管理系统、实验室管理协调、办公系统、视频会议系统、考勤系统等已投入使用；农业专业数据库建设工作也取得了很大成效，已建成 30 多个数据库，涵盖作物、畜牧、环境、生态等。然而，由于缺乏统一部署，在资源配置方面，造成很大浪费，如每个研究所每年都支持网站维护费以及网络计入费。

3.2　农业科研信息化建设尚处在初级阶段，还存在诸多问题

　　目前，中国农业科研信息化水平整体较低，信息化建设中还存在诸多问题。比如，信息化人才队伍不健全、缺乏相应的信息化标准规范、信息化资金投入缺乏稳定支持、重复投资及资源浪费现象明显，重视农业科研管理信息化，而对农业科研活动信息化投入不足，农业科研信息化的一些基本需求还得不到满足，如网速慢、文献资源不能访问等。

3.3　加大农业科研信息化建设的资金投入，提高信息化水平

　　资金投入与农业科研信息化建设存在相关性，资金充裕的科研单位的信息化水平一般较高。由于农业科研信息化建设资金投入很难获得持续性支持，导致很多农业科研单位的信息化水平低，不能对农业科研提供有效支撑。应该重视农业科研单位的信息化建设，给予固定的、持续的专项信息化建设资金支持，不断提高信息化建设水平。

4 讨论

信息化水平测评在各行各业都有研究，其基本方法是获取信息化建设基本数据，构建信息化水平指标体系，采用主成分分析法或指标赋值法对信息化水平进行测评，最后构建多元线性回归模型，研究信息化水平的影响因素。不同区域的信息化水平存在差距，信息化水平与经济发展存在关系等，在不同行业信息化建设中均有不同程度的体现。本研究从信息化应用、信息化基础设施、信息化投入、信息化队伍、信息化环境等方面构建了农业科研信息化指标体系，采用主成分分析法对中国农业科学院各研究所信息化水平进行测评，可以看出不同研究所的信息化水平差距较大。在农业科研信息化水平的影响因素分析方面，采用多元线性回归分析法，针对研究所规模、资金等因素进行测评，可以看出资金、规模与研究所的科研信息化水平存在相关性，与一般的认识相一致。另外，领导意识、需求压力等对农业科研信息化发展也可能存在影响，需要进一步研究。

参考文献

[1] 许世卫. 加速科研信息化，提升科研创新能力 ［EB/OL］. http：//www. caas. cn/ysxw/yw/66222. shtml，2012.

[2] 许世卫. 构建农业科研信息化平台，促进农业科技创新 ［J］. 农业图书情报学刊，2005（12）：5-10.

[3] 刘世洪，许世卫. 中国农村信息化测评方法研究 ［J］. 中国农业科学，2008，41（4）：1 012-1 022.

[4] Qi E S，Wang H M. Evaluation architecture and methods for manufacturing normalization. Industrial Engineering Journal，2005，8（2）：52-56.

[5] 孟宪学. 关于中国农业科研信息化的思考 ［J］. 农业图书情报学刊，2002（2）：1-4，24.

[6] 郭雷风，王文生，李秀峰. 基于云计算的农业科研创新信息服务平台设计 ［J］. 安徽农业科学，2013，41（7）：3 203-3 205，3 210.

[7] 李瑾，赵春江，秦向阳，等. 农村信息服务综合评价及影响因素研究——基于宁夏回族自治区村级视角的调研分析 ［J］. 中国农业科学院，2011，44（19）：4 110-4 120.

[8] 苏小波，张巴克，丁建，等. 江西农业科研信息化平台建设构想 ［J］. 江西农业学报，2008，20（6）：116-118.

[9] 卫建强. 关于构建山西农业科研信息化平台的思考 [J]. 农业图书情报学刊, 2007, 19 (4): 10-13.

[10] 刘波, 刘善文. 农业科研单位信息化应用与发展对策 [J]. 农业网络信息, 2005 (11): 38-41.

[11] 贾向英, 马韬靖, 惠青. 中国农业科研信息化的建设问题研究 [J]. 河北农业大学学报, 2008, 10 (4): 374-376.

[12] 李秀峰. 中国农业科研信息化工程总体设想 [J]. 农业网络信息, 2005 (10): 32-36.

[13] 孙宙, 李世收, 姚敏. 中国高校信息化现状研究——基于江苏高校的实证分析 [J]. 南京工业大学学报: 社会科学版, 2009, 8 (4): 91-96.

[14] 高新才, 王晓鸿. 区域信息化与区域经济发展关系研究——基于甘肃省的实证分析 [J]. 兰州大学学报, 2012, 40 (6): 121-127.

[15] 席广亮, 甄峰, 魏宗财, 等. 南京市居民移动信息化水平及其影响因素研究 [J]. 经济地理, 2012, 32 (9): 97-103.

[16] 李思. 基于主成分分析法的农业信息化水平评价研究 [J]. 安徽农业科学, 2010, 38 (21): 11 534-11 535, 11 550.

[17] 马中杰, 郑国清, 冯晓, 等. 河南省农村信息化水平测度研究现状及分析 [J]. 河南农业科学, 2010 (3): 120-123.

[18] 游泳, 龙从霞. 边远山区农村信息化动态变化过程及影响因素分析——以毕节试验区为例 [J]. 广东农业科学, 2013 (17): 208-210.

[19] 颜志军, 郭兵珍, 阮文锦. 企业信息化水平测评方法研究 [J]. 北京理工大学学报, 2009, 29 (2): 176-180.

[20] 付兵荣. 城市信息化测度指标体系设计及应用 [J]. 情报科学, 2003, 21 (3): 230-231, 268.

[21] 宋玲. 信息化水平测度的理论与方法 [M]. 北京: 经济科学出版社, 2001.

[22] 肖素梅, 殷国富, 汪永超, 等. 企业信息化水平评价指标与评价方法研究 [J]. 计算机集成制造系统, 2005, 11 (8): 1 154-1 162.

[23] 刘世洪. 农业信息技术与农村信息化 [M]. 北京: 中国农业科技出版社, 2005.

[24] Lim S K, Kang M J, Lee B W, et al. The development of a framework to evaluate the organizational normalization level, challenges of information technology management in the 21st century. Information Resources Management Association International Conference, 2000: 1 025-1 027.

基层农技推广服务云平台应用[*]

——江苏通州应用案例分析

Application of Cloud Platform of Agricultural Technology Extension in Countryside
——Case of Application in Tongzhou of Jiangsu Province

杨　勇[1]^{**}　季佩华[2]　董　薇[1]　孙志国[1]　季晓波[2]

Yang Yong，Ji Peihua，Dong Wei，Sun Zhiguo，Ji Xiaobo

(1. 中国农业科学院农业信息研究所，北京　100081；

(2. 江苏省南通市通州区农委，江苏通州　226300)

摘　要： 本文通过对基层农技推广服务云平台在江苏通州的示范应用进行分析，介绍了云平台结合地方农技推广工作的具体做法、取得的成效，并提出云平台进一步推广应注意的问题与解决策略。

关键词： 农技推广；云平台；案例分析

0　引言

基层农技推广服务云平台利用 3G 网络及最新的云计算、物联网等现代信息技术，在网络上搭建了一个集农技推广服务与农业生产管理等功能的智能移动信息化平台，方便农技推广管理者利用电脑或移动信息终端，开展科学高效的信息发布、农技推广人员调度与考核、农业生产在线管理等服务，方便基层农技人员利用信息终端为农民提供高效便捷、简明直观、双向互动的农技推广及农业生产与市场的智能信息采集服务。云平台把全国的农技推广力量连成一张网，实现了农技推广工作与农业生产管理的可视化、可量化与精准化。

2013 年 9 月，云平台先期在江苏省南通市通州区开展示范与推广应用。

---

　*　基金项目：国家科技支撑计划-国家农村信息综合服务平台构建与应用（2013BAD15B02）

　**　作者简介：杨勇（1975— ），男，博士，副研究员，研究方向：农业信息技术应用与推广南通市通州区位于江苏省东南部长江三角洲北冀，东临黄海，南依长江。全区总面积 1 525.74km²，总人口 125.73 万人，耕地总面积 105.3 万亩、农业人口 76.7412 万人，下辖 18 个镇，1 个省级开发区。我区农技推广体系比较健全，区级农技推广机构共有 14 个单位，18 个镇均成立了农业综合服务中心，服务范围涉及种植业、林业、渔业、畜牧业、农机等。

平台的应用受到了地方农业主管部门、农技人员和农民的普遍欢迎，显著提高了农技推广与管理的效率，增强了农技推广队伍的活力，实现了农业生产信息的快速采集，形成了覆盖全区的农技推广服务云平台网络。

1 示范应用站点的建设

1.1 领导高度重视

江苏省南通市通州区的基层农技推广工作长期以来有着较好的基础。近年来完成了基层农技推广体系的改革工作，人员到位，职责到位，服务到位。因此，基层农技推广服务云平台的示范应用受到了当地行政主管领导及农业主管部门的高度重视，区农委专门成立行政领导小组，由农委主任任组长，副主任等任副组长，各站负责人为组员，负责示范工作的规划协调，监督示范工作的组织实施和管理，定期召开会议或到相关站点进行实地考察。

1.2 落实资金支持

区政府落实专门资金，用于平台建设的云终端采购、资费流量、人员培训、资源建设以及培训工作室等建设。在云终端采购及资费流量方面，采用统一招标的形式，采购了大屏三网机（电信、移动、联通 3 种不同制式的卡都可以使用），为每位农技员配备了一个 1 万 mA 的充电宝，保证了农技员在田间指导工作时的续电问题。资费套餐方面，与当地电信签订合作协议，以用户个人身份购买套餐，由电信控制好流量，超出套餐部门一律由用户自行负责。

1.3 建设平台工作室

利用现在条件，改造相关场所，成立云平台工作室，采购了台式一体机、投影仪等，添置新的会议桌椅，主要用作云平台使用培训、专家坐诊、日常服务、设备维护、答疑解难，同时成为观摩、展示、演练、互动的场所。

1.4 建立工作管理队伍

由区农委副主任具体分管，区科教站、培训站具体负责项目的组织实施、业务管理与平台开发及管理维护单位中国农业科学院农业信息研究所做好对接沟通及有关活动的安排，明确了网络维护管理员。

1.5　组建农技推广专家组

组织区级农业专家服务团，成立专家组，并登记相关信息，专家组成员包括政府、农委、财政等部门中涉农的各个领域的首席专家，包括农业政策、农业技术和信息管理三大类，共 41 人，并建立人员信息库，建立值班表，方便农技员下乡培训与服务时随时开展求助。

1.6　选推农业技术指导员及农业科技带头人

推荐具有高度工作责任心、热爱农技推广事业、能吃苦、有信息基础的基层农技推广人员，全区选择 18 个镇，共举荐 25 名农业技术指导员；选择有一定影响力和辐射带动能力的农业企业、基地负责人、种养殖大户等作为农业科技带头人，全区共选取 34 位。

1.7　制定相关制度，强化农技推广管理

制定制度、办法上墙、签订合同、明确责任。根据云平台建设的特点，制定学习培训、硬软件管理、服务指导、督查评价等制度与操作规程，根据不同的使用对象制定相应的工作目标任务，签订工作协议，设立奖惩措施，由平台管理办公室（科教站）会同监察室共同负责考核管理，政府办领导、财政局领导在线监督平台工作实施情况。

2　云平台示范运行情况

在云平台示范过程中，通州区采用的是固定基层站点＋移动农技信息员的模式，即为全区各个农技推广站点开设账号，利用各站点的台式电脑使用系统的同时，为站点的各农技人员分配个人账号，通过移动终端登录系统开展服务。

2.1　开展信息化服务

100 位云终端使用者在下乡服务时，利用信息终端，为百姓、基地、园区等解决产前、产中、产后的问题，并及时做好工作记录，实时上报到"农技日志"中。开取的农技处方，及时上传到平台共享。农技人员的下乡服务通过这种信息化的形式，记录了其服务的过程，方便对其的绩效考核。

2.2　开展农民网络培训

云平台中有着海量的农业生产、市场等信息，如技术明白纸，详细记录了各种种养殖技术等；技术明白图，以图文并茂的形式，简单明了直观；田间课堂，则收集了近 2 000 个视频，每一个视频都是一个科教片，农技员在下乡时可以实时播放给农民看，边播放边讲解。云平台示范的大半年时间内，已开展

培训 2 000多人次。

2.3 定向采集与生产数据报送

农技人员随时在线报送相关农情资料。主要包括气象、动植物病情、农作物、果树或畜禽生产情况、市场、灾情报送等。如当前处于秋收秋种关键期，定向要求每个农技员采集水稻成熟情况、农机采购情况、秸秆还田情况、油菜栽种情况等信息，以图片、文字的形式，在第一时间将各乡镇分布式的情况报送上来，为全区制定生产经营决策提供第一手资料。

2.4 市场价格报送与交流

各基层站农技人员定期上报的农产品、农资等价格信息，及时发布农产品流量信息，实现区域内价格信息的共享，促进农产品的流通，保障农民收益。同时农技人员也通过平台了解到全国各地的农产品价格，通过下乡服务将信息传递给农户与生产基地手中。

2.5 农技员业务交流与业务培训

利用云平台和平台的 QQ 群相结合，由专家队伍中信息管理组成员分组联系，实现远程交流、上传资料、远程培训，利用云平台、云手机，已完成了智能手机的使用、平台信息发布、图像的拍摄与剪辑、秸秆收储点的设立等多种业务培训。农技人员也通过平台中的经验交流、农技问答等模块，进行日常的工作交流，分享农技推广服务中的经验与做法，对某一生产问题的见解与建议等。

2.6 开展农技推广人员的管理与考核

云平台的使用，方便了农技管理部门对农技推广工作的管理，通过平台，管理者可以及时下发通知，并直接到达个人手中，及时下达农情采集的通知，在第一时间收集上来图文并茂的信息与数据。通过平台中人员的轨迹与定位，了解到农技人员所处的方位及工作状态，方便当场进行联系。通过检查农技人员的日志与交流情况，实时了解他们的工作情况与服务效率，了解他们在推广工作中遇到的难题以及农业生产中的突出问题，做到决策及时，措施到位，实时高效。

2.7 做好本地资源信息库的建设

示范区将现有的技术资料进行了进一步整合与细化分类，发挥本土技术资源的优势，上传到平台进行共享。农技人员按照各自的知识储备与下乡培训、指导、推广的有利条件，依靠记载、录音、拍摄、录像等手段采集技术资料，将这种本土化的资料在网络平台中实现共享。地方管理部门还创新性地组织农技人员拍摄农技微视频，将生产中的技术、知识等以一两分钟的短视频形式呈现，并在云平台中实现共享与交流。

3 云平台运行的效果

云平台的示范应用，受到当地管理者、农技人员与被服务农户、生产基地等的一致欢迎与肯定，经过半年左右的示范，云平台在江苏通州取得了显著的实效。

3.1 农技推广的管理实时、高效、便捷

农业管理部门可利用平台，对农技推广工作进行量化考核，如基层农技推广补助项目、科技入户、农民培训、农产品质量检测等工作，培训了多少农民、上门服务多少次、开具了多少技术处方，哪些农产品都被检测过等，现在都被记录下来，而且可以随时检查有没有弄虚作假等，可以根据质和量对农技员的工作进行考核。最近一段时间，通州区正利用云平台来了解各个乡镇的"禁烧"情况，以及麦苗播种出苗情况、油菜栽种情况。这种管理通过平台随时随地地进行，发一个指令，图文并茂的信息很快就能传上来。而这些方面在云平台的示范过程中还将不断得到扩展，最终贯彻农业工作的各个领域。

3.2 农技员综合素质提高愿意被管理，管理者心里有数，推广补助落到实处

在云平台的使用和交流中，形成了一种"比、学、赶、超"的气氛，一些先进的工作措施、工作方法马上被广泛推广应用起来，也让农技员随时发现自身的不足，激励他们加强学习，提高自身的素质和业务水平。农技员被管理的同时，更感觉到的是一种自我价值的实现，有平台的见证，能够让更多的人知道他们在做些什么工作，对农技推广工作有新的认识，对农技员这个群体也有了新的认识，农技员更愿意"被管理"了。而对于管理者而言，对基层农技人员的工作情况更为了解，农技推广补助的资金真正落到了实处。

3.3 农技员的精神面貌改善，变得自信

对农技人员而言，原来觉得下田是一种苦差事，不是怕下乡路程远，工作累，主要是怕被老百姓问到难问题了，给问倒了没面子，一般都不敢正面回答，经常会把问题丢给其他部分，"哦，这个不归我们管，要不你问问某某部门"，或者说"下次我帮你了解一下"，等等，现在不一样了，农技员爱下乡了，有海量的信息和身后强大的专家团队的技术支撑，农技员有自信了。每天的工作中，随时随地与其他农技员、专家"在一起"，感觉不再是独立地处理农业生产中的问题，心里有底气。

3.4 农技员养成了每天学习、工作记录、采集信息的习惯

通过云平台的示范，一些农技员觉得，可能没有接触这项工作时，觉得挺难，拿了个信息终端感觉是多了个累赘，但现在会使用了，发现真的挺好，白天工作忙可能没时间，每天晚上睡觉前，打开平台，在一些模块里学习一两个知识点，把今天一天的工作在日志中记录一下，回过头来发现，自己不知不觉中增添了这么多知识，自己还做了那么多有意义的工作。采集信息的过程发现了很多问题，也记录下了很多美好的瞬间。"每日一学、每日一记、每日一拍"可能将会成为农技人员新的工作方式、生活态度、服务模式。

4 示范推广中的问题与策略

4.1 认识到农技人员与城市人群的差异，循序渐进做好示范推广

基层农技人员是基层农业推广工作中的骨干，但与城市人群相比，他们在教育水平、工作视野、信息能力等方面尚存在着较大的差异，农技人员间水平也参差不齐，因此，在对农技人员进行信息化武装时，一定要遵循循序渐进的原则。在示范应用中，我们发现，不少农技人员智能手机和平台使用还不太熟练，示范过程中经常需要对他们进行个别的辅导。不少农技员在发布信息时还不够规范，只注重把信息发入平台，而不注重分类，也需要逐步启发他们形成规范。

4.2 认识到基层农技信息资源的实用性与可操作性，不断强化基层信息资源建设

基层农技推广工作解决的是基层生产经营中存在的问题，在这一方面，基层的专家、农技人员、农民专业合作社、基地以及地方管理部门均有着丰富的经验与做法。因此，来自他们的信息资源是最有实用与有效的，只有少量的问题需要外界更高层次的介入。因此，强化基层信息资源的建设是云平台推广中的重要环节。而事实上，基层农业推广的信息资源是已经存在的，他们分布在各个专业站所、科技、农业专家手中以及脑海中，如何将这些信息资源整合出来，挖掘出来，并实现大范围的交流共享，是建设基层农技信息资源的重点，也是建立全国农技云平台信息资源的重中之中。

4.3 认识到云平台应用的长期性与可持续性，积极探索云平台应用的制度建设

全国基层农技服务云平台是对现有基层农技推广管理与服务的重要创新，基层农技人员与管理者在开始的一段时间，对云平台充满着鲜新感和好奇，但

久而久之，逐渐失去一开始的兴趣，这时就需要以制度来进行强化。以信息化的手段，最新的云技术、物联网技术以及信息化终端与做好农技推广工作是大势所趋，我们不能走回头路，回到"一张嘴、两条腿"的农技推广模式，不少农技管理人员与农技人员如果不以制度进行约束，长时间下来，很容易回到从前，因为他们不想去管，不想被管，觉得以前那种想干就干，干得好不好都没人细查的形式挺好。国家近年来在基层农技推广上加大投入与修订法律，表面上是对农技推广工作的重视加强，更为重要的是要把农技推广工作管好，让农技推广工作有创新、有实效。但在制度建设中，我们需要密切联系基层，在基层管理者、专家与农技人员中选择一部分人员，建立"签约农技人员"，与云平台的开发团队一道，共同整合需求，为平台的发展献计献策，共同完善系统，建立不断完善的基层农技推广云平台管理制度。

参考文献

[1] 杨勇.基层农技推广信息化平台示范应用的成效与体会 [J].中国农村科技，2012，7（总206）：31-33.

[2] 王文生.利用3G等现代信息技术创新基层农技体系推广与管理手段 [J].中国农村科技，2012，3：52-55.

[3] 李秀峰，艾红波，张磊.我国农村和农业信息化技术现状与未来选择 [J].中国农业科技导报，2010，2：53-56.

[4] 孙志国.Web2.0，以个人为中心的互联网时代的到来 [J].农业网络信息，2005，12：97-98.

[5] 李光达，郑怀国，谭翠萍，等.基于云计算的农业信息服务研究 [J].安徽农业科学，2011，39（27）：16 959-1 696.

[6] 钱坤.浅议云计算在农业管理信息系统中的应用 [J].湖北农业科学，2012，51（1）：159-162.

互联网公司云服务产品比较研究

The Comparative Study of Cloud Services of Internet Companies

孙志国 [*] **王文生 李秀峰**

Sun Zhiguo，Wang Wensheng，Li Xiufeng

（中国农业科学院农业信息研究所，北京 100081）

摘 要：本文通过三大互联网商业公司的云服务产品进行分析，比较了各自云服务产品的侧重点和功能差异，指出了产品背后所隐含的各自不同的云服务战略，为在其他行业领域进行云服务产品规划提供参考，提出行业领域用户可以充分利用商业公司的 IaaS 和 PaaS 产品快速开发和部署自己的应用，将主要精力重点用于 SaaS 层的业务为创新。

关键词：云计算；云服务；云存储服务；云计算服务；弹性计算服务；IaaS；PaaS；SaaS

0 引言

目前，各大互联网公司基于云计算理念都推出了自己的云服务产品，尤其是备受关注的中国三大互联网公司 BAT（Baidu、Alibaba、Tencent）目前都推出了以自己的公司名字命名的云服务产品：百度云、阿里云、腾讯云。本文对其云服务产品进行了比较分析，比较了各自云服务产品的侧重点和功能差异，并指出了产品背后所隐含的各自不同的云服务战略，为在其他行业领域进行云服务产品规划提供参考。

---

* 作者简介：孙志国（1978— ），男，副研究员，研究方向：UED、知识管理、SNS。E-mail：sunzhiguo@caas. cn

1 互联网公司云服务产品介绍

1.1 最早提供云服务的互联网商业产品

早在 2006 年 8 月 25 日，亚马逊便发布了 EC2（Elastic Compute Cloud）受限公众 Beta 版本，这个被认为是最早向公众提供弹性计算云服务的产品，同时它还联合同年 3 月推出的 S3（Simple Storage Service）简单存储服务，与 EC2 一起向用户提供全面的计算和存储服务。EC2 和 S3 两个产品被认为是现在云计算和云存储领域最早的商业产品，也是我们现在总结的云计算 3 种服务模式或者 3 种业务层中 IaaS 的最核心的两种产品形态。

2008 年 9 月，美国公司 Dropbox 推出了在线云存储应用，他使用亚马逊的 S3 作为其底层架构，面向个人提供免费和收费的网络存储服务，支持在多台电脑多种操作中自动同步数据。这个被认为是云计算 3 种服务模式中 SaaS 的典型应用代表，也是最早面向个人普通用户提供云存储服务的产品。

1.2 BAT 云服务产品介绍

2008 年前后，国内引入"云"概念并开始普及，国内互联网公司以百度、阿里巴巴、腾讯三大厂商为代表，开始逐步推出商业化云服务产品。

1.2.1 阿里云产品及分析

2009 年 9 月 10 日，阿里云正式成立。2010 年 11 月 11 日，阿里云计算成功支持淘宝光棍节，保证了超过 24 亿 PV 的正常访问、交易。2011 年 1 月，阿里云与中国万网展开弹性计算业务合作。2011 年 7 月 28 日，阿里云·OS 正式发布，第一台云智能手机开始销售。2012 年 1 月，正式推出新兴业务模式——"云应用市场"。2013 年 1 月 6 日，阿里云与万网合并。

目前阿里云品牌旗下主要产品包括弹性计算和数据存储服务、云应用市场、云 OS 三大产品线。弹性计算和数据存储服务以及相配套的云监控、云安全等服务主要面向企业用户和专业用户，类似于亚马逊的 EC2 和 S3，属于 IaaS 业务层。云应用市场力图基于阿里云计算技术，打造一个软件服务平台，推动传统软件销售向软件服务业务转型，帮助合作伙伴从传统模式转向云计算模式，属于 PaaS 业务层。云 OS 产品为一个针对移动终端和电视终端的类 Android 操作系统，可以归为 PaaS 业务层。在云应用市场有一些应用属于阿里自己打造的软件产品，可以认为这部分应用实际上是阿里开展的 SaaS 层面的业务。

1.2.2 百度云产品及分析

2012 年 9 月，百度发布了百度云服务平台，其前身叫作百度网盘，目前的百度云实际上是一个面向个人用户的云服务综合产品，这里面包括网盘、通讯录、文章、相册、记事本等多个应用，还设计了大量 SNS 的元素在里面，比如，关注数、粉丝数、分享数等，该产品主要满足用户大文件存储、资料备份同步、跨设备支持、多地点办公等需求，类似 Dropbox，属于 SaaS 业务层产品。百度云里还有一个名为应用的板块，这个类似阿里云应用市场，属于 PaaS 业务层。实际上百度还有一个综合性产品主要面向开发者和企业，叫百度开放云平台，也叫开发者中心，这里面有类似 S3 的云存储，类似 RDS 的云数据库，但是它没有提供直接的弹性计算服务，而是把用户的计算需求进行了封装，名为应用引擎，是一个弹性的服务端运行环境打包产品，可以帮助开发者更加快速的部署应用。开放云平台这部分属于 IaaS 业务，但有些产品形态更多的偏向于 PaaS 层。

1.2.3 腾讯云产品及分析

腾讯云于 2013 年 8 月 28 日开始公测，是 BAT 中上线最晚的一个，腾讯云产品形态和阿里云很相似，包括了弹性计算、云存储、云监控、云安全等，腾讯云从定位上看实际上是一个纯 IaaS 业务层产品。另外腾讯早在 2011 年就宣布了开放战略，并由此构建了腾讯开放平台，这是一个针对开发者的 PaaS 级产品。另外腾讯微云于 2012 年 7 月 12 日正式推出，是一个集网盘、相册、传输、剪贴板等功能为一身的面向个人的云存储服务，属于 SaaS 业务层产品。

2 互联网公司云服务产品比较分析

2.1 云服务产品类别定义

从服务对象上分，可以分为面向普通个人用户、面向企业用户和专业开发者用户 3 种。

从服务模式和业务层次上分，可以分为 IaaS（基础设施即服务），PaaS（平台即服务），SaaS（软件即服务）3 种。

2.2 三大互联网公司百度云、阿里云、腾讯云产品比较分析

综上所述，三大互联网公司从 IaaS，PaaS，SaaS 3 个层面都有所涉猎，只是侧重点不同。

百度的云服务建设重点偏向于 PaaS 和 SaaS，服务对象侧重于普通个人用户和专业开发者用户。他希望将底层的 IaaS 服务进行封装，给用户尤其是开

发者更高级的接口，通过打造更好的 PaaS 平台来聚拢更多的开发者。针对 SaaS 进行发力，并使用百度云的名字直接命名向个人用户提供服务的产品，主要原因在于百度一直以来的短板是 SNS，也就是用户关系的缺失，他用百度云构建了大量的 SNS 元素在里面，希望借助其力推的杀手级应用百度云拿到移动互联网入场券，并顺道组建自己的用户关系网络，增强用户使用黏性。根据北京大学市场与媒介研究中心的用户调查，百度个人云服务这个 SaaS 产品在国内个人云存储方面，与 360 云盘和金山快盘居于前三，并处于稍微领先地位。

阿里的云服务建设重点偏向于 IaaS 和 PaaS，服务对象侧重于企业用户和专业开发者用户。他的策略来自于其阿里巴巴和淘宝旗下大量网商的自身建站需求，从对万网的收购就可见端倪，他希望建立从域名注册、计算存储环境到应用部署的一揽子用户建站解决方案，从而更好的将网商用户掌握在自己手中。目前阿里云在国内 IaaS 领域已处于领先地位。

腾讯的云服务产品建设重点目前偏向于 IaaS，服务对象侧重于企业用户和专业开发者用户。主要原因在于其已经有了 PaaS 级的腾讯开放中心，并且具有世界上注册用户最多的我们可以认为是 SaaS 形态的 QQ 和微信。对于个人普通用户没有去亟须扩张的需求，所以，将腾讯云直接用于命名 IaaS 形态产品。

3 展望

本文研究只是一个引子，研究的目的主要是通过了解大型互联网公司在云服务领域的最新动态，从而更好的为在行业领域进行产品规划提供更好的思路。笔者认为在 IaaS 领域，已经有很成熟的商业产品，行业用户没必要进行云计算中心的重复建设，可以直接购买商业公司的云服务产品，甚至可以将现有的传统 IDC 业务逐渐迁移到商业云服务中，逐渐停掉正在花费大量精力进行维护的 IDC 机房。在 PaaS 层面也可以充分利用百度和腾讯开放云以及其他商业公司的产品提供的各种智能化中间件来快速开发和部署自己的应用，腾出更多的精力用于 SaaS 层的业务创新。

致谢

本文所述工作受到国家科技支撑计划"农村信息服务云存储与云计算技术

研究与应用/2013BAD15B02"和"农业现场信息全面感知与农村信息技术推广关键技术应用研究/2011BAD21B01"资助。

参考文献

［1］Amazon Blog，Amazon EC2 Beta. http：//aws. typepad. com/aws/2006/08/amazon _ ec2 _ beta. html.

［2］北京大学市场与媒介研究中心，个人云服务用户使用情况调查，http：//news. sohu. com/20121205/n359557754. shtml.

［3］阿里云官方网站，http：//www. aliyun. com.

［4］百度云官方网站，http：//yun. baidu. com.

［5］腾讯云官方网站，http：//www. qcloud. com.

农业信息分析

Agricultural Information Analysis

农业大数据与农产品监测预警[*]

Agricultural Big Data and Monitoring and Early Warning of Agricultural Products

许世卫[**]

Xu Shiwei

(中国农业科学院农业信息研究所/农业部农业信息服务技术重点实验室；
中国农业科学院智能化农业预警技术与系统重点开放实验室，北京 100081)

摘　要：随着海量信息的爆发，农业跨步迈入大数据时代。在大数据的推动下，农业监测预警工作的思维方式和工作范式发生了根本性的变化，农产品监测预警的分析对象和研究内容更加细化、数据获取技术更加便捷、信息处理技术更加智能、信息表达和服务技术更加精准。伴随大数据技术在农产品监测预警领域的广泛应用，构建农业基准数据、开展农产品信息实时化采集技术研究、构建复杂智能模型分析系统、建立可视化的预警服务平台等将成为未来农产品监测预警发展的重要趋势。在大数据时代，农产品监测预警工作应该形成大思维，开展大合作，迎接大挑战。

关键词：大数据；农业大数据；农产品监测预警

中图分类号：S126　　**文献标识码**：A

近年来，随着物联网、云计算、移动互联、LBS、遥感及地理信息技术等的发展，农业数据呈现海量爆发趋势，农业跨步迈入大数据时代。大数据成为和物联网、云计算、移动互联网一样重要的技术和趋势。搜集数据、使用数据，已经成为各国竞争的一个新的制高点[1]。大数据也为农产品监测预警工作带来了新的发展机遇，数据驱动决策的工作机制悄然形成，将极大地改变农产品监测预警工作方式，引起农产品监测预警工作模式的根本变革。

---

　* 基金项目：国家"十二五"科技支撑计划项目（2012BAH20B04）；农业部农业信息预警专项资助

　** 作者简介：许世卫，研究员，博士，博士生导师，研究方向为农业信息分析。E-mail：xushiwei@caas.cn

1 农业大数据时代的农产品监测预警

农业大数据是大数据在农业领域的应用和延展，是开展农产品监测预警工作的重要技术支撑。"大数据"一词，最早由阿尔文·托夫勒在 1980 年发表的《第三次浪潮》[2] 中提过。其后，随着物联网、云计算、移动互联、智能终端、可穿戴设备等技术的发展，大数据才迅速进入人们的视野。《Nature》和《Science》杂志先后对大数据做了专题性介绍，美国等国家纷纷提出大数据研究与发展计划以及相关战略[3~8]，大数据一夜之间成为广泛关注的焦点。大数据的兴起，在数据来源、数据规模、数据类型、数据处理方式和数据思维等方面发生了显著的改变，为农产品监测预警发展提供重要的基础支撑。

1.1 农业大数据的类型

究竟何为农业大数据？农业大数据是融合了农业地域性、季节性、多样性、周期性等自身特征后产生的来源广泛、类型多样、结构复杂、具有潜在价值，并难以应用通常方法处理和分析的数据集合。它不仅保留了大数据自身具有的规模巨大（volume）、类型多样（variety）、价值密度低（value）、处理速度快（velocity）、精确度高（veracity）和复杂性大（complexity）等基本特征，还使得农业内部的信息流得到延展和深化，而不是农业领域内数据的简单加总（图 1）。

中国是农业大国，农业中存在着大量的数据。近年来，随着我国农业农村信息化水平逐步提高，现代化的信息技术和装备得到广泛应用，高颗粒、实时性数据呈指数方式增长，农业跨步迈入大数据时代。截至 2013 年 12 月，我国网民中农村人口占比 28.6%，规模达 1.77 亿，相比 2012 年增长 2 101 万人[9]。另据全球气候观测系统（Global Climate Observing System）统计，每天新增超过 250GB 的数据量；笔者估计，目前 1 亩农田在一年产生的数据约为 15G（环境与土壤类传感器监测每 10min 采集 1 次数据＋市场监测数据＋统计监测数据＋农情视频监测数据）。农业每年还开展大量的统计调查，产生大量的数据。

根据农业的产业链条，目前农业数据主要集中在农业环境与资源、农业生产、农业市场和农业管理等领域。农业自然资源与环境数据主要包括土地资源数据、水资源数据、气象资源数据、生物资源数据和灾害数据。农业生产数据包括种植业生产数据和养殖业生产数据。其中，种植业生产数据包括良种信息、地块耕种历史信息、育苗信息、播种信息、农药信息、化肥信息、农膜信

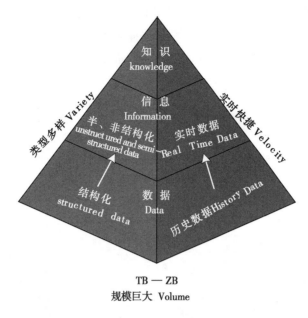

图 1 大数据的特征

Fig. 1 The characteristics of big data

息、灌溉信息、农机信息和农情信息；养殖业生产数据主要包括个体系谱信息、个体特征信息、饲料结构信息、圈舍环境信息、疫情情况等。农业市场数据包括市场供求信息、价格行情、生产资料市场信息、价格及利润、流通市场和国际市场信息等。农业管理数据主要包括国民经济基本信息、国内生产信息、贸易信息、国际农产品动态信息和突发事件信息等。

农业大数据的来临，使得全面、多维感知农业成为可能。第一，大数据使得农业进入全面感知时代，用总体替代样本成为可能。例如，在传统农业调查中，只能是利用合理的抽样去无限接近总体，用样本推断总体，而现代信息技术使得直接面对农业客体全部数据成为可能。第二，事物认知进入多维关联时代。每一种数据来源都有一定的局限性和片面性，只有融合、集成各方面的原始数据，才能反映事物的全貌，事物的本质和规律往往隐藏在原始数据的相互关联之中。数据量的增大使得相关关系重要性凸显，有时候可以通过分析事物之间的相关关系，得到意想不到的价值。例如 Google 的流感预测[10]、网络搜索数据与 CPI 相关性研究[11]均是较好的事例，农产品的播种面积和市场行情就可以通过前期种子的销售数量来进行预测。

1.2 农产品监测预警对大数据的需要日益迫切

农产品监测预警是对农产品生产、市场运行、消费需求、进出口贸易及供需平衡等情况进行全产业链的数据采集、信息分析、预测预警与信息发布的全过程。农业大数据贯穿于农产品的产量形成、产销流通和产品消费的整个过程，大数据技术、农业物联网技术将实时捕捉数据，形成信息流。通过大数据智能分析技术将全面揭示信息流的流量、流向，并对农产品全产业链的过程进行模拟，针对关键节点进行分析，最终实现动态预警和精准调控。

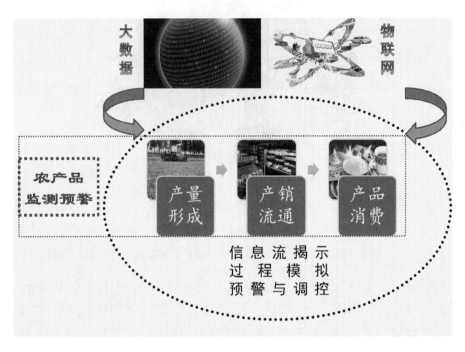

图 2　农业大数据与农产品监测预警

Fig. 2　agricultural big data and monitoring and early warning of agricultural products

中国的农产品生产区域广阔、产品种类繁多、市场类型多样，产业链条细长，我们不缺乏可收集的数据，但是缺乏精确和系统化收集数据的手段和收集数据的意识。目前，我们的数据要么是确实没有，有待收集；要么是数据准确性差，经不起推敲和检验；要么是以各种理由，难以公开共享。数据的滞后、缺失难以满足农产品监测预警工作实时精准的技术要求。

农产品监测预警是现代农业稳定发展的最重要基础，大数据是做好监测预警工作的基础支撑。农业发展仍然面临着多重不安全因素，亟须用大数据技术去突破困境。第一，农业生产风险增加，亟须提前获取灾害数据，早发现，早预警。根据中国统计年鉴我国每年因灾粮食损失约 500 亿 kg，如果能提前预警，将对我国粮食安全作出重要贡献。像美国的 EarthRisk 公司利用其旗舰产品 TempRisk，对 60 年的气象历史观测数据，基于 820 亿次计算进行天气分析、识别和预测，最长可提前 40 天生成冷热天气概率[12]。第二，农产品市场波动加剧，"过山车"式的暴涨暴跌时有发生，亟须及时、全面、有效信息把握市场异常，稳定市场形势[13]。以猪肉价格为例，2006 年上半年猪肉价格持续下跌，2007 年下半年出现暴涨，2009 年上半年又大幅度下降，2014 年再现波动。只有充分利用及时、有效的信息才能化解市场信息的不对称，防止市场剧烈波动频繁发生。第三，食物安全事件频发，亟须全程监管透明化，惩戒违规行为。2008 年三聚氰胺事件、2010 年海南毒豇豆事件、2011 年瘦肉精事件、2013 年"黄浦江死猪"、湖南大米"镉超标"等安全事件之所以时有发生，与缺乏质量监管以及信息不足具有很大关系。

2 大数据推动农产品监测预警全面变革

大数据是"人类社会－物理世界－信息社会"三元世界沟通融合的重要纽带[14]，其形成的信息流贯穿于农产品生产、流通、消费各个环节。大数据的发展正在改变着传统农产品监测预警的工作范式，推动农产品监测预警在监测内容和对象、数据快速获取技术、信息智能处理和分析技术、信息表达和服务技术等方面发生深刻变革。

2.1 监测对象和内容更加细化

随着农业大数据的发展，数据粒度更加细化，农产品信息空间的表达更加充分，信息分析的内容和对象更加细化。传统的农产品监测预警常常存在"抓大放小"问题，抓住了粮棉油糖等大宗农产品，而忽视了小宗鲜活农产品，生姜、大蒜、绿豆等小宗产品的"过山车"式的波动一度造成市场不稳，因此，市场环境下任何品种都应当予以恰当关注。伴随移动信息获取手段和设备的改进，数据获取变得更加快速和便捷，分析对象也从"总体"监测向"细化"监测转变。农产品的质量风险和市场风险既是"产出来"的，也是"管出来"的，过去我们受制于信息监测手段和设备的局限，无法实现全产业链的监测预警，而大数据技术则突破了这一困局，使得农产品的分析产品涵盖大宗、小宗农产品，监测预警内容从总体供求向产业链、全过程监测扩展，预警周期由中长期监测向短期监测扩展，预警区域由全国、省域向市域、县域、镇域，甚至是具体的田块扩展（表 1）。

表 1　大数据时代农产品监测预警内容和对象的演变

Table 1　The evolution of the content and object in monitoring early

warning of agricultural products of big data era

内容和对象 Contents and subjects	初期 Beginning	当前 Present
监测预警形式 The form of monitoring and early warning	常规监测 Routine monitoring	常规监测＋热点跟踪＋实时监测 Routine surveillance ＋ hot tracking＋ real-time monitoring
监测预警品种 The product of monitoring and early warning	"菜篮子"产品 "Vegetable basket" products	大宗农产品＋小宗农产品/鲜活农产品 Bulk agri-products ＋small agri-products / fresh agricultural products
监测预警内容 The content of monitoring and early warning	总体供求 The supply and demand	全产业链、全过程监测 The monitoring in the whole industrial chain and the whole process
监测预警周期 The period of monitoring and early warning	年度、季度 Year，quarter	月、旬、周、日、时、分、秒 Month，xun，week，day，hour，minute， seconds
监测预警区域 The area of monitoring and early warning	全国 Nationwide	全国、省域、市域、县域、乡村、田块 Nationwide，provincial，city field，county territory，village and field

2.2　数据获取技术更加快捷

农业系统是一个包含自然、社会、经济和人类活动的复杂巨系统，在其中的生命体实时的"生长"出数据，呈现出生命体数字化的特征[14]。农业物联网、无线网络传输等技术的蓬勃发展，极大地推动了监测数据的海量爆发，数据实现了由"传统静态"到"智能动态"的转变。现代化的信息技术将全面、及时、有效的获取与农业相关的气象信息、传感信息、位置信息、流通信息、市场信息、消费信息，全方位扫描农产品全产业链过程。在农作物的生长过程中，基于温度、湿度、光照、降水量，土壤养分含量、pH值等的传感器以及植物生长监测仪等仪器，能够实时监测生长环境状况；在农产品的流通过程中，GPS等定位技术、射频识别技术实时监控农产品的流通全程，保障质量安全；在农产品市场销售过程中，移动终端可以实时采集农产品的价格信息、消费信息，引导产销对接，维护市场稳定。如中国农业科学院农业信息研究所研制的一款便携式农产品市场信息采集设备——农信采，具有简单输入、标准采集、全息信息、实时报送、即时传输、及时校验和自动更新等功能。它嵌入了农业部颁发的2个农产品市场信息采集规范行业标准，十一大类953种农产品以及相关指标知识库，集成了GPS、GIS、GSM、GPRS、3G/Wi-Fi等现代信息技术，实现了市场信息即时采集和实时传输，目前已在天津、河北、湖南、福建、广东和海南等省市广泛使用，并在农业部农产品目标价格政策试点工作的价格监测中推广应用。

2.3 信息处理分析技术更加智能

在农业监测预警领域，我国各部门已经建立了一些大型分析系统。如农业部的农产品监测预警系统，国家粮食局的粮食宏观调控监测预警系统，商务部的生猪、重要生产资料和重要商品预测预警系统，新华社的全国农副产品和农资价格行情系统以及海关总署进出口食品安全监测与预警系统等。许多系统在结构化数据处理上能力尚可，但对于半结构化、非结构化数据的处理则比较欠缺。在大数据背景下，数据存储与分析能力将成为未来最重要的核心能力。未来人工智能、数据挖掘、机器学习、数学建模、深度学习等技术将被广泛应用，以 Hadoop 等平台为支撑的应用平台分析将成为主流，我国农产品监测预警信息处理和分析将向着系统化、集成化、智能化方向发展。如中国农产品监测预警系统（CAMES）已经在机理分析过程中实现了仿真化与智能化，做到了覆盖中国农产品市场上的 953 种主要品种，可以实现全天候即时性农产品信息监测与信息分析，可用于不同区域不同产品的多类型分析预警。未来农产品监测预警将在获取手段、记录方式、信息管理、分析方法、分析速度、分析主题和结果判断上变得更加智能，尤其是在分析方法上，将由过去侧重专家经验判断为主向重视数据分析、模型分析以及计算机模拟与智能判断相结合的方向转变(表2)。

表 2 智能信息分析预警与一般信息分析预警的区别

Table 2 The difference between intelligent information analyzing and general information analysis

	一般信息分析预警 General information early warning analysis	智能信息分析预警 Intelligent information early warning analysis
获取手段 Access means	典型调查、实地访问 Typical investigation, ground visits	电子监控仪、录音笔、射频扫描、GPS、GIS、RS 等 The electronic monitor, recording pen, RF scanning, GPS、GIS、RS, etc.
记录方式 Record mode	人工统计录入/调查问卷访谈记录 Artificial statistics entry, questionnaire interview	自动传输到小型光电存储介质、大型数据服务器等 Automatic transmission to small optical storage medium, large data servers, etc.
信息管理 Information management	人工管理与笔记备忘相结合 Artificial management combined with cheat notes	［通用/专用］管理信息系统 Management information system of common use or special use
分析方法 Analytical method	分析模型 Analytical model	分析模型与计算智能相结合 The analysis model combined with computational intelligence
分析速度 Analysis speed	正常，及时 Normal, timely	实时，同步 Real-time, synchronization
结果判断 Results judgment	模型结果、专家判断为主 The model results is based on the judgment of experts	智能化模拟、智能判断 Intelligent simulation, intelligent judgment
分析主题 Analysis theme	较广泛 Broader	主题更明确 Theme is more clear

2.4 表达和服务技术更加精准

在大数据的支撑下，智能预警系统通过自动获取农业对象特征信号，将特征信号自动传递给研判系统，研判系统通过对海量数据自动进行信息处理与分析判别，最终自动生成和显示结论结果[15]，发现农产品信息流的流量和流向，在纷繁的信息中抽取农产品市场发展运行的规律。最终形成的农产品市场监测数据与深度分析报告，将为政府部门掌握生产、流通、消费、库存和贸易等产业链变化、调控稳定市场提供了重要的决策支持。

可视化技术的发展使得数据分析的主要流程和结果能够得到更好的呈现和展示。我国具有多样的农产品市场、繁多的农产品品种、差异化的农产品区域，要想直观显示，相当困难，而大数据技术则可以利用标签云（tag cloud）、历史流（history flow）、空间信息流（spatial information flow）、热力图等可视化技术更好、更直观的展示农产品市场的变化。这些技术已经在其他领域得到应用，如百度利用百度地图热力图和大数据挖掘技术，制作了中国的"春运迁徙图"，展示了一幅全程、动态、即时、直观的人员流动图，全面展示了人口大迁移的轨迹特征和春节出行特征。农业领域的表达和服务要在大数据共性技术的基础更多的融入农业本身的特性，只有这样才能使农业的服务和表达更加精准。

3 大数据时代农产品监测预警的发展趋势

大数据时代的来临，为农产品监测预警工作提供了海量数据的支撑，将会推动农业监测预警在数据标准、采集工具、分析能力、表达方式等方面向标准化、实时化、智能化和可视化的方向发展。

3.1 构建农业基准数据，推动数据标准化

统一数据标准，构建农业基准数据，是开展农产品监测预警工作的前提。农业基准数据是指以农业信息的标准和规范为基础，以现代信息技术为手段，收集并整理的产前、产中、产后各环节的基础精准数据。以农产品分类为例，世界海关组织制定了《商品名称和编码协调制度（HS）》，联合国统计委员制定了《联合国国际贸易标准分类（SITC）》。我国也制定了《全国主要产品分类和代码》（GB/T 7635.1—2002）《统计用产品分类目录》《农产品全息市场信息采集规范 NY/T 2138—2012》[16]等标准，但是各种标准和规范中对农产品的分类和定义不一致，导致数据无法有效衔接和比较。所以，亟须设定数据的采集、传输、存储和汇交标准，构建农业基准数据库。对数据采集的内容、方

式、时间、地点，对数据传输的速率、方式、冗余和编码标准，对数据存储格式、存储方式、存储安全、数据结构汇交方法以及数据汇交内容、汇交分类、汇交范围等制定标准和规范，只有这样，才能够保证农业数据分析与应用的顺畅。

3.2　开展数据获取技术研究，推进监测实时化

物联网、移动终端、智能穿戴设备开始在农业的各个领域应用，它们配有独特的标识符，具有自动记录、报告并接收数据的能力。根据 IDC 的数据，现在可联网设备或物件的数量正接近 2 000 亿台，其中 7％（140 亿）已经能够连接并通过互联网通信。到 2020 年，连接设备的数量将增长到 320 亿部。未来通过在农产品田头市场、产地市场、销地市场等布设移动监测设备，可以实时捕捉、拆分、整合农产品信息流。针对农产品市场量多、面散的环境，研制市场信息移动监测设备，将有助于解决农产品市场信息即时获取困难的问题；研究市场交易混沌场景下的信息识别技术，将有助于实现农产品市场信息流的有效捕捉与拆分；研究市场信息流的定量测度技术，将有助于解决农产品市场信息流自动引发调节的盲目性问题。未来随着这类技术和设备的研发和推广，农产品信息的采集和监测将更加实时化、精准化。

3.3　构建大型模型系统，增强分析智能化

数据的处理和分析是大数据时代的核心能力。当前数据分析挖掘的速度已经大大慢于数据产生的速度。传统的数据分析处理方法已经力量不足，未来大数据处理分析将变得更加智能。针对农产品监测预警构建大型智能模型系统，是未来解决大数据条件下分析预警的关键。一是处理方法将更加智能。数据的处理将从处理结构化数据向处理更多非结构化数据、从处理单一数据集向迭代增长数据集、从批处理向流处理转变；二是数据算法将更加趋于自适应和自识别。传统的数据分析方法如机器学习、数据挖掘和统计分析将不能完全胜任大数据智能化、实时性要求，个性化推荐算法，智能模型库、算法库将成为大数据分析的重要方向；三是基于云计算的"跨域关联"将有助于发现数据价值。云计算大大提升了数据分析速度，未来大数据与云计算结合将成为重要的趋势，不同领域数据集的跨域关联有助于发掘农产品各个环节的痕迹，从凌乱纷繁的数据背后找到农产品生产、流通和消费的轨迹，把"大数据"变成"小数据"，形成反映事物本质规律的"最小数据集"。

3.4　搭建预警服务平台，促进展示和表达可视化

市场信息不对称一直是影响农产品市场稳定的重要因素。信息服务水平落后是其发生的重要原因，农民面对纷繁的市场信息"看不见、听不懂、用不

上",结果经常造成盲目生产,引起农产品滞销难卖频繁出现。"人—信息空间—农业"三元世界交织在一起,而大数据提供了农业领域中具体对象在信息空间中的数据映像。未来通过搭建农产品监测预警服务平台,将多维度可视化模拟、标签云智能聚类、信息图表等技术嵌入这个平台,通过对信息流动、信息传播、价格传导等的可视化模拟与展示,来寻找到农产品市场信息流动的普适规律,逐步将信息空间这个黑箱透明化,从根本上解决信息不对称问题,使得生产者、管理者、消费者在信息的传播中更好地了解信息、利用信息和享受信息。

4 展望

大数据之"大",并不仅仅在于其"容量之大",对于农产品监测预警工作而言,更大的意义在于从大数据中形成大思维、开展大合作、构建大平台、获得大发展。应从以下几方面做好农产品监测预警工作:一是要加快思维转换,以数据为驱动,创新未来监测预警模式,形成数据计算思维、关联思维和跨界思维;二是要加强协同合作,农业各个领域专家和产业体系专家要提炼领域核心问题和关键指标,同计算机人员密切交流、协同合作,创新分析工具和开放环境,实现监测预警工作的大合作;三是国家农业有关部门应该积极行动,制定标准和规范,开展关键技术攻关与创新,培养交叉人才队伍,构建具有中国特色的农产品监测预警体系,搭建大数据支撑下农产品监测预警工作大平台[17]。针对农业数据问题,实施农业"数据工程",解决农业生产、经营、管理中的诸多数据问题,突破数据困境,形成数据力量,为推进现代农业发展发挥支撑作用。

与此同时,在大数据环境下农产品监测预警也面临大变革、大挑战和大困难。我国农业领域大数据的发展在理念认知度、概念转变、基础设施、应用推动、技术研发、人才培养、资金投入、组织管理和安全隐私等诸多方面,与国外还有一定的差距。我们的数据公开、数据收集体制、数据应用模式、数据安全状况仍然面临巨大的挑战。

参考文献

[1] 汪洋谈大数据.[EB/OL]. http://miit.ccidnet.com/art/32661/20140114/5325641 _1.html.2014-01-14.

［2］ 阿尔文托夫勒．第三次浪潮［M］．北京：新华出版社，2006.

［3］ Manyika J，Chui M，Brown B，*et al*..Big data：The next frontier for innovation，competition，and productivity［J］．2011.

［4］ 科学研究的第四范式［EB/OL］．中华读书报，http：//epaper.gmw.cn/zhdsb/html/2012-11/14/nw.D110000zhdsb_20121114_1-20.htm? div＝-1，2012-11-14.

［5］ 维克托·迈尔-舍恩伯格．大数据时代：生活、工作与思维的大变革［M］．杭州：浙江人民出版社，2012.

［6］ 涂子沛．大数据：正在到来的数据革命［M］．南宁：广西师范大学出版社，2012.

［7］ 孟小峰，慈祥．大数据管理：概念、技术与挑战［J］．计算机研究与发展，2013（1）：146-169.
　　Meng X F，Ci X.Big data management：Concepts，techniques and challenges［J］．J. Comp. Res. Dev.，2013，1：146-169.

［8］ 王珊，王会举，覃雄派，等．架构大数据：挑战，现状与展望［J］．计算机学报，2011，34（10）：1 741-1 752.
　　Wang S，Wang H J，Qin X P，*et al*..Architecting big data：Challenges，studies and forecasts［J］．Chin. J. Comp.，2011，34（10）：1 741-1 752.

［9］ 中国互联网络发展状况统计报告．［EB/OL］．［http：//www.cnnic.cn/hlwfzyj/hlwxzbg/hlwtjbg/201403/t20140305_46240.htm，2014.

［10］ Ginsberg J，Mohebbi M H，Patel R S，*et al*..Detecting influenza epidemics using search engine query data［J］．Nature，2009，457（7232）：1 012-1 014.

［11］ 张崇，吕本富，彭赓，等．网络搜索数据与CPI的相关性研究［J］．管理科学学报，2012，15（7）：50-59.
　　Zhang C，Lv B F，Peng G，*et al*..A study on correlation between web search data and CPI［J］．J. Manag. Sci. China，2012，15（7）：50-59.

［12］ "大数据"将来可帮助预测未来40天的天气情况．［EB/OL］．　　［http：//www.36dsj.com/archives/268，2013-06-12.

［13］ 李国杰，程学旗．大数据研究：未来科技及经济社会发展的重大战略领域——大数据的研究现状与科学思考［J］．中国科学院院刊，2012（6）：647-657.
　　Li G J，Cheng X Q.Research status and scientific thinking of big data［J］．Bull.？Chin. Acad.？Sci.，2012，6：647-657.

［14］ 许世卫．我国农业物联网发展现状及对策［J］．中国科学院院刊，2013，28（6）：686-692.
　　Xu S W.Current status of agricultural IOT in China［J］．Bull.？Chin. Acad. Sci.，2013，28（6）：686-692.

［15］ 余欣荣．关于发展农业物联网的几点认识［J］．中国科学院院刊，2013，28（6）：679-685.

Yu X R. Perspectives on developing agricultural internet of things in China [J]. Bull. Chin. Acad. Sci. ，2013，28 (6)：679-685.

[16] 许世卫，张永恩，李志强，等 . 农产品全息市场信息规范及分类编码研制 [J]. 中国食物与营养，2011，17 (12)：5-8.

Xu S W，Zhang Y E，Li Z Q，*et al.*. Research on standard and classification coding system of holographic information of agricultural products market [J]. Food Nutr. China，2011，17 (12)：5-8.

[17] 许世卫 . 2012 农业信息科研进展 [M]. 北京：中国农业科学技术出版社，2013：3-7.

完善我国农产品价格形成机制的思考[*]

Views on Improving Formation Mechanism of Chinese Agricultural Product Price

王 川[**] **黄 敏**

Wang Chuan，Huang Min

（中国农业科学院农业信息研究所/

农业部农业信息服务技术重点实验室，北京 100081）

摘 要：近几年，在多因素的复合作用下，我国农产品市场的波动频率和幅度日益加剧，传统的农产品价格形成机制中注入许多新的不确定性变量，因此，构建和完善我国农产品价格形成机制已成为当前全面深化改革的一项重要内容。本文从制度经济学层面分析了农产品价格形成机制的内涵，在进行国内外比较分析的基础上，提出一个包含目标价格评估机制、市场体系完善机制、农业补贴机制、进出口调控机制、市场应急处理机制等五大机制在内的以目标价格为核心的农产品价格形成机制框架模式。

关键词：农产品市场；价格形成机制；目标价格

0 引言

农产品市场一端连结着广大消费者的利益，另一端关乎到千万农民的收益。保持农产品价格的合理与稳定，一直都是各界最为关注的社会经济问题。改革开放以来，我国经济体制和运行机制已经发生深刻变化，作为我国最先开放的市场之一，农产品市场对农业资源配置的基础性作用已大大加强，市场价

---

* 基金项目：国家科技支撑计划课题"农业生产与市场流通匹配管理及信息服务关键技术研究与示范"（编号：2012BAH20B04）

北京市科技计划课题"北京畜产品市场价格风险预警与决策支持——基于生猪、鸡蛋和肉鸡的研究"（编号：Z141100006014040）

** 作者简介：王川（1972— ），男，研究员，博士，主要从事农产品市场风险研究。E-mail：wangchuan@caas.cn

格信号对农业生产的引导作用也已得到充分展现。

然而，随着农产品市场开放程度的增强，农产品价格受国内国际两个市场的影响日益加深，在多因素的复合作用下，农产品市场的波动频率和幅度日益加剧。当前，世界主要经济体对市场的宏观调控力度在逐渐加大，对价格的干预程度也随之加强，传统的农产品价格形成机制中加入了许多新的不确定性变量。但值得深思的是，我国政府对农产品价格的大力干预似乎并没有收到预期效果，"蒜你狠""豆你玩""姜你军""糖高宗"等市场异常现象频现，"谷贱伤农"事件不仅仍未得到彻底解决，反而在个别时期一定程度上加重了农业经济的不稳定。农产品市场的自发性和政府的调控之间存在博弈，如何在两者之间作出正确的选择考验着当政者和学术界的智慧。

2014 年中共中央一号文件提出："继续坚持市场定价原则，探索推进农产品价格形成机制与政府补贴脱钩的改革，逐步建立农产品目标价格制度。"按照中共中央一号文件精神，今后我国将按照市场定价、价补分离原则，推进完善农产品的价格形成机制，逐步建立粮食等重要农产品目标价格制度。在新的政策环境与经济形势下，如何构建与完善我国农产品价格形成机制，以适应新时期下农产品市场管理的需求，同时还要有利于促进我国市场经济体系的发展，则是摆在管理者与学者面前的一个新命题，值得深思。

1　农产品价格形成机制的内涵

新古典经济学认为，商品价格的形成是由供给与需求共同决定。但供求决定价格论的观点，仅仅是一种停留在描述经济现象的浅层认识，而现象的描述与本质的揭示还有着相当大的差距[1]。现实社会中，农产品价格的形成，往往还要受到供求关系之外其他经济与非经济因素的影响，包括市场因素、管理因素、社会因素以及制度因素等，每种因素的变化，都会引起价格的波动。因此，农产品价格的形成是一个综合、复杂、多变的过程，需要建立相应的体制机制，以制度约束来调控、稳定农产品市场价格。

机制一般是指组织机构为促进职能作用发挥而建立和实施的一系列具有自我调节、控制、信息传递等功能的措施和手段。机制是制度建立的原动力，它需要通过制度建设使其显现并发挥作用[2]。因此，从制度经济学层面考虑，农产品价格形成机制的内涵应界定为：以市场资源配置为基础，以完善宏观调控手段为出发点，通过建立有利于农业产业结构优化、农业行业可持续发展的市场交易、价格管理、决策支持等机制，引导农业生产、农产品流通以及价格形成与调控的制度安排。

总体来说，农产品价格形成机制，就是一种价格的管理体系，亦称价格模式，其主要内容包括：一是确定农产品价格决策的主体，即确定谁掌握定价权；二是确定农产品价格形式，即价格形成的方式、途径和机理；三是确定农产品价格调控方式，即明确价格调控的对象、目标和措施等。

2 国内外农产品价格形成机制的比较

价格机制作为调节农产品市场的有效形式，世界各国均以各种积极的政策形式加以实现。但由于各国的基本国情、市场体系以及经济体制等有所不同，各国的农产品价格形成机制也有所差异。

2.1 发达国家农产品价格形成机制

发达国家对农产品市场的干预实质上是通过调节供求数量来稳定农产品价格，这些国家农产品价格形成机制的运用相对灵活，效果显著，价格政策随着国情以及发展战略的变化而进行调整。美国、欧盟、日本的农产品价格形成机制具有典型的代表特征。

2.1.1 美国农产品价格形成机制的特点

美国是高度开放的市场经济国家，农产品价格的稳定主要依靠市场机制的调节。美国长期实行农产品价格支持政策，政府根据各个时期的发展特点和形势变化，调整农产品价格的调控措施。1933 年，美国开始实行以市场调节为主、政府干预为辅的农产品价格调控机制。1996 年美国建立了有序的农产品市场体系，政府通过各种价格支持政策来调控农产品价格，主要包括休耕补贴、无追索权贷款、平价补贴、扩大出口补贴、控制流通环节中的价格波动等政策。2002 年，为进一步完善以市场机制为导向的农产品价格形成机制，美国开始分阶段实施对农产品价格形成的管控，政策重心逐步转向与价格脱钩的收入补贴机制，主要采取贷款差额支付政策、农产品储备计划等。目前，美国的农业政策转变为收入补贴与价格补贴政策并存，一是直接补贴，即与农产品生产价格不挂钩的固定补贴；二是反周期补贴，即通过确定目标价格，若市场价格高于目标价格，则不启用，反之，由政府弥补两者之间的差额。美国不同阶段的农产品价格形成机制虽然重点有所不同，但实质上主要都是解决农产品生产过剩及产销不平衡的问题，防止价格过低，保证农场主利益，促进农业发展[3]。

2.1.2 欧盟农产品价格形成机制的特点

欧盟的农产品市场采用半开放的价格体系，对农产品价格实行目标管理。实行目标价格管理，首先要制定出理想的农产品价格波动的上限价格与下限价格，然后以各种政策手段来确保农产品价格在这个范围内进行合理波动[3]。欧盟农产品价格管理的具体做法分为两个阶段：第一阶段为欧共体共同农业政策阶段，建立统一的农产品市场，价格体系包括目标价格、门槛价格和干预价格3种。目标价格是根据成员国内部某种农产品供不应求的地区价格来确定，每年制定一次；门槛价格是针对成员国以外地区的农产品，其作用是用来阻止外埠低价农产品进入欧盟；干预价格是当年出售农产品的最低价格，当市场价格低于干预价格，生产者可以选择以市场价格出售，然后在干预中心领取市场价格与干预价格的差额，也可以选择将农产品以干预价格直接卖给干预中心。第二阶段开始于1992年，欧盟实施了以农产品价格和直接补贴为基础的价格机制。1999年通过的《欧盟2000年议程》将农产品价格支持体系转变为农产品产量限制相结合的价格补助体系，通过建立一整套市场管理机制，将干预措施与市场机制紧密结合，针对不同农产品，在价格上给予支持和补贴，确保了成员国内农产品价格的有序、稳定和统一。

2.1.3 日本农产品价格形成机制的特点

日本的农产品价格形成机制主要依靠农产品批发市场的运行，实现市场竞争自发调节。日本对农产品市场的干预十分广泛，针对不同时期、不同情况、不同农产品的特性和发展需求分别制定出相应的价格政策，并逐步形成相对稳定的农产品价格政策体系。日本政府的价格调控政策，并不是毫无根据的随意制定，而是基于科学的理论计量为基础，主要包括3种制度。一是价格管理制度，这是一种直接控制制度，主要针对大米和烟草。日本大米基本为本土生产，收购、贮运、销售、定价等全由政府直接管理。二是价格限制制度，除大米和烟草之外，针对不同农产品实施不同的价格方针。农产品可以自由进入市场交易，但价格由准政府机构实施监控，目标是市场零售价要稳定在政府规定的上、下限价格范围内。三是价格补贴制度，日本对产量较小的农产品采取不干预市场，事后修正的价格调控政策。日本农产品的生产与销售一般由准政府经济组织（如农协）来指导，并不失时机地调节市场供应[3]。

2.2 我国的农产品价格形成机制现状

我国对农产品价格的管理，主要以《中华人民共和国价格法》（以下简称《价格法》）为主要依据，除烟叶实行政府定价外，其他农产品价格均由市场调节形成，同时针对粮、棉、糖、生猪等重要农产品出台了一些专项政策，旨在促进生产、保障供应、增加收入。从目前的政策实践看，我国主要采取种粮补贴、良种补贴、购买农机具补贴、农业生产资料价格综合补贴等直接补贴，以及粮食最低收购价、国家粮食储备和进出口调控等政策和措施[4]。

2001年，随着《关于进一步深化粮食流通体制改革的意见》出台，标志着粮食价格的市场化调控格局正式形成。从2004年开始，我国粮食连年丰收，粮食价格面临着较大的下行压力，为了避免重蹈谷贱伤农的老路，国家采取了多项宏观调控措施。如通过控制保护农田和耕地，确保粮食生产和粮食安全的基础条件；通过实行"三项补贴"政策，鼓励粮食生产、调动农民种粮积极性；通过实施最低收购价政策来稳定粮食生产、引导市场粮价和增加农民收入。2007年以来，国家针对生猪价格的大起大落，以稳定生猪市场供应、促进生猪产业发展为目标，相继出台了一系列生猪价格调控政策。如2009年出台的《防止生猪价格过度下跌调控预案（暂行)》，2012年出台的《缓解生猪市场价格周期性波动调控预案》等。这些政策重点是充分发挥市场调节与政府调控的合力，通过储备吞吐功能来稳定市场预期，缓解生猪生产和市场的周期性波动，既要保护养殖者的利益，也要考虑城市消费者利益[4]。

相对于粮、棉、糖、生猪等重要农产品来讲，目前我国对蔬菜、水果、水产品等鲜活农产品市场价格的管理尚未出台一个全国性、系统性的调控措施，其价格的形成基本上由市场供求关系来自主决定，只是在某种产品市场价格出现剧烈波动、影响到民生问题时，各地政府出台一些临时性的市场干预措施，并且这些措施也只是在短期内对该种产品起到一定程度的市场稳定作用，价格管理的长期效应并不显著。

2.3 我国农产品市场价格形成机制存在的缺陷

与发达国家相比，我国虽然经过了30多年的改革与发展，但农产品价格体制的改革由于种种原因一直进展缓慢，至今也尚未形成一套较为完善的农产品价格形成机制。目前的农产品价格形成机制和调控政策还存在着一定缺陷。

2.3.1 最低收购价无法反映粮食市场价格真实水平

2004年起实施的粮食最低收购价和"三项补贴"政策，对鼓励粮食生产、增加农民收入、保障粮食安全等方面起到积极作用，开创了粮食产量"十一连增"的新局面。然而，粮食最低收购价的制定，仅仅考虑了对农民生产成本的弥补，没能够充分反映市场的供求关系，结果造成粮食产量不断增长、粮食价格一味上涨的扭曲现象（图1、图2)，导致国内粮价与国际粮价倒挂，致使粮食进口增速较快，粮食走私问题严重。在最低收购价的衬托下，我国粮食的定价不能及时地反映出市场的真实水平，难以形成一个有效引导资源配置的信号[5]。

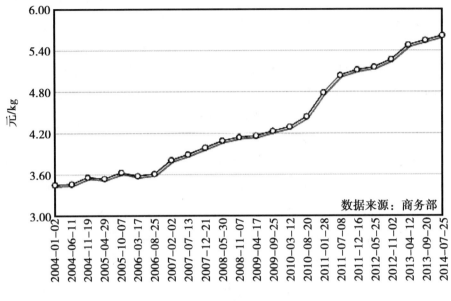

图 1 全国小包装面粉零售价格走势

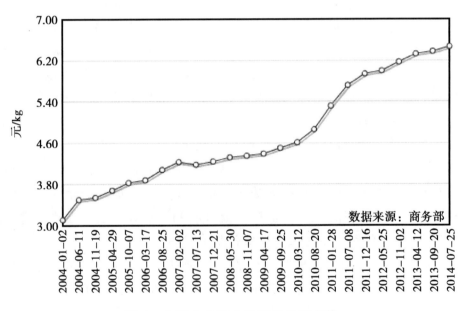

图 2 全国小包装大米零售价格走势

2.3.2 农民在农产品价格体系中处于绝对弱势地位

农产品从生产到销售再到消费的过程中，存在着生产者、流通业主、消费者三大利益团体。在发达国家的市场体系中，生产者是农产品价格的定价主体。而在我国，广大农民因分散经营、组织化程度低、生产规模小的现实，面对着一个庞大的市场，始终处于弱势群体地位，价格的制定权掌握在企业化程度较高的流通环节，农民只是价格的被动接受者，并且只享受到微薄的利润分配。2008年，农业部组织的"农产品价格形成及利润分配调查"研究表明，农民在农产品从生产到消费的全流程环节中，只获取了10%左右的利润分配额度，远远低于流通环节的利润[6,7]。这表明，我国农产品价格的形成受到流通企业垄断式操制，不利于发挥市场的引导性作用，也不利于农业产业的良性健康发展。

2.3.3 信息不对称导致农产品价格的不稳定性加大

对称的市场信息是买卖双方在价格形成过程中公平和高效的基本保证。然而，我国农产品市场信息体系的不完善，导致市场信息在农产品生产、流通、管理、消费各环节之间的分布严重不对称，这对稳定农产品市场价格起到了抑制性的负作用。一是农民的议价能力进一步削弱。城乡之间信息化程度的差异性，使广大农民在市场信息获取、理解和判断的能力上远不及流通业者，这必然导致农民在交易过程中始终处于议价的弱势地位。二是政府的市场管控措施不到位。政府部门对农产品市场管理的主要依据就是科学的市场判断，但是各部门、各地区、各环节之间的信息不对称性，致使管理者无法对市场的变化做出及时、准确的预期，从而常常出现事后补救、调控目的性不强、管理的针对性偏弱等不到位的现象。三是游资炒作现象加剧了农产品市场的波动。市场信息的不对称性，给游资资本进入农产品市场创造了炒作空间，在利润的驱使下，游资炒作者往往利用自己掌握的信息在市场上进行非常规的农产品买卖，从而加剧了农产品市场价格的波动。

3 我国农产品价格形成机制的构建

完善农产品价格形成机制，是我国全面深化改革的一项重要内容，也是我国在经济转型期如何推动农村经济发展、如何增加农民收入、如何促进农业产业发展的一个重要抓手。针对我国农产品价格管理状况，借鉴发达国家经验，建立以目标价格制度为核心的农产品价格形成机制，是完善我国农产品市场体系的一项重要举措。

3.1 制定目标价格的原则

以目标价格为核心的价格形成机制，不仅仅是提出一个单纯的价格，而是要在充分考虑影响农产品市场的多种社会经济因素基础上，通过精细测算得到一个能全面体现农业生产基本收益的价格区间，从而保障目标价格产生的科学性、代表性和指导性。因此，目标价格的制定应坚持以下几大原则。

3.1.1 完全成本原则

目标价格的基本原则是要全面反映农民的基本收益，因此，目标价格的制定应以成本为基础。不同于市场价格和最低收购价格，目标价格是反映农产品生产所消耗资源价值的一种政策性价格，其生产成本应该是完全成本。一是要全面反映土地使用成本。二是要全面反映生产资料投入成本。三是要全面反映农业生态环境保护成本。四是要全面反映农业劳动力工时成本及机会成本。

3.1.2 动态调整原则

建立农产品目标价格的目的之一是要缩小城乡收入差距，使农民能获得社会平均利润。然而，实现这一目标，需要国家财力为支撑，需与社会经济发展水平相适应，这是一个长期的过程[8]。因此，目标价格应是一种动态性的、阶段性的价格，随着国家整体经济形势的变化进行调整，并根据缩小城乡收入差距的要求，逐步提高农业生产收益率，从而制定出相应的目标价格。

3.1.3 价格差异原则

目标价格的制定应避免全年一个价、全国一个价等问题，要体现出价格的差异性。一是要体现地区差价。我国不同地区的地域性差异明显，生产条件、经济水平、消费习惯均有所不同，因此，目标价格要充分考虑不同地区生产和流通成本的差异。二是要体现季节差价。农产品是季节性很强的商品，不同农产品在不同季节的价值表现有所不同，因此，目标价格要体现出不同农产品的季节性差价特征。

3.2 以目标价格为核心的农产品价格形成机制框架

制定目标价格是为农产品市场价格的形成提供一个政策性指导价格，而不是政府的市场干预性价格。以目标价格为核心的农产品价格形成机制，其主旨在于为价格的产生创造良好环境，价格的形成还是要依靠市场自身的调节功能来实现。因此，按照市场定价、价补分离的宗旨，我国农产品价格形成机制应包括目标价格评估机制、市场体系完善机制、农业补贴机制、进出口调控机制、市场应急处理机制等内容（图3）。

3.2.1 目标价格评估机制

制定目标价格，是完善我国农产品价格形成机制的关键。合理的目标价格，需要根据市场的运行状况，经过科学测算、详细评估而得出。因此，构建目标价格评估机制，一是要建立市场监测机制，通过采取多部门协同监测、利用标准化信息采集技术、搭建市场信息共享平台，全面监测农产品生产、消

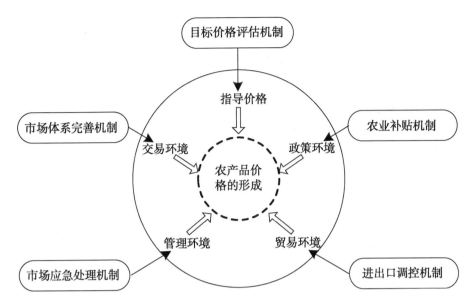

图 3　以目标价格为核心的农产品价格形成机制框架

费、价格、贸易、国内外市场动态、国内外社会经济形势等有关数据和信息，为目标价格的制定提供详实的信息支撑。二是要建立市场分析评估机制，将农产品的市场分析、风险评估、市场预测常态化，综合运用多种计量分析技术，量化测算目标价格的上限值和下限值，形成一个科学的目标价格区间，有效指导市场价格的形成。

3.2.2　市场体系完善机制

良好的市场交易环境，是通过市场调节功能有序形成农产品价格的基础。因此，完善农产品市场体系，一方面要强化农产品市场主体的培育，通过进一步完善土地流转政策、金融扶持政策、税收优惠政策等，大力发展新型农业专业合作组织，将分散的小农户有效组织起来，建立企业化、职业化、专业化、规模化的农业生产经营新模式，增强农民在市场上的话语权，使农民成为农产品市场价格决策的主体。另一方面要强化农产品流通体系建设，加强农产品产、销地批发市场条件建设，提高市场管理能力和水平；疏通农产品流通渠道，发展农产品直销、农民市场等新型流通业态，促进产销对接、减少流通环节、提高流通效率。

3.2.3　农业补贴机制

建立农业补贴机制，是国家扶持农业、保护农业、发展农业的一项重要政策体现，通过国家财政设立专项农业补贴资金，激励农民生产积极性，保障农产品有效供给。一是完善农业直接补贴政策，将原有种粮补贴、良种补贴、购买农机具补贴、农业生产资料价格综合补贴等补贴项目进行整合，并将补贴范围由粮食扩大至畜牧、水产、园艺等领域，建立逐年增加补贴力度的长效机制，形成一种与农产品生产价格不挂钩的固定补贴，直接用于支持农业生产。二是建立农产品价格反周期补贴机制，即通过确定目标价格，若市场价格低于目标价格，由政府财政出资弥补两者之间的差额，反之则不启用，用于保障农民的基本收益。

3.2.4 进出口调控机制

进出口贸易是调节国内农产品供求平衡的一项重要措施，也是我国参与国际竞争、体现国际影响力的一个重要渠道。在 WTO 框架要求下，农产品进出口贸易要符合国情需要，要有计划地安排、调控进出口品种及数量。一是建立重要农产品进出口预警机制，根据国内粮、棉、油、糖等主要农产品的供求及国际市场价格信息，科学判断这些农产品进出口的时机与节奏，增强进出口调控的预见性和灵活性，合理制定配额数量和税收政策，以保证我国主要农产品免受国际市场的过度冲击。二是实施农业"走出去"战略，鼓励优势农产品出口，有效利用国际国内两个市场、两种资源，及时调剂国内余缺[9]。

3.2.5 市场应急处理机制

市场应急处理机制，是针对农产品市场价格波动频繁、市场风险突出而建立起的风险管理措施，核心是建立起以事前防控为主与事中事后及时管理有机结合的风险应急处理机制。一是要有完善的政策保障体系，应对市场风险事件所采取的各种措施，要符合国家政策及法律的要求。二是要有协调的指挥调度体系，农产品市场管理涉及多个部门，在应对市场风险事件时，各部门的管理行动要协调一致，避免重复或矛盾。三是要有完备的物质储备体系，充分发挥农产品收储部门的吞吐功能，根据农产品市场风险发生的类型，适时适当地收购或投放农产品，以起到平衡市场供求的作用[10]。

总之，构建以目标价格为核心的农产品价格形成机制是一项长期性的系统工程。为此，国家应将其上升至战略层面，通过跨部门的大协作、通过财政资金的持续投入、通过技术创新的强力驱动，以先行试点带动全面覆盖的实施方针，逐步在我国建立起一套完善的农产品价格形成机制，全面提升我国农产品市场的国际竞争力。

参考文献

[1] 蔡荣，虢佳花，祁春节. 农产品批发市场价格形成机制及其交易效率 [J]. 经济问题

探索，2007（9）：71-74.

[2] 体制、机制、制度的基本含义和种类. http://www.docin.com/p-4435285.html.

[3] 金海水，梁敏，等. 发达国家农产品价格形成机制比较 [J]. 商业时代，2013（7）：84-86.

[4] 张崛喆. 我国粮食、生猪等重要农产品价格调控机制研究述评 [J]. 中国经贸导刊，2013（21）：57-60.

[5] 田娟，周予元. 试论我国农产品价格形成机制存在的问题及其对策 [J]. 中国资产评估，2008（11）：23-26.

[6] 许世卫，张峭，李志强，等. 番茄价格形成及利润分配调查报告 [J]. 农业展望，2008（5）：3-5.

[7] 张峭，王川，王启现. 油菜市场价格形成及利润分配的调查研究 [J]. 农业展望，2008（5）：10-12.

[8] 张千友. 粮食目标价格：内涵、障碍与突破 [J]. 价格理论与实践，2011（3）：21-22.

[9] 宋宏远，等. 农产品价格波动：形成机理与市场调控 [J]. 经济研究参考，2012（28）：28-36.

[10] 王川. 构建农产品市场风险预警机制研究 [J]. 价格理论与实践，2011（7）：31-32.

原文发表于《中国食物与营养》，2014，20（11）：37-41.

鸡蛋期货市场的国际经验及对我国的启示

The International Experience in Egg Futures Market and Its Inspiration to China

李哲敏　　张　超

Li Zhemin，Zhangchao

（中国农业科学院农业信息研究所/农业部农业信息服务技术重点实验室/
中国农业科学院智能化农业预警技术与系统重点开放实验室，北京　100081）

摘　要： 美国、日本等国均经历了鸡蛋期货由上市、发展、鼎胜、衰退直至退市的过程，研究发现，两国鸡蛋期货的发展历程中在组建、运行及退市原因等方面均存在着共同点，其在合约条款设计、鸡蛋分类标准、套期保值的参与以及市场监管方面给中国鸡蛋期货发展提供了宝贵的经验。在对其进行分析研究的基础上，本文结合中国鸡蛋产业发展现状，从鸡蛋合约设计、促进套期保值参与、加强鸡蛋期货市场监管、尝试鸡蛋期权交易等方面提出了几点启示。

关键词： 鸡蛋期货；国际经验；美国；日本；发展历程；中国；启示

0　引言

鸡蛋是中国重要的畜产品之一，特别是近年来伴随着经济的快速发展、居民生活水平的不断提升，鸡蛋因富含优质、丰富的人体所需食用性蛋白而受到青睐，鸡蛋消费需求不断增长、生产能力不断壮大，促进了中国鸡蛋行业的发展。2010 年人均消费量达到 17.8kg，远高于世界人均 9.3kg 的占有水平，消费水平位居世界前列。2012 年，中国鸡蛋总产量达 2 430 万 t，约占全球总产量的 36.5%，连续 28 年保持全球第一。与此同时，中国鸡蛋市场的波动日益频繁多发。过去的 10 多年，受传染疾病、季节消费差异、节假日消费等方面因素的影响，中国鸡蛋市场频繁波动，特别是 2011 年以来，中国鸡蛋零售价格波动较大，价格最低点为 9.01 元/kg，最高点达到 10.47 元/kg，波动幅度达 1.5 元/kg。鸡蛋价格的持续、频繁波动，引起了社会各界的广泛关注，相关农业管理部门通过开展生产指导、完善扶持政策、加大疫病防治等一系列措施保障鸡蛋市场供给，稳定市场价格。同时，国家政府不断尝试新的市场稳定措施，2013 年 11 月 8 日，鸡蛋期货正式在大连商品交易所上市交易，尝试以期货的形式进行价格发现、平抑价格波动、缓解鸡蛋产业的市场风险。因此，开展鸡蛋期货国际研究，分析美国、日本等国家鸡蛋期货的发展历程与合约标准以及最终退市原因，总结其先进经验与失败教训，并结合中国鸡蛋产业发展现状提出一些建议与启示，以期为中国鸡蛋期货发展完善提供理论依据。

1 美国、日本鸡蛋期货的发展特点分析

美国、日本两国均曾进行鸡蛋期货交易活动，经历了鸡蛋期货交易由组建到退市的过程。其中，美国是最早进行鸡蛋期货交易的国家。早在 19 世纪 70 年代，芝加哥农产品交易所就开展鸡蛋等商品的远期交易；1915 年发布鸡蛋等交易分级规则；1919 年组织成立的芝加哥商品交易所（Chicago Mercantile Exchange，CME）制定了鸡蛋期货合约，并于当年 12 月 1 日开始鸡蛋期货交易，开盘首日的 45 分钟内，交易量达到 3 张合约，首周交易量达到 8 张合约[1]，首年鸡蛋交易量达到了 11000 张合约。之后交易量逐渐上升，1960 年，美国鸡蛋期货交易量达到历史峰值，日均持仓量超过 8000 张合约，在上市中仅次于大豆和小麦两个品种[2]。之后，伴随着鸡蛋生产技术的创新，鸡蛋供给更加充足稳定，新鲜鸡蛋日益受到消费者的喜爱，冷藏鸡蛋市场逐渐萎缩，鸡蛋期货交易日益冷清。为此，CME 于 1966 年将鸡蛋期货合约标的物调整为新鲜鸡蛋，冷藏鸡蛋可贴水交割[3]。辉煌过后，便是冷清，1982 年，运行近百年的鸡蛋期货退出美国期货交易市场。日本，于 20 世纪末鸡蛋产业快速发展的背景下，鸡蛋期货 1999 年 11 月初于日本中部商品交易所试验上市，鸡蛋期货合约实行现金交割，鸡蛋也成为日本首个现金交割的期货品种[4]；2004 年 5 月，鸡蛋期货正式上市开始交易，鸡蛋期货交易也达到鼎盛时期，全年交易量达到 80 万手。之后，其交易量飞速下滑，2009 年全年仅成交 486 手，2010 年前两个月，仅有 11 手的成交量。交易量的大幅、快速萎缩，日本鸡蛋期货被迫在上市 6 年之后，于 2010 年 3 月摘牌下市。

美国、日本的鸡蛋期货是在现货市场的基础上产生与发展的。尽管美国、日本两国在鸡蛋期货发展的阶段、时期以及交易规模有很大差异，但两国在鸡蛋期货发展过程中反映出了诸多共同的特点与经验。

1.1 套期保值功能丧失是鸡蛋期货退市的根本原因

历经近百年的发展，美国鸡蛋期货于 1982 年在芝加哥商品交易所退市；日本鸡蛋期货历经 11 年的发展，也于 2010 年退出交易市场。分析其中退市原因，也符合期货市场发展的客观规律。

一方面，自期货上市至最终遗憾退市，两国蛋鸡行业经历了快速的发展与创新。蛋鸡养殖规模化、集约化水平不断提升，鸡蛋加工能力不断提高，冷链运输水平快速发展，以及生产者与销售商的有效对接，使得鸡蛋的市场风险不断降低，鸡蛋供求关系趋于稳定，价格波动大幅减缓，期货发现价格、规避风险的功能逐渐缺失。另一方面，作为套期保值的鸡蛋产业参与者，在后期逐渐变成了追逐利润的投机者，致使鸡蛋期货市场失去弹性，不再有健康的套保环境。期货市场的套期保值功能逐渐淡化，期货市场利润的降低甚至消失，资本失去了参与价值。而在日本鸡蛋现货市场规模十分有限，鸡蛋期货的交易难以活跃。以上两方面的原因影响，直接导致鸡蛋期货市场交易萎缩，从而退市就成为必然。

1.2 适当的现货规模是鸡蛋期货运行的前提

鸡蛋期货市场的发展需以适当规模的现货市场为前提。首先，鸡蛋期货交易是从鸡蛋现货商品的现金交易发展而来的。商品现货交易规模的扩大引发商品交换的时间、空间矛盾不断尖锐与激化，产生了鸡蛋远期合约交易，进而不断拓展，产生商品交易合约的标准化，进而产生鸡蛋期货交易。其次，在期货市场发展过程中，适当规模的现货市场可促进鸡蛋期货市场的活跃、健康。一方面，适当规模的鸡蛋现货为鸡蛋期货提供了充足的交割实物，使得期货市场与现货市场的有效衔接；另一方面，适当规模的现货规模必将带来充足的鸡蛋产业参与者，参与到期货的套期保值当中，保证鸡蛋期货市场的活力，促进鸡蛋期货市场的发展。最后，期货市场的运行过程中，现货的交割的意义在于使得期货价格最终复归与现货市场，充足的现货有助于期货交割，促使价格发现。适当的鸡蛋现货市场是保证期货市场产生、发展的桥梁与基础，日本相对较小的鸡蛋现货市场，最终导致鸡蛋期货市场快速下市的现实，便是有力依据。

1.3 科学的合约条款是鸡蛋期货发展的基础

科学的合约条款是鸡蛋期货发展的基础。美国鸡蛋期货交易早期，合约条款根据交易双方自行设定，不利于鸡蛋期货开展套期保值交易和进行实物交割，对鸡蛋期货交易产生了极大的影响，为此，芝加哥商品交易所推出标准化的鸡蛋期货交易合约，并在后期的运行中多次对合约进行修改，逐步细化，不断适应了当时鸡蛋期货交易的环境，极大地优化了交易程序。同时，为防止鸡蛋期货的投机行为，对鸡蛋实施持仓限额制度，在有效防范市场风险的同时提高了期货市场的流动性；另外，科学设置交割地点，优化交割路径与手续，保证鸡蛋期货交割的便捷。

美国自开展鸡蛋期货交易以来，在鸡蛋期货合约条款以及鸡蛋质量标准等方面逐渐完善。

合理的合约条款确保了鸡蛋期货的顺利开展。以开展合约交易初期的冷藏鸡蛋为例，芝加哥商品交易所鸡蛋期货合约的交易单位、交易费用标准及其收取方式和出入库时间等进行了明确的设定。确保了鸡蛋期货的顺利实施（表1）。

表1　芝加哥商品交易所鸡蛋期货合约

合约条款	合约内容
是否允许卖空	是
交易单位	每张合约＝1Carlot（12000打鸡蛋）
交易佣金	非会员：30USD/Carlot；会员：15USD/Carlot
佣金收取	双边
基本等级	打包并冷藏
出入库时间	在3月、4月和5月每周连续入库，从9月开始连续每周重进出直到1月底

资料来源：C. A. BrownSource. Future Trading in Butter and Eggs, 1933

日本开展鸡蛋期货的时间虽然不长，但也制订了详尽的鸡蛋期货合约条款以及鸡蛋质量标准等。

日本通过对鸡蛋期货实施实验交易，对交易合约进行了详尽的了解与修改，于2002年修订了详尽的鸡蛋期货合约。主要从交易类型、交易价格、交易方法、交易时间、结算方法、建仓限制以及保证金等方面做了详尽的规定，其中，合约规格为10t，实行现金结算，结算价格由交易所采集的现货价格计算得来（表2）。

表2　日本鸡蛋期货合约条款（2002年9月合约修订）

项目	内容
交易品种	鸡蛋
交易类型	现金交易
交易价格	由各批发商带壳中号（M）鸡蛋价格（不含消费税）计算鸡蛋清算价格
交易方法	定时买卖交易
交易时间	前盘第2节10时30分前盘第3节11时30分 后盘第1节13时40分后盘第3节15时00分

（续表）

项目	内容
鸡蛋调查均价	鸡蛋调查平均价格为交易所每日分别调查得出的价格平均
最终清算价	鸡蛋清算价格为当月月末交易日前 10 个营业日的均价；在每日 11 时 15 分公布
期货交易时间	连续 6 个月（奇数月）
最小变动单位	0.1 日元
交易单位	约定价格 X10 000
最后交易日	月末最终营业日（12 月由理事会另订）
期货交易期限	每月最初营业日
结算方法	实行买卖对冲；月末交易所早盘第 1 节之前未实现对冲的持仓按最终清算价进行差额支付
交易手续费	双向收取，普通交易者为 2 000 日元；其中畜产品市场会员为普通交易者的 50%，本所团体会员为普通交易者的 75%
建仓限制	普通委托者每月买或卖达 1 500 手；会员每月买或卖达 3 000 手
差价限制	按标准价格进行限制。150 日元以下为 1 日元 50 钱，150～200 日元为 2 日元，200～250 日元为 2 日元 50 钱，250 日元以上为 3 日元

资料来源：http：//www.futureschannel.jp.

1.4 详尽的分类标准是鸡蛋期货发展的保证

详尽的分类与标准是鸡蛋期货发展的保证。美国鸡蛋期货开展较早，初期的期货市场未能对鸡蛋进行详尽的分类，而在后期发展过程中不断对鸡蛋的等级、大小分类进行细化、完善，日本鸡蛋期货市场发展较晚，除了对鸡蛋品质、大小进行明确的划分之外，也对鸡蛋包装材质以及规格进行了明确规定。明确、细化的等级分类对鸡蛋品质、大小规格进行了约束要求，也使其价值更加透明可见，便于进行鸡蛋期货的交易，而日本对用于期货交易鸡蛋的外包装进行了明确的规定，标准的包装容器，一方面可对鸡蛋起到充足的保护，减少用于鸡蛋破损；另一方面，便于交易及搬运，减少运输成本，鸡蛋破损与运输成本的减少，可有效降低用于期货交易的鸡蛋的损耗，降低鸡蛋期货交易附加费用。

详尽、细化的产品等级分类保证了鸡蛋期货的有序进行。美国鸡蛋期货标准分为质量等级和大小等级两部分。其中，质量等级主要对蛋壳、气室、蛋清、蛋黄等感官指标进行了详尽的规定，按照以上几方面的指标将鸡蛋分为 AA、A、B 和 C 4 个质量等级（表 3）；大小等级则对单位数量（打）鸡蛋的重量进行划分，具体分为 Jumbo、Extra Large、Large、edium、Small、Peewee 等 6 个大小等级（表 4）。

表 3　芝加哥商品交易所鸡蛋质量等级

指标		AA 级	A 级	B 级	C 级
	蛋壳	干净清洁、未破损、形状正常（无变形）	干净清洁、未破损、形状正常（无变形）	轻微玷污、未破损、轻微变形	中等玷污、无破损、形状可异常
	气泡	1/8 英寸（0.32cm）以下深度、可无限移动、无气泡	3/16 英寸（0.47cm）以下深度、可无限移动、无气泡	大于 3/16 英寸（0.47cm）深度、可无限移动、无气泡	气室深度可超过 9.5mm、可随意移动
	蛋清	蛋清清澈、牢固	蛋清清澈、较牢固	蛋清散而多水、轻微的血点和肉斑	血点不超过 3.2mm
	蛋黄	轮廓稍微清晰可见、紧密，圆形且较高	蛋黄轮廓较清晰可见、紧密且较高	蛋黄轮廓清晰可见、较为扁平、有可见蛋白带	轮廓清晰可见、可扩大扁平、细菌明显可见

资料来源：Egg science and technology（第四版）

表 4　芝加哥商品交易所鸡蛋大小等级

等级	Jumbo	Extra Large	Large	Medium	Small	Peewee
标准	≥30 盎司/打	≥27 盎司/打	≥24 盎司/打	≥21 盎司/打	≥18 盎司/打	≥15 盎司/打

资料来源：美国农业部（USDA）

在短暂的 11 年鸡蛋期货交易过程中，日本不但制定了详尽的交易合约，同时也对鸡蛋等级、包装规格进行了明确的规范。其中，鸡蛋等级分为质量等级和大小等级两类，质量等级主要对鸡蛋外观及透光性和破损程度等方面进行了明确而严格的规定，并按照规定将鸡蛋分为特级、1 级、2 级和级外共 4 个质量等级（表 5）；大小等级则是按照单枚鸡蛋重量进行划分，具体分为 LL、L、M、MS、S、SS 6 个大小等级[5]（表 6），除对鸡蛋本身进行规定之外，日本中部商品交易所还对参与期货交易鸡蛋的包装进行了明确规定，一是明确规定了包装容器的材质、结构和尺寸等规格标准，二是对鸡蛋包装重量、生产信息以及使用提示等进行了明确的规定（表 7）。

表 5　日本中部商品交易所鸡蛋期货交易鸡蛋质量等级标准

		特级	1 级	2 级	级外
外观及透光	蛋壳	椭圆形，执迷细腻，色调正常；干净，无裂痕	存在变形、粗糙、退色等稍许异常；轻度脏污，无裂痕	畸形；明显粗糙；软壳，重度脏污，无漏液的破蛋	霉菌感染；有漏液的破蛋，有恶臭
	蛋黄	处于中心位置，轮廓略微可见，非扁平	稍微偏离中心，轮廓明晰，偏扁平	相当偏离中，扁平且扩散，由于物理原因而浑浊	腐烂蛋，孵化终止蛋，血蛋，浑浊蛋，异物混入鸡蛋
	蛋清	透明，不柔软	透明，稍显柔软	柔软的液状物	—
	气室	深度在 4mm 以内，几乎完全固定	深度在 8mm 以内，可稍许晃动	深度 8mm 以上，含气泡，可大幅晃动	—

（续表）

		特级	1级	2级	级外
破损	扩散面积	小	一般	较大	—
	蛋黄	正圆形，向上鼓起	稍微扁平	扁平	—
	胶状蛋清	大量存在，向上鼓起，包围卵黄	少量存在，偏扁平	几乎没有	—
	水状蛋清	少量存在	普通量	大量存在	—

资料来源：http：//www.futureschannel.jp.

表6 日本中部商品交易所鸡蛋期货交易鸡蛋大小等级分类

级别	LL	L	M	MS	S	SS
标准	70～76g/枚	64～70g/枚	58～64g/枚	52～58g/枚	46～52g/枚	40～46g/枚

资料来源：http：//www.futureschannel.jp.

表7 日本中部商品交易所鸡蛋期货交易鸡蛋包装标准

项目	标准
净重量	10kg
外包装	瓦楞纸箱，坚固度为JIS，破裂强度为8.8以上 尺寸为：4A型 50.0×25.0×27.0 4B型 46.0×30.0×23.0 3型 49.0×30.5×21.5
内托	干净，牢固，有弹力

资料来源：http：//www.futureschannel.jp.

1.5 套期保值者的广泛参与是期货有效运行的关键

套期保值者的广泛参与是鸡蛋期货市场发育并能保持生命活力的关键。美国鸡蛋期货交易到后期，大量鸡蛋产业参与在期货市场中的身份有所变换，不断从套期保值者的身份转变为投机者，在扰乱了鸡蛋期货市场的同时也影响了鸡蛋期货的健康，最终导致鸡蛋期货市场的遗憾下市，日本的鸡蛋期货经历也有所类似，2007年后，套期保值者的大量流失，使得日本鸡蛋的参与主体严重缺位，鸡蛋期货失去活力，进而造成了在2010年下市前的3个月当中仅有11手的交易规模。美国、日本两国的惨重教训，说明套期保值者在鸡蛋期货的有效运行中有着重要的作用。

1.6 严格的市场监管是鸡蛋期货健康发展的保障

市场操纵行为的发生，给期货市场的发展造成了极大的负面影响。美国鸡蛋期货历史上，分别在1947年和1952年发生了西部大食品经销商公司和G.H.Miller公司操纵鸡蛋期货价格的市场操纵行为，极大地损害了套期保值者的利益，造成了金融市场秩序的紊乱，破坏了期货市场公开、公平、公正的充分竞争原则，妨碍了其功能的发挥。反观日本，自鸡蛋期货实验上市交易到退市，没有发生明显的市场操纵行为，这除与日本鸡蛋期货历程较短有关外，另外一个原因就是日本具有完善的法律体系、明确的监管职责和主动的交易所和行业协会自律。严格的期货市场监管保障了鸡蛋期货的健康发展。

在美国近百年的鸡蛋期货交易历史中，主要发生了两次风险事件。第一次是西部大食品经销商公司（Great Western Food Distributors）操纵鸡蛋期货事件。1953 年，西部大食品经销商公司被控操纵 1947 年 12 月到期的鸡蛋期货合约价格。据调查结果显示，1947 年 12 月 15 日，西部大食品公司持 59.6% 当期鸡蛋期货合约持仓量，12 月 22 日时上升至 76.2%，交易结束时为 73.9%；同时，在现货市场上，西部大食品公司在 12 月 17 日持有 37.6% 的可供交割现货，而在交易结束的最后 3 天内，西部大食品公司持有 44% ～ 51% 的可供交割现货。以上数据足以证明西部大食品公司的市场操纵行为[6]。第二次是 G. H. Miller 公司操纵鸡蛋期货事件。1958 年，美国上诉法院起诉 G. H. Miller 公司，称其操纵 1952 年 12 月到期的鸡蛋期货价格。在最终的判决书显示，在交易结束的前 3 天内，G. H. Miller 公司持有大量的多头持仓，同时占有大量的现货货物（大约 77% 以上的多头持仓，22% 以上的可供交割现货量）。在交易结束前的最后 3 天，该期货合约每天都以涨停收盘，为找到可供交割的冷藏鸡蛋以便履行交割义务，空方不得不到外地市场上寻找货源或高价购买新鲜鸡蛋[7]。

2 对中国鸡蛋期货市场健康发展的几点启示

2.1 结合产业现状，丰富鸡蛋期货合约与标准设计

2010 年，蛋鸡存栏量为 271914.8 万只，其中规模在 1 万只以下的小型养殖场占全国总量的 72.46%，鸡蛋产量占总产量的 71.39%；而规模在 10 万只以上的大中型养殖场仅占全国总量的 3.2%，鸡蛋产量占总产量的 3.27%。而目前的鸡蛋期货合约以中等规模参与者为对象设计，小型参与者难以广泛、有效的参与到鸡蛋期货交易当中。国外一些交易所为适应广大中小投资者的需求，设计开发了小型期货合约，同时，国外成熟期货市场还为广大中小投资者开发并推出低风险的期货基金，这些基金在运作过程中，将其中一部分资金投资于期货市场等高风险市场以期获得高收益，其余部分投资于有固定回报率的市场[8]。因此，结合中国鸡蛋产业现状，推出适合中小投资者的鸡蛋期货合约，为中小投资者提供保值和投资工具。

2.2 积极创造条件，引导蛋鸡养殖户参与套期保值

中国鸡蛋现货市场交易量巨大且近乎完全竞争状态，鸡蛋现货价格波动频繁，使得鸡蛋产业经营者都有较为强烈的规避现货价格波动风险的需要，伴随着鸡蛋期货的上市，这种预期逐渐成为可能。但中国蛋鸡养殖整体规模小、标准化程度低的行业现状，仍有相当部分养殖户难以直接通过标准化的期货合约进行套期保值。大量蛋鸡养殖者缺位套期保值的鸡蛋期货市场，必将失去鸡蛋现货市场的基础，也难以有效运行。因此，积极培育蛋鸡专业合作社，大力发展公司＋农户等途径，积极引导蛋鸡养殖户参与到鸡蛋期货当中，全面化解小生产同大市场之间的矛盾。

2.3 完善监管体制，提升鸡蛋期货市场监管能力

自加入 WTO 以来，中国农产品市场不断开放，农产品期货在稳定现货市场等方面发挥了巨大功能，但同时，面临的市场风险也在逐渐加剧。鸡蛋期货的面市交易，将为中国鸡蛋行业的稳定产生举足轻重的作用，但目前国内极不完善的投资环境，可能使鸡蛋期货成为热钱、游资的青睐对象。因此，积极开展鸡蛋期货市场的监管，不断完善相关法律法规，明确监管职责与义务，不断提升鸡蛋期货市场的监管能力，为鸡蛋期货市场创造健康、合理的发展环境，促使鸡蛋期货可持续发展。

2.4 创新交易方式，尝试开展鸡蛋期权交易

期货市场在转移现货市场的风险的同时，自身却承担了大量的风险。期权是对期货交易的保险，交易者通过期权交易减少期货的风险，进而降低市场的整体风险[9]。借鉴美国农产品期权交易的经验和做法，引入期权交易机制，尝试在中国开展鸡蛋期权交易。通过鸡蛋的期货与期权的共同上市，组合出灵活多样的交易策略，吸引更多的投资者参与鸡蛋期货交易，增加鸡蛋期货市场的交易量、持仓量和效率，改善鸡蛋期货市场的运行质量，发挥鸡蛋期货市场的功能。

参考文献

[1] Everette B. Harris. History of the Chicago Mercantile Exchange [EB/OL]. http：//www. farmdoc. illinois. edu.

[2] Miracle D S. THE EGG FUTURES MARKET：1940 TO 1966 [J]. Food Research Institute Studies，1972，11（3）：269-292.

[3] Larson A B. Price Prediction on the Egg Futures Market [J]. Food Research Institute

Studies，1967，7：49-64.

[4] 賀来康一. 農産物の価格変動と市場規模に基づくブロイラーと鶏卵の先物市場における出来高の推定 [J]. 日本畜産学会報，2000，71（9）：370-380.

[5] 王涛. 日本鸡蛋的流通与卫生管理 [J]. 中国禽业导刊，1999（11）：33-35.

[6] 马卫锋，黄运成. 期货市场操纵的认定：美国经验及其启示 [J]. 上海管理科学，2006（2）：78-81.

[7] 黄运成，李海英. 国外期货市场操纵的案例分析及经验借鉴 [N]. 期货日报，2005-01-12.

[8] 张建刚. 中国期货市场品种创新研究 [D]. 天津大学，2006. DOI：10.7666/d.y1049120.

[9] 魏君英，何蒲明. 利用农产品期货市场探索粮食补贴新思路——基于美国的经验 [J]. 生产力研究，2008（12）：29-31.

物联牧场——现代畜牧养殖的新变革

IOT Pastures——the New Change in Modern Animal Husbandry and Breeding

孔繁涛

Kong Fantao

（中国农业科学院农业信息研究所/农业部农业信息服务技术重点实验室，北京 100081）

随着信息技术的日新月异，物联网技术迅猛发展，四化同步的历史机遇为发展物联牧场创造了有利条件。在畜牧业现代化的历史进程中，养殖方式集约化、饲养管理自动化、质量控制追溯化、疫病防治即时化、养殖环境清洁化和畜禽品种良种化，是物联网应用的重要领域。在物联网三全理论的指引下，物联牧场的技术体系已初步呈现，研究重点和方向已基本明确。

1 建设物联牧场的重要意义

20 世纪中后期以来，信息技术取得了迅猛的发展，并广泛应用于人类经济和社会的各个领域，其中农业是主要的应用领域之一。作为新一代信息技术的重要内容，物联网表现出强劲的发展势头，并深入渗透进农业领域的各个方面。物联牧场就是物联网技术在牧场生产、经营、管理和服务中的集中应用，它的发展对促进传统畜牧业转型以及建设现代农业方面具有重要意义。

1.1 "四化同步"为发展物联牧场提供了历史机遇

党的十八大报告指出，要"促进工业化、信息化、城镇化、农业现代化同步发展"。其中，信息化是推进其他"三化"的关键技术手段。积极促进现代信息技术与农业的融合，将成为实现农业现代化的必然选择。党和国家对信息化的高度重视将为信息化发展打开新的空间，为物联网技术发展增添新的活力。因此，作为物联网技术在现代畜禽生产和管理领域的应用，物联牧场面临难得的历史机遇。

1.2 物联网已经成为我国新兴的战略支柱产业

当前，物联网受到世界各国高度重视，我国政府也将物联网确定为加快培育和发展的新兴战略性支柱产业。在国家《物联网"十二五"发展规划》中，农业被列为物联网重点应用的领域；国务院进一步明确提出，要在农业领域实现物联网的试点示范应用，做好典型应用示范工程。畜牧业是农业的主要组成，物联牧场具有广阔的发展前景。

1.3 物联网技术为传统畜牧业改造提供了新路径

当前，我国畜牧业正处在从传统养殖方式向现代养殖方式过渡的关键阶段，传统畜牧业改造对物联网技术存在重大需求。物联牧场综合运用各种先进感知设备，实时采集畜禽的饲养环境以及生长体征等信息，科学分析各类信息，实现对牧场生产的全程监控、实时服务以及科学决策。它的发展将为畜牧业良种繁育、饲养管理、质量控制、疫病防治、生长环境监测等方面带来重大变革，给传统畜牧业的转型升级提供新的手段和路径。

2 畜牧业现代化迫切需要物联网技术支撑

畜牧业现代化可以简单地概括为养殖方式集约化、饲养管理自动化、质量控制追溯化、疫病防治即时化、养殖环境清洁化和畜禽品种良种化，而养殖方式的转变、饲养管理的科学、质量控制的监管、疫病防治的即时、养殖环境的清洁、品种改良的先进都需要现代物联网技术的支撑。

2.1 养殖方式集约化

改革开放以来，我国畜禽养殖方式发生了根本性的改变：由分散饲养向规模化饲养转变，由家庭副业向支柱产业转变，由粗放饲养向集约饲养转变，由劳动密集型向技术、资金密集型转变，由传统畜牧业向现代畜牧业转变。据统计，生猪年出栏50头以下养殖户比重由2003年的71.60％下降到2012年的32.08％，而年出栏500头以上养殖户比重由2003年的10.60％增加到2012年的38.00％；肉牛年出栏10头以下养殖户比重由2003年的68.50％下降到2012年的56.24％；羊年出栏30头以下养殖户比重由2003年的56.60％下降到2012年的45.04％。养殖方式的根本性转变，迫切需要物联网技术进行实时监测，减少人力物力的投入，提高生产的规模效益。

2.2 饲养管理自动化

适应养殖方式规模化、集约化的发展，单纯地依靠传统的人力饲养，很难满足精准饲喂、自动喂养、科学管理的需要。在物联牧场中，通过畜禽个体传感器（如压力传感器、红外传感器等），实时传输畜禽个体生理状态数据，监测畜禽个体数据异常情况，并将数据及时反馈生产者，同时，通过对不同个体生理状态的监测，结合专家系统，对畜禽饲料进行科学配比，精细饲喂，既保证畜禽生长所需能量，又能节约生产成本，是自动化饲养的核心内容。目前，我国肉鸡、蛋鸡、规模养猪的自动化程度相对比较高，而肉牛、肉羊、绵羊的自动化程度和国外相比仍有较大的差距。据统计，2010 年我国奶牛养殖量为1 258万头，产奶3 600万 t，而美国奶牛养殖量仅为 910 万头，产奶量却高达8 750万 t，是中国的 2.43 倍，按每头年产奶量计算，美国是中国的 3.36 倍。澳大利亚和新西兰的奶牛单产分别是中国奶牛单产的 2.02 倍和 1.26 倍。世界发达国家普遍使用了 DHI（Dairy Herd Improvement）技术，实施奶牛牛群改良，而我国只是在个别地方才应用。DHI 是以物联网技术为基础，测定奶牛个体单产数据、牛群基础资料，综合评定奶牛生产性能和遗传性能，是世界公认的饲养管理的科学手段。

2.3 质量控制追溯化

畜禽及产品质量安全，涉及畜牧业的持续、稳定、健康发展，涉及人民群众的身体健康和生命安全，已经成为国家安全的重要组成部分；但目前，畜产品质量安全事件频频发生，成为了社会和人民群众关注的焦点。畜禽产品质量安全问题主要包括动物疫病、兽药残留、加工流通过程中的二次污染，是覆盖从"牧场到餐桌"的关键问题。近年来，随着信息技术的迅猛发展，利用物联网的 RFID、条形码、电子"药丸"等技术，对畜禽生产、加工、流通和消费实施全过程监管，对发现的问题产品进行追踪溯源，实现全过程、全环节、全方位的可追溯，是有效防止畜禽产品安全事件发生的重要手段。在物联牧场中，畜产品物联网溯源平台已经基本完善，每一种产品都可以通过标识在物联牧场的溯源平台中查到其产地、销地，并通过溯源系统对其质量进行严格把关。

2.4 疫病防治即时化

重大动物疫病如高致病性禽流感、口蹄疫、新城疫、猪瘟，以及其他流行性动物疫病，不仅关系到畜牧业的发展，而且关系到农民增收和人民群众健康。近年来，世界各地多次发生动物疫情失控事件，对于畜牧业的发展产生了灾难性的影响，造成了严重的经济损失，如何及时有效地开展监测预警工作、进行动物疫病防治，是一直以来困扰畜牧业发展的难题。以物联网技术为代表的信息化运用于畜禽生产实际，为动物疫病防治工作提供了广阔的空间。物联网技术可以感知畜禽个体及群体的生理变化和行为特征，如温度、采食量、活动量等数据，结合历史数据，及时监测畜禽个体的差异性，见微知著、防患未然，进而有效防控动物疫病的产生、发展和蔓延。

2.5 养殖环境清洁化

用循环经济的理念发展现代畜牧业，通过资源利用节约化、生产过程清洁化、废物利用再生化等环节，减少畜禽生产污染物排放、控制畜禽养殖环境，以达到改善畜禽产品质量的目标，是实现畜禽清洁化生产的重要途径。畜牧业生长环境是影响畜禽产品产量和质量的关键因素，传统畜禽养殖环境很难做到精确控制，畜禽产品产量和质量都难以保证，物联网技术为畜禽生长环境的自动控制提供了条件。通过传感器采集牧场环境信息（光照、温度、湿度、CO_2、H_2S 等），并将信息通过无线传输技术（GPRS、ZigBee 等）传输到服务器，应用程序通过将收集到的数据与标准数据库中的数据相比较，结合专家系统，科学准确的计算畜禽养殖环境的数据，并通过自动控制技术（温度控制器、光照强度控制器、CO_2 发生器等）等对畜禽生长环境进行精确控制，为畜禽提供一个更加良好的生长环境。

2.6 畜禽品种良种化

畜禽良种是畜牧业发展的物质基础，是和畜牧业现代化同步发展的生产要素，属于技术密集型产业。正在兴起的生物信息学是研究生物信息的采集、处理、存储、传播、分析和解释等各方面的学科，它通过综合利用生物学、计算机科学和信息技术而揭示大量而复杂的生物数据所赋有的生物学奥秘。在分子水平上，进行畜禽品种的选择、培育，是现代育种的重要方式。利用物联网技术，通过监测发情期母畜生理变化情况和仔畜生长发育情况，对于畜禽良种选择具有重要意义。以奶牛为例，发情期的奶牛，其活动量、步行数等都远远大于其他奶牛，通过对奶牛行为进行监测，可以实时了解奶牛的发情状况，科学预测奶牛发情时间，及时进行人工授精，保证奶牛产奶质量。

3 物联牧场的理论方法与技术体系

以农业物联网的全要素、全过程和全系统"三全"理论为基础，物联牧场针对养殖环境、畜禽生产资料、劳动投入、饲养管理技术等的全要素，和畜禽生产、流通、加工和消费的全过程，以及自然界、人类社会和思维的全系统，形成了以感知、传输和应用为主线的技术体系，研究重点和方向也日益明晰。

3.1 物联牧场的相关理论

牧场是经营畜牧业的生产单位，也是包含畜牧、自然、经济和人类活动的复杂系统。因此，物联牧场必须遵循农业物联网中的全要素、全过程和全系统的"三全"化发展理念，才能确保其科学持续性发展。

物联牧场即是将物联网技术应用在牧场的生产、经营、管理和服务中，运用养殖环境监测传感器、生理体征监测传感器、视频信息采集传感器等设备感知饲料、水、生命体、生产器械、能源动力、运输、劳动力等生产要素，通过无线传感网络、互联网和智能化处理等现代技术，构建包含牧场正常运转所涉及的自然、社会、生产、人力资源等的复杂系统，实现牧场产前、产中、产后的过程监控、科学决策和实时服务，达到牧场的人、机、牧一体化，进而实现畜牧养殖的高产、优质、集约化和精细化的目标。

3.2　物联牧场的技术体系

要使物联牧场健康持续发展，必须综合考虑人、机、牧的综合配置与协调，实现人机牧一体化发展，才能真正发挥物联牧场的作用。其技术体系即通过感知、传输、处理、控制等现代技术，将人机牧三者相互融合，提供更透明、更智能、更泛在、更安全的一体化服务。技术体系见图 1。

感知技术包括：温度、湿度、光照、降水量、风速等气象环境类传感器技术；二氧化碳、氧气、氨气、甲烷、硫化氢等气体类传感器技术；饲料量、饮水量、运动量、产奶量、体表温度等生命本体传感器技术；视频、声音等多媒体传感器技术。

传输技术包括：互联网技术、短信通信技术、Zigbee 无线传输技术、GPRS 无线传输技术、3G 无线通信技术（TD-SCDMA、WSCDMA、SCDMA2000）、4G 通信传输技术（TD-LTE、FDD-LTE）。

处理技术包括：数据处理技术、图形图像处理技术、声音处理技术、视频处理技术、多信息融合处理技术、智能信息处理技术。

控制技术包括：最优控制技术、自适应控制技术、专家控制技术（即以专家知识库为基础建立控制规则和程序）、模糊控制技术、容错控制技术、智能控制技术。

3.3　物联牧场的研究重点

物联牧场是一个包含畜牧、自然、经济和人类活动的复杂系统，必须找准重点进行系统研究，才能突破发展瓶颈，提升物联牧场发展水平。物联牧场的研究重点包括研究领域和技术研发两个方面。研究领域主要集中在环境、饲养、疫病、繁育等畜牧养殖关键环节方面，通过物联网与现代信息技术，提高畜牧养殖环境的清洁、促进饲料喂养的精细化、降低疫病防治的滞后性、加快畜禽优良品种的推广。技术研发主要集中在传感器技术、传输技术与智能装备

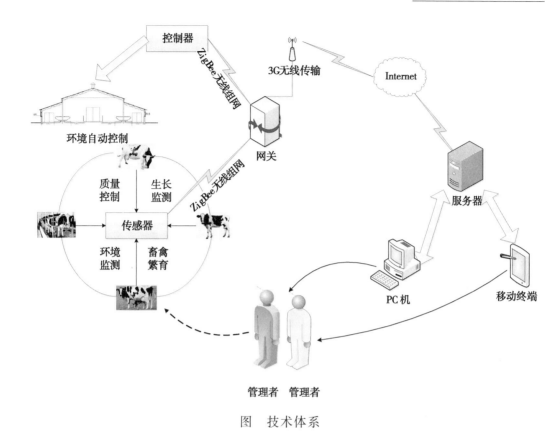

图 技术体系

上，在物联牧场发展中，传感器技术仍然是发展的关键，是否能研发出低成本、高精端、高灵敏度的传感设备，将直接制约物联牧场发展的水平，光纤、红外线、生物等新型传感器的研发，以及自动化智能化兼具可远程操控装备的研制，将为物联牧场的发展奠定技术基础。

参考文献

[1] 许世卫. 我国农业物联网发展现状及对策 [J]. 中国科学院院刊，2013，26（6）：686-692.

[2] 孙忠富，杜克明，尹首一. 物联网发展趋势与农业应用展望 [J]. 农业网络信息，2010，21（5）：5-8.

[3] 鹏程，刘飞，等. 农业物联网与传感仪器研究进展 [J]. 农业机械学报，2013，44（10）：216-226.

[4] 孙其博，刘杰，黎羴，等. 物联网：概念、架构与关键技术研究综述 [J]. 北京邮电大学学报，2010，33（3）：124-129.

[5] 何勇，聂鹏程，刘飞，等. 农业物联网与传感仪器研究进展 [J]. 农业机械学报，

2013，44（10）：216-226.

[6] 毛燕琴，沈苏彬. 物联网信息模型与能力分析 [J]. 软件学报，2014（8）：1 685-1 695.

[7] 陈海明，崔莉，谢开斌，等. 物联网体系结构与实现方法的比较研究 [J]. 计算机学报，2013，36（1）：56-60.

[8] 熊本海，罗清尧，杨亮，等. 家畜精细饲养物联网关键技术的研究 [J]. 中国农业科技导报，2011，13（5）：64-69.

[9] 余欣荣. 关于发展农业物联网的几点认识 [J]. 中国科学院院刊，2013，28（6）：679-685.

[10] 陈铭. 后基因组时代的生物信息学 [J]. 生物信息学，2004，2（2）：29-3.

原文发表于《农产品市场周刊》，2014（48）.

关于我国农产品目标价格保险的一些思考

Some Thoughts on Target Price Insurance of Agricultural Products in China

张 峭

Zhang Qiao

（中国农业科学院农业信息研究所，北京　100081）

2014 年中共中央一号文件首次提出"探索粮食、生猪等农产品目标价格保险试点"，农产品目标价格保险的含义是什么，它与农产品目标价格补贴有什么不同，其保障价格如何设定，它有哪些具体实现形式，与农产品价格管理手段相比有什么优势，这些问题在学界、业界还未形成统一认识，本文试图对这些问题予以探讨。

1　农产品目标价格保险的含义

2014 年中共中央一号文件中重大亮点之一是提出了农产品目标价格制度，指出"逐步建立农产品目标价格制度，在市场价格过高时补贴低收入消费者，在市场价格低于目标价格时按差价补贴生产者，切实保证农民收益。2014 年，启动东北和内蒙古（内蒙古自治区，简称内蒙古，全书同）大豆、新疆（新疆维吾尔自治区，简称新疆，全书同）棉花目标价格补贴试点，探索粮食、生猪等农产品目标价格保险试点"。可见，目标价格补贴和目标价格保险是农产品目标价格制度的两种实现方式，两者都遵循市场定价原则，发挥市场在资源配置中的决定作用，都需要通过财政补贴实现政策性目标要求，但两者在政策性目标实现的方式上有所不同。目标价格补贴是由政府直接通过行政手段来实现，基本实现方式是当市场价格低于目标价格时，政府直接按差价补贴农业生产者，因而目标价格补贴对农业生产者的收入保障程度是通过"目标价格"设定的高低体现出来的。而农产品目标价格保险是政府支农惠农目标通过保险这一市场化手段来实现，它的目标性主要通过农产品价格保险的制度设计以及保险产品中保障水平高低与保费补贴多少来体现，农产品不同的保障水平和保费补贴比例体现了不同的政策目标导向。另外，农产品目标价格保险不仅要体现政府政策性目标要求，还必须满足保险的基本原理和可保性要求。一般认为，农产品的价格变动可以分解为趋势性变动、周期性变动、季节性变动和随机性变动。趋势性、周期性和季节性价格变动，都具有一定的可预见性，可以依据过去的经验和数据分析预测出来，是可预期的价格变动。只有随机性价格波动，是由一些难以控制和不可预期的外在因素导致的农产品供需变动引发的，比如意外的自然灾害、疫病、突发事件等，是不可预期的价格波动。而保险的基本要求是承保风险必须是意外事件引起不可预期的风险，倘若农业生产者对未来设定的农产品保障价格具有预见性，那么就极容易导致逆向选择问题，即当预期未来农产品价格上升将高于保险保障价格时都不会选择投保，而当预期未来农产品价格下降将低于保险保障价格时都会选择投保，这样会使得保险人的承保风险剧增，使价格保险难以实施。所以，正确选择或设定价格保险中的保障价格标准，对农产品目标价格保险的有效实施是至关重要的，而农产品目标价格保险中保障价格是一定比例的预期价格或者说是以预期价格为设定依据的。如果说农产品目标价格补贴是通过政府价差补贴保障农产品生产者收入不低于"目标价格"水平，那么农产品目标价格保险就是通过政府保费补贴保障农产品生产者收入能够达到"预期价格"一定水平。简言之"目标价格"是政府设定的政策性价格，"预期价格"是市场主体博弈形成的远期市场化价格；目标价格补贴是一项政府逆周期的收入补贴计划，管理的是大的、可预期的、周期性的价格波动，目标价格保险是一种市场化风险管理工具，管理的是中等的、不可预期的、随机性的价格波动；目标价格补贴保障的是"目标价格"，目标价格保险保障的是"预期价格"。

因此，农产品目标价格保险是指国家利用保险的机制，对保费进行补贴，实现对农产品市场风险进行汇聚、分散和转移的一种制度安排。所谓农产品市场风险，指农产品未来的市场价格低于农业生产者的预期价格，从而给农业生产者带来收入损失的可能性。农产品目标价格保险的基本操作方式是：商业保险公司设计出应对农产品市场风险的保险产品，并与投保的农业生产者签订保险合同，当发生保险责任事故时负责定损与理赔工作；政府对商业保险公司提交的保险方案进行审核，并按照政策目标提供一定比例的保费补贴。这里所说的保险责任事故，通常指农产品实际价格低于保险合同中规定的保障价格的情形。

2 农产品目标价格保险中保障价格的设定

一般认为，有效期货市场中的远期合约价格是最理想的预期价格，是保险保障价格确定的依据。因为有效期货市场具有价格发现功能，期货市场的远期合约价格已经充分包容了长期趋势性、周期性、季节性等可预期因素对农产品价格的影响，因此，期货远期合约价格更加接近于远期真实价格，保险人和被保险人双方都不会作出比期货市场更好预测。因此，国外发达国家价格保险都是以期货市场远期合约价格作为预期价格，用于设定保险标的保障价格的依据，未来实际价格低于保障价格的差额完全是由保险合同签订后的不可预期的因素造成的，这样就可以完全规避逆向选择问题。如美国的畜牧业风险保障保险、畜牧业收益保险和作物收入保险都是以美国芝加哥商品交易所相关产品的期货价格作为保障价格确定的标准。

我国也已建立起了小麦、玉米、稻谷、大豆、棉花等重要农产品的期货市场，可以借鉴国外经验，探索使用农产品期货价格作为价格保险中保障价格确定的依据，开发新型农产品目标价格保险产品。但我国期货市场还是发展中的新兴市场，上市的品种有限，市场有效性还有待提高，且诸如蔬菜和水果等许多市场风险较大的鲜活农产品无法满足期货市场上市品种的要求，所以，许多标的保障价格仍然无法依据期货市场价格来设定，这就需要利用一些现代数理和信息技术，对农产品价格波动规律和特征进行分析、模拟和预测，通过保险技术创新来正确设定保险标的保障价格。如我国现有试点的价格保险产品中，上海蔬菜价格保险依据绿叶菜价格波动特点，以过去 3 年同期月份价格平均值作为新年度保险标的的预期价格，北京生猪价格保险依据生猪价格周期性波动特点，以一年期内猪粮比的平均值作为生猪当期的预期价格，从而挖掘或发现农产品的预期价格并将其作为保险标的保障价格设定的依据，这些还需要进一步探索，创新开发适合中国实际情况的保险产品。

3 农产品目标价格保险的实现形式

借鉴国内外农业保险实践，依据农业保险的承保责任，我们将农产品目标价格保险划分为 3 种实现形式或 3 类价格保险产品：①农产品价格指数保险。它是以农产品价格波动造成的风险损失为保险责任，以农产品价格或价格指数为赔付依据的一种农业保险产品，是对农业生产经营者因市场价格大幅波动，农产品价格低于预期价格或价格指数造成的损失给予经济赔偿。美国的畜牧业风险保障保险和上海的淡季绿叶菜成本价格保险属于这种形式。②农产品收益保险。它是一种农产品毛利润保障保险,当投保人实际毛利润低于预期毛利润时,投保人获得相应的赔偿。它不但能补偿农产品自身价格的波动带来的利润损失,还能防止投入品价格波动带来的利润损失,更加合理地保障了生产经营者的实际收益。美国的畜牧业收益保险和北京试点运行的生猪价格指数保险(以猪粮比价作为赔付依据)属于这种形式。③农产品收入保险。它是农产品生产风险和市场风险双保障保险,对因农产品产量降低、价格下跌或产量价格共同变化引起的收入损失提供保障,即当投保人实际农产品收入低于预期收入时,投保人获得相应的差额赔偿。美国的农作物收入保险属于这种形式。

这3种保险形式,在国外都已经推行了较长时间,具体采取哪种保险形式,主要取决于农产品本身的特点和面临的主要风险。当某种农产品生产期间内产量发生意外损失的可能性较小,市场价格波动对生产经营效果影响较大,则宜采用价格指数或收益保险的形式进行保障。如美国生猪业实行规模化和标准化生产,防疫体系健全,疫病防控能力强,养殖过程中所受到的自然灾害威胁较小,而主要面临生猪市场价格和饲料价格波动的影响,这也是为什么美国生猪业主要实施收益保险和价格保险的缘由。当某种农产品生产发生意外损失的可能性很大,如大田作物生产更易受到各种旱、涝、冻、雹等自然灾害影响遭受损失,同时也面临着市场价格波动的风险,那么它更适合采用收入保险的形式予以保障。如美国自20世纪90年代就已经推出作物收入保险,目前覆盖的品种已经包括大麦、小麦、大豆、玉米、油菜、高粱、棉花、豌豆等多类作物,覆盖范围已经超过作物产量保险,成为第一大作物保险险种。美国作物保险之所以更倾向于收入保险的形式,主要有两方面的原因:①在一定区域范围内,大田作物当期的产量与价格之间往往存在显著的负相关关系,产量风险与价格风险可以进行一定的对冲,从而使得产量风险和价格风险组合而成的收入风险要比单独产量或价格风险更小,有利于降低作物收入保险的费率。②农产品价格风险的系统性非常强,单独采用价格保险形式非常容易出现大范围同时理赔的现象,从而导致保险巨灾风险的发生,而收入保险综合了产量因素,同一作物在不同区域同时遭受损失的可能性较小,这样有利于保险公司在空间上分散风险和防范巨灾风险。

4 农产品目标价格保险的优势

我们分析发现，与政府的其他价格支持政策相比，农产品目标价格保险具有许多明显的优势。具体表现在以下几方面。

4.1 农产品目标价格保险更符合 WTO 规则

农业保险属于 WTO《农业协议》中规定的"绿箱政策"，可以不受 WTO 规则中对政府补贴比例的限制；而最低收购价与临时收储以及农产品目标价格补贴政策都属于"黄箱政策"，只能在 WTO 给我国的 8.5% 的微量允许空间内执行。

4.2 农产品目标价格保险对财政的冲击小

在农产品目标价格保险中，政府只是对保费进行一定比例的补贴，当承保农产品面积或产量一定条件下，农产品目标价格保险的保费是固定不变的，那么政府对保费补贴的财政支出数额也是相对稳定不变的，因农产品价格年际间大幅波动造成的风险损失却转移给专门进行风险管理的保险公司来负责。而在目标价格补贴等其他价格支持政策中，每年实际市场价格与目标价格的差额部分将直接由政府支付，由于农产品实际市场价格波动幅度年际间变化较大，因而政府财政支付的价差补贴数额年际间变化也较大，对财政的冲击也较大。

4.3 农产品目标价格保险可以放大财政资金的补贴效果

首先，在农产品目标价格保险中，政府对保费进行补贴的同时，也使投保的农户缴纳部分保费，从而扩张了风险保障资金；其次，保险公司可以进一步通过再保险和发行巨灾证券等手段，将风险进一步分散和转移到全国甚至全球更大的范围，实质上是进一步增加了农产品市场风险的承担主体。在这种机制下，政府只需要补贴较少的保费，就可以像杠杆一样，撬动农产品风险保障基金的总量，从而为农民提供更高的风险保障水平。而其他价格支持方式完全由政府提供风险保障，没有这种杠杆效果。

4.4 农产品目标价格保险的执行成本更低

目标价格保险是市场化操作方式，可以充分利用现有的农业保险公司已建立的服务体系，政策执行成本低、效率高，且相对于目标价格补贴等政府直接操作方式，能有效避免补贴资金流入非法渠道，杜绝贪腐行为。不仅如此，与期货、期权等市场化价格风险管理工具相比，农产品目标价格保险在规模上具有更大的弹性，不需要交付经纪人大量佣金，避险原理和操作技巧浅显易懂，普通农户都可以直接参与，这些都有助于降低交易成本。

5 对我国农产品目标价格保险发展的建议

根据以上的分析，对我国农产品目标价格保险的未来发展提出如下建议。

5.1 探索依据期货价格设定保险标的保障价格

我国目前已经建立起了小麦、玉米、稻谷、大豆、棉花等重要农产品的期货市场，因而可以考虑借鉴国外经验，依托大连和郑州商品交易所上市的期货品种，探索使用农产品期货价格作为农产品价格保险中保障价格确定的依据，开发新型农产品目标价格保险产品。

5.2 开展农作物收入保险试点

从国外发展经验来看，对农作物采取收入保险要优于价格指数保险和收益保险的方式。我国目前的政策性作物保险主要是产量保险，在产量保险的基础上可以进一步探索开展作物收入保险试点，重点推进粮食等主要农产品风险保障范围，提高其保障水平。

5.3 完善农产品价格采集发布体系

实施农产品价格保险的前提是要有"易观测、可证实、客观透明、持续不断"的农产品价格信息作为保险赔付的依据和标尺。因此，需要政府部门尽快建立一套科学、公开、及时和可靠的农产品价格信息采集及发布体系，制定切实可行的农产品生产价格采集及发布制度，实现农产品价格保险试点地区保险标的生产价格及时采集及发布，满足农产品目标价格保险试点需要。

5.4 建立农产品价格保险巨灾风险分散体系

价格风险的系统性特点，使得价格保险易发生巨灾风险，这就更需要深入研究、科学评估农产品价格保险的巨灾赔付风险，从保险制度安排上和保险产品设计上有效转移和分散面临的巨灾风险，建立巨灾风险分散体系，保障农产品目标价格保险试点成功和可持续性发展。

原文被收录于《中国农业保险研究 2014》，中国农业出版社，2014.

2013 年全国 16 省区市 规模奶牛场生产管理状况调查报告

The Investigation Report on Production Management
in Large-scale Dairy Farms of Sixteen Provinces
(or Districts and Cities) in 2013

冯艳秋　陈慧萍　聂迎利　王礞礞　王　晶

林少华　许怡然　王兴文　祝文琪　黄　桂　张爱华

Feng Yanqiu，Chen Huiping，Nie Yingli，Wang Mengmeng，
Wang Jing，Lin Shaohua，Xu Yiran，Wang Xingwen，
Zhu Wenqi，Huang Gui，Zhang Aihua

（中国农业科学院农业信息研究所，北京　100081）

　　发展规模牧场，推进奶牛养殖规模化，有利于提高生产效率和生产水平，降低疫病风险，有利于畜禽粪污的集中有效处理和资源化利用，从源头控制乳品质量安全，增加农民收入。然而，规模化饲养，并不是最终的目的，它只是集约化、标准化的前提和必要的载体，目的是将先进的饲养技术集成，标准化实施，只有这样才能达到推广规模化的目的，因此，规模养殖场的生产管理水平，决定着规模化推进的质量。

　　为了摸清我国奶牛养殖场的生产管理状况，2013 年《中国乳业》杂志社组织调研组对全国 16 个省（区，市）的 135 家规模化奶牛场和 53 家养殖小区（合计 188 家）进行了问卷调研和实地调研。这些规模化奶牛场和养殖小区主要分布在北京、天津、河北、甘肃、宁夏（宁夏回族自治区，简称宁夏，全书同）、新疆、内蒙古、山西、黑龙江、辽宁、四川、重庆、上海、江苏、湖南和广州等省区市，既涵盖了奶业主产省区市，也包括了南方的奶业产区，覆盖面广。

　　本次调研延续了 2011 年、2012 年的风格，调研内容详细，调研对象涉及范围广，有典型代表性。此次调研的奶牛场既有成立于 1958 年的老牛场，也

有成立于 2013 年的新牛场，而 2000—2010 年建成的牛场最多，占比达到 68.09%；企业性质包括国有、集体、私营、合作社等多种，其中私营奶牛场数量居多，占比达到 47.34%；奶牛场的养殖规模既有存栏在 500 头左右的小规模牛场，也有存栏在 9 000 多头的超大型规模场，而存栏规模在 500~1 000 头的规模场数量最多，占比为 53.72%。按照调研的内容，本报告主要从良种繁育、饲养管理、饲草饲料、卫生保健与疫病防制、粪污处理、奶牛单产、生鲜乳质量、成本收益等方面对奶牛场的生产管理现状进行了分析，讨论了当前奶业政策的落实和需求情况，指出了当前我国规模奶牛场亟须解决的问题，并对未来奶业的发展进行了展望。

1 调研奶牛场的基本情况

1.1 奶牛场的分布情况

本次调研共涉及 16 个省（区、市）的 188 家奶牛场，表 1 给出了调研奶牛场的地区分布情况。

表 1 调研奶牛场的地区分布情况

地区	奶牛场数（家）	地区	奶牛场数（家）
黑龙江	70	北京	5
四川	27	山西	5
天津	20	辽宁	5
河北	10	内蒙古	4
江苏	10	重庆	4
甘肃	8	宁夏	3
上海	7	湖南	3
新疆	6	广州	1

调研的奶牛场，存栏规模绝大部分在 500 头以上。其中，存栏在 1 000 头以下的奶牛场（小型规模场）占到了一大半，占比达到了 60.32%；存栏在 1 000~2 000 头的奶牛场（中型规模场）占到了 1/4 多，占比达到 26.09%；而存栏在 2 000 头以上的奶牛场（大型规模场）数量较少。图 1 给出了不同规模奶牛场在调研样本中所占的比例情况。

1.2 奶牛场的基础设施情况

调研的奶牛场都配备了很多现代化的设施设备，包括现代化的牛舍、舒适的卧床、先进的挤奶机、TMR 搅拌车等。奶牛每天在牛舍和卧床上所待的时

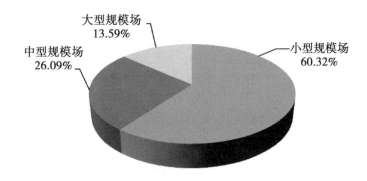

图 1 不同规模奶牛场在调研样本中的比例情况

间最长，因此，牛舍建得是否通风保暖、卧床铺垫得是否舒服，不仅关系到奶牛的福利，更关系到奶牛的产奶量。根据对牛舍环境的调控程度，可将牛舍分为开放式、半开放式和全封闭式 3 种形式。在调研的牛场中，25.5% 的奶牛场采用了全开放式牛舍，44.7% 的奶牛场采用了半开放式牛舍，34.1% 的奶牛场采用了全封闭式牛舍（有部分奶牛场采用 1 种以上方式）。奶牛卧床可以用的垫料很多，主要有沙子、牛粪、锯末、橡胶、干麦秸等。据统计，在调研牛场中，有牛床的奶牛场有 127 家，占 67.6%，其中，使用沙子做牛床垫料的有 40 家，占 31.5%；使用橡胶做牛床垫料的有 31 家，占 24.4%；使用锯末做牛床垫料的有 15 家，占 11.8%；使用干牛粪做牛床垫料的有 21 家，占 16.5%；使用麦秸做牛床垫料的有 20 家，占 15.8%（图 2）。

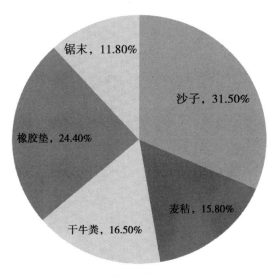

图 2 奶牛场牛床垫料的使用情况

机械挤奶的好处毋庸置疑，当前我国规模奶牛场的机械挤奶率接近100％。奶牛场使用的挤奶机，既有进口品牌，也有国产品牌，进口品牌的份额较高；其中，使用利拉伐挤奶机的规模场有 70 家，占 37.2％；使用 GEA 挤奶机的规模有 50 家，占 26.6％；使用博美特挤奶机的规模场有 18 家，占 9.6％（图 3）。

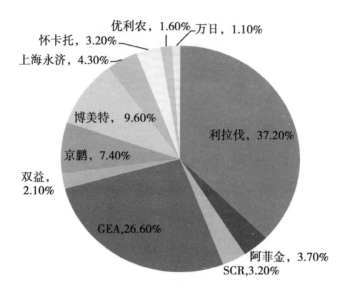

图 3　挤奶机品牌分布

全混合日粮（TMR）饲喂技术推广了十几年，它的好处已经被绝大部分奶牛场认识到了。然而，仍然有一小部分奶牛场由于建场时间较早，牛舍不合适等原因而还未使用 TMR 饲喂技术。统计结果表明，有 147 家奶牛场使用了 TMR 搅拌车，占 78.2％，有 41 家奶牛场未采用 TMR 饲喂技术，占 21.8％。在使用 TMR 搅拌车的牛场中，使用进口 TMR 搅拌车的牛场占多数，如使用司达特 TMR 搅拌车的奶牛场有 94 家，占 63.9％；使用法国库恩的有 14 家，占 9.5％；使用郁金香公司的有 14 家，占 9.5％（图 4）。

1.3　奶牛场的人员配备情况

2013 年，这 188 家规模场的平均员工总数为 41.85 人，人均月工资为 3 089.60元，人均饲养奶牛为 28.38 头，其中大专以上人员为 7.99 人，占比为 19.09％；50 岁以上人员为 9.55 人，占比为 22.82％。与 2012 年相比，尽管 2013 年奶牛场的平均奶牛存栏增加了 128 头，增幅为 10.44％，但员工总数基本没有变化，仅人均工资上涨了 7.65％；人均饲养奶牛头数增加了 1.25头，增幅为 4.61％；大专以上人员数量增加了 0.53 人；50 岁以上人员的数量基本没有变化。

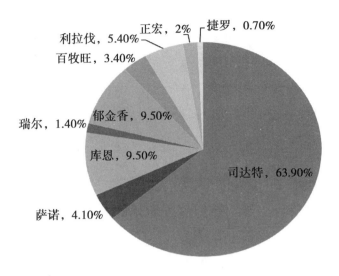

图 4　TMR 搅拌车品牌分布

　　牛场的主要工种包括场长、行政和后勤人员、兽医师、配种员、营养师、质检员、配料送料工、挤奶工、粪污处理员等 9 个。工种不同，其工资水平、学历要求、老龄化等情况也有所不同。表 2 给出了不同工种的基本情况，包括平均人数、人均月工资、大专以上人员比例、50 岁以上人员比例。

　　从中可以看出，奶牛场中人员数量最多的工种是挤奶工，然后是行政和后勤人员、配料送料工、粪污处理员；在所有的工种中，场长的人均月工资是最高的，为 5 404.28 元；兽医师、配种员、营养师的人均月工资比较接近，都在 3 700 元左右，剩余工种的人均月工资也都比较接近，在 2 600 元左右。场长、兽医师、配种员、营养师中大专以上的比例很高，达到 80％以上，挤奶工和粪污处理员的学历普遍较低，大专以上人员数量最少。粪污处理员、配料送料工的老龄化情况比较严重，50 岁以上人员的比例在 30％以上，而质检员是所有工种中相对较年轻化的工种。

表 2　2013 年奶牛场不同工种从业人员的基本情况

工种	平均人数（人）	人均月工资（元/月）	大专以上人员比例（％）	50 岁以上人员比例（％）
场长	1.48	5 404.28	85.14	21.87
行政和后勤人员	4.86	2 803.57	50.93	29.16
兽医师	2.37	3 857.26	83.42	21.78
配种员	2.14	3 958.04	82.80	12.81
营养师	0.77	3 604.21	88.09	14.82
质检员	0.92	2 775.17	74.05	9.50
配料送料工	4.85	2 694.11	17.96	32.78
挤奶工	9.22	2 579.97	4.84	11.62
粪污处理员	4.68	2 435.19	4.47	47.85

2 饲养管理情况

2.1 良种繁育

当前，我国奶牛场主要饲养的是荷斯坦奶牛。在调研的奶牛场中，100%的奶牛场均饲养荷斯坦奶牛，另有 2.22% 的规模奶牛场同时饲养了娟姗牛。有 50.00% 的奶牛场的奶牛主要来源于自繁自育；19.02% 的规模奶牛场，奶牛主要来源于国内购买；13.04% 的规模奶牛场，奶牛主要来源于国外引进；其余 17.94% 的规模奶牛场，奶牛来源于多种形式的组合（图 5）。

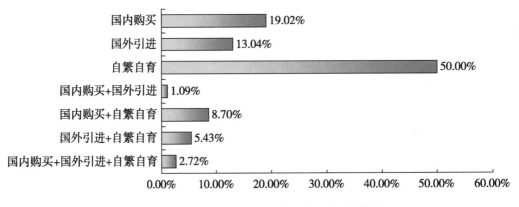

图 5 调研奶牛场奶牛的主要来源渠道分析

调研牛场中，国产冻精的覆盖范围最大，普通冻精的牛场覆盖率达到了 71.70%，性控冻精的覆盖率达到了 32.70%。进口冻精的覆盖范围稍低些，进口普通冻精的覆盖率达到了 45.91%，进口性控冻精的覆盖率达到了 29.56%（图 6）。国内冻精的主要厂商有上海光明荷斯坦牧业有限公司、北京奶牛中心、内蒙古赛科星繁育生物技术股份有限公司、天津市奶牛发展中心等；进口冻精的主要厂商有先马士（上海）有限公司、美国环球育种公司、亚达-艾格威公司等。

从冻精质量上看，国产普通冻精和进口普通冻精在配种成功率及产母犊率方面的差别不是很大（表 3）。进口性控冻精在产母犊率上明显优于国产性控冻精，但是在配种成功率上优势并不突出（表 4）。从年份看，2013 年，国产普通冻精、国产性控冻精的配种成功率、产母犊率均有所提高；进口普通冻精和进口性控冻精仅在产母犊率方面有所提高（表 3、表 4）。

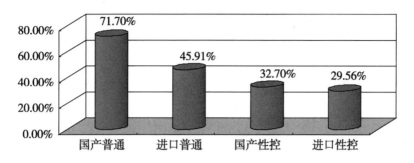

图 6　2013 年各类奶牛冻精的覆盖范围

表 3　2012—2013 年普通冻精配种成功率和产母犊率的情况分布

		国产普通冻精		进口普通冻精	
		2012	2013	2012	2013
配种成功率	<50％的比例（％）	36.73	28.07	40.00	39.29
	≥50％的比例（％）	63.27	71.93	60.00	60.71
产母犊率	<50％的比例（％）	52.17	35.79	48.15	41.07
	≥50％的比例（％）	47.83	64.21	51.85	58.93

注：本报告只统计单产在 6～9t/年的奶牛配种成功率

表 4　2012—2013 年性控冻精配种成功率和产母犊率的情况分布

		国产性控冻精		进口性控冻精	
		2012	2013	2012	2013
配种成功率	<50％的比例（％）	50.00	22.73	36.84	27.27
	≥50％的比例（％）	50.00	77.27	63.16	72.73
产母犊率	<90％的比例（％）	29.55	22.73	18.52	8.57
	90％～95％的比例（％）	45.45	43.18	55.56	57.14
	≥95％的比例（％）	25.00	34.09	25.93	34.29

注：本报告只统计单产在 6～9t/年的奶牛配种成功率

2.2　管理模式

　　我国奶牛场的饲养管理模式主要分为散栏式和拴系式。此次调研的奶牛场中有 129 家采用散栏式饲养，占 64.9％；69 家采用拴系式饲养，占 36.7％（有部分奶牛场采用 1 种以上方式）。

　　在调研的奶牛场中，所有的奶牛场都对奶牛进行了分群，这样针对性地饲喂和管理，不仅有利于奶牛的生长发育，还有利于产奶量的提高。分群依据主要有：产奶量、泌乳期、胎次、年龄及其他因素，其中，有 46.5％的奶牛场根据产奶量、泌乳期、胎次和年龄等进行分群；有 32.2％的奶牛场仅根据产奶量分群；还有 21.3％的奶牛场仅根据泌乳期分群。

2.3 饲草饲料

我国奶牛场粗饲料主要包括苜蓿、羊草、燕麦草、青贮、黄贮和秸秆等，精料补充料的组成主要为玉米、豆粕、甜菜粕和麸皮等。调研的牛场对粗饲料品质的要求较高，粗饲料的投入比例在不断加大，据统计，牛场的精粗比主要集中在 60：40～35：65。

苜蓿是奶牛饲养中的主要使用的优质粗饲料。在调研的牛场中，有80.2%的奶牛场使用苜蓿，且多数牛场苜蓿的饲喂牛群是泌乳牛。从苜蓿来源看，61.2%的奶牛场依靠外购，27.2%依靠自种，11.6%外购和自种结合。外购苜蓿的奶牛场中，进口苜蓿的牛场占比达到了80.4%。由于进口苜蓿价格高启，达3 000元/t，在国家鼓励政策下，很多有条件的牛场都开始自种苜蓿，特别是具有地域和资源优势的西部地区的牛场，自种苜蓿比例有所提高，外购比例有所下降（图7）。

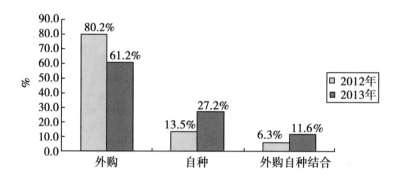

图7 2012—2013年使用不同方式采购苜蓿的牛场比例情况

调研牛场使用羊草的比例很高，2013年有89.0%的奶牛场使用羊草饲喂奶牛，较2012年提高了8.7个百分点。2013年使用羊草的牛场中，有53.1%的牛场，全群都饲喂羊草，剩余的牛场，羊草仅用于饲喂成母牛。牛场使用的羊草多数来自外购，有90.3%的奶牛场使用的羊草依靠外购，仅有9.7%的奶牛场使用的羊草为自种，自种比例较苜蓿低17.5个百分点。牛场使用的羊草大都是从内蒙古、黑龙江等地购买，受等级、运费影响，羊草价格差别较大，东北内蒙古地区（黑龙江、辽宁和内蒙古）和华北地区（河北和山西）价格最低，平均不到1 000元/t；南方地区（江苏、湖南、四川和广州）价格平均达到1 500元/t；大城市周边（北京、天津、上海和重庆）价格平均达到1 200元/t。

2013年，调研牛场的青贮使用率达到99.5%，其中，自制青贮的奶牛场占90.8%（外购玉米自制青贮占39.6%，自种玉米自制青贮占51.2%），

9.2％的奶牛场购买成品青贮（图8）。外购玉米自制青贮成本在400元/t左右，自种玉米自制青贮的成本为320元/t，而购买成品青贮的价格为700元/t左右。

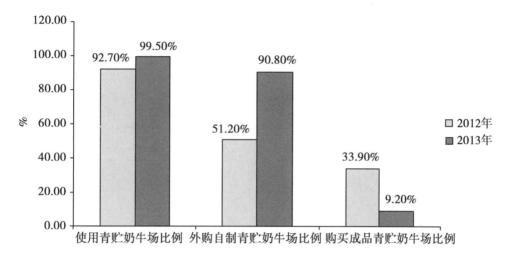

图8　2012—2013年使用不同方式采购青贮的牛场比例情况

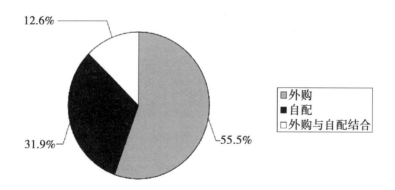

图9　2013年使用不同方式采购精补料的牛场比例分布情况

　　使用燕麦草的奶牛场比例为30.3％，主要集中在天津、四川、甘肃和广州等地。使用黄贮的奶牛场比例为25.5％，以东北内蒙古地区和华北地区居多。秸秆的使用率为27.6％，主要集中在黑龙江地区。

　　精料补充料主要包括玉米、豆粕和小麦麸等。在调研的牛场中，31.9％的奶牛场精补料自配，55.5％外购，12.6％自配和外购相结合（图9）。外购的公司以及原料的不同造成了精补料的价格也相差较大，在2 000～4 000元/t。精补料的消耗量也随牛场的规模不同而不同，从几百到上万吨不等。

2.4 卫生保健与疫病防制

2013 年的调研发现，52.9％的奶牛场认为乳房炎对奶牛场的收益影响最大，22.4％的奶牛场认为繁殖类疾病对奶牛场的收益影响最大，另有 17.8％和 6.9％的奶牛场分别认为肢蹄病和消化类疾病对奶牛场的收益影响最大（表5）。与 2011 年和 2012 年的调研相比，认为繁殖类疾病对奶牛场收益影响最大的奶牛场比例有了明显提高（2011 年和 2012 年的奶牛场比例分别为 13.5％和 16.7％）。

表 5 2013 年奶牛场常见病对牛场收益影响程度排位占比情况

	肢蹄病（％）	乳房炎（％）	消化类疾病（％）	繁殖类疾病（％）
第 1 位	17.8	52.9	6.9	22.4
第 2 位	33.5	23.1	13.3	29.5
第 3 位	27.5	16.4	26.3	29.8
第 4 位	21.9	10.7	49.1	18.3

为了治疗奶牛疾病，牛场付出的代价也是不一样的。2013 年，奶牛年头均治疗费用在 50 元以内的奶牛场数量占调研牛场总数的 10.7％，在 51～100 元的占 16.4％，在 101～200 元的占 30.2％，201～300 元的占 18.2％，301～400 元的占 8.8％，401～500 元的占 6.9％，501～1 000 元的占 5.7％，还有部分奶牛场治疗费用大于 1 000 元，占 3.1％，其中最高达到 2 200元（图 10）。和 2011 年、2012 年比较，2013 年用于奶牛疾病的治疗费用明显增高。

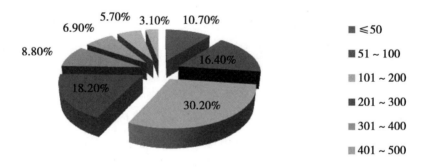

图 10 2013 年奶牛场年头均治疗费用（单位：元/头）

疾病淘汰率最能反映牛场的生产管理状况，饲养管理水平较高的牛场，奶牛的疾病淘汰率就低。调研的奶牛场中，2013 年疾病淘汰率≤5％的奶牛场比例为 54.8％，在 5％～10％（含 10％）的奶牛场比例为 15.3％，在 10％～

20%（含 20%）的奶牛场比例为 12.1%，淘汰率大于 20% 的奶牛场比例为 17.8%。2011—2013 年奶牛场因疾病造成的淘汰率变化不大（图 11）。

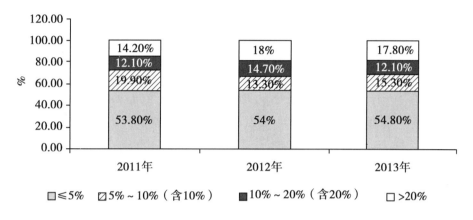

图 11 2011—2013 年奶牛场因疾病所造成的淘汰率

在牛场防疫方面，有 94.3% 的奶牛场每年定期检测布氏杆菌病和结核病，100% 的奶牛场定期对奶牛进行口蹄疫疫苗注射，有 6.4% 的调研奶牛场注射布氏杆菌疫苗，有 3.7% 和 1.6% 的奶牛场注射炭疽病和流行热疫苗。

2.5 粪污处理

奶牛养殖场的粪污处理是奶牛养殖现代化、标准化的重要环节。粪污处理方式关系到我国奶业的健康发展。此次调研中发现，在采用规模场经营模式的奶牛场中，人工清粪和铲车清粪是牛舍的主要清粪方式，采用电动机械刮板清粪的牛场的占比也达到 1/4；在养殖小区中，人工清粪是牛舍的主要清粪方式，占比达到 84.62%，其他清粪方式所占份额较少（表 6）。

表 6 2013 年规模奶牛场牛舍清粪方式分布情况

	人工清粪比例（%）	铲车清粪比例（%）	水冲清粪比例（%）	电动机械刮板清粪比例（%）
养殖小区	84.62	19.23	1.92	3.85
规模奶牛场	51.59	42.06	7.14	24.60

注：部分奶牛场采用两种或两种以上清粪方式，所以比例大于 100%

与牛舍清粪方式略有不同，挤奶厅可选用的清粪方式，除人工清粪外，主要是水冲清粪。采用规模场经营模式的奶牛场中，挤奶厅人工清粪的比例为 60.17%，水冲清粪的比例为 50%；在养殖小区中，挤奶厅人工清粪的比例高达 82.69%，水冲清粪的比例为 34.62%（表 7）。

表 7　2013 年规模奶牛场挤奶厅清粪方式分布情况

	人工清粪（%）	水冲清粪（%）	电动机械刮板清粪（%）
养殖小区	82.69	34.62	0.00
规模奶牛场	60.17	50	2.54

注：部分奶牛场采用两种或两种以上清粪方式，所以比例大于100%

　　奶牛场粪污处理方式主要有直接还田、沼气池发酵、生产有机肥、生产牛床垫料等。总体看，牛粪直接还田的奶牛场所占比重最大，在养殖小区和规模经营的奶牛场中分别占 47.17% 和 53.23%；其次被奶牛场普遍运用的处理方式是将牛粪加工为有机肥，养殖小区和规模经营的奶牛场分别占 39.62% 和 31.45%。

　　目前奶牛场污水处理方式主要有污水池存放、沉淀池处理后排放、排入沼气池发酵和进入氧化塘无害化处理等，其中将污水收集进沉淀池，然后处理排放的奶牛场所占比例最高，占总样本的 42.86%；其次是污水池存放，占总样本的 1/3；直接排放到生活排水道或就近水体的比例最小，分别占 6.55% 和 1.79%。

3　奶牛单产和生鲜乳质量

3.1　奶牛单产

　　奶牛场成母牛年均单产是衡量奶牛场饲养工作质量的一个重要指标，反映了牛场的平均管理水平。2013 年调研奶牛场成母牛年均单产为 6 726.15 kg/（年·头），比全国平均水平 5 500 kg/（年·头）高 1 266.15 kg/（年·头）（22.29%）；其中，单产最高的为 12 358.9 kg/（年·头），最低的仅为 2 500 kg/（年·头）。2013 年调研奶牛场成母牛年均单产数值区间的分布如图 12 所示。

　　同时，调研规模奶牛场近两年成母牛年均单产呈现上升趋势，2013 年成母牛年均单产分别比 2011 年 [6 197.45 kg/（年·头）] 和 2012 年 [6 447.55 kg/（年·头）]，增长了 528.7 kg/（年·头）和 278.6 kg/（年·头），增长幅度分别为 8.53% 和 4.32%。

3.2　生鲜乳质量

　　生鲜乳的质量情况主要体现在生鲜乳的营养指标和卫生指标上。生鲜乳的营养指标主要包括乳脂率、乳蛋白率和干物质含量。2013 年，调研奶牛场 1 月平均乳脂率为 3.817%（最低为 3.0%，最高为 5.4%），8 月为 3.659%

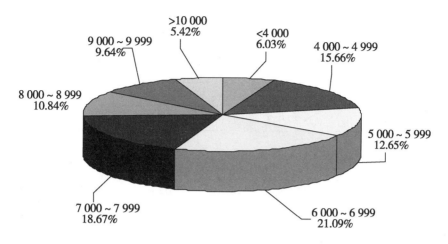

图 12　2013 年调研奶牛场成母牛年均单产分布

（最低为 2.8％，最高为 4.9％）；1 月平均乳蛋白率为 3.166％（最低为 2.31％，最高为 4.10％），8 月为 3.079％（最低为 2.07％，最高为 3.80％）；1 月平均干物质含量为 12.298％（最低为 8.2％，最高为 14.6％），8 月为 11.988％（最低为 8.1％，最高为 14.2％）。

　　图 13 和图 14 为 2011—2013 年 1 月和 8 月调研奶牛场平均乳脂率、乳蛋白率、干物质含量情况。可以看出，上述 3 个指标，各年 8 月数值均略低于 1 月数值；乳脂率逐年上升，而乳蛋白率和干物质含量 2013 年与 2011 年相比略有下降。

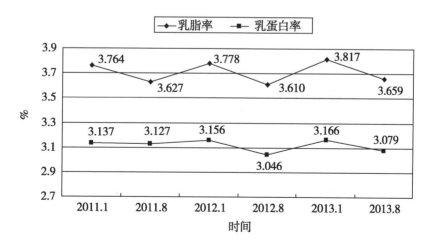

图 13　2011—2013 年调研奶牛场平均乳脂率和乳蛋白率情况

　　生鲜乳的卫生指标主要有细菌总数和体细胞数。2013 年，各调研奶牛场细菌总数和体细胞数差异较大。细菌总数方面，1 月时，平均为 26.705 万

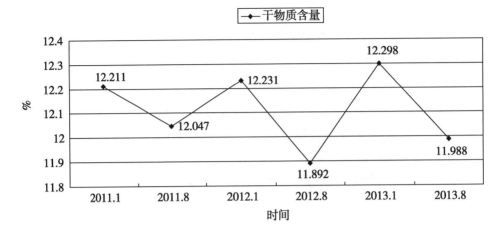

图 14 2011—2013 年调研奶牛场平均干物质含量情况

CFU/mL（最低为 0.2 万 CFU/mL，最高为 200 万 CFU/mL）；8 月时，平均为 35.204 万 CFU/mL（最低为 0.2 万 CFU/mL，最高为 200 万/mL）。体细胞数方面，1 月时，平均为 31.011 万个/mL（最低为 0.24 万个/mL，最高为 60 万个/mL）；8 月时，平均为 35.331 万个/mL（最低为 0.36 万个/mL，最高为 80 万个/mL）。

2011—2013 年调研奶牛场生鲜乳卫生指标情况如图 15 所示。从图 15 可以看出，细菌总数和体细胞数呈明显的下降趋势。2013 年 1 月和 8 月生鲜乳细菌总数分别比 2011 年下降了 13.82% 和 7.93%；体细胞数 1 月和 8 月分别比 2011 年下降了 12.3% 和 11.96%。另外，各年生鲜乳 8 月卫生指标数值均高于 1 月数值，如 2013 年 8 月的细菌总数和体细胞数分别比 1 月的高 32.30% 和 13.52%。

4 奶牛场的成本效益情况

4.1 成本情况

受玉米、豆粕等价格上涨，人员工资增加的影响，2011—2013 年牛场的直接饲养成本也有了较大的增长。在调研的牛场中，2011—2013 年的平均直接饲养成本分别为 2.51 元/kg、2.83 元/kg、3.14 元/kg，平均完全饲养成本分别为 3.20 元/kg、3.31 元/kg、3.62 元/kg。其中，有 55.91% 的牛场 2012 年的直接饲养成本较 2011 年增加了 0.1~0.3 元/kg；有 45.16% 的牛场 2013 年的直接饲养成本较 2012 年增加了 0.1~0.3 元/kg。

在各类成本中，饲料成本的占比最高。2013 年，调研奶牛场的饲料成本

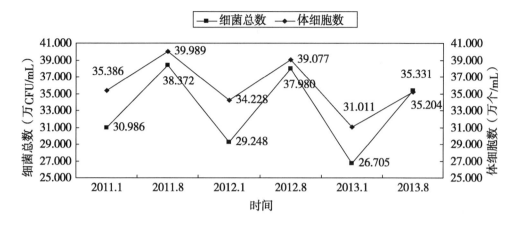

图 15 2011—2013 年生鲜乳细菌总数和体细胞数情况

占总成本的平均比例为 84.54％，其中有 76.58％的牛场饲料成本占比超过 80％，有 23.42％的牛场饲料成本占比甚至超过了 90％。与 2011 年、2012 年相比，奶牛场的饲料成本占比情况基本不变。在饲料成本中，精饲料的成本又占一大部分，很多牛场用于购买精料的支出是购买粗饲料支出的 2 倍。2013 年，精饲料在总成本中的平均占比为 53.43％，这一比值与 2011 年、2012 年基本相同（图 16）。

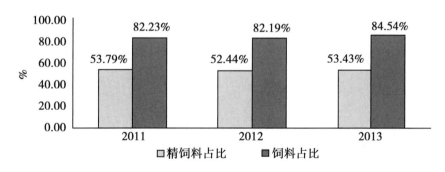

图 16 2011—2013 年规模奶牛场购买精饲料的支出和饲料支出占总支出的比例情况

4.2 效益情况

牛场的收入主要来自生鲜乳的销售，在产量不变的情况下，生鲜乳的销售价格决定着牛场的收入。2011 年至 2014 年 2 月，我国生鲜乳平均收购价格持续上升。2014 年 2 月为 4 936.63元/t，比 2011 年的 3 700.50元/t 提高了 1 236.13元/t，提高了 33.40％（表 8）。从表 8 还可以看出，2013 年 8 月后生鲜乳平均收购价格上涨幅度最大，达到 11.49％，2014 年 2 月涨幅开始回落。

表 8　2011 年至 2014 年 2 月生鲜乳收购平均价格及增长幅度

时间	调研奶牛场生鲜乳平均收购价格（元/t）	比上一阶段涨幅（%）
2011 年	3 700.50	—
2012 年	3 916.19	5.83
2013 年 1~8 月	4 297.22	9.73
2013 年 9 月至 2014 年 2 月	4 790.77	11.49
2014 年 2 月后	4 936.63	3.04

　　牛场的利润主要来源于泌乳牛，牛场泌乳牛占比越高，泌乳牛的年平均利润越高，则牛场的利润就越高。随着科技手段的使用，奶牛单产水平不断提高，泌乳牛的年利润也呈现出增长趋势。2013 年，调研奶牛场泌乳牛的年平均收益为 5 348.48元/头，较 2011 年、2012 年分别增长了 35.97%、22.38%。

　　自 2011 年以来，牛场的效益情况在不断好转，亏损牛场的数量在不断减少。在调研的牛场中，2011 年亏损牛场的比例为 12.8%，2012 年降低为 7.35%，到了 2013 年亏损牛场的比例仅为 4.17%。

5　政策落实及需求情况

5.1　政策落实情况

　　首先，自 2008 年三鹿牌"婴幼儿奶粉事件"之后，国家出台了一系列政策扶持奶牛养殖业的发展，通过调查发现，享受过奶牛良种补贴政策的奶牛场所占比例最高（与 2012 年相同），达到近 85%，其中近 85% 的奶牛场认为奶牛良种补贴政策执行效果好，10% 认为效果一般，有 5% 认为应该让奶牛场有自主选择冻精产品的权力。其次为奶牛政策保险补贴，享受过该项补贴的牛场比例达到 78.41%，比 2012 年（59%）提高了近 20 个百分点，其中 95% 的奶牛场认为该项补贴政策效果较好。最后为牧业机械和挤奶机械购置补贴，享受过该项补贴的牛场比例达到 76.67%，与 2012 年（73%）持平，其中 95% 以上的奶牛场对该项补贴的效果表示满意。奶牛场享受过购牛补贴的比例最低，仅为 7.69%，且主要集中在黑龙江省（图 17）。这与黑龙江省政府 2013 年开始实施现代示范奶牛场建设项目有关，该项目旨在扶持重点乳品企业在全省范围内建设一批高产、高效、在提高单产水平和生鲜乳质量方面发挥示范带动作用的现代化奶牛场。

5.2　政策需求情况

　　调研过程中，奶牛场负责人均表示，2008 年后我国出台并实施的一系列

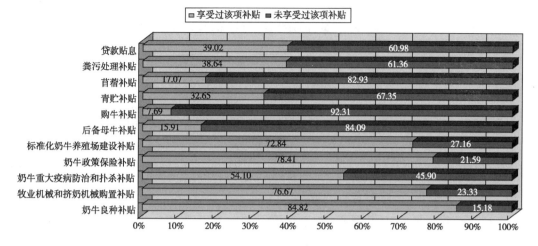

图 17　奶牛场享受奶业扶持政策情况

奶业扶持政策和补贴政策，深得民心，让奶牛养殖者真正得到了实惠，调动了其积极性，推动了我国奶牛养殖业的健康快速发展。同时希望相关政策能够结合奶牛场的实际需要，加大宣传力度，增加覆盖面，扩大扶持范围，提高补贴标准，实现专款专用、资金到位、落到实处、重点扶持、长期重视。具体如下。

一是希望出台的相关政策，涉及饲料、基础设施、机械设备、购牛、粪污处理、生鲜乳交售等各个环节。按关注度高低排在前 5 位的分别是：①生鲜乳收购价格机制，如最低保护价、优质优价机制等，以最大限度地保证生鲜乳收购价格的稳定以及奶牛养殖者的利益；②贷款扶持政策，特别是大额度无息贷款等，以解决奶牛场资金不足的问题；③环保和粪污治理补贴政策；④粗饲料补贴，如在牧草种植和青贮种植用地方面给予优惠政策等；⑤新建牛场建设用地扶持政策，如简化用地审批手续等。其中①、③和④项在 2012 年的调研结果中也同样出现，但关注度排位不同，且 2013 年新增了贷款扶持政策和新建牛场建设用地扶持政策。2013 年其他关注度相对较高的扶持政策有：奶牛良种补贴、生鲜乳第三方检测机制、限制奶粉进口、饲料成本补贴等。

二是补贴对象，应以扶持规模化、标准化、现代化奶牛场为主，且应将老牛舍的改建和扩建为重点，对其购牛、基础设施建设、购买农机和挤奶机等给予补贴；同时，应该对奶业专业合作社和向家庭牧场转变的农户给予重点扶持，以促进优胜劣汰，提高我国奶牛养殖业的总体水平。

三是补贴方式，希望能够建立牛只登记管理制度，并按照奶牛的存栏数或奶牛单产或生鲜乳的产量对饲料、购牛、生鲜乳收购、奶牛场改扩建等给予不同级别的现金补贴，以准确掌握奶牛生产实际情况，促进奶牛提高单产，提高饲料利用率，降低生产成本，保证奶牛养殖业健康稳定发展。

6　牛场亟须解决的问题

调研发现，奶牛场在当前和今后发展过程中亟须解决的问题按先后主要有如下几个。

（1）资金问题。奶牛场普通反映，资金缺口较大，特别是奶牛场所需扩建资金、购牛资金以及制作青贮的资金。

（2）土地问题。奶牛场扩建或搬迁亟须土地；另外，配套的优质粗饲料用地也十分不足，外购的粗饲料质量和价格又不呈正比。

（3）环保问题。包括需要解决相应的资金问题、技术问题和设施设备问题。

（4）人员问题。奶牛场扩大规模后，缺乏专业技术人才和管理人才，如配种员、营养师、兽医师等。另外，奶牛场普遍存在着员工队伍老化和招工难的问题。

（5）技术咨询与服务问题。奶牛场在改扩建过程中，面临一系列问题，如配种、疾病防治、疫病防控、奶厅建设与管理、乳房炎和肢蹄病的防治、奶牛舒适度的提高等，但是可提供的技术咨询或服务却无法满足奶牛场需求，特别是现场指导和相关的技术培训。

（6）生鲜乳收购问题。一方面，生鲜乳收购价格偏低，奶牛场利润不高；另一方面，乳品企业联合压低生鲜乳收购价格也时有发生。

（7）现代化机械设备的引进问题。为提高生产管理水平，奶牛场亟须引进现代化设施设备，如降温设备、饲料投料车和搅拌车、卧床、饲料地种植所需的农机具等。

7　对未来奶业发展的预期

调研结果显示，77%的奶牛场对未来3年我国奶牛养殖业乃至奶业的发展充满信心。他们认为，奶业是阳光产业，是关系到畜牧业、农业发展及国计民生的重要行业，具有较强的经济发展牵动力，乳制品以其丰富、科学、合理的营养结构和方便食用的特点，被越来越多的人认可和推崇，因此，奶业发展市场前景广阔，且认为一定会蓬勃发展。但在这一过程中，要有好的奶业扶持政策；要稳中求发展，避免大起大落，避免政策引起"一窝蜂式"倒买倒卖奶牛，导致价格虚高；另外，集约化、规模化是奶牛养殖业的发展方向，散户将被淘汰，小区也将逐渐消失而向牧场转型，但超大规模牧场也存在风险，因此，要发展奶牛存栏在1 000～5 000头的适度规模的养殖。

有27.87%的奶牛场对未来3年中国奶业发展信心不足，认为奶业前景不容乐观，其原因主要有：①饲料等养殖成本上升；②生鲜乳收购价格偏低，且波动较大；③政策不稳定；④进口奶源对国内奶牛养殖业造成冲击等。

6.58%的奶牛场认为未来3年中国奶业机遇与挑战并存，是资本、实力与市场的全面较量，这个市场包括国际和国内两个市场，中国的奶业从业者必须掌握国内外奶业发展状况，做到知己知彼，才能抓住机遇，迎接挑战。

有4.92%的奶牛场认为很难预测未来奶业形势和走向。

原文发表于《中国乳业》，2014（12）.

中国鸡蛋市场价格非对称性传导效应研究[*]
——基于非对称误差修正模型

Asymmetric Price Transmission Mechanism
Analysis on the Chinese egg Market
——Base on asymmetric error correction model

董晓霞[1]   胡冰川[2]   于海鹏[1]

Dong Xiaoxia[1]，Hu Bingchuan[2]，Yu Haipeng[1]

（1. 中国农业科学院农业信息研究所，北京   100081；
2. 中国社会科学院农村发展研究所，北京   100732）

摘　要： 本文基于 2001 年 1 月至 2013 年 12 月鸡蛋收购价格与零售价格的月度数据，采用门槛自回归模型（TAR）、动量门槛自回归模型（M-TAR）和非对称误差修正模型（ATP-ECM），对鸡蛋收购价格与零售价格之间是否存在非对称性传导效应进行了检验。研究发现，鸡蛋收购价格与零售价格之间存在长期均衡关系，且这种关系具有非对称性。两种价格之间"正向"与"负向"冲击的反应速度是不一样的，均对"负向"冲击的反应更为敏感，调整速度更快，但是鸡蛋收购价格对零售价格的影响存在负的价格非对称性传导，鸡蛋零售价格对收购价格的影响存在正的价格非对称性传导。

关键词： 鸡蛋市场；非对称价格传导；门槛自回归；动量门槛自回归；非对称误差修正模型

0　引言

根据 FAO 定义，价格传导是由动态协整（co-movement and completeness）、动态修正速度（dynamics and speed of adjustment）、非对称反应（asymmetric response）等部分组成（FAO，2003—2004）。价格传导的非对称

* 基金项目：国家自然科学基金项目资助（71203221）

反应即非对称价格传导（Asymmetric Price Transmission，APT），被认为是一种以不均质的方式来应对价格的定价现象（方晨靓和顾国达，2012）。Peltz-man（2000）基于对282种商品价格的实证分析，得出非对称的价格传导机制在商品中具有普遍性。这一结论也在各国学者对农产品的实证研究中得到了证实（Theodoros et al.，2009；Michela and Johann，2006；Willett et al.，1997）。

在市场经济条件下，我国农产品价格在生产和销售环节的传递似乎不是完全一致的。生产者感觉——当市场价格出现下降时，销售商会很快降低收购价格，让他们分摊市场风险；但是市场价格上涨时，销售商不会很快提高收购价格，让他们分享市场利润，即使提高收购价格，提升幅度也明显小于市场价格的涨幅。消费者感觉——当收购价格出现上升时，销售商会很快提高零售价格，消费支出明显增加；但是收购价格下降时，销售商不一定会很快降低市场价格，即使下降其降幅也明显小于收购价格的降幅，消费支出也不会明显减少。

如果生产者或消费者的这种感觉不是现实市场的真实反应，则说明农产品收购价格与市场价格之间的传导是对称的；如果这种感觉是现实市场的真实反应，则说明价格传导是非对称的。非对称价格传导意味着无论产品价格上升或下降，下游产业部门均能从中获得较多的收益或避免更多的损失。非对称价格传导关系的长期存在，不利于政府确定纵向关联产业的调控重点，也不利于促进产业链各环节形成合理的利润分配机制，实现农业生产的可持续发展。

鸡蛋是紧系民生的典型"三农"产品。1988年农业部推行"菜篮子工程"以来，蛋与肉、奶、水产品、蔬菜一起被列入菜篮子产品，是20世纪80年代末以来中央和地方各级政府优先发展的重要农产品之一。20多年以来，尽管我国农业生产能力不断提高，农产品种类不断丰富，但是国家对与人民生活息息相关的菜篮子产品依然高度关注。尤其近几年我国鸡蛋价格出现多次较大幅度的异常波动，给鸡蛋产业发展带来了冲击。在中国鸡蛋市场上，生产者和消费者的上述感觉是否是现实市场的真实反应？鸡蛋收购价格与零售价格之间是否存在非对称传导效应？如果存在非对称价格传导效应，产生的原因是什么？目前关于这一问题的研究尚是空白，本研究试图弥补这一空白，以鸡蛋价格为研究对象，以期为政府制定禽蛋行业宏观调控政策和养殖户的合理经济选择提供参考和建议。

1 文献回顾

20 世纪 30 年代，关于价格传导机制的研究首先在期货市场的价格发现功能研究中出现（Hoffman，1932），经过 80 多年的发展，国内外学者从不同的角度对价格传导机制进行了大量研究，形成了较为丰富的研究成果。20 世纪 60 年代，农产品价格传导机制研究开始盛行，各国学者陆续开展了关于不同区域间农产品价格传导的大量研究，即农产品市场的整合程度研究（Lele，1967；Thakur et al.，1974；Gardner and Brooks，1994）。随后农产品价格传导机制研究不断拓展，相关文献逐渐丰富，研究领域趋于多元化，既有价格在不同空间的横向传导（Alderman，1993；Jyotish，2006；武拉平，1999），也有价格在不同环节的纵向传导（Abdulai，2000；Getnet et al.，2005；王炳焕，2006；赵勇等，2009）；既有现货与期货间的价格传导（Wakita，2001）；刘凤军和刘勇，2006；杨晨辉等，2011），也有不同期货市场间的价格传导（Booth et al.，1998；李天忠和丁涛，2006）。

价格传导机制研究分为对称性和非对称性两种假设前提。早期的农产品价格传导机制研究都是在价格传导对称性假设前提下进行，即认为一个市场（商品）价格上升或下降时对另一个市场（商品）存在相同的传导机制。随着人们对现实市场价格传导观察的深入，发现对称性假设不一定适合所有的商品，也不符合不完全竞争市场条件下一些商品价格传导的实际情况。20 世纪 60 年代末至 70 年代，价格传导非对称性问题逐渐盛行。最初的价格传导非对称研究主要是分析不同"区制"的上游价格传导到下游价格的行为特征差异（Tweeten and Quance，1969；Wolffram，1971；Houck，1977）。随着研究不断深入，"区制"划分方法得到进一步优化，Cramon and Loy（1996）将协整方法引入非对称性价格传导研究，根据误差修正项的正负来划分两个"区制"，之后该方法在价格传导机制研究中被广泛采用。

农产品价格传导机制研究一直是各国学者关注的焦点。相比较其他国家和地区，美国在农产品价格传导机制的研究文献最为丰富，涉及几乎全部的农产品供应链。如水果供应链（Willett et al.，1997），花生产业链（Zhang et al.，1995），奶制品供应链（Kinnucan and Forker，1987），肉制品供应链（Goodwin and Holt，1999；Miller and Hayenga，2001）等。与此同时，各国学者也逐步开始价格传导机制研究，Abdulai（2002）、Monia and José（2005）、Bernhard et al.（2009）、Octavio et al.（2010）分别对瑞士猪肉市场、西班牙羊肉市场、乌克兰面粉市场、匈牙利乳品市场生产者价格、批发价格和零售价格的传导机制进行了分析。研究普遍认为农产品价格之间存在长期均衡关系。

国内对农产品价格传导机制研究最初主要关注粮食市场不同区域间的横向价格关系（万广华等，1997；武拉平，1999；田维明，1999）。近年来，国内研究者开始关注猪肉、鸡肉、禽蛋、牛奶、水果、蔬菜等鲜活农产品价格传导机制研究（王芳和陈俊安，2009；董晓霞等 a，2011；董晓霞等 b，2011；谭明杰和李秉龙，2011）。上述研究文献多数是基于对称性假设前提下开展，国内农产品价格传导机制非对称性效应研究起步较晚。

近几年随着我国农产品价格的波动加剧，专家学者对农产品价格传导非对称性的关注度不断提高。胡向东和王济民（2010）、胡华平和李崇光（2010）、杨朝英和徐学英（2011）、唐江桥等（2011）、杨志波（2013）等学者对肉类产品市场非对称价格传递进行了分析，指出农产品价格波动垂直传递具有非对称性。国内一些学者对粮食、蔬菜等农产品市场非对称价格传递也进行了尝试性研究（罗万纯，2010；高扬，2011）。对于鸡蛋价格传导机制研究，只有 Xushiwei et al.（2011）、李哲敏（2010）进行了研究，但研究也是基于对称价格传导的传统经济学理论。

综合已有研究文献，不难发现国内外学者对农产品价格传导机制已经开展了广泛研究，已经取得了较大的进展。但是国内对于价格传导非对称性现象的分析刚刚起步，研究仍存在明显不足，文献中接近一半的研究对象是猪肉市场，对其他肉类、蛋类、水产品、蔬菜、水果市场的研究需要进一步深化和拓展；同时多数文献的研究方法没有考虑到非线性调整，即门槛效应问题。因此，本文拟考虑门槛效应，对我国鸡蛋市场的价格传导关系进行研究，以期对我国鸡蛋市场价格间的传导关系有更深入的探讨，为政策制定提供更加科学的依据。

2 数据来源与研究方法

2.1 数据来源

为了深入研究我国鸡蛋收购价格与零售价格之间的传导机制，本文选取了2001 年 1 月至 2013 年 12 月的鸡蛋收购价格与零售价格的月度时间序列数据（图 1），样本量为 156 个，样本数据来源于农业部畜牧业司发布的中国畜牧业统计数据。鸡蛋收购价格是指鸡蛋主产地的收购价格，即生产者价格，鸡蛋零售价格指市场上的销售价格，即消费者价格，价格单位是元/kg。从图 1 可以看出，近 13 年我国鸡蛋收购价格与零售价格大致呈现整体上行的趋势，且两个时间序列的变动趋势与变化幅度基本相似，说明两个变量之间可能存在协整关系。

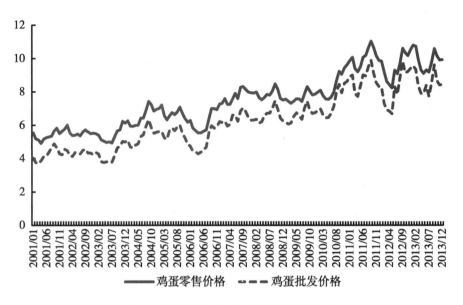

图 1　鸡蛋收购价格与零售价格趋势

2.2　研究方法

2.2.1　门槛协整检验

近年来，门槛方法在非对称价格传导领域研究中已经得到了广泛的运用。目前门槛自回归模型（Threshold Autoregression Models，TAR）和动量门槛自回归模型（Momentum-Threshold Autoregression Models，M-TAR）是门槛协整检验最常用的两种方法。两种方法的基本原理均是对时间序列的回归残差进行协整检验。

根据 Engle and Granger（1987），如果鸡蛋收购价格与零售价格两个时间序列是同阶单整，可以通过 OLS 方法估计两个价格序列之间的长期均衡关系模型：

$$RP_t = \alpha_0 + \alpha_1 PP_t + \mu_t \qquad (1)$$

式中，PP_t 为鸡蛋收购价格，RP_t 为鸡蛋零售价格，μ_t 是残差项。传统的 Engle-Granger 两步法，是对（1）式中的回归残差继续构建如下模型：

$$\Delta\mu_t = \rho_1\mu_{t-1} + \varepsilon_t \qquad (2)$$

式中，ε_t 是白噪音。如果 $\rho_1 \neq 0$，则拒绝两个价格序列不存在协整关系的原假设，即鸡蛋收购价格与零售价格存在长期均衡关系。这种长期均衡关系没有考虑价格的非对称性传导，认为价格序列间的影响是对称的。

如果假设存在状态转换的门槛值 τ，$\mu_{t-1} \geq \tau$ 与 $\mu_{t-1} < \tau$ 时对鸡蛋收购（或零售）价格的影响是不同的，根据 Enders and Granger（1998），可以建立如下门槛自回归模型（TAR）：

$$\Delta\mu_t = \begin{cases} \rho_1\mu_{t-1} + \varepsilon_{1t} & if \quad \mu_{t-1} \geq \tau \\ \rho_2\mu_{t-1} + \varepsilon_{2t} & if \quad \mu_{t-1} < \tau \end{cases} \tag{3}$$

μ_t 为平稳序列是方程（3）构建的必要条件，如果假设 $E(\varepsilon_{1t}, \varepsilon_{2t}) = 0$，则方程（3）可以转换为：

$$\Delta\mu_t = \rho_1 I_t \mu_{t-1} + \rho_2 (1 - I_t) \mu_{t-1} + \varepsilon_t \tag{4}$$

式中 I_t 是一个指示性函数：

$$I_t = \begin{cases} 1 & if \quad \mu_{t-1} \geq \tau \\ 0 & if \quad \mu_{t-1} < \tau \end{cases} \tag{5}$$

进一步地，Enders and Granger（1998）提出，TAR 模型可以拓展到考虑残差项 q 阶滞后期的影响，可以构建如下动量门槛自回归模型（M-TAR）：

$$\Delta\mu_t = \rho_1 I_t \mu_{t-1} + \rho_2 (1 - I_t) \mu_{t-1} + \sum_{i=1}^{q-1} \gamma \Delta\mu_{t-1} + \varepsilon_t \tag{6}$$

$$I_t = \begin{cases} 1 & if \quad \mu_{t-1} \geq \tau \\ 0 & if \quad \mu_{t-1} < \tau \end{cases} \tag{7}$$

当门槛值 $\tau = 0$ 时，方程（4）和（6）为 TAR 和 M-TAR 的模型结果，当门槛值 $\tau \neq 0$ 时，方程（4）和（6）为一致门槛自回归模型（C-TAR）和一致动量门槛自回归模型（C-MTAR）的模型结果。式（6）中滞后期的选择依据 AIC 准则。

对于方程（4）和（6）的回归结果通过各种检验诊断鸡蛋收购价格和零售价格两个时间序列是否存在协整关系，这种关系是否是非对称的。这些诊断包括以下几个方面：①回归残差自相关检验，如果 Ljung-Box 统计量的显著性水平大于 10%，存在自相关的原假设被拒绝，说明残差是平稳的；②不同模型的选择标准检验，通过估计 Akaike Information Criteria（AIC）和 Bayesian information criterion（BIC）值，越小越好；③通过 $\rho_1 = \rho_2 = 0$ 检验是否存在协整关系，如果原假设 $\rho_1 = \rho_2 = 0$ 检验被拒绝，说明两个时间序列间存在协整关系；④验证 $\rho_1 = \rho_2$，如果 $\rho_1 \neq \rho_2$，说明模型结果接受非对称性传导关系的存在。

2.2.2 非对称误差修正模型

结合上述门槛协整检验的理论推导，如果 $\rho_1 \neq \rho_2$，研究构建非对称误差修正模型对我国鸡蛋收购价格和零售价格传导机制的非对称性问题进行分析。非对称误差修正模型，是将误差修正模型更加一般化，研究假设即期 Y 正偏离某数值和负偏离某数值对 Y 下期变动的影响存在差异，该模型克服了误差修正模型只能反映短期内总体偏离长期均衡修正的不足（李治国和郭景刚，2013）。Abdulai（2002）、Leon et al.（2003）、Ioanna and Yannis（2008）等研究证实了非对称误差修正模型在分析价格传导非对称性问题上的有效性。

根据非对称误差修正模型构建的基本原理，鸡蛋收购价格与零售价格之间正向与负向反应的非对称误差修正模型可以表述为：

$$\Delta PP_t = \gamma_0 + \sum_{i=0}^{j} (a_i^+ \Delta RP_{t-1}^+ + a_i^- \Delta RP_{t-i}^-) +$$

$$\sum_{i=0}^{j} (\beta_i^+ \Delta PP_{t-i}^+ + \beta_i^- \Delta PP_{t-i}^-) + \delta_1^+ ECT_{t-1}^+ + \delta_1^- ECT_{t-1}^- + \varepsilon_t \quad (8)$$

$$\Delta RP_t = \gamma_0 + \sum_{i=0}^{j} (a_i^+ \Delta PP_{t-1}^+ + a_i^- \Delta PP_{t-i}^-) +$$

$$\sum_{i=0}^{j} (\beta_i^+ \Delta RP_{t-i}^+ + \beta_i^- \Delta RP_{t-i}^-) + \delta_1^+ ECT_{t-1}^+ + \delta_1^- ECT_{t-1}^- + \varepsilon_t \quad (9)$$

式中，$\Delta PP_t = PP_t - PP_{t-1}$，$\Delta RP_t = RP_t - RP_{t-1}$；$\Delta PP^+$ 和 ΔPP^- 分别表示鸡蛋收购价格的上涨和下跌，ΔRP^+ 和 ΔRP^- 分别表示鸡蛋零售价格的上涨和下跌；方程（8）中 $ECT_{t-1} = I_t (PP_{t-1} - \alpha_0 - \alpha_1 RP_{t-1})$，方程（9）中 $ECT_{t-1} = (1 - I_t)(RP_{t-1} - \alpha_0 - \alpha_1 PP_{t-1})$，$\alpha_0$ 和 α_1 来源于方程（1）的回归系数，I_t 同上。

模型右边滞后期长度的确定也是基于 AIC 准则，模型构建的原假设是价格传导过程中不存在非对称性。拒绝原假设意味着鸡蛋零售（或收购）价格对收购（或零售）价格变化的反应存在显著的非对称性。即通过检验 $\delta_1^+ = \delta_1^-$ 确定是否存在非对称性。如果 $\delta_1^+ > \delta_1^-$，表明鸡蛋零售（或收购）价格对收购（或零售）价格上涨反应比下降反应更强烈；如果 $\delta_1^+ < \delta_1^-$，表明鸡蛋零售（或收购）价格对收购（或零售）价格下降反应比上涨反应更强烈。

3 实证分析

本研究的实证分析主要有 3 个步骤：①价格序列平稳性检验，判断价格序列是否平稳或同阶单整；②门槛协整检验，考察价格序列间的协整关系；③非对称误差修正模型估计，验证鸡蛋收购价格与零售价格之间传导的非对称性。所有实证分析由统计软件 Stata12.0 完成。下面是各步骤的具体检验结果。

3.1 平稳性检验

从图1可以看出，鸡蛋收购价格与零售价格两个时间序列具有相同的变动趋势，很有可能存在长期协整关系。检验鸡蛋收购价格与零售价格两个时间序列是否存在协整关系之前，通常需要采用扩展的迪基—富勒检验（ADF）对价格序列的平稳性进行检验。结果如表1所示，鸡蛋收购价格和零售价格的水平序列均不能拒绝原假设，即水平变量是非平稳序列，一阶差分序列的检验结果均小于5％水平临界值，即一阶差分序列是平稳的。因此，鸡蛋收购价格和零售价格的时间序列数据都是 I（1）序列。

表 1　稳定性检验结果

变量	ADF 统计量	5％临界值	检验形式	结论
PP	−1.535	−2.886	(c，t，0)	不平稳
RP	−1.021	−2.886	(c，t，0)	不平稳
ΔPP	−11.3229	−2.886	(c，t，0)	平稳
ΔRP	−10.309	−2.886	(c，t，0)	平稳

注：①PP、RP 分别表示鸡蛋收购价格和鸡蛋零售价格，Δ 表示价格序列的一阶差分，下同；②表中检验形式一栏中，c 为常数项，t 为趋势项，k 表示滞后阶数

3.2 门槛协整检验

根据 Engle and Granger（1987）定理，如果两个时间序列是同阶单整，可以通过对其长期均衡模型的残差进行检验，验证长期均衡关系。根据上述研究方法部分公式（1）～（7）推导，研究分别使用传统的 E-G 两步法、TAR、C-TAR、MTAR 和 C-MTAR 模型 5 种方法，对两个价格的时间序列进行协整检验，具体检验结果见表 2。

研究首先采用 OLS 方法估计了方程（1），得出鸡蛋收购价格与零售价格之间的长期均衡关系式表示如下（括号内为 t 值）：

$$RP_t = 1.2195 + 0.9963PP_t + \mu_t$$
$$(17.49^{***}) \quad (92.56^{***})$$

上述方程的残差 μ_t 被进一步采用 OLS 方法估计了方程（2），表 2 中第 2 列是 E-G 两步法的检验结果，可以看出 $\rho_1 = -0.3387$，原假设出 $\rho_1 = 0$ 的 F 检验值为 22.77，在 1％水平上拒绝原假设，即两个时间序列之间存在协整关系。根据 Ljung-Box 统计量的结果，也可以看出方程（2）的残差不存在序列自相关。

表 2 中第 3～6 列分别是 TAR、C-TAR、MTAR、C-MTAR 模型的门槛协整检验结果。根据 AIC 准则，方程（6）中 $\Delta\mu$ 的滞后期长度为 2，从

Ljung-Box 统计量可以看出，方程残差不存在序列相关性；Φ（$H_0\rho_1=\rho_2=0$）的值都在1%水平上显著，即拒绝不存在协整关系的原假设，因此，可以判断两个时间序列存在长期的协整关系。进一步地，根据 F（$H_0\rho_1=\rho_2=0$）检验结果，可以看出除了 MTAR 模型接受对称性原假设外，TAR、C-TAR 和 C-MTAR 模型都拒绝了对称性的原假设，即说明两个时间序列之间的关系存在非对称性。根据 AIC 和 BIC 标准看，C-MTAR 模型是最好的选择，且以该模型判断存在非对称性（即 $\rho_1\neq\rho_2$），可以以 C-MTAR 模型为基础建立非对称误差修正模型。

表2　门槛协整检验结果

变量	E-G	TAR	CTAR	MTAR	CMTAR
估计值					
门限值	—	0	−0.189	0	−0.261
ρ_1	−0.3387***	−0.1940*	−0.2586***	−0.3355***	−0.3363
	(-5.15)	(-1.73)	(-2.96)	(-3.34)	(-4.68)
ρ_2	NA	−0.5482***	−0.5111***	−0.3521***	−0.8843***
		(-4.00)	(-4.27)	(-3.79)	(-3.10)
诊断					
AIC	−116.67	−114.33	−114.30	−111.22	−115.10
BIC	−107.56	−99.18	−99.15	−96.07	−99.95
Q（4）	0.7351	0.6777	0.6954	0.7155	0.7170
Q（8）	0.5501	0.4213	0.5036	0.6053	0.6002
Q（12）	0.1223	0.1261	0.1166	0.1261	0.1570
假设检验					
Φ（$H_0\rho_1=\rho_2=0$）	—	13.00***	12.98***	11.25***	13.44***
F（$H_0\rho_1=\rho_2=0$）		3.06*	3.02*	0.02	3.82*
		(0.082)	(0.084)	(0.897)	(0.053)

注：①ρ_1 和 ρ_2 通过式子（2）～（4）估计，E-G 指传统的 E-G 两步法，TAR 指门槛自回归模型，C-TAR 指一致门槛自回归模型，MTAR 指动量门槛自回归模型，C-MTAR 指一致动量门槛自回归模型；②门槛值-0.189和-0.261根据 chan（1993）方法估计，Φ 值参照 Enders & Siklos（2001）；③Q（ρ 是 Ljung-Box 统计量，表示第 ρ 阶残差自相关情况，下同；④ *** 表示在1%水平上显著，** 表示在5%水平上显著，* 表示在1%水平显著

3.3　非对称误差修正模型

为了能够更加清晰地分析鸡蛋收购价格与零售价格之间的传导关系，研究进一步地运用非对称误差修正模型，表3是模型的估计结果。表中第2列是鸡蛋零售价格为因变量的模型结果，第4列是鸡蛋收购价格为因变量的模型结果。根据 AIC 准则，鸡蛋收购价格对零售价格正向波动和负向波动滞后期长度均为3，自身正向波动和负向波动的滞后期长度均为2；鸡蛋零售价格对收购价格正向波动和负向波动滞后期长度均为3，自身正向波动和负向波动的滞

后期长度均为 4。

"正向"或"负向"冲击对鸡蛋收购价格或零售价格具有不同的意义。ECT_{t-1}^{+} 对鸡蛋零售价格来说，意味着鸡蛋收购价格上涨，鸡蛋零售价格受到"正向"冲击，ECT_{t-1}^{-} 对鸡蛋零售价格来说，意味着鸡蛋收购价格下降，鸡蛋零售价格受到"负向"冲击；ECT_{t-1}^{+} 对鸡蛋收购价格来说，意味着鸡蛋零售价格上涨，鸡蛋收购价格受到"正向"冲击，ECT_{t-1}^{-} 对鸡蛋收购价格来说，意味着鸡蛋零售价格下跌，鸡蛋收购价格受到"负向"冲击。

根据方程（8），在鸡蛋收购价格方程中，ECT_{t-1}^{+} 和 ECT_{t-1}^{-} 公式如下：

$$ECT_{t-1}^{+}=I_t \left(PP_{t-1}-1.2195-0.9963RP_{t-1}\right)$$
$$ECT_{t-1}^{+}=\left(1-I_t\right)\left(PP_{t-1}-1.0918-0.9861RP_{t-1}\right)$$

根据方程（9），在鸡蛋零售价格方程中，ECT_{t-1}^{+} 和 ECT_{t-1}^{-} 公式如下：

$$ECT_{t-1}^{+}=I_t \left(RP_{t-1}-1.0918-0.9861RP_{t-1}\right)$$
$$ECT_{t-1}^{+}=\left(1-I_t\right)\left(RP_{t-1}-1.0918-0.9861RP_{t-1}\right)$$

从表 3 模型结果可以看出，价格波动受到来自不同方向冲击时的调整速度是不同的，即在不同方向上存在非对称性。零售价格方程和收购价格方程中 ECT_{t-1}^{+} 和 ECT_{t-1}^{-} 的系数均在 1% 水平上显著，说明鸡蛋收购价格变化能够引起零售价格显著变化，鸡蛋零售价格变化也能够引起收购价格显著变化。从零售价格方程看，鸡蛋零售价格对于"负向"冲击的反应为 -0.4363，对"正向"冲击的反应为 -0.2201，即鸡蛋收购价格上涨造成两个价格序列之间价差减小的调整比下跌缓慢，也就是说鸡蛋收购价格对零售价格的影响存在负的价格非对称性传导。从收购价格方程看，鸡蛋收购价格对于"负向"冲击的反应为 -0.6281，对"正向"冲击的反应为 -0.3489，即鸡蛋零售价格下降造成两个价格序列之间价差减小的调整比上涨迅速，即鸡蛋零售价格对收购价格的影响存在正的价格非对称性传导。

表 3　门槛误差修正模型结果

变量	ΔRP_t		ΔPP_t	
	估计值	t 值	估计值	t 值
Cons	0.0128	0.98	0.0079	0.43
ΔPP_t^{+}	0.6946***	19.95	—	—
$\Delta PP_{t-1}^{\pm}$	−0.0413	−0.52	0.1457	1.36
$\Delta PP_{t-2}^{\pm}$	−0.1565*	−2.33	0.2061**	2.05
$\Delta PP_{t-3}^{\pm}$	−0.085	−0.28	0.0640	0.71
$\Delta PP_{t-4}^{\pm}$	—	—	−0.0901	−1.58
ΔPP_t^{-}	0.6800***	16.90		

（续表）

变量	ΔRP_t		ΔPP_t	
	估计值	t 值	估计值	t 值
ΔPP_{t-1}^-	0.1752**	2.28	−0.0929	−0.84
ΔPP_{t-2}^-	−0.0286	−0.36	0.0553	0.47
ΔPP_{t-3}^-	−0.0492	−1.11	0.1477	1.37
ΔPP_{t-4}^-	—	—	0.0297	0.61
ΔRP^+	—	—	1.2359***	19.92
ΔRP_{t-1}^+	0.1648*	1.93	−0.2493**	−1.98
ΔRP_{t-2}^+	0.1824**	2.30	−0.2381**	−2.11
ΔRP_{t-3}^+	—	—	−0.0113	−0.10
ΔRP_t^-	—	—	1.2147***	17.15
ΔRP_{t-1}^-	−0.1136	−1.22	−0.0334	−0.25
ΔRP_{t-2}^-	−0.0130	−0.14	−0.0793	−0.59
ΔRP_{t-3}^-	—	—	−0.0310	−0.25
ECT_{t-1}^+	−0.2201***	−3.06	−0.3489***	−3.55
ECT_{t-1}^-	−0.4363***	−5.78	−0.6281***	−3.64
Q（4）	0.2741		0.4869	
$H_0 ECT_{t-1}^- = ECT_{t-1}^-$	6.52** （0.0118）		2.98* （0.0867）	

注：*** 表示在 1% 水平上显著，** 表示在 5% 水平上显著，* 表示在 1% 水平显著

4　结论与讨论

综上研究，我国鸡蛋收购价格与零售价格之间存在长期均衡关系，且短期内价格系统自身有一定的均衡修复功能，但是这种对价格偏离的调整不是对称的，即存在非对称性问题。无论鸡蛋收购价格还是零售价格，均对"逆向"冲击的反应更为敏感，调整速度更快，但是鸡蛋收购价格对零售价格的影响存在负的价格非对称性传导，鸡蛋零售价格对收购价格的影响存在正的价格非对称性传导。

零售价格对收购价格的影响存在正的价格非对称性传导，这一结论与国内外很多研究结果相似（Boyd and Brorsen，1988；Karrenbrock，1991；Griffith and Piggott，1994；Monia and José，2005；杨朝英和徐学英，2011）。反映在生产者市场上表现为，市场上鸡蛋零售价格下跌会很快带来鸡蛋收购价格的下跌，但鸡蛋零售价格上涨却不会以相同的速度和强度使鸡蛋收购价格上升。即鸡蛋生产者与鸡蛋销售商之间，鸡蛋零售商更具市场力量。当鸡蛋零售价格下跌时，零售商为了保证自己的利益不受冲击，会以更快的速度让生产者分摊；

但是零售价格上涨时，零售商却不会以相同的速度和幅度调整生产者价格。因此，生产者会更快地感受到市场价格下跌带来的压力，却不会很快感受到市场价格上涨所带来的收益。这一结论与我们实际市场运行过程是完全一致的，是现实市场的真实反映。

收购价格对零售价格的影响存在负的价格非对称性传导，这一结论虽然与多数市场经济体制比较完善国家的结果相反，但是也有一些研究得出了与之相似的结论（李佳珍和黄柏农，2008；杨志波，2013）。这一现象的出现可能与我国鸡蛋市场近几年经常受到疫病冲击有关，2002—2013年，蛋鸡养殖业多次受到"非典""禽流感"的冲击，尤其近两年受"禽流感"影响，鸡蛋价格波动频繁。一般而言，疫情发生后，消费市场反映为减少购买甚至停止购买，鸡蛋零售价格大幅下滑，同时鸡蛋收购价格也会出现下降，但受养殖成本支撑，鸡蛋收购价格一般不会跌至成本价以下，因此，在这种"异常"市场条件下，收购价格对零售价格的影响存在负的价格非对称性传导也是可以理解的。

参考文献

[1] FAO. Commodity Market Review 2003—2004.

[2] Peltzman S. Prices Rise Faster than They Fall. Journal of Political Economy，2000，108（3）：466-502.

[3] Theodoros K，Eleni Z，Garyfallos A. Asymmetry in price transmission between the producer and the consumer prices in the wood sector and the role of imports：The case of Greece. Forest Policy and Economics，2009（11）：56-64.

[4] Michela C. Johann K. Asymmetric Price Transmission and Market Concentration：An Investigation into Four South African Agro-food Industries. South African Journal of Economics，2006（2）：323-333.

[5] Lele U J. Market Integration：A Study of Sorghum Prices in Western India. Journal of Farm Economics，1967（49）：147-159.

[6] Alderman H. Intercommodity price transmittal：analysis of markets in Ghana. Oxford Bulletin of Economics and Statistics，1993（1）：43-64.

[7] Jyotish P B. Cointegration and Market Integration：An application to the Potato Markets in Rural West Bengal，India. Paper for the International Association of Agricultural Economists，2006.

[8] Abdulai A. Using Threshold Cointegration to Estimate Asymmetric Price Transmission in The Swiss Pork Market. Applied Economics，2002（34）：679-687.

[9] Getnet K, Verbeke W, Viaene J. Modeling spatial price transmission in the grain markets of Ethiopia with an application of ARDL approach to white teff. Agricultural Economics supplement, 2005 (33): 491-502.

[10] Booth B, Tse Y. The Relationship between U. S. and Canadian Wheat Futures. Applied Finance Journal, 1998 (8): 73-80.

[11] Tweeten L G, Quance C L. Positivistic Measures of Aggregate Supply Elasticities: Some New Approaches. American Journalof Agricultural Economics, 1969 (51): 342-352.

[12] Wolffram R. Positivisitic Measures of Aggregate Supply Elasticities-Some New Approaches - Some Critical Notes. American Journal of Agricultural Economics, 1971 (53): 356-359.

[13] Houck J P. An Approach to Specifying and Estimating Nonreversible Functions. American Journal of Agricultural Economics, 1977 (59): 570-572.

[14] Cramon T S, Loy J P. Price Asymmetry in the International Wheat Market: Comment. Canadian Journal of Agricultural Economics, 1996 (44): 311-317.

[15] Goodwin B K, Holt M T. Price transmission and asymmetric adjustment in the US beef sector. American Journal of Agricultural Economics, 1999 (3): 630-638.

[16] Monia B K, José M G. Asymmetric Price Transmission in the Spanish Lamb. XIth Congress of the EAAE, August 2005: 1-17.

[17] Bernhard B, Stephan V C, Sergiy Z. The impact of market and policy instability on price transmission between wheat and flour in Ukraine. European Review of Agricultural Economics, 2009 (2): 203-230.

[18] Octavio F, Josef B, Jess C. Milking The Prices: The Role of Asymmetries in the Price Transmission Mechanism for Milk Products in Austria. Working Papers 2010-21, Faculty of Economics and Statistics, University of Innsbruck. .

[19] Xu S W, Dong X X, Li Z M, et al. Vertical Price Transmission in the China's Layer Industry Chain: an Application of FDL Approach. Chinese Agricultural Science, 2011, 10 (11): 1 812-1 823.

[20] Ioanna R, Yannis P. Asymmetric Price Transmission in the Greek Agri-Food Sector: Some Tests. Agribusiness, 2008 (1): 16-30.

[21] Zhang P, Fletcher M S, Carley H D. Peanut Price Transmission Asymmetry in Peanut Butter. Agribusiness, 1995 (11): 13-20.

[22] Willett L, Hansmier M, Bernard J. Asymmetry Price Response Behavior of Red Delicious Apples. Agribusiness, 1997 (13): 649-658.

[23] Griffith G R, Piggott N E. Asymmetry in Beef, Lamb and Pork Farm－retail price Transmission in Australia. Agricultural Economics, 1994, 10 (3): 307-316.

[24] Kinnican H W. Forker O D. Asymmetry in Farm-retail Price Transmission for Major Dairy Products. American Journal of Agricultural Economics，1987（69）：285-292.

[25] Boyd MS，Brorsen B W. Price Asymmetry in the U. S. Pork Marketing Channel. North Central Journal of Agricultural Economics，1988（10）：103-109.

[26] Enders W，Granger C W J. Unit Root Tests and Asymmetric Adjustment with an Example Using the Term Structure of Interest Rates. Journal of Business & Economic Statistics，1998，16（3）：304-311.

[27] Miller D J，Hayenga M L. Price Cycles and Asymmetric Price Transmission in the U. S. Pork Market. American Journal of Agricultural Economics，2001，83（3）：551-562.

[28] Engle R F，Granger C W J. Cointegration and Error Corection：Representation Estimation and Testing. Econometrica，1987（55）：251-276.

[29] Leon B，Stephanie A，Van D G. et al. Price Asymmetry in the Dutch Retail Gasoline Market. Energy Economics，2003，25（6）：665-689.

[30] 方晨靓，顾国达.农产品价格波动国际传导机制研究——一个非对称性视角的文献综述.华中农业大学学报（社会科学版），2012（6）：6-14.

[31] 武拉平.我国小麦、玉米和生猪收购市场整合程度研究.中国农村观察，1999（4）：23-29.

[32] 王炳焕.我国小麦流通及其价格传导研究［D］.中国农业大学，2006.

[33] 万广华，周章跃，陈良彪.我国水稻市场整合程度研究.中国农村经济.1997（8）：45-51.

[34] 田维明.中国粮食市场上的价格信号.农村·社会·经济，1999（2）：16-18.

[35] 王芳，陈俊安.中国养猪业价格波动的传导机制分析.中国农村经济，2009（7）：31-41.

[36] 董晓霞，许世卫，李哲敏，等.完全竞争条件下的中国生鲜农产品市场价格传导——以西红柿为例.中国农村经济，2011（2）：22-32.

[37] 董晓霞，许世卫，李哲敏，等.中国肉鸡养殖业的价格传导机制研究——基于FDL模型的实证分析.农业技术经济.2011（3）：21-30.

[38] 谭明杰，李秉龙.中国肉鸡养殖业价格传导机制研究.统计与决策，2011（20）：108-110.

[39] 杨朝英，徐学英.中国生猪与猪肉价格的非对称传递研究.农业技术经济，2011（9）：58-64.

[40] 胡华平，李崇光.农产品垂直价格传递与垂直市场联结.农业经济问题，2010（1）：10-17.

[41] 罗万纯，刘锐.中国粮食价格波动分析：基于ARCH类模型.中国农村经济，2010

（4）：30-37，47.

[42] 唐江桥，雷娜，徐学荣.我国畜产品价格波动分析——基于 ARCH 类模型.技术经济，2011（4）：86-91.

[43] 李佳珍，黄柏农.台湾毛猪市场不对称价格传导关系之研究.台湾第九届实证经济学论文研讨会，2008.

[44] 胡向东，王济民.中国猪肉价格指数的门限效应及政策分析.农业技术经济，2010（7）：13-21.

[45] 杨志波.我国猪肉市场非对称性价格传导机制研究.商业研究，2013（1）：121-128.

[46] 高扬.我国蔬菜价格传导非均衡性的原因及对策研究——基于市场竞争理论视角的分析.价格理论与实践，2011（5）：30-31.

[47] 李哲敏，许世卫，董晓霞，等.中国禽蛋产业链短期市场价格传导机制.中国农业科学，2010（23）：4 951-4 962.

[48] 李治国，郭景刚.中国原油和成品油价格的非对称实证研究——基于 2006—2011 年数据的非对称误差修正模型分析.资源科学，2013，35（1）：66-73.

[49] 刘凤军，刘勇.期货价格与现货价格波动关系的实证研究——以农产品大豆为例.财贸经济，2006（8）：77-81.

[50] 杨晨辉，刘新梅，魏振祥.我国农产品期货与现货市场之间的信息传递效应.系统工程，2011，29（4）：10-15.

[51] 李天忠，丁涛.我国农产品期货价格对现货价格先行性的实证研究.金融理论与实践，2006（10）：16-19.

原文发表于《农业技术经济》，2014（9）.

金砖国家农业发展水平分析

——基于熵权法和变异系数法的比较研究

Analysis of the Level of Agricultural Development of BRICS
——A Comparative Study Based on Entropy Method and the Variation Coefficient Method

张　超　李哲敏　董晓霞

Zhang Chao，Li Zhemin，Dong Xiaoxia

（中国农业科学院农业信息研究所/农业部农业信息服务技术重点实验室，北京　100081）

摘　要： 从金砖国家农业发展水平的视角，采用多指标综合评价法，构建金砖国家农业发展水平指标体系，运用熵权法和变异系数法确定指标权重，并基于2000—2011年金砖国家的相关数据，分析金砖国家农业发展水平的主要影响因子，探讨金砖国家农业发展水平的趋势以及各国间的差异。结果表明：灌溉水平、劳均耕地面积及出口率是金砖国家农业发展的主要影响因素；金砖各国的农业发展水平呈现出明显的上升趋势；但各国间农业发展水平差异明显，特别是作为农业大国的中国，其农业发展水平位于金砖国家的末位，农业大而不强的特征明显。因此，中国应注重从基础设施建设、规模化经营以及国际合作等方面推动农业发展。

关键词： 金砖国家；农业发展水平；比较研究；熵权法；变异系数法

农业是稳民心、安天下的战略产业，其发展的好坏对于国家社会、经济发展具有举足轻重的作用。进入21世纪，由巴西、俄罗斯、印度、中国及南非组成的金砖国家在世界经济大舞台上日益活跃，在应对2008年经济危机，促进全球经济复苏方面起到了举足轻重的作用[1,2]。作为农业资源丰富、农业人口众多的农业大国，金砖国家用世界35％的耕地面积为全球贡献了约38％的谷物和36％的大豆，为农业的发展作出了巨大贡献。近年来，金砖国家农业现代化步伐不断加快，农业发展水平显著提升。但在全球气候变暖、土地、水资源等短缺，自然灾害频发，资源环境约束加剧，以及全球人口增加带来的农产品供需形势日益紧张等现状下，关注金砖国家农业发展水平，分析各国间农业发展的差异性，不仅对促进中国农业发展有着积极作用，也对充分利用金砖各国农业发展优势，保障世界农业稳定发展有着重要作用。

目前，以金砖若干国家农业为对象的研究已经取得了一定成果。娄昭等[3~5]对巴西农业发展进行了分析，提出了相关政策建议。江宏伟等[6,7]对俄罗斯农业发展现状及其宏观因素、农业改革的基本措施和现行农业管理体制进行了总结与分析，认为俄罗斯农业发展在赢得发展契机的同时，整体的发展形势仍不容乐观。张淑兰等[8~10]分别从加入 WTO、农业改革、农业科技进步等方面对印度农业的挑战和机遇进行了总结，对印度农业改革和发展中粮食、土地、失业、贫困、地区差距、城乡差别以及农业科技进步中存在的问题等进行分析。王天生[11]对南非农业概况、发展特点等进行了论述，对农业生产结构和对外贸易进行了分析，并对南非农业发展经验进行了总结。尚正永[12]对江苏农业发展水平进行评价，结果表明，江苏农业发展水平存在明显的空间差异，其中苏北地区最高；周亚莉和王国敏等[13~14]分别就陕西省和中国东部地区现代农业发展水平进行评价，并提出了农业贷款与现代农业发展水平的分布滞后模型和农业现代化发展的总体思路。汤碧[15,16]对金砖国家农产品贸易竞争力进行评价。结果表明：中国与巴西、印度、俄罗斯和南非农产品贸易的竞争性并不十分突出且趋于缓和，中国与其他金砖国家的农产品贸易存在互补性并具有较大贸易潜力，但农业贸易竞争力整体不断走弱。

但到目前为止，尚未有文献关注金砖国家整体的农业发展水平。随着金砖国家合作进程的加深，探讨金砖国家农业发展水平及其发展趋势十分必要。本文基于金砖国家农业发展水平的视角，采用多指标综合评价法，运用熵权法和变异系数法确定指标权重，分析金砖国家农业发展水平的主要影响因子，探讨金砖国家农业发展水平的趋势以及各国间的差异，以期为我国与其他金砖国家间农业合作提供理论参考。

1　模型方法

1.1　指标体系构建

借鉴参考相关学者对农业发展研究的评价方案[17~21]基础上，本文从农业生产投入条件、农业综合产出能力、农业发展环境水平等方面进行指标选定，具体指标见表1。

表 1　金砖国家农业发展水平评价指标体系

	指　标	指标含义与计算方法
农业投入水平	A1：劳均耕地面积（hm²/人）	耕地面积/乡村从业人员
	A2：农业机械化水平（台/万 hm²）	每万公顷耕地的拖拉机数量
	A3 农业灌溉水平（％）	灌溉用地占农业用地比例
	A4：化肥消费量（kg/ hm²）	每公顷施用量
	A5：劳动力受教育水平（％）	受中等教育的劳动力比例
农业产出水平	A6：劳均农业产值（美元/人）	农业增加值/乡村从业人员
	A7：谷物单产（kg/ hm²）	每公顷产量
	A8：农业产值占 GDP 比重（％）	农业增加值占 GDP 比例
	A9：农产品出口率（％）	农产品出口额/农业增加值
农业社会发展环境	A10：人均粮食占有量［kg/（人·年）］	年粮食生产量/总人口
	A11：信息化发展水平（台/100 人）	每百人互联网拥有量
	A12：森林覆盖率（％）	森林面积占土地面积的比例

1.2　模型选择

农业发展水平评价方法较多，如德尔菲法、层次分析法、数据包络分析法、多指标综合评价法等。其中，多指标综合评价法具有使用简便、过程规范、结果直观等优势。其基本模型如下：

$$Z = \sum_{i=1}^{n} W_i Y_i$$

式中：Z 为综合指标评价指数；n 为指标数量；表示各指标的权重，为指标的数值。

1.3　权重确定方法

由于各指标对农业发展水平的影响不同，因此，评价指标的科学赋权尤为重要。赋权方法包括主观赋权与客观赋权。主观赋权法赋权结果易受领域专家主观因素影响。客观赋权法包括因子分析法、熵权法及变异系数法等，因子分析法要求样本量必须大于评价指标数量才能得出 Bartlett 检验结果和 KMO值，而本文以金砖各国作为研究对象，其样本数量远小于评价指标数量，故无法使用该法进行评价。因此，本文最终选定熵权法和变异系数法进行权重确定。

1.3.1　熵权法

熵权法利用信息熵的思想，通过测算指标值的变异程度对多指标系统进行综合评价。具体测算步骤如下：

设有 m 个参评样本，每个样本 n 个指标 X_1，X_2，$\cdots X_n$，形成原始指标数据矩阵 $A = \{a_{ij}\}_{m \times n}$

定义熵值，第 i 个指标的熵值为：$h_i = -K \sum_{j=1}^{m} f_{ij} ln f_{ij}$

其中：$f_{ij} = b_{ij} / \sum_{j=1}^{m} b_{ij}$，$k = 1/\text{Inm}$

计算熵权，第 i 个指标的熵权为：$W_i = (1 - h_i) / \sum_{i=1}^{n} h_i$

1.3.2 变异系数法

变异系数法是依据各观测指标在所有评价对象上的变化程度来判断各个评价对象达到指标平均水平的难易程度，进而对其赋权。具体的赋权步骤如下：

设有 m 个参评样本，每个样本用 n 个指标 X_1，X_2，$\cdots X_n$ 来描述，选求出各指标的均值 X_i 和标准差 S_i：

$$\bar{x}_i = \frac{1}{m} \sum_{j=1}^{m} X_{ji}$$

$$S_i = \sqrt{\frac{1}{m} \sum_{j=1}^{m} (X_{ji} - \bar{X}_t)^2}$$

则各指标的变异系数为：

$$V_i = S_i / \bar{x}_i \quad i = 1, 2, \cdots n$$

对 V_i 作归一化处理，得到各指标的权数为：

$$W_i = V_i / \sum_{j=1}^{n} V_i \quad i = 1, 2, \cdots n$$

1.4 数据来源及其处理

1.4.1 数据来源

数据主要来源于世界银行和联合国粮农组织等数据库。其中，劳均耕地面积、农业机械化水平、农业灌溉水平、化肥消费量、劳动力受教育水平、单位面积产量、森林覆盖率等指标数据由世界银行数据库数据计算得来；劳均农业产值、农产品出口率、人均粮食占有量等指标数据从联合国粮农组织数据库数据计算得出。另外需要说明的是：一是部分指标相应的年份数据缺失，采用邻近年份数据进行补充；二是中国劳动力受教育水平数据来源于《中国劳动力统计年鉴》（1999—2012）。

1.4.2 数据处理

首先，考虑到指标体系各指标单位不同，需要先进行数据规范化处理。本文选取最大值最小值法进行数据标准化，公式如下：

$$b_{ij} = \frac{a_{ij} - \min a_{ij}}{\max a_{ij} - \min a_{ij}}$$

其中：$\min a_{ij}$、$\max a_{ij}$ 分别表示各指标中的最小值和最大值。

具体计算过程及计算结果略。

2 测算结果与分析

2.1 测算结果

2.1.1 指标权重计算结果

考虑到金砖各国农业发展水平各异，且一些指标部分年份数据缺失，故在计算指标权重时，均以2000—2011年的算术平均值作为权重确定中的样本数据。分别依据变异系数法和熵权法的计算步骤得出评价指标的权重，具体的计算步骤略，各指标权重见表2。

表2 金砖国家农业发展水平指标体系权重

	指标	A1	A2	A3	A4	A5	A6	A7	A8	A9	A10	A11	A12
权重	熵权法	0.1037	0.0695	0.1652	0.0852	0.0876	0.0704	0.0653	0.0808	0.1178	0.0429	0.0493	0.0623
	变异系数法	0.1316	0.0559	0.163	0.1249	0.0456	0.0882	0.0439	0.0841	0.0939	0.0199	0.0687	0.0803

注：指标权重保留到小数点后4位

2.1.2 金砖国家农业发展水平测算值

根据熵权法和变异系数法计算所得权重，运用标准化后的数据，分别计算得到金砖国家农业发展水平，结果如表3。

表3 熵权法和变异系数法测算的金砖国家农业发展水平

		年份											
		2000	2001	2002	2003	2004	2005	2006	2007	2008	2009	2010	2011
熵权法	巴西	0.3679	0.3673	0.3586	0.3765	0.4135	0.3995	0.4216	0.4412	0.4464	0.4107	0.4164	0.4207
	俄罗斯	0.3373	0.3360	0.3673	0.3688	0.3583	0.3487	0.3725	0.3954	0.3822	0.3532	0.3778	0.3716
	印度	0.4039	0.3998	0.3976	0.4093	0.3901	0.3875	0.3910	0.3953	0.3849	0.4099	0.4431	0.4460
	中国	0.3268	0.3255	0.3350	0.3363	0.3579	0.3564	0.3449	0.3428	0.3455	0.3406	0.3484	0.3533
	南非	0.3907	0.3898	0.3761	0.3867	0.3845	0.4493	0.4242	0.3911	0.4414	0.4653	0.3930	0.3924
变异系数法	巴西	0.3894	0.3808	0.3758	0.3977	0.4309	0.4033	0.4230	0.4405	0.4397	0.4172	0.4255	0.4308
	俄罗斯	0.3386	0.3371	0.3756	0.3803	0.3698	0.3691	0.3950	0.4148	0.4018	0.3948	0.3918	0.3814
	印度	0.3816	0.3799	0.3781	0.3872	0.3820	0.3786	0.3804	0.3827	0.3752	0.3886	0.4102	0.4130
	中国	0.3268	0.3287	0.3418	0.3472	0.3661	0.3623	0.3509	0.3494	0.3505	0.3555	0.3668	0.3732
	南非	0.3796	0.3865	0.3652	0.3793	0.3674	0.3979	0.3679	0.3290	0.3798	0.4032	0.3756	0.3745

注：根据相关数据计算得出

2.2 结果分析

2.2.1 金砖国家农业发展的影响因素分析

由表2可以看出，农业灌溉水平、劳均耕地面积及农产品出口率是影响农业发展的重要因素。其中，农业灌溉水平权重最大，由熵权法和变异系数法得出的权重分别为 0.1652 和 0.1630，说明水资源在农业发展中有着重要作用，金砖国家地理区位跨度较大，水资源分布及农业水利设施差距较大，农业灌溉水平对金砖国家农业发展制约突出。其次是劳均耕地面积，两种方法得出的权重分别为 0.1037 和 0.1316，符合耕地是农业生产基础的实际，同时也说明了规模化经营对于农业发展的促进作用。农产品出口率也在指标体系中占有较大权重，两种方法得到的权重分别为 0.1178 和 0.0939，这也与金砖国家中农产品进出口现状各不相同，对于农业发展水平的制约相对较为明显。

2.2.2　金砖国家农业发展水平的趋势分析

由表 3 可以看出，通过以上两种方法计算的农业发展水平得分差异很小，因此，可对两种方法计算出来的得分取平均值，得到金砖国家 2000—2011 年间农业发展水平得分，如图 1。

21 世纪以来，金砖国家农业发展水平呈现出明显的上升趋势。从图 1 可知，相比 2000 年，2011 年金砖国家农业发展水平整体上升趋势明显，其中，巴西农业发展水平上升最为显著，特别是 2002—2004 年农业发展水平快速上升；其次是印度，2000—2007 年农业发展水平基本保持稳定，2008 年开始快速上升；中国农业发展水平也有了一定上升，但是整体的上升速度相比较为缓慢；俄罗斯在 2007 年以前明显上升，自 2008 年开始震荡下降；南非农业发展水平变化较为波折，测算年间，上升与下降频繁交替。

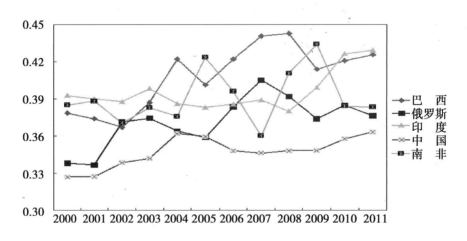

图 1　金砖国家 2000—2011 年农业发展水平变化趋势

2.2.3　金砖各国农业发展水平的差异比较

自然资源禀赋以及社会发展的不同，决定了金砖国家间农业发展水平的差异。巴西将农业作为支柱产业，各项指标十分均衡，整体的农业发展水平处于金砖国家的首位。印度在农业灌溉水平、农业机械化水平、农业产值占 GDP 比重等方面指标优势明显，特别是近些年来农业发展水平得到快速发展，仅次于巴西。南非在劳均耕地面积、劳均农业产值以及农产品出口占比等指标上占有明显优势，尽管在各年间有一定的波动，但整体的农业发展水平仅次于巴西和印度。俄罗斯拥有丰富的耕地资源、高素质的农业劳动等，但因其农业灌溉水平、粮食单产水平等相对低下，其农业发展水平明显不及巴西、印度和南非。中国作为金砖国家中农业大国，同时又是人口大国，其农业资源总量丰富，但人均占有量不足，同时受限于较低的农业灌溉水平和农产品出口比例，整体的发展水平位于金砖国家中的末位，近年来虽有一定的上升，但相比巴西、印度仍有比较明显的差距，农业大而不强的特征明显（图 2）。

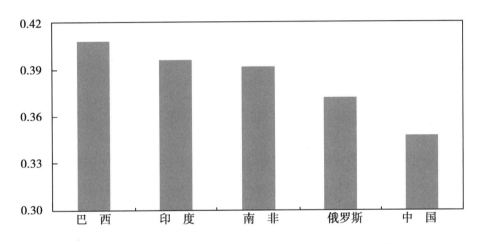

图 2　金砖各国农业发展水平（2000—2011 年平均值）

3　结论与建议

通过选取反映金砖国家农业发展水平的 12 个评价指标，建立多指标综合评价指标体系，分析了 2000—2011 年金砖国家农业发展水平发展趋势以及各国之间的差异。认为金砖国家间农业发展水平逐年上升，并存在明显差异。总体上看，巴西农业发展水平最高，是金砖国家中的农业强国。印度农业发展水平近年来持续上升，不断接近乃至超过巴西。俄罗斯、南非受到环境资源因素制约相对较多，农业发展总体不及巴西、印度两国。中国因农业基础设施建设欠佳且不同区域相差较大、农业规模化与机械化经营水平较低以及农业科技投入不足等诸多因素制约，农业发展水平为金砖国家最低，但在分析年间出现了较为明显的上升，并且速度不断加快。

参考文献

[1] 于戈，李哲敏，张超，等.金砖国家水产品生产及贸易的比较分析 [J].中国渔业经济，2013，31 (4)：103-108.

[2] Yu Ge，Zhang Chao，Li Zhemin，et al. The Outputs and International Competitiveness of Livestock Products in the BRICS：A Comparative Analysis [A]. Xu Shiwei. Proceedings of 2013 World Agricultural Outlook Conference [C]. Berlin Heidelberg：Springer-Verlag，2014，240-249.

[3] 娄昭，徐忠，张磊，等.巴西农业发展特点及经验借鉴 [J].世界农业，2011 (5)：80-82，98.

[4] 王然.美国与巴西农业发展对我国的启示 [J].农村经济，2007 (11)：127-129.

[5] 宗义湘，闫琰，李先德，等.巴西农业支持水平及支持政策分析——基于 OECD 最新农业政策分析框架 [J].财贸研究，2011，22 (2)：51-58.

[6] 江宏伟.俄罗斯农业改革绩效的宏观分析 [J].俄罗斯研究，2010 (2)：88-106.

[7] 林曦.俄罗斯农业改革措施与现行管理体制 [J].中国科技论坛，2009 (12)：114-118.

[8] 张淑兰.WTO 与印度的农业发展——全球化背景下印度的农业战略对策 [J].南亚研究季刊，2002 (2)：8-13.

[9] 谭晶荣.困惑大国农业经济发展的主要问题剖析——印度的经验及对中国的启示 [J].农业经济问题，2004，24 (8)：74-77.

[10] 向元钧.印度农业科技进步浅析 [J].南亚研究季刊，2002 (1)：13-17，31.

[11] 王天生.南非的农业发展和经验借鉴 [J].贵州农业科学，2004，32 (2)：80-83.

[12] 尚正永.江苏农业发展水平空间差异的定量评价 [J].统计与决策，2007 (21)：129-131.

[13] 王国敏，卢婷婷.我国东部地区农业现代化发展水平的定量测评与实证分析 [J].上海行政学院学报，2012，13 (6)：64-74.

[14] 周亚莉，袁晓玲.现代农业发展水平评价及其金融支持——以陕西省为例 [J].西安交通大学学报：社会科学版，2010，30 (1)：19-26.

[15] 汤碧.中国与金砖国家农产品贸易：比较优势与合作潜力 [J].农业经济问题，2012 (10)：67-76.

[16] 方晓丽."金砖国家"农业外贸竞争力分析及合作发展探索 [J].商业时代，2013 (34)：45-47.

[17] 尚正永.江苏农业发展水平空间差异的定量评价 [J].统计与决策，2007 (21)：129-131.

[18] 俞姗.福建省现代农业发展水平与对策研究 [J].福建论坛，2010 (7)：136-141.

[19] 刘海清，方佳.海南省热带农业现代化发展水平评价 [J].热带农业科学，2013，33 (1)：73-76，81.

[20] 钟蔚.农业科技发展水平评估体系的初步研究——我国农业科研发展的动态评估 [D].北京：中国农业科学研究院，2001.

[21] 张西华，杨万江，何捷，等.农业现代化进程中县域农业发展水平分析——基于东部 沿海 5 省 327 县（市、区）的调查数据 [J].科技通报，2013，29 (1)：190-196.

原文发表于《科技与经济》，2014 (161).

2013 年中国主要农产品
价格变动特征及原因分析[*]

An Analysis of the Characteristics and Causes of
Agricultural Product Price Fluctuation in China in 2013

王东杰[**]　董晓霞[**]　李哲敏[***]

Wang Dongjie，DongXiaoxia，Li Zhemin

（中国农业科学院农业信息研究所/农业部农业信息服务技术重点实验室/
中国农业科学院智能化农业预警技术与系统重点开放实验室，北京　100081）

摘　要： 2013 年中国农产品价格总体温和上涨，三大主粮价格较为平稳，波动小于国际市场，大豆、棉花、食糖内外价格差异明显，猪肉、禽肉价格先降后升，牛羊肉、禽蛋、牛奶价格继续上涨，果蔬价格季节性波动明显。在农产品供需结构性偏紧、国际市场联动性增强及突发事件、灾害天气等因素影响下，中国农产品正在进入高价格时代，国内外价格联动性增强，内外价格差距将长期存在。建议国家加快构建全球视野下的农产品供应保障体系、加强农产品信息监测预警体系建设，加速完善中国农产品价格形成机制。

关键词： 农产品；价格；变动特征；原因分析

中图分类号： F304　　**文献标识码：** A

文章编号： 1006-2025（2014）09-00-0

* 基金项目：“十二五”国家科技支撑计划重点项目（2012BAH20B04）；农业部农业信息预警专项“农业监测预警与信息化”项目

** 作者简介：王东杰（1985— ），男，汉族，山东德州人，助理研究员，硕士，主要研究方向为农产品市场信息分析与预警；董晓霞（1980— ），女，汉族，江苏东台人，副研究员，博士，主要从事畜牧业经济、农业信息分析与预警研究

*** 通讯作者：李哲敏（1970— ），女，汉族，福建安溪人，研究员，博士，博士生导师，主要研究方向为农业信息分析与预警、食物安全

农产品价格稳定不仅关系人民生活、经济发展和社会稳定，也关系到农产品国际贸易的健康持续发展。近年来，中国政府高度重视农产品市场价格的稳定，2010年中共中央农村工作会议提出的农业农村工作重点任务第一条指出，要努力稳定农产品市场，保持价格合理水平。2011年十一届全国人大四次会议政府工作报告中部署了十项重点工作，"稳定物价总水平"位列第一。2014年中共中央一号文件再次明确提出要进一步完善粮食等重要农产品价格形成机制，继续坚持市场定价原则，探索推进农产品价格形成机制与政府补贴脱钩的改革，逐步建立农产品目标价格制度。[1]鉴于此，笔者基于粮、棉、油、糖、肉、蛋、奶等关系民生的主要农产品，分析其2013年的波动特征，并与国际市场价格波动进行比较分析，找出中国主要农产品价格频繁波动的主要原因，期望对构建科学的农产品价格形成机制提供参考意见。

1   中国农产品价格波动特征分析

2013年，中国农产品价格整体表现平稳，略有波动。稻米、小麦、玉米价格较为平稳，波动小于国际市场，大豆、棉花、食糖内外价格差异明显，猪肉禽肉价格先降后升，牛羊肉、蛋奶价格继续上涨，价格高于上年，果蔬价格季节性波动较为明显。

1.1   农产品价格总体温和上涨，粮油类价格波动小于国际市场

中国农产品价格总体温和上涨，但出现小幅波动。2013年，中国居民消费价格较上年上涨2.6%，其中食品价格上涨4.7%，农产品生产者价格上涨3.2%[2]；农产品批发价格总指数和"菜篮子"产品批发价格指数①分别为203.83和204.86，同比增加7.6和8.4个百分点，月均波动率分别达到3.9%和4.7%。其中，2～5月波动较大，波动率分别达到7.3%和8.8%。粮油价格稳定上涨，波动较小。国内粮油批发价综合指数从2013年1月的138.69上涨到12月的144.68，上涨6.0个百分点，月均波动率0.7%。与国际价格相比，国内农产品价格波动较大，但粮食类价格波动较小。2013年FAO食品价格指数月均波动率为1.3%，谷物价格指数、油和油脂价格指数月均波动率分别为2.6%和1.7%，大于国内价格波动水平（图1）。

1.2   三大主粮价格较为平稳，波动较小

粮食价格总体保持稳定。2013年，稻米价格总体趋涨，早籼米全国批发

---

①   农产品批发价格总指数和"菜篮子"产品批发价格指数为定基指数，即以2000年价格为100进行计算，月均波动率用的是环比指数，即以上月为100计算

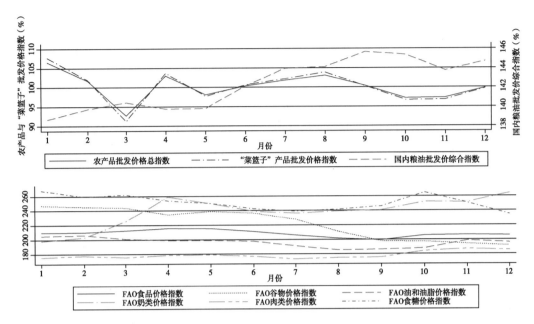

图 1　主要农产品价格指数变动情况

数据来源：农业部农产品批发市场监测信息网，Wind 数据库

均价 3.84 元/kg，比 2012 年上涨 1.1%，晚籼米全国批发均价 4.05 元/kg，同比跌 1.3%，粳米全国批发均价 4.60 元/kg，同比涨 4.1%；小麦价格延续 2012 年下半年的涨势，2013 年郑州粮食批发市场普通小麦全年平均价格为 2.49 元/kg，同比上涨 15.2%；玉米价格弱势运行，2013 年全年产区平均批发价格为 2.50 元/kg，同比跌 1.1%，销区平均批发价格 2.52 元/kg，同比跌 2.2%。

国内粮食价格波动幅度小于国际价格，存在明显价差。2013 年，受最低收购政策影响，稻米价格先降后升，始终围绕最低售价上下波动，呈现出明显的"政策"特征。以晚籼米全国批发均价为例，2013 年月均波动率为 0.9%，远小于国际市场 3.0% 的波动；小麦价格上半年平稳，下半年快速上涨，月均波动率为 1.0%，而国际市场波动率为 3.0%；玉米价格逐步趋弱，月均波动率为 1.3%，明显低于国际市场 3.6% 的波动。2013 年下半年，三大粮食的内外价格差距逐步扩大，到 12 月，稻米、小麦、玉米的内外价差分别达到 1.06 元/kg、0.26 元/kg、0.58 元/kg（图 2）。

1.3　大豆、棉花、食糖内外价格差异明显，食用油保持一致

大豆、棉花、食糖以及食用油是中国对外依存度较高的农产品，与国际市场保持着密切的联动关系，价格走势与波动幅度受国际市场影响显著。2013

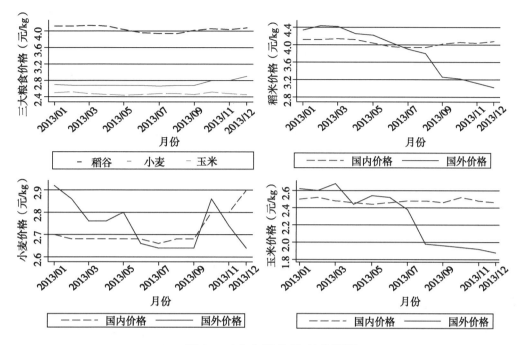

图 2　三大主粮价格变动情况

数据来源：根据 Wind 数据整理而得

注：稻米国内价格指全国晚籼米（标一）批发均价，国际价格指泰国曼谷（25％含碎率）大米到岸税后价；小麦国内价格为广州黄埔港优质麦到港价，国际价格为美国墨西哥湾硬红冬麦（蛋白质含量 12％）到岸税后价；玉米国内价格为东北二等黄玉米运到广州黄埔港的平仓价，国际价格为美国墨西哥湾 2 号黄玉米（蛋白质含量 12％）运到黄埔港的到岸税后价

年，大豆价格处于历史较高位置，并且波动幅度小于国际市场。东北地区大豆全年平均收购价为 4.34 元/kg，比上年高 0.14 元/kg，仅低于 2008 年的历史最高价 4.40 元/kg。大豆国内价格全年呈下降走势，10 月份到达最低点，为 4.60 元/kg，月均波动率为 1.1％，低于国际价格波动率（2.8％）（图 3）。

棉花价格稳中有涨，内外价差进一步扩大。2013 年，受国家临时收储价格（20 400元/t）带动，国内棉花市场价格稳中有涨，3128B 棉花全年均价为 19.36 元/kg，同比涨 1.4％。但内外价差逐步拉大，2013 年 3128B 级棉花与进口 M 级棉花到岸税后价（滑准税下）的差距，从 1 月的 4.20 元/kg 上升到 11 月的 4.60 元/kg，企业以 40％关税税率进口棉花到岸价格仍低于国内市场价格。

食糖、食用油内外价格走势一致，均呈现下行态势。受国内外糖料丰产影响，2013 年食糖国内均价 5.51 元/kg，大幅低于 2011 年的 7.11 元/kg 和

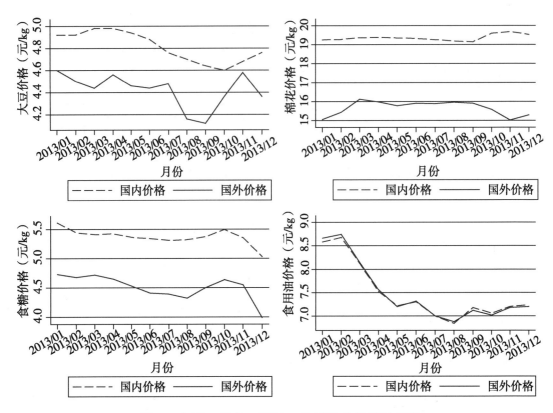

图 3　大豆、棉花、糖料、食用油价格变动情况

数据来源：根据 Wind 数据整理而得

注：大豆国内价格为山东国产大豆入厂价，国际价格为美国墨西哥湾 2 号黄大豆运到青岛港口的到岸税后价；棉花国内价格为国内 3128 级棉花销售价格，进口价格为进口 M 级棉花到岸税后价（滑准税下）；糖料国内价格为云南昆明、云南甸尾、广东湛江、广西南宁、广西柳州五大现货集散地甘蔗糖均价，国际价格为泰国白糖到珠江三角洲的到岸税后价；食用油国内价格为山东四级豆油出厂价，国际价格为到山东港口的南美毛豆油到岸税后价

2012 年 6.48 元/kg。全年价格逐步走低，从 1 月的 5.61 元/kg 一路降至 12 月的 5.03 元/kg。到 2013 年，全球糖市已经连续 3 年产大于需。受此影响，国际糖价也出现持续下跌。尽管如此，国内外价差依然巨大，到 2013 年 12 月，食糖内外差价达到 10.34 元/kg。2013 年食用植物油价格延续了 2012 年以来的下行走势，价格重心继续下移。与 2012 年相比，豆油、菜籽油、花生和棕榈油的平均价格分别下跌了 17.6%、7.3%、13.1% 和 21.8%。以豆油为例，2013 年 1 月，山东四级豆油出厂价为 8.58 元/kg，到 8 月降至 6.84 元/kg，之后虽有反弹，但仍然低于年初价格。中国是全球最大的油料消费国和进口

国，与国际市场形成了紧密的联动关系，不同于其他农产品，食用油的内外价格差异相对较小，走势保持高度一致。

1.4 猪肉禽肉价格先降后升，牛羊肉价格持续上涨

猪肉禽肉价格呈现剧烈波动态势。2013年猪肉平均价格为24.34元/kg，较上年小幅下降0.4%。猪肉价格全年呈现快速下跌和迅速回升的走势，2月开始连续4个月下跌，6月开始猪肉价格连续上涨，涨幅达6.2%；10月开始连续2个月小幅回落。生猪价格波动幅度大于猪肉，2013年生猪平均价格为15.07元/kg，较上年下跌0.8%。4～5月下跌至低谷，年末价格为15.81元/kg，同比下跌2.5%。与美国和欧盟相比，中国猪肉价格处于高位。受"H7N9"疫情影响，2013年禽肉价格低于上年水平，活鸡和白条鸡平均价分别为16.77元/kg和17.08元/kg，年内价格基本呈"V"形走势（图4）。

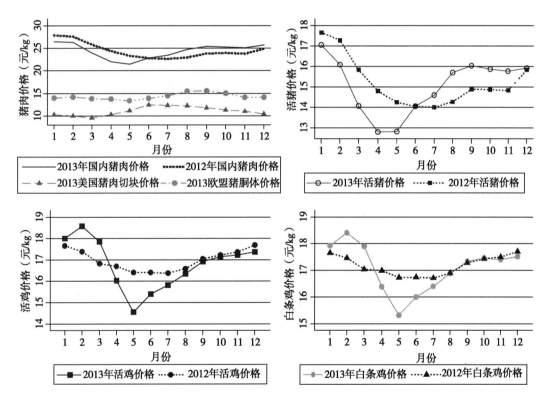

图4 猪肉和禽肉价格变动情况
数据来源：农业部畜牧业司、美国农业部、欧盟委员会网站

牛羊肉价格持续上涨。2013年牛羊肉平均集市价格分别为58.81元/kg和61.88元/kg，较上年分别上涨了30.3%和20.1%。全年牛羊肉价格呈现"上涨—短暂下跌—持续上涨"的态势，2月创历史新高，3～4月价格回落，5月

开始回升，到 12 月，牛肉价格达到 62.63 元/kg，羊肉价格为 65.60 元/kg，环比分别上涨 3.0％和 1.7％，同比分别上涨 19.8％和 15.0％。与国外牛羊肉价格相比，国内牛羊肉价格显著高于国际市场价格（图 5）。

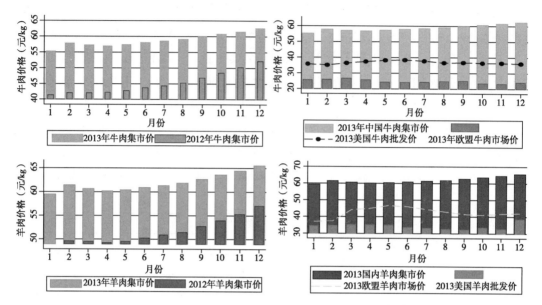

图 5　牛羊肉价格变动情况

数据来源：农业部畜牧业司、美国农业部、欧盟委员会网站

1.5　蛋奶价格继续上涨，价格均高于上年

奶类价格保持持续上涨。据农业部监测，受产量下降影响，2013 年全国生鲜乳收购价格平均为 3.75 元/kg，同比增幅为 9.7％。另根据中国价格信息网监测，2013 年全国鲜奶平均零售价格为 10.04 元/kg，同比上涨 5.0％。2013 年全国生鲜乳收购价延续了 2012 年 9 月以来的上涨趋势，连续 16 个月上升，全年价格一直保持高位运行。

禽蛋市场价格波动明显，全年鸡蛋均价高于上年。年初鸡蛋零售价格处于高位，2 月开始连续下跌，6～7 月震荡调整，8～9 月连续上涨，10～11 月再次下跌，12 月略有回升。据农业部监测，2013 年全国集贸市场鸡蛋零售均价为 9.89 元/kg，比上年上涨 0.39 元/kg。同期，河北、山西、辽宁等 10 个主产省（区）的鸡蛋价格为 8.56 元/kg，与 2012 年相比上涨 4.1％（图 6）。

1.6　蔬菜价格呈Ｖ字形波动，水果呈∧字形波动

蔬菜价格季节性波动明显，且高于往年价格水平。据农业部监测，2013 年 28 种蔬菜平均批发价格为 3.70 元/kg，同比涨 7.9％。蔬菜价格呈Ｖ字形波动，月均波动率为 7.5％。从各月走势看，1～2 月上涨，3 月出现季节性回

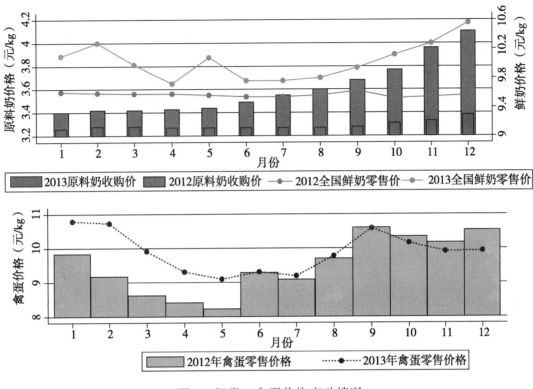

图 6　奶类、禽蛋价格变动情况

数据来源：农业部畜牧业司

落，4 月低温造成蔬菜价格小幅反弹，6 月降至最低点，第三季度受高温干旱和暴雨等灾害天气影响，又连续出现反弹，10～12 月价格保持稳定（图 7）。

水果价格先升后降，呈∧字形波动。据农业部监测，2013 年国内大宗水果平均批发价格在 5.3 元/kg，同比涨 4.3%。水果上半年价格持续小幅攀升，下半年呈现先降后涨趋势，年末翘尾走势明显，12 月同比涨幅达 20.1%。

2　农产品价格变动主要原因分析

2013 年农产品价格的波动上行是长期和短期因素共同作用的结果。一方面，农产品供需紧平衡、进口增加、国际市场联动性增强等因素构成了价格上涨的长期支撑；另一方面，突发事件、灾害天气的频发加剧了农产品市场价格的短期变动。

2.1　农产品供需结构性偏紧、国际市场联动增强

供需偏紧格局影响农产品价格变动。尽管中国粮食实现了"十连增"，但

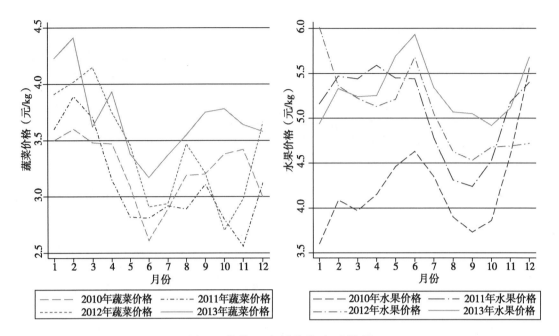

图 7　蔬菜、水果价格变动情况

数据来源：农业部农产品批发市场监测信息网

　　随着人口的增长、城乡居民收入水平的提高以及城镇化的推进，农产品消费持续刚性增长，升级加快，农产品供求关系从"总量平衡、丰年有余"向"总量基本平衡、结构性紧缺"转变[3]。目前，中国部分农产品结构性、多样化短缺已成常态，未来在农产品中出现结构性明显短缺的范围和程度还将逐渐扩大[4]。2013 年中国进口大麦 233 万 t，主要用于饲用和啤酒工业，稻米主要是进口泰国香米，小麦主要是进口强筋麦和软筋麦，补充国内配粉需求，而棉花需求的大量增长主要是工业加工需求引致增长。未来随着需求的多样化，玉米、糖、奶制品和牛羊肉等都将成为短缺农产品。这种结构性短缺、供需偏紧的状况将促使中国农产品价格处于高位运行态势。

　　入世后，中国进口农产品大量增加，与国际市场的联动性日益增强。大豆、食用植物油和棉花对外依存度不断提高，食糖、乳制品净进口也在大幅增加，近年来三大谷物产品进口增势趋强，也由净出口转向净进口。2013 年，谷物进口 1 358万 t，大豆进口 6 317万 t，食用植物油进口 910 万 t，食糖进口 450 万 t，棉花进口 449 万 t；国内外市场价格联系更加紧密，2013 年大连商品交易所玉米、大豆期货价格与芝加哥商品交易所玉米、大豆期货价格波动的相关系数分别达到 0.33 和 0.56，郑州商品交易所棉花期货价格与纽约商业交易所棉花期货价格波动的相关系数达到 0.39。但是，由于缺乏国际农产品市场与价格话语权和定价权,加之进口来源地过于集中,大国效应凸显,价格不可控性进一步加大[5]。此外,国际经济形势、美元指数变化、国际原油价格波动以及大宗农产品主产国的生产和运输等情况等都对中国农产品价格造成了一定影响。

2.2 成本持续上涨、政策扭曲价格形成机制

2013年,国内外农产品价格差距进一步扩大。随着农业劳动力成本、土地成本和环境成本不断提高和显性化,中国农业"高成本"特征日益明显,造成了国内外农产品价格差距扩大的趋势不可逆转。虽然近年来国家连续提高最低收购价,但粮棉油糖的价格增速仍落后于生产成本增速,2006—2012年稻谷、小麦和玉米的平均售价年均增速分别为9.4%、7.1%和9.8%,但是仍落后总成本年均增速1.6、3.2和2.0个百分点,最明显的是棉花,平均售价年均增速为7.0%,但是总成本年均增速却达到了12.8%(表1)。

表 1 主要农产品平均售价与总成本增长情况 %

2006—2012 年	稻谷	小麦	玉米	棉花	油菜籽	甘蔗
平均售价 年均增长率	9.4	7.1	9.8	7.0	13.3	10.2
总成本 年均增长率	11.0	11.3	11.8	12.8	15.7	13.4

数据来源:根据各年《全国农产品成本收益资料汇编》整理所得

价格形成机制扭曲,市场作用发挥有限。2008年以来,最低收购价、临时收储政策在稳定生产、保障农民收益等方面成效显著,但这些政策不仅使得价格"托底"信号显著、粮价"只涨不跌"预期日益增强,而且还带来了主要农产品市场价格信号扭曲、多头补贴等弊端,造成国内外市场脱节、价格倒挂,进口压力增大。如棉花、食糖等临时储备政策已经造成"国内增产—国家增储—进口增加—国家再增储"的不利局面[6],既导致了国内库存积压,财政负担加重,也影响了政策实施效果。

2.3 突发因素不止,灾害天气频发

疾病疫病、添加剂过量、产地环境污染等是影响人们消费预期,改变农产品价格的重要因素。2013年上半年H7N9禽流感暴发,引发多种产品价格联动波动。一方面导致禽肉及禽蛋消费急剧下降,价格出现连续下行,另一方面直接影响了玉米、饲料等消费需求的下降,间接带动其价格发生起伏。禽肉产量在近10多年来首次出现下降。国家统计局数据显示,2013年禽肉产量为1 798万t,比2012年下降1.3%。"黄浦江死猪"事件以及"速生鸡"事件等

进一步加剧了肉类整体价格的波动；食品安全事件屡禁不止，"恒天然"奶粉安全事件、山东"毒生姜"事件、"瞎果"加工果汁事件、石家庄注水牛肉事件[7]等，不但给消费者带来安全隐患，也造成产地市场价格大幅波动；环境污染引发消费者担忧。2013 年 3 月，湖南大米被爆出"镉超标"，对稻米市场产生一定的影响（表 2）。

表 2　2013 年中国农产品主要突发事件

突发因素	主要事件	发生时间	主要影响
疾病疫病	H7N9 禽流感	2013 年 3 月	导致禽肉、禽蛋终端消费价格连续快速下跌，市场运行规律被打破
	黄浦江死猪	2013 年 3 月	造成第二季度猪肉价格下跌的幅度和速度都明显高于往年
添加剂超标	速生鸡	2012 年 12 月	给 2013 年一季度禽肉价格带来下行影响
	恒天然毒奶粉	2013 年 8 月	中国从新西兰进口乳制品剧减
	山东毒生姜	2013 年 5 月	给潍坊当地生姜生产造成了严重影响
	瞎果加工果汁	2013 年 9 月	对国内果汁消费造成严重影响
环境污染	湖南大米镉超标	2013 年 3 月	3 月之后，稻谷价格持续下跌

近年来，突发天气、极端灾害频发，不仅给农产品生产带来了严重影响，同时也加剧了农产品市场价格波动。2013 年 3～4 月，北方遭遇倒春寒、低温和干旱等自然灾害影响，小麦产区受灾严重，蔬菜、水果产量减少，市场价格出现短暂的上升，如 2013 年 4 月，大白菜平均价格为 2.10 元/kg，环比涨 83.2%，同比涨 34.3%。5 月下旬，夏粮收获成熟期湖北、安徽、豫南地区遭遇强降水、大风、冰雹等不利天气影响，部分地块小麦颖壳出现霉变，个别地块麦穗发芽。7～8 月，中国湖南、湖北、安徽、浙江等地蔬菜生产遭遇高温干旱，蔬菜出现大幅减产，如浙江蔬菜受灾面积达到 134.82 万亩；8 月中旬北京及周边地区出现强降水，河北张家口、山西大同、内蒙古赤峰等地蔬菜生产遭受一定损失，蔬菜价格在第三季度出现连续的反弹。

3　主要结论与建议

中国农产品价格正在步入高价格时代，并且所受内外部因素更加复杂和不确定。在这种情况下，基于全球视野构建农产品供应体系，加快农产品信息监测预警建设以及尽快完善农产品价格形成机制，显得迫切而必要。

3.1　结论

第一，中国农产品进入高价格时代，国内外价格倒挂问题已经普遍化。受农产品供需偏紧、结构性短缺、成本上升等因素影响，中国农产品价格已经处于高位运行的态势，国内外价格倒挂趋势更加普遍化。2013 年，粮食、大豆、棉花、食糖以及猪肉、牛羊肉价格均高于国际价格，未来这种态势将可能扩大化和持续化。需要注意的是，2013 年农产品进口的大量增加很大程度是内外价格倒挂造成，而不是因为国内短缺。

第二，国内外农产品价格联动性日益增强。随着农产品国内外市场、现货市场与期货市场联系的加强，农产品进口的日益增加，农产品内外市场走势将趋于一致，价格波动幅度和节奏将更加趋向国际化。但是中国在信息引导、产业链竞争、关税保护和进口调控政策等方面还存在很多问题，亟待完善。

第三，短期内疫病疾病、质量安全事件、灾害天气等突发因素对价格的联动影响显著增强，一个突发事件的发生往往引发多种产品价格的联动波动。中国农产品价格的稳定不仅仅涉及价格本身，还涉及产生价格的整个社会环境。

3.2 建议

第一，加快构建全球视野的农产品供应链体系。积极推动新粮食安全战略实施，稳定国内生产，明确国内农产品发展优先顺序，促进农业资源优化配置；加快构建全球农产品供给战略，加快"走出去"，开展新型农业国际合作，促进进口渠道、区域、品种等多元化。

第二，加强农产品信息监测预警建设。建立信息采集、信息分析、信息发布一体化的监测预警体系，强化对国内外市场价格、供需动态、突发因素、灾害天气、贸易形势、贸易政策的监测、研判和预警，化解信息不对称，有效解决国内外价格联动波动问题。

第三，加速完善中国农产品价格形成机制。加强内外农产品价格、现货价格与期货价格联动研究，有效解决国内外价格倒挂问题；加强不同品种农产品价格的非对称性和非典型性因素的研究，破解农产品价格联动波动问题。强化对突发事件的管控，为价格形成创造良好的社会环境。

参考文献

[1] 2014 年中央一号文件《关于全面深化农村改革加快推进农业现代化的若干意见》[EB/OL]. http://www.farmer.com.cn/xwpd/btxw/201401/t20140119_933685.htm，2014-01-19.

[2] 2013 年国民经济和社会发展统计公报 [EB/OL]. http://www.stats.gov.cn/tjsj/zxfb/201402/t20140224_514970.html，2014-02-24.

［3］韩长赋．实现中国梦，基础在"三农"［J］．农村工作通讯，2013（18）：6-12.

［4］黄季焜．新时期中国农业发展的战略选择［J］．农业科技与信息，2013（23）．

［5］马述忠，王军．中国粮食进口贸易是否存在"大国效应"［J］．农业经济问题，2012（9）．

［6］程国强．坚持市场定价原则完善农产品价格形成机制［N］．农民日报，2014.02.24（1）

［7］《农村农业农民安全专刊》编辑部．盘点2013年农产品安全事件［J］．农村·农业·农民，2013（12）：6-9.

原文发表于《价格月刊》，2014（9）．

基于最优二叉树支持向量机
的蜜柚叶部病害识别方法[*]

Recognition of Honey Pomelo Leaf Middle and Late Diseases Based on Optimal Binary Tree Support Vector Machine

张建华[**]　孔繁涛[***]　李哲敏　吴建寨　陈　威　王盛威　朱孟帅

Zhang Jianhua，Kong Fantao，Li Zhemin，Wu Jianzhai，
Chen Wei，Wang Shengwei，Zhu Mengshuai

（中国农业科学院农业信息研究所/农业部农业信息服务技术重点实验室，北京　100081）

摘　要： 为了提高蜜柚叶部中晚期病害的识别准确率，确保蜜柚叶部病害对症施药与病害防治的效果。提出了一种基于最优二叉树 SVM 的蜜柚叶部病害识别方法，该方法首先将蜜柚叶部病害图像转换为 B 分量、2G-R-B 分量、（G＋R＋B）/3 分量以及 YIQ 颜色模型中的 Q 分量的 4 个灰度图像，再利用 4 尺度 8 方向的 Gabor 小波分别与 4 个分量灰度图像进行卷积运算，获得 4 个尺度下不同方向的幅值均值共 16 维作为病害的特征向量，并结合提出的最优二叉树支持向量机病害识别模型，对黄斑病、炭疽病、疮痂病、煤烟病等 4 种蜜柚叶部病害进行分类识别。通过交叉验证的方法进行分类识别测试，结果表明：黄斑病、炭疽病、疮痂病、煤烟病识别准确率分别为 90%、96.66%、93.33%、96.66%，平均识别率达到 94.16%，并将该方法与 BP 神经网络、一对一 SVM 与一对多 SVM 进行比较，试验结果表明该方法可有效识别 4 种蜜柚叶部病害，在训练时间和识别精度上都优于其他 3 种方法。该方法可为蜜柚病害准确识别与防治提供有效的技术支持。

---

* 基金项目："十二五"国家科技支撑计划（2012BAH20B04）；国家自然基金项目（41201599）；公益性科研院所基本科研业务费专项资金（2014－J－012，2014－J－011）

** 作者简介：张建华（1982— ），男，汉族，重庆人，助理研究员，研究领域为农作物病虫害识别。E-mail：zjhua.2001@163.com

*** 通讯作者：孔繁涛（1968— ），男，汉族，山东滕州人，副研究员，研究领域为农业监测预警研究。E-mail：kongfantao@caas.cn

关键词：Gabor 小波；最优二叉树；支持向量机；蜜柚叶部；病害识别

0　引言

蜜柚是中国重要的水果之一，在其整个种植过程中，常常发生多种病害，主要包括黄斑病、炭疽病、疮痂病、煤烟病等，长期为害着蜜柚的叶片、花、果等，危害柚子叶部时，造成蜜柚叶部局部或整体畸形、卷曲和溃烂，发病严重时引起大量叶片掉落，进而影响蜜柚果实的产量与品质[1]。现阶段蜜柚的病害识别主要是通过人工观察的方法，但该方法存在准确率低、速度慢、体力消耗大等问题，影响了蜜柚病害防治的准确性和时效性[2]。

随着图像处理技术的发展，大量研究依据病害图像的大小、形状、颜色、纹理等参数或几个参数的组合来进行植物病害图像识别与分类[2~7]。Sena 等[8]运用计算机图像处理技术对黄瓜角斑病和斑疹病的研究发现，与其他参数相比，色调 H 偏度可以较为明显区分不同病变情况。Camargo 等[9]尝试利用颜色直方图矩阵对 4 种棉花病害进行了识别，获得了较好的识别效果。Pydipati 等[10]通过颜色矩阵，对柑橘黑霉病、疤痕和油脂病图像进行了分类识别。Kuoyi 等通过提取病斑的颜色特征，应用 BP 神经网络成功识别君子兰的软腐病，褐斑病和黑腐病，平均识别率达到 89.6%[11]。Phadikar 等[12]提取病害的颜色，形状和受感染的部分的位置特征，并利用粗糙集的方法对特征进行选择，结合分类规则库建立了水稻病害识别模型，对水稻的叶褐斑病、稻瘟病、鞘腐病、白叶枯病具有良好的识别效果，平均识别率在 90% 以上。Rumpf 等[13]利用支持向量机对早期的感染甜菜生尾孢、单孢锈菌蚜或白粉蚜引起角斑病，甜菜锈病和白粉病等甜菜病害进行识别，但由于病害的类型和不同阶段病斑的变化，其分类识别准确度在 65%~90%。张建华等[4]提取棉花颜色与纹理特征，结合粗糙集的方法对特征进行优选，建立基于神经网络的棉花病害识别模型，获得了较好的识别效果。温芝元等[15]提取病斑标记区域内的傅里叶变换幅度谱图，进行多重分形分析及二次拟合，将拟合抛物线段的高度、宽度和质心坐标作为病虫害特征值，并建立了 BP 神经网络椪柑病虫害识别模型，平均正确识别率达到 92.67%。

综上所述，大多病害识别研究主要针对图像的全局信息，忽略了对病害的多尺度多方向的局部特征提取，且在病害分类模型中对多类支持向量机的构建多采用"一对一"方法或"一对多"方法，而对基于最优二叉树支持向量机方法进行病害识别缺少系统研究。因此，本研究针对蜜柚叶部病害识别难的问题，从叶部病害图像的局部信息入手，在多个颜色分量情况下，利用 Gabor 小波变换的幅值图像具有细微差别表达能力，提取不同颜色分量的多尺度多方向病害局部特征信息，并通过基于最优二叉树支持向量机对蜜柚的 4 种病害进行识别，为蜜柚病害准确识别与防治提供技术支撑。

1 材料与方法

1.1 试验材料

2014 年 3～6 月从中国农业大学试验基地，收集遭受黄斑病、炭疽病、疮痂病、煤烟病为害的蜜柚叶片。并根据文献［16］和文献［17］的作物病虫害为害等级等于病斑面积与叶片面积的比值方法，确定了蜜柚病害等级标准，见表 1 所示。按照确定的蜜柚病害等级标准，选择为害等级为Ⅲ级、Ⅳ级、Ⅴ级和Ⅵ级的中晚期病害蜜柚叶片进行采集。为确保采集的黄斑病、炭疽病、疮痂病、煤烟病等 4 种蜜柚病害的准确性和叶片病害的唯一性，每张蜜柚病害叶片都经过植保专家判别，确认所采集的蜜柚病害准确无误。

表 1　蜜柚病害等级划分标准

Table 1　Honey pomelo leaf diseases hazard classification standard

病害等级 Disease grade	划分标准 classification standard
Ⅰ级 Level 1	病斑面积与棉花叶片面积的比值小于 0.05
Ⅱ级 Level 2	病斑面积与棉花叶片面积的比值大于等于 0.05 小于 0.10
Ⅲ级 Level 3	病斑面积与棉花叶片面积的比值大于等于 0.10 小于 0.20
Ⅳ级 Level 4	病斑面积与棉花叶片面积的比值大于等于 0.20 小于 0.30
Ⅴ级 Level 5	病斑面积与棉花叶片面积的比值大于等于 0.30 小于 0.40
Ⅵ级 Level 6	病斑面积与棉花叶片面积的比值大于等于 0.40

将收集的蜜柚病害叶片通过构建的图像采集系统进行图像采集，图像采集系统由载物台（30cm×20cm×5cm）、光照箱（60cm×50cm×70cm）、光源（4 个 8W 荧光灯）、CCD 相机（索尼 RX10 型数码相机，1600 万像素）和计算机（Lenovo 品牌，处理器为 Intel i5-3470，双核 3.20GHz，内存 2.0GB），如图 1 所示。

通过图像采集系统共获取了 360 幅蜜柚病害叶片图像作为实验对象，其中包含了黄斑病、炭疽病、疮痂病、煤烟病 4 类蜜柚病害，每类各 90 幅。将图像进行 256 像素×256 像素大小的标准化处理，处理后的蜜柚病害类型如图 2 所示。

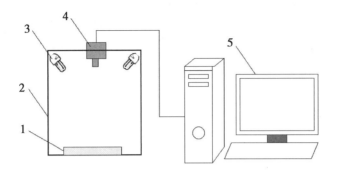

图 1　图像采集系统

Fig. 1　Image acquisition system

1. 载物台；2. 光照箱；3. 荧光灯；4. CCD 相机；5. 计算机

1 stage；2 light boxes；3 fluorescent lamps；4. CCD camera；5 computer

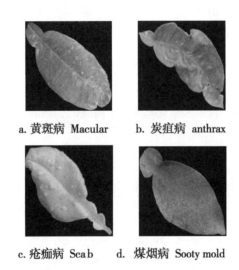

a. 黄斑病 Macular　　b. 炭疽病 anthrax

c. 疮痂病 Scab　　d. 煤烟病 Sooty mold

图 2　蜜柚叶片病害图像

Fig. 2　Disease image of Pomelo leaf

1.2　特征提取方法

二维 Gabor 小波变换具有较好的空间域和频率域分辨能力，是图像的多尺度多方向表示和分析的有力工具，经常被用作小波基函数对图像进行各种分析，能较好地反映生物视觉神经元的感受视野等优点[18,19]。因此，本文利用 Gabor 小波提取图像的纹理特征。

1.2.1　Gabor 小波

Gabor 小波变换是用一组滤波器函数与给定信号的卷积来表示或逼近一个

信号[20,21]。二维 Gabor 小波函数傅里叶变换如式（1）所示：

$$G(u,v) = exp\left\{ -\frac{1}{2}\left[\frac{\left(u - \frac{1}{\tau}^2\right)}{\sigma_u^2} + \frac{v^2}{\sigma_v^2} \right] \right\} \quad (1)$$

其中，$\sigma_u = \frac{1}{2} \cdot \sigma_x$；$\sigma_v = \frac{1}{2} \cdot \sigma_y$。

图像 $I(x, y)$ 上任一点 (x, y) 的小波变换为：

$$W_{m,n}(x,y) = \int l(x - x_1 \cdot y - y_1) \times g_{m,n}(x, y_1, \alpha, \theta) dx_1 dy_1 \quad (2)$$

改变 m、n 即可得到不同频带不同方向上的多通道小波变换。其中，$I(x - x_1, y - y_1)$ 为蜜柚病害图像，$g_{m,n}(x, y_1, \alpha, \theta)$ 为核函数，$W_{m,n}(x, y)$ 为在尺度为 m，方向为 n 时与蜜柚病害图像卷积的结果即为 Gabor 小波滤波器系数[22]。

a. 蜜柚病害图像

a. Disease image of honey pomelo

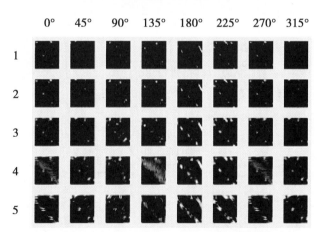

b. Gabor 小波变换的幅值图像

b. Amplitude image of g abor wavelet transform

图 3 Gabor 小波变换

Fig. 3 Gabor wavelet transform

1.2.2 基于 Gabor 小波的纹理特征提取

Gabor 滤波器系数矩阵 $W_{m,n}$（x，y）中的每一个元素为一复数值，对每一元素取其能量子带得到矩阵 $M_{m,n}$（x，y），并对 $M_{m,n}$（x，y）进行采样率为 ρ 的下采样，得到矩阵 $M_{m,n}$（x，y）[23]。图 3（a）为蜜柚病害图像，图 3（b）为 5 个尺度 8 个方向 Gabor 小波变换后的幅值图像。对蜜柚病害图像进行 5 级 Gabor 小波分解，则 5 个尺度的 8 个方［分别对应图 2（b）中的 8 个方向］共 40 个幅值图像，取不同尺度下 8 个方向的幅值平均值作为病害的纹理特征，则可得到 5 个图像特征。

1.3 病害分类识别方法

1.3.1 支持向量机

支持向量机是一种基于结构风险最小化的分类器，通过解二次规划问题，寻找将数据分为两类的最佳超平面[24~27]。常有的核函数 K（x_i，y_j）分别有：$Gauss$ 径向基核函数 K（x_i，y_j）$= exp\left(-\dfrac{|x_i - y_j|^2}{2\sigma^2}\right)$、$Sigmoid$ 核函数 K（x_i，x_j）$= tanh$（ρ（x_i，x_j）$+ c$）、多项式核函数 K（x_i，x_j）$= [(x_i, x_j) + 1)^{q}$[28~29]。

1.3.2 基于最优二叉树的多类支持向量机

支持向量机是针对二分类问题提出的，对于多分类问题，以二元分类为基础，通过一定的组合原则，构造多类分类器，实现多类可分[30]。目前常用的多分类支持向量机主要有：一对一方法和一对多方法。其中一对一方法在分类时存在不可分区域，一对多方法识别性能一般[31]。因此，针对这 2 种方法的不足，提出了基于最优二叉树的多类支持向量机。

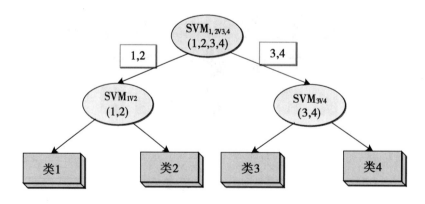

图 4　最优二叉树支持向量机分类器示意图

Fig. 4　Schematic diagram of optimal binary SVM classifiers

本文针对蜜柚的黄斑病、炭疽病、疮痂病、煤烟病 4 种病害，用类 1 表示黄斑病、类 2 表示炭疽病、类 3 表示疮痂病、类 4 表示煤烟病，构建了二层最优二叉树，如图 4 所示，第一层有 1 个支持向量机分类器即 SVM_{12V34}，主要对 1 类、2 类病害与 3 类、4 类病害先进行识别分类，第二层为 2 个分类器分别是 SVM_{1V2} 和 SVM_{3V4}，SVM_{1V2} 是对 1 类与 2 类病害进行识别，SVM_{3V4} 是对 3 类、4 类病害进行识别分类。其中，第一层先将最大阈值间隔的病害来构建决策树的根结点，如黄斑病（类 1）与煤烟病（类 4），然后用同样的方法建立第二层，直到所有分类器构建完成，以使每个结点下的分支间隔最大，能有效降低分类识别的错误，避免误差向下累积的问题，从而得到分类识别正确率高的最优二叉树。二层最优二叉树支持向量机识别病害时具体算法流程如下：

Step1：提取 4 种病害样本的特征向量，首先从第一层根节点开始，计算分类器 $SVM_{1.2V3.4}$，根据输出值判断下一层结点的走向，如果该病害为类 1 或类 2，则转向下一层左边叶子节点 SVM_{1V2}，如果该病害不为类 3 或类 4，则转向下一层右边叶子节点 SVM_{3V4}；

Step2：如果为左边叶子节点，则计算分类器 SVM_{1V2}，如果该病害计算结果为正则为类 1，如果该病害计算结果为负则为类 2；

Step3：如果为右边叶子节点，则计算分类器 SVM_{3V4}，如果该病害计算结果为正则为类 3，如果该病害计算结果为负则为类 4。

2 结果与分析

对蜜柚病害识别进行仿真试验，试验平台为 Lenovo 计算机，处理器为 Intel i5-3470，双核 3.20GHz，内存 2.0GB，操作系统为 Windows7.0，仿真软件为 Matlab2011a。蜜柚病害识别试验分 2 部分进行，第 1 部分为特征提取与分析试验，提取出最优的特征向量；第 2 部分为基于最优二叉树的支持向量机识别试验，获得最优的病害识别方法。

2.1 特征提取与分析试验

由已有病害图像特征提取研究可知，不同类别病害之间在颜色和纹理方面存在较大差异[32,33]。分别从 RGB 颜色模型（即红-绿-蓝颜色模型）、超绿红蓝颜色模型、HSI 颜色模型（即色调-饱和度-亮度颜色模型）、YIQ 颜色模型（即亮度-橙青色差-紫黄色差颜色模型），选择 R 分量、G 分量、B 分量、Y 分量、2G-R-B 分量、2R-G-B 分量、2B-G-R 分量、G-B 分量、R-B 分量、（G+R+B）/3 分量、H 分量、S 分量、Q 分量 13 个颜色分量，对采集的黄斑病、炭疽病、疮痂病、煤烟病4种病害的360幅图像进行统计分析，蜜柚叶部病害颜色特征分量统计结果如图5所示。从图5可以看出，在B分量统计上，黄斑病、炭疽病与疮痂病、以及与煤烟病之间具有一定差异性；在2G-R-B分量统计上，黄斑病、炭疽病、疮痂病、煤烟病的平均灰度值分别为：177、146、100、46，在4种病害之间具有较大可区分性；在（G+R+B）/3分量统计上，黄斑病、炭疽病、疮痂病、煤烟病的平均灰度值分别为：125、108、156、124，除了黄斑病与煤烟病之间差异性较小外，其他病害之间又相差较大；在Q分量统计上，黄斑病、炭疽病、疮痂病、煤烟病的平均灰度值分别为：70、75、42、96，除黄斑病与炭疽病相差不大外，其他病害之间具有可区分性。因此，经蜜柚叶部病害颜色特征分量统计发现：B分量、2G-R-B分量、（G+R+B）/3分量以及YIQ颜色模型中的Q分量对蜜柚叶片病害区分性较其他颜色分量大。

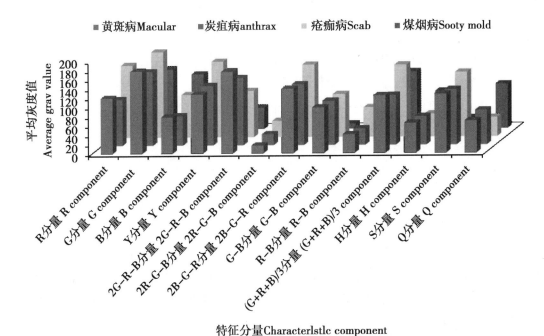

图5　蜜柚叶部病害颜色特征分量统计

Fig. 5　Pomelo leaf disease color characteristic component statistics

对采集的黄斑病、炭疽病、疮痂病、煤烟病4种病害的360幅图像进行纹理特征统计分析。提取病害图像的B分量、2G-R-B分量、（G+R+B）/3分量以及Q分量的灰度图像，并用5个尺度、8个方向的Gabor小波滤波器对灰度图像进行卷积变换，获取40个Gabor小波幅值，对不同尺度情况下的8个方向幅值取平均值，再除以 255 以使得幅值归一化至 0～1。4 种病害 Gabor 小波 5 个尺度幅值统计结果图如图 6 所示。从图中可以看出，B 分量的尺度 2 的 4 种病害幅值平均值区分最为明显，4 种病害在 2G-R-B 分量的尺度 1、尺度 2 和尺度 3 的幅值平均值差异最大，（G＋R＋B）/3 分量在尺度 1 至尺度 4 的区分度较高，Q 分量的前 2 个尺度最为容易区分。因此，将二维 Gabor 小波对 B 分量的尺度 2，2G-R-B 分量尺度 1、尺度 2、尺度 3，（G＋R＋B）/3 分量的尺度 1 至尺度 4，Q 分量的尺度 1、尺度 2 的 8 个方向平均幅值作为纹理特征进行提取。

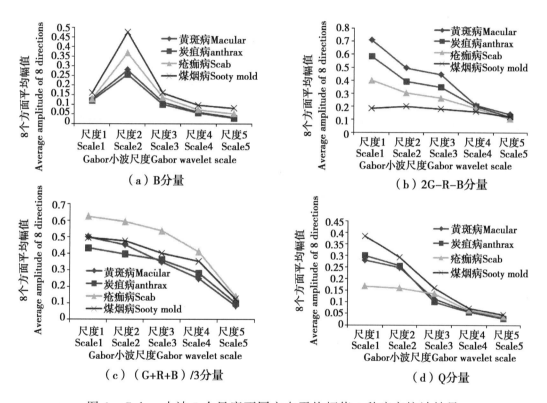

图 6　Gabor 小波 5 个尺度不同方向平均幅值 4 种病害统计结果

Fig. 6　Statistics chart Gabor wavelet five scales eight directions

average amplitudes with four kinds of disease

2.2　基于最优二叉树的支持向量机识别试验

试验中，从每类 90 幅蜜柚病害图像中，随机选取 60 幅图像，共 240 幅病害图像作为训练样本，4 类病害剩余 30 幅图像，共 120 幅作为测试样本。在 Windows7.0 操作系统和 Matlab2011b 软件平台上进行试验。通过 Matlab 库文件自带的 SVM 分类器，构建出基于最优二叉树的支持向量机病害多类识别

模型，对黄斑病、炭疽病、疮痂病、煤烟病 4 类蜜柚病害进行分类识别测试。构成的三层决策分类树，每个分类器内积核函数都采用径向基核函数 $K\left(x_i, x_j\right)=exp\left(-\dfrac{|x_i-x_j|^2}{2\sigma^2}\right)$，核函数的宽度 σ 和误差惩罚参数 C 通过对每个结点处样本集的交叉验证来调节，得出最优的参数。由于试验所用蜜柚样本数据量较小，因此采用交叉验证的方法进行分类识别测试。蜜柚病害识别训练识别流程如图 7 所示，从图中可知，首先提取蜜柚病害的 B 分量、2G-R-B 分量、(G＋R＋B) /3 分量、Q 分量图像，再利用 Gabor 小波对提取的 4 个分量图像进行 4 个尺度情况下的 8 个方向平均幅值，最后将 4 个分量图像获得的 4 个尺度幅值组合在一起，共 16 维作为试验的特征变量。

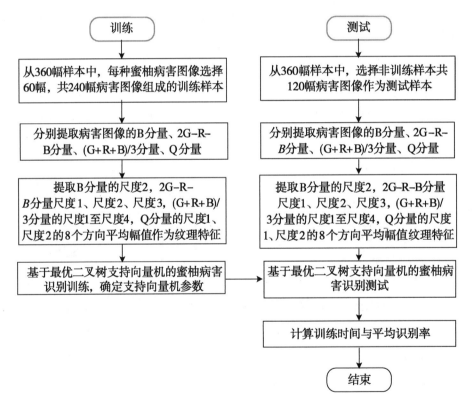

图 7　蜜柚病害识别训练识别流程

Fig. 7　Training and identify flowchart of pomelo disease recognition

根据蜜柚叶部病害分类识别测试结果（表 2），在二层最优二叉树支持向量机病害识别中，第一层根结点分类器 $SVM_{1,2v3,4}$ 在识别黄斑病、炭疽病（1，2）和疮痂病、煤烟病（3，4）时，每类病害图像 30 幅，黄斑病中的 2 幅图像、炭疽病中的 1 幅图像和 1 幅疮痂病图像识别错误，而烟煤病错误识别数为

0，准确率分别为 93.33％、96.66％、96.66％、100％。根据原因分析是因为有 1 幅黄斑病为病害初期，叶片只有少量病斑，提取的纹理特征与疮痂病相似，从而执行了错误分类，另一幅黄斑病颜色与烟煤病相同，识别错误；这 1 幅炭疽病叶片识别错误是因为叶片没有发生卷曲，与训练中的炭疽病叶片会发生不同程度卷曲现象提取的纹理特征信息存在差异；1 幅疮痂病识别错误是因为出现该病害同时叶片由于脱水发生了自然卷曲，被误判为炭疽病。

第二层叶结点分类器 SVM_{1V2} 在识别黄斑病与炭疽病时，炭疽病全部识别正确，而黄斑病中的 1 幅图像因为叶片发生卷曲而被错误识别为炭疽病，但因第一层分类器的累计的错误，因此，黄斑病与炭疽病准确率分别为 90.00％、96.66％。叶结点分类器 SVM_{3V4} 在识别疮痂病与煤烟病中，分别出现了 1 幅图像的错误识别，因为都为疮痂病发生的同时出现了煤烟病，因此，疮痂病与煤烟病准确率分别为 93.33％、96.66％。

由第二层 2 个叶结点分类器识别的准确率即为单项病害识别的准确率，黄斑病、炭疽病、疮痂病与煤烟病，4 种病害单项病害识别准确率分别为 90.00％、96.66％、93.33％、96.66％。4 种病害平均识别准确率达到 94.16％。因此，表明基于最优二叉树的支持向量机模型可较好的对 4 种蜜柚叶部病害进行识别。

表 2　蜜柚叶部病害分类识别测试结果

Table 2　Test results of pomelo leaf diseases classification

分类器识别准确率 Classifier recognition accuracy	蜜柚叶部病害 pomelo leaf diseases			
	黄斑病 Macular	炭疽病 anthrax	疮痂病 Scab	煤烟病 Sooty mold
分类器 $SVM_{1,2V3,4}$ 准确率 Classifier $SVM_{1,2V3,4}$ recognition accuracy	93.33％	96.66％	96.66％	100％
分类器 SVM_{1V2} 准确率 Classifier SVM_{1V2} recognition accuracy	90.00％	96.66％		
分类器 SVM_{3V4} 准确率 Classifier SVM_{3V4} recognition accuracy			93.33％	96.66％
单项病害识别准确率 Single disease recognition accuracy	90.00％	96.66％	93.33％	96.66％
平均识别准确率 Average recognition accuracy	94.16％			

2.3　蜜柚叶部病害识别比较试验

为了进一步验证本文方法的可行性，将本文方法与 BP 神经网络、一对一 SVM 与一对多 SVM 进行比较。其中 BP 神经网络采用 160-80-4 三层结构，学习速率为 0.5、惯性系数设定为 0.8、目标误差为 0.01，迭代次数设定为 800；一对一 SVM 和一对多 SVM 都采用径向基核函数，其中一对一 SVM 共有分类器数为 4 个，一对多 SVM 共有分类器数目 4 个。试验中，训练集与测试集情况与"基于最优二叉树的支持向量机识别试验"相同，即训练集为 240 幅病害图像，测试集为 120 幅病害图像，在不同特征变量情况下，分别从训练时间和识别精度 2 个方面，对蜜柚病害识别进行对比分析。特征变量分为 B 分量特征、2G-R-B 分量特征、(G＋R＋B) /3 分量特征、Q 分量特征、综合特征等 5 个类型。其中，B 分量特征为 B 颜色分量下提取的 4 个尺度 Gabor 小波不同方向的平均幅值，共 4 个特征变量；2G-R-B 分量特征为 2G-R-B 分量下的 4 个尺度 Gabor 小波不同方向的平均幅值；(G＋R＋B) /3 分量特征为 2G-R-B 分量下的 4 个尺度 Gabor 小波不同方向的平均幅值；Q 分量特征为 Q 分量下的 4 个尺度 Gabor 小波不同方向的平均幅值；综合特征即为"B 分量特征" ＋ "2G-R-B 分量特征" ＋ "(G＋R＋B) /3 分量特征" ＋ "Q 分量特征"，共 16 个特征变量。

4 种识别方法不同特征变量训练时间结果见表 3，从表中可以看出，在不同特征变量方面，由于综合特征的维数是 16 维多于其他分量特征的 4 维，训练时间较 B 分量特征、2G-R-B 分量特征、(G＋R＋B) /3 分量特征、Q 分量特征训练时间长。在不同训练方法方面，BP 神经网络方法在单项分量特征情况为平均训练时间为 600ms，综合特征训练时间为 740ms，耗时远远多于支持向量机方法；一对一 SVM、一对多 SVM 和本文方法的单分量特征训练时间分别为 350ms、370ms、300ms，在综合特征训练时间，一对一 SVM、一对多 SVM 和本文方法分别为 420ms、450ms、370ms，本文方法较一对一 SVM 和一对多 SVM 的训练时间少。因此，从训练时间角度看，本文方法较 BP 神经网络、一对一 SVM 和一对多 SVM 的训练时间短。是因为本文方法从支持向量机分类器结构上采用了最优二叉树的方法，减少了需要训练的分类器个数，从而缩短了训练的时间。

在不同特征变量情况下，4 种方法识别病害结果见表 3，从中可以看出，随着特征变量的变化，4 种方法的识别准确率都不同程度的影响，综合特征的识别率明显高于单分量特征，在单分量特征中，2G-R-B 分量特征和 (G＋R＋B) /3 分量特征识别率要好于 B 分量和 Q 分量。从不同识别方法上看，BP 神经网络、一对一 SVM、一对多 SVM 和本文方法在综合特征的识别率分别为：86.00%、91.50%、90.00%、94.16%。因此，从病害识别结果可以得出，本文方法较 BP 神经网络、一对一 SVM 和一对多 SVM 的识别效果优越。

表3   4种识别方法不同特征变量训练时间和病害识别结果

Table 3   Training time and classification disease results of four methods with different characteristic

特征变量 Characteristic variables	BP 神经网络 BP neural network		一对一 SVM One to one SVM		一对多 SVM One to many SVM		本文方法 Proposed method	
	训练时间（ms） Training time	识别率 Recognition rate	训练时间（ms） Training time（ms）	识别率 Recognition rate	训练时间（ms） Training time（ms）	识别率 Recognition rate	训练时间（ms） Training time（ms）	识别率 Recognition rate
B 分量 B component	600	41.00%	350	47.00%	370	47.00%	300	47.00%
2G-R-B 分量 2G-R-B component	600	60.50%	350	66.00%	370	66.00%	300	70.00%
（G+R+B）/3 分量 （G+R+B）/3 component	600	62.16%	350	68.50%	370	65.60%	300	70.00%
Q 分量 Q component	600	39.96%	350	44.04%	370	42.18%	300	45.01%
综合特征 Comprehensive features	740	86.00%	420	91.50%	450	90.00%	370	94.16%

3   结论

（1）利用5尺度8方向的 Gabor 小波与 B 分量、2G-R-B 分量、（G+R+B）/3分量以及 YIQ 颜色模型中的 Q 分量的灰度图像进行卷积计算，获取了16个特征向量，所提取的特征具有多尺度多方向的特性，同时又充分反映了不同病害之间细微的差别，使得提取的特征具有较高区分性。

（2）构建的基于最优二叉树支持向量机蜜柚叶部病害识别模型，经过最优二叉树，3个 SVM 分类器的计算，最终确定病害的种类；通过交叉验证的方法进行分类识别测试，得出：黄斑病、炭疽病、疮痂病、煤烟病识别准确率分别为90%、96.66%、93.33%、96.66%，平均识别率达到94.16%，表明本文方法可有效识别蜜柚叶部的4种病害。同时，该研究构建的蜜柚叶部病害识别模型试验结果是针对中晚期病害得出的结果，而对于早期病害的检测与识别在今后还需进一步测试。

（3）通过将本文方法与 BP 神经网络、一对一 SVM 与一对多 SVM 进行比较，试验结果得出：在综合特征训练时间上，BP 神经网络、一对一 SVM、一对多 SVM 和本文方法分别为740ms、420ms、450ms、370ms；在病害识别精度上，BP 神经网络、一对一 SVM、一对多 SVM 和本文方法在综合特征的识别率分别为：86.00％、91.50％、90.00％、94.16％。因此，本文方法在训练时间和蜜柚病害识别精度上都优于其他 3 种方法。但本文方法只针对叶片感染单一病害的识别，而对于同一叶片感染多种病害，以及病害与虫害同时危害的情况，需要进一步研究与探索。

参考文献

[1] 潘锦山 . 基于 3G 混合网络和 GPS 技术的果树移动专家系统（FMES）的构建 [D]. 福建：福建农林大学，2010.
Pan Jinshan. Study on Mobile Expert System of Fruit Trees (FMES) on the Basis of 3G Hybrid Network and GPS Technology [D]. Fujian：Fujian Agriculture and Forestry University，2010.（in Chinese with English abstract）

[2] 李小龙，王库，马占鸿，等 . 基于热红外成像技术的小麦病害早期检测 [J]. 农业工程学报，2014，30（18）：183-189.
Li Xiaolong，Wang Ku，Ma Zhanhong，et al. Early detection of wheat disease based on thermal infrared imaging [J]. Transactions of the Chinese Society of Agricultural Engineering (Transactions of the CSAE)，2014，30（18）：183-189.（in Chinese with English abstract）

[3] 梅慧兰，邓小玲，洪添胜，等 . 柑橘黄龙病高光谱早期鉴别及病情分级 [J]. 农业工程学报，2014，30（9）：140-147.
Mei Huilan，Deng Xiaoling，Hong Tiansheng，et al. Early detection and grading of citrus huanglongbing using hyperspectral imaging technique [J]. Transactions of the Chinese Society of Agricultural Engineering，2014，30（9）：140-147.（in Chinese with English abstract）

[4] 温芝元，曹乐平 . 基于为害状色相多重分形的椪柑病虫害图像识别 [J]. 农业机械学报，2014，45（3）：262-267.
Wen Zhiyuan，Cao Leping. Damage Pattern Recognition of Citrus reticulate Blanco Based on Multi-fractal Analysis of Image Hue [J]. Transactions of the Chinese Society for Agricultural Machinery，2014，45（3）：262-267.（in Chinese with English abstract）

[5] 冀荣华，祁力钧，傅泽田 . 自动对靶施药系统中植物病害识别技术的研究 [J]. 农业机械学报，2007，38（6）：190-192.
Ji Ronghua，Qi Lijun，Fu Zetian. Automatic Target Pesticide Research on Plant disease Identification System Technology [J]. Transactions of the Chinese Society for Agricultural Machinery，2007，38（6）：190-192.（in Chinese with English ab-

stract)

［6］管泽鑫，唐健，杨保军，等．基于图像的水稻病害识别方法研究［J］．中国水稻科学，2010，24（5）：497-502.

Guan Zexin，Tang Jian，Yang Baojun，et al. Study on recognition method of rice disease based on image. China Rice Sci，2010，24（5）：497-502.（in Chinese with English abstract）

［7］陈兵旗，郭学梅，李晓华．基于图像处理的小麦病害诊断算法［J］．农业机械学报，2009，40（12）：190-195.

Chen B Q，Guo X M，Li X H. Image diagnosis algorithm of diseased whea［J］. Transactions of the CSAM，2009，40（12）：190-195.（in Chinese with English abstract）

［8］Sena D G，Pinto F A C，Queiroz D M，et al，Fall armyworm damaged maize plant identification using digital images. Biosystems Engineering，2003，85（4），449-454.

［9］Camargoa A，Smith J S. An image-processing based algorithm to automatically identify plant disease visual symptoms. Biosystems Engineering，2009，102（1）：9－21.

［10］Pydipati R，Burks T F，Lee W S. Identification of citrus disease using color texture features and discriminant analysis［J］. Computers and Electronics in Agriculture，2006，52：49-59.

［11］Huang Kuoyi. Application of artificial neural network for detecting Phalaenopsis seedling diseases using color and texture features［J］. Computers and Electronics in Agriculture，2007，（57）：3-11.

［12］Santanu Phadikar，Jaya Sil，Asit Kumar Das. Rice diseases classification using feature selection and rule generation techniques［J］. Computers and Electronics in Agriculture. 2013，90：76－85.

［13］Rumpf T，Mahlein A K，Steiner U. Early detection and classification of plant diseases with Support Vector Machines based on hyperspectral reflectance［J］. Computers and Electronics in Agriculture. 2010，74：91－99.

［14］Alchanatis V，Ridel L，Hetzroni A，et al. Weed detection in multi-spectral images of cotton fields［J］. Computers and Electronics in Agriculture，2005，47（3）：243-260.

［15］Glaucia M B，Vilma A O，Estevam R H，et al. Using Bayesian networks with rule extraction to infer the risk of weed infestation in a corn-crop［J］. Engineering Applications of Artificial Intelligence，2009，22（4）：579-592.

［16］中华人民共和国国家质量监督检验检疫总局：GBT-23222—2008 烟草病虫害分级调查方法［S］．北京：中国标准出版社，2009.

［17］谢成君，刘普明．马铃薯病虫害发生程度综合指标的确定［J］．中国马铃薯，2010，

3：165-169.

Xie Chengjun，Liu Puming. Determination of comprehensive indexes in occurrence degree of potato insects and diseases [J]. Chinese Potato Journal，2010，3：165-169. (in Chinese with English abstract)

[18] 徐小龙，蒋焕煜，杭月兰. 热红外成像用于番茄花叶病早期检测的研究 [J]. 农业工程学报，2012，28 (5)：145-149.

Xu Xiaolong，Jiang Huanyu，Hang Yuelan. Study on detection of tomato mosaic disease at early stage based on infrared thermal imaging [J]. Transactions of the Chinese Society of Agricultural Engineering (Transactions of the CSAE)，2012，28 (5)：145-149. (in Chinese with English abstract)

[19] 温芝元，曹乐平. 椪柑果实病虫害的傅里叶频谱重分形图像识别 [J]. 农业工程学报，2013，29 (23)：159-165.

Wen Zhiyuan，Cao Leping. Citrus fruits diseases and insect pest recognition based on multifractal analysis of Fourier transform spectra [J]. Transactions of the Chinese Society of Agricultural Engineering (Transactions of the CSAE)，2013，29 (23)：159-165. (in Chinese with English abstract)

[20] Asnor J I，Aini H，Mohd M M，et al. Weed image classification using Gabor wavelet and gradient field distribution [J]. Computers and Electronics in Agriculture，2009，66 (1)：53-61.

[21] 朱峰，王海丰，任洪娥. 基于 Gabor 变换的纹理图像分割算法及应用 [J]. 森林工程，2013，29 (5)：60-63.

Zhu Feng，Wang Haifeng，Ren Honge. Research on Texture Image Segmentation Algorithm and Its Application Based on Gabor Wavelet Transform [J]. Forest Engineering. 2013，29 (5)：60-63. (in Chinese with English abstract)

[22] 吴延海，梁文莉. 基于 Gabor 小波变换的 ICA 人脸识别算法研究 [J]. 微电子学与计算机，2013，30(7)：141-144.

Wu Yanhai，Liang Wenli. Research on ICA Face Recognition Algorithm Based on Gabor Wavelet Transform [J]. Microelectronics & Computer，2013，30 (7)：141-144. (in Chinese with English abstract)

[23] 冯鑫，王晓明，党建武. 基于 Curvelet-散射特征的图像纹理分类 [J]. 农业机械学报. 2012，43 (10)：184-189.

Feng Xin，Wang Xiaoming，Dang Jianwu. Image Texture Classification Based on Curvelet-Scattering Features [J]. Transactions of the Chinese Society for Agricultural Machinery，2012，43 (10)：184-189. (in Chinese with English abstract)

[24] Zhang D，Lu G. Content-based image retrieval using Gabor texture features [C] // Proc. of First IEEE Pacific-Rim Conference on Multimedia (PCM00)，Sydney，

Australia，2000.

[25] 李志星，陈书贞，周建华，等．基于 Gabor 小波能量子带分块的稀疏表示人脸识别 [J]．燕山大学学报，2013，37（1）：68-74.

Li Zhixing，Chen Shuzhen，Zhou Jianhua. Sparse representation for face recognition based on partitioning energy sub-band of Gabor wavelet [J]. Journal of Yanshan University，2013，37（1）：68-74.（in Chinese with English abstract）

[26] 王湘平，张星明．基于 Gabor 小波的眼睛和嘴巴检测算法 [J]．计算机工程，2005，31（22）：169-171.

Wang Xiangping，Zhang Xingming. GABOR Wavelet-based Eyes and Mouth Detection Algorithm [J]. Computer Engineering，2005，31（22）：169-171.（in Chinese with English abstract）

[27] 王津京，赵德安，姬伟．采摘机器人基于支持向量机苹果识别方法 [J]．农业机械学报，2009，40（1）：148-151.

Wang Jinjing，Zhao Dean，Ji Wei. Apple Fruit Recognition Based on Support Vector Machine Using in Harvesting Robote [J]. Transactions of the Chinese Society for Agricultural Machinery，2009，1（40）：148-151.（in Chinese with English abstract）

[28] 宋怡焕，饶秀勤，应义斌．基于 DT-CWT 和 LS-SVM 的苹果果梗/花萼和缺陷识别 [J]．农业工程学报，2012，28（9）：114-118.

Song Yihuan，Rao Xiuqin，Ying Yibin. Apple stem/calyx and defect discrimination using DT-CWT and LS-SVM [J]. Transactions of the Chinese Society of Agricultural Engineering，2012，28（9）：114-118.（in Chinese with English abstract）

[29] 焦有权，赵礼曦，邓欧，等．基于支持向量机优化粒子群算法的活立木材积测算 [J]．农业工程学报，2013，29（20）：160-167.

Jiao Youquan，Zhao Lixi，Deng Ou，et al. Calculation of live tree timber volume based on particle swarm optimization and support vector regression [J]. Transactions of the Chinese Society of Agricultural Engineering（Transactions of the CSAE），2013，29（20）：160-167.（in Chinese with English abstract）

[30] 李小昱，陶海龙，高海龙，等．基于多源信息融合技术的马铃薯疮痂病无损检测方法 [J]．农业工程学报，2013，29（19）：277-284.

Li Xiaoyu，Tao Hailong，Gao Hailong，et al. Nondestructive detection method of potato scab based on multi-sensor information fusion technology [J]. Transactions of the Chinese Society of Agricultural Engineering（Transactions of the CSAE），2013，29（19）：277-284.（in Chinese with English abstract）

[31] 翟治芬，严昌荣，张建华，等．基于蚁群算法和支持向量机的节水灌溉技术优选 [J]．吉林大学学报（工学版）．2013.43（4）：997-1003.

Zhai Zhifen，Yan Changrong，Zhang Jianhua. Optimization of water-saving irriga-tion technology based on ant colony algorithm and supporting vector machine [J]. Journal of Jilin University (Engineering and Technology Edition) . 2013. 43 (4)：997-1003. (in Chinese with English abstract)

[32] 韩瑞珍，何勇 . 基于计算机视觉的大田害虫远程自动识别系统 [J]. 农业工程学报，2013，29 (3)：156-162.

Han Ruizhen，He Yong. Remote automatic identification system of field pests based on computer vision [J]. Transactions of the Chinese Society of Agricultural Engi-neering (Transactions of the CSAE)，2013，29 (3)：156-162. (in Chinese with English abstract)

[33] 邓继忠，李敏，袁之报，等 . 基于图像识别的小麦腥黑穗病害特征提取与分类 [J]. 农业工程学报，2012，28 (3)：172-176.

Deng Jizhong，Li Min，Yuan Zhibao，et al. Feature extraction and classification of Tilletia diseases based on image recognition [J]. Transactions of the CSAE，2012，28 (3)：176-176. (in Chinese with English abstract)

我国蔬菜市场 2014 年形势分析及后市展望[*]

Situation Analysis and Future Outlook of Vegetable Market in 2014 in China

王盛威[**] 沈 辰[***] 李辉尚[***] 孔繁涛[***]

Wang Shengwei，Shen Chen，Li Huishang，Gong Fantao

（中国农业科学院农业信息研究所/农业部农业信息服务技术重点实验室，北京 100081）

2014 年 1～10 月，蔬菜生产形势整体持续向好，在田面积和产量均同比增加，市场供应较为充足。蔬菜价格总体运行平稳，略低于 2013 年同期水平。其中，茎类菜价格高企，同比涨幅明显；叶类菜、果类菜价格明显低于 2013 年水平，但波动幅度相对较大；根类菜、花类菜价格处于低位平稳运行；菌类菜价格居于高位，总体高于 2013 年同期。2014 年以来，蔬菜出口稳中略增，进口增长较为明显。预计 2014 年冬至 2015 年春蔬菜供给较为充足，随着气温的逐渐降低，后期蔬菜价格将进入上行通道。预计 2015 年蔬菜种植面积仍将保持稳定，蔬菜市场价格将保持基本平稳。

1 蔬菜生产形势整体持续向好

2014 年 1～10 月，全国气象条件较为有利，蔬菜生产形势整体持续向好，在田面积和产量均同比增加，蔬菜供应较为充足。农业部在 2014 年 1 月 7 日发布《2014 年种植业工作要点》，要求促进蔬菜生产稳定发展，抓好南方冬春蔬菜生产基地建设，扎实推进北方城市冬季设施蔬菜试点，提升蔬菜均衡供应保障能力。从农业部蔬菜生产信息的监测数据来看，2014 年 1～10 月，农业

---

* 基金项目："十二五"国家科技支撑计划重点项目（2012BAH20B04）；中国农业科学院基本科研业务费预算增量项目（2014ZL026）；广东省科技计划项目"广东省农产品安全预警与追溯技术研究"（2012A020100008），中国农业科学院农业信息研究所公益性科研所基本科研业务费（2014J017）

** 作者简介：王盛威，博士，助理研究员

*** 通讯作者：孔繁涛，副研究员。E-mail：kongfantao@caas.cn

部 580 个蔬菜重点县信息监测点在田面积和产量总体有所增加（表 1），在田面积有 8 个月同比增加，总产量 1 018.17 万 t，同比增 3.1%。进入夏季以来，云贵高原夏秋蔬菜优势区部分地区遭遇暴雨、冰雹等灾害性天气，加之云南中部地区旱情较为严重，6 月产量同比减 1.1%。8 月，北部高纬度夏秋蔬菜优势区受前期低温影响，部分蔬菜收获推迟，加上云贵高原部分地区暴雨洪涝灾害加剧，产量同比减 2.1%。9 月以来，秋菜进入采收旺季，蔬菜供给总体增加。

表 1　2014 年 1 月以来蔬菜在田面积和产量

月份	在田面积（万亩）	同比（%）	580 个蔬菜重点县产量（万 t）	同比（%）
1	95.65	2.5	85.96	8.6
2	101.69	3.9	77.76	5.3
3	121.22	6.4	80.50	2.2
4	140.41	−1.7	95.21	1.3
5	152.21	0.4	133.12	0
6	137.40	−0.7	122.13	−1.1
7	125.52	3.3	103.15	6.2
8	136.29	4.1	102.96	−2.1
9	139.01	3.4	106.83	10.7
10	131.94	3.9	110.56	4.1

数据来源：农业部蔬菜生产信息网

2　蔬菜价格总体运行平稳，略低于 2013 年同期水平

蔬菜市场价格受季节波动影响明显，呈现出显著的季节性波动规律。从农业部监测的 28 种蔬菜的全国平均批发价格来看，1～10 月，蔬菜价格总体运行平稳，略低于 2013 年同期水平（图 1）。1～2 月受元旦、春节消费拉动，价格呈上涨趋势；随着天气逐渐转暖，3 月出现明显的季节性回落，蔬菜价格开始进入下行通道，并在 6 月降至最低点，累计下跌 25.5%；但在第三季度又连续出现反弹，7～8 月，受高温天气影响，蔬菜生产进入淡季，加之江南、华南、西南地区遭遇暴雨、冰雹等灾害性天气，云南中部地区旱情加剧，对蔬菜生产、流通均造成一定影响，蔬菜价格止跌回升；9 月蔬菜价格受华西持续性阴雨天气及中秋节日效应等因素影响继续小幅攀升；进入 10 月，随着秋菜进入采收旺季，蔬菜供给总量有所增加，总体价格小幅回落。

2014 年蔬菜价格总体低于 2013 年水平。其中，3 月、5 月和 6 月蔬菜平

均批发价格略高于 2013 年同期水平，2 月、7 月基本与 2013 年持平，其余月份均不同程度地低于往年价格水平。2014 年以来，茎类菜价格高企，尤其是生姜价格的持续高位运行，拉高了蔬菜总体价格。若剔除生姜价格持续上涨的影响之后，与 2013 年相比，2014 年前 10 个月中有 9 个月出现不同程度的同比下降，其中有 5 个月同比跌幅超过了 10%。

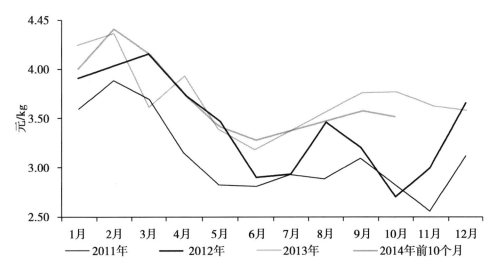

图 1　28 种蔬菜平均批发价格

数据来源：农业部农产品批发市场监测信息网

2.1　茎类菜价格高企，同比涨幅明显

茎类菜价格持续高位运行，自 1 月以来环比连续 9 个月小幅上涨，同比涨幅已连续 7 个月超过 20%，但幅度有所收窄（图 2）。9 月，茎类菜平均批发价格为每千克 5.39 元，创 2009 年以来的新高，环比涨 3.8%。进入 10 月，茎类菜价格终于停止了上涨步伐，出现年内首次回落，平均批发价格为每千克 5.28 元，环比跌 2.0%，同比涨 23.9%。

生姜价格的不断攀升是茎类菜价格居高不下的主要原因。生姜价格自 2013 年 5 月开始持续走高，仅在 2013 年 12 月、2014 年 1 月和 7 月出现下跌，其余月份均保持上涨态势，与 2013 年 5 月相比，累计上涨幅度高达 450.9%。2014 年 4~6 月，生姜价格涨幅逐渐收窄，7 月一度出现微幅下跌，但 8 月价格再次反弹，9 月平均批发价格每千克 5.39 元，创 2009 年以来的新高，环比涨 3.8%，同比涨 35.3%。生姜价格持续上涨是由其产量锐减引起的，受 2013 年"毒生姜"事件影响，加之旱涝灾害冲击，生姜主产区种植面积大幅萎缩，供给随之减少。8 月以来的价格反弹与市场存量不足、市场货源"青黄不接"有关。一般来说，10月是新姜集中收获的时间，但新姜产后还要经过约2个月的时间才能上市，即至12月新姜才能大量上市。预计生姜价格或在12月出现下跌，在此之前生姜价格仍将维持较高水平。

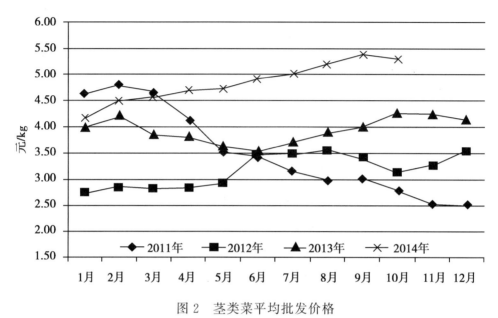

图2　茎类菜平均批发价格

数据来源：农业部农产品批发市场监测信息网

2.2　叶类菜、果类菜价格明显低于2013年水平，但波动幅度相对较大

2014年叶类菜的生产规模较2013年有所增加，市场供给较为充足，批发价格低于2013年同期水平。1~10月，叶类菜价格变动基本符合季节性波动规律，在1~2月保持了上涨趋势，到了3月才出现较为明显的季节性回落，4~6月价格基本稳定在每千克2元的水平（图3）。7~9月价格持续小幅上涨，其中，7月、8月受持续高温、强降水等天气影响，叶类菜生产受到一定影响，蔬菜产后损耗增加，价格环比有所回升；9月，华西地区持续性阴雨天气又使得四川、陕西、重庆、湖北等大部分地区蔬菜生产遭受了一定损失，叶类菜的生长和采摘均受到严重影响，产后损耗增加，上市量有所减少，价格小幅上涨。10月，随着秋菜进入采收旺季，蔬菜供给总量有所增加，叶类菜价格出现回落。

1~10月，果类菜价格波动幅度较大，先快速攀升，随后大幅跌落，再缓慢爬升（图3）。2014年年初，果类菜价格延续2013年的上涨态势，1月环比涨33.4%，2月平均批发价格创2009年以来新高。自3月起，果类菜价格开始急剧下跌，至7月跌幅才有所收窄，8月，果类菜价格跌落至近两年的最低水平。生产规模扩大是价格下跌的重要原因，根据农业部监测数据，7月底580个蔬菜生产重点县信息监测点茄子、西红柿、黄瓜在田面积和产量较2013年同期有较大幅度增加，同比增幅均超过6%。9月以来，受种植面积变化、产地转变的影响，果类菜价格出现反弹，结束了连续6个月的下滑态势，价格连续2个月小幅上扬。与2013年相比，果类菜价格在前10个月中有8个月同比低于2013年同期，且跌幅扩大趋势较为明显。

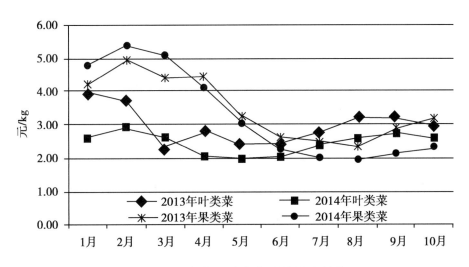

图3 叶类菜、果类菜平均批发价格

数据来源：农业部农产品批发市场监测信息网

2.3 根类菜、花类菜价格处于低位平稳运行

2014年以来，花类菜价格处低位徘徊，同比降幅已连续7个月超过10%。1~10月，花类菜价格的季节性波动相对不明显，价格较为平稳：1~3月价格小幅回落，4月经历短暂反弹之后又延续之前的下跌趋势，6月跌至2013年以来的最低水平，7月价格出现明显反弹，环比涨17.9%，进入8月，价格再次进入下行通道，10月花类菜价格已跌落至2010年以来同期的次低水平（图4）。

1~10月，根类菜价格比较平稳，总体在1.80元上下波动。1~3月，根类菜价格连续微幅上涨，自4月起开始出现季节性回落，价格连续5个月呈现下跌态势，9月小幅回升，10月又再次下滑，跌落至2013年以来的最低水平。2014年以来，根类菜价格除在3月、4月略高于2013年同期价格水平外，其余月份均低于2013年同期水平（图4）。

2.4 菌类菜价格居于高位，总体高于2013年同期

2014年1~10月，菌类菜价格持续高位运行，1~2月价格小幅上扬，3~

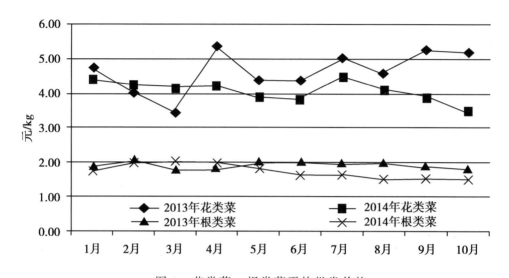

图 4 花类菜、根类菜平均批发价格

数据来源：农业部农产品批发市场监测信息网

4月有所回落，自5月开始又呈上升态势，连续4个月环比上涨，至8月菌类菜价格创2009年以来的最高水平，9月以来趋稳回落，持续上涨态势得以扭转。与2013年相比，除1月外，其余月份菌类菜价格均高于2013年同期水平（图5）。

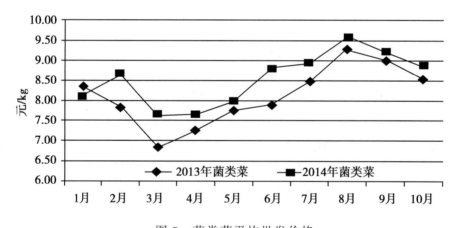

图 5 菌类菜平均批发价格

数据来源：农业部农产品批发市场监测信息网

3 蔬菜贸易顺差继续扩大

2014年1～9月，蔬菜总体出口量值与2013年同期相比变化不大，出口结构仅有小幅度调整，蔬菜总体进口量值增长明显，但因进口额基数小，贸易顺差仍呈现扩大趋势。蔬菜出口量达到 714.36 万 t，出口额达到 90.81 亿美元，出口量和出口额分别同比增长了 0.7％和 8.9％。我国蔬菜进口量值都比较小，蔬菜进口规模与 2013 年同期相比有所增加，1～9 月蔬菜进口量仅为 18.14 万 t，同比增长 20.5％，进口额为 4.06 亿美元，同比增长 32.2％。蔬菜进口额仅占蔬菜贸易量的 4.3％。因此，贸易顺差不断扩大，为 86.76 亿美元，同比增长 8.0％。

3.1 蔬菜总体出口量值略有增加，仅加工蔬菜出口量减少

1 月蔬菜出口量和出口额与 2013 年同期相比都有所增长，其中出口额增长了 21.23％，是 2014 年迄今为止最大的增长幅度。2 月蔬菜出口量值都出现同比下降，出口额下降 4.55％，出口量下降 9.89％。3～9 月蔬菜出口额保持恢复性增长态势，均同比高于 2013 年同期水平，3 月和 4 月，蔬菜出口额分别同比增长了 8.87％和 5.52％，5 月蔬菜出口额增长幅度略低，6 月蔬菜出口额增长幅度相对较大，达到了 17.52％，7 月蔬菜出口额同比上涨 7.36％，8 月和 9 月蔬菜出口额同比涨幅为 9％左右。3～9 月蔬菜出口量则波动较为频繁，3 月和 4 月，蔬菜出口量略有增长，涨幅分别为 0.99％和 1.07％，但在 5 月出口量同比下降，6 月和 7 月又有所增加，而在 8 月又有所减少，9 月蔬菜出口量则恢复增长，增长幅度为 3.1％（图 6）。

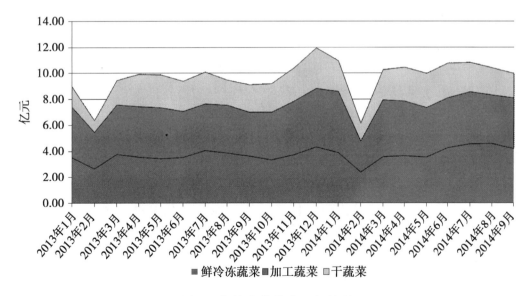

图 6　各月度蔬菜出口额情况

2014 年 1～9 月，蔬菜出口形势与 2013 年同期相比略有好转，出口量值同增，其中干蔬菜出口额增长最为显著。1～9 月蔬菜出口总量为 714.36 万 t，同比增长 0.7％，蔬菜出口额为 90.81 亿美元，同比增长 8.9％。其中，鲜冷冻蔬菜的出口数量为 471.86 万 t，同比增长 6.6％，出口金额为 34.71 亿美元，同比增长 8.3％。加工蔬菜的出口量为 210.38 万 t，虽然出口量同比减10.9％，但出口额同比增长加 7.5％，达到 34.94 亿美元，与其他类型蔬菜相比，出口额所占比例最大。干蔬菜出口量为 31.81 万 t，同比增长 4.3％，出口额为 20.14 亿美元，同比增长 11.3％（表 2）。与往年相比，2014 年的 3 种蔬菜出口额所占比例略有变化，其中，干蔬菜出口额的比例略有增加，从21.71％增长到 22.18％，而鲜冷冻蔬菜和加工蔬菜出口额的比例略有下降，分别从 38.44％和 38.98％下降到 38.22％和 38.48％。

表 2   2014 年 1～9 月蔬菜出口量值及同比变化

项目	2014 年 1～9 月		2013 年 1～9 月		数量增长（％）	金额增长（％）
	出口量（万 t）	出口额（亿美元）	出口量（万 t）	出口额（亿美元）		
鲜冷冻蔬菜	471.86	34.71	442.71	32.05	6.6	8.3
加工蔬菜	210.38	34.94	236.06	32.50	−10.9	7.5
干蔬菜	31.81	20.14	30.51	18.10	4.3	11.3
合计	714.36	90.81	709.74	83.38	0.7	8.9

数据来源：农业部

3.2   蔬菜进口量值增长明显，干蔬菜进口快速增长

1～9 月蔬菜进口额都呈现增长态势，均同比高于 2013 年同期进口水平，其中在 1 月和 9 月，蔬菜进口额同比增长幅度超过 20％，2 月和 8 月同比增长幅度超过 50％，尤其是在 6 月，蔬菜进口额同比上涨 67.35％。除 3 月和 9 月蔬菜进口量同比下降，其他月份蔬菜进口量都同比上涨，尤其在 6 月，蔬菜进口量同比增长了 74.23％（图 7）。

2014 年 1～9 月，蔬菜进口量值增长比较显著，蔬菜进口量为 18.14 万 t，同比增长 20.5％，进口额为 4.06 亿美元，同比增长 32.2％。与 2013 年同期相比，各蔬菜品种的进口量值均有所增加，其中，干蔬菜的进口增幅最为明显，进口量和进口额分别为 0.74 万 t 和 0.48 亿美元，同比增加 49.6％和107.5％。加工蔬菜是最主要的蔬菜进口类型，进口额约占蔬菜进口总额的一半，为 1.91 亿美元，同比增加 27.3％，加工蔬菜的进口量为 14.44 万 t，同

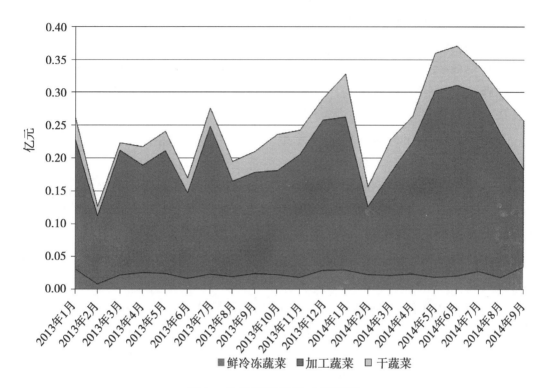

图 7　各月度蔬菜进口额情况

比增加 18.7%。鲜冷冻蔬菜进口额最小，进口量和进口额分别为 1.67 万 t 和 0.22 亿美元，分别同比增加 3.0% 和 11.5%（表 3）。

表 3　2014 年 1～9 月蔬菜进口量值情况

	2014 年 1～9 月		2013 年 1～9 月		同比增长（%）	
	数量 （万 t）	金额 （亿美元）	数量 （万 t）	金额 （亿美元）	数量	金额
鲜冷冻蔬菜	1.67	0.22	1.62	0.20	3.0	11.5
加工蔬菜	14.44	1.91	12.17	1.50	18.7	27.3
干蔬菜	0.74	0.48	0.49	0.23	49.6	107.5
合计	18.14	4.06	15.05	3.07	20.5	32.2

数据来源：农业部

4　后期走势判断

4.1　蔬菜供应基本有保障，菜价将基本保持稳定

根据蔬菜价格波动规律，11 月，随着气温的继续下降，露地蔬菜将逐步

退出市场，设施蔬菜和南方产区蔬菜供给量将不断增加，使得蔬菜生产、流通成本增加，总体价格将进入季节性上行通道。据农业部蔬菜生产信息网监测，2014年冬种蔬菜计划播种面积1.6亿亩，同比增长4.3%。其中，华南地区南菜北运基地面积持平略增；长江上中游地区南菜北运基地面积继续增加；北方地区设施蔬菜种植面积保持稳定。此外，每年从国庆前后开始到春节前后，是节日最多的时期，蔬菜消费旺盛，同时也是恶劣灾害天气频繁发生影响产销最重的时刻，若冬季无大的自然灾害发生，今冬明春蔬菜供应也将有保障。从当前蔬菜市场运行形势看，冬季价格同比将低于2013年。

随着"菜篮子"工程的深入开展，预计2015年蔬菜种植面积仍将较为稳定，蔬菜供应较为充足，但需要继续密切关注天气变化、品种结构变化和各个地区的上市档期与茬口转换，加强蔬菜生产信息的收集与发布，积极疏通产销渠道，防止产地蔬菜积压滞销情况发生。自2009年以来，蔬菜价格上涨已成常态。这背后不仅与天气灾害有关，更是与蔬菜种植成本的持续上涨和需求量的不断增加紧密相连，一些突发事件也会对蔬菜价格产生影响，如2013年的"毒生姜"事件。如果天气正常且蔬菜生长状况良好，2015年蔬菜价格或稳中略涨。

4.2　个别小品种蔬菜生产值得关注

一些小品种蔬菜的生产仍值得关注。以大蒜为例，北方大蒜产区的农户已经连续2年亏损，储存商也已经连续两三年收入甚微，如果大蒜价格仍然持续低迷，导致种植者失去种植信心，将会影响到下一年的种植面积。生姜价格自2013年5月持续攀升，农户扩种生姜意愿较高，应引导农民合理安排生产，防止种植面积扩张过快供大于求导致的生姜价格暴跌。

4.3　蔬菜出口有望保持稳定态势，进口或将小幅增加

2014年1～9月，大多数月份蔬菜进出口额均同比增加，因2013年蔬菜出口保持恢复性增长态势，2014年1～9月蔬菜总体出口规模与2013年变化不大，略有增长。同时，蔬菜出口结构仅有小幅度调整，干蔬菜出口比例略有增加，鲜冷冻蔬菜和加工蔬菜出口比例略有减少。相比较之下，1～9月蔬菜进口量值增长比较明显，尤其是干蔬菜进口量值的增长幅度最大，但因其所占比例小，加工蔬菜仍是目前最主要的蔬菜进口类型。从目前蔬菜进出口形势来看，蔬菜出口有望保持稳定态势，进口或将进一步增加，但进口基数很小，整体的进出口形势较好。

中日动物产品产业内贸易问题研究

Study on Intra-industry Trade of Animal Products in Sino-Japanese Trade

梁丹辉[1]*　江　晶[2]**

Liang Danhui，Jiang Jing

(1. 中国农业科学院农业信息研究所/农业部农业信息
服务技术重点实验室/中国农业科学院智能化农业预警技术与
系统重点开放实验室，北京　100081；2. 北京农学院，北京　102206)

摘　要：利用 G-L 指数和边际产业内贸易指数来对中日动物产品产业内贸易问题进行研究。研究结果表明：2003—2012 年，GL 总指数均低于 0.5，中日动物产品贸易主要是由产业间贸易引起的。只有"活动物"一类产品在 2003 年、2010 年、2011 年、2012 年 4 年的 GL 指数大于 0.5，其他年份的"活动物"类产品和另外 4 类产品的 GL 指数均小于 0.5，说明这些动物产品在中日动物产品贸易中主要是由产业间贸易引起的，而不是产业内贸易引起的。在 5 小类动物产品中，只有"肉及食用杂碎""乳品、蛋品、天然蜂蜜及其他食用动物产品""其他动物产品"在各期边际产业内贸易指数均小于 0.5，说明这些农产品的贸易增量完全是由产业间贸易引起的，而其他小类的农产品的贸易增量则是由产业间贸易和产业内贸易共同引起的。

关键词：中日；动物产品；产业内贸易；G-L 指数；边际产业内贸易指数

0　引言

动物产品，通常是指动物的身体经加工而成的产品。动物产品是人类日常食物消费的重要来源，肉类、奶类、蜂蜜等都是常见的动物产品，动物产品为人类提供脂肪、纤维素、蛋白质等营养物质。中国食物消费模式的转变正处于

---

*　作者简介：梁丹辉（1983—　），男，博士，助理研究员，研究方向为粮食安全、农村区域发展

**　通讯作者：江晶（1985—　），女，博士，讲师，研究方向为粮食安全、现代农业和都市农业

关键时期, 肉类的人均消费量不断变化[1], 对动物产品的消费呈不断上升的趋势。我国政府一直重视动物产品的生产、加工和进出口贸易。

进出口贸易是衡量某国产业发展的重要指标, 而随着国际贸易的发展, 产业内贸易比重增加, 成为国际贸易的主要方式。中国和日本分别是世界的第二和第三大经济体, 并且都地处东亚, 中日动物产品贸易日益兴盛, 并且中国已成为日本第一大贸易伙伴、第一大出口目的地和最大的进口来源地[2], 研究中日动物产品产业内贸易意义重大。

目前, 已有大量关于中日产业内贸易的研究。厉江 (2008) 对中日韩三国之间的贸易关系和结构进行分析, 并对中日、中韩和韩日之间的水平性产业内贸易和垂直性产业内贸易进行了计算和研究[3]。吴学君、易法海 (2010) 利用G-L 计量法、GHM 分解法对 1997—2008 年中国与日本农产品产业内贸易水平及结构特征进行了测算[4]。王瑶 (2012) 通过 GL 和 MIIT 指数对 1992—2009 年间中日机电产品产业内贸易概况进行了计算分析[5]。王磊、陈柳钦 (2012) 利用扩展后的贸易引力模型, 对中日韩服务业产业内贸易进行了研究[6]。但至今没有针对中日动物产品产业内贸易方面的研究, 本文就试图通过模型和数据来分析中日动物产品产业内贸易问题。

1 方法和数据

1.1 方法选取

1.1.1 G-L 指数

即 Grubel-Lloyd 指数, 是目前国内外学术界比较通用的衡量产业内贸易程度的指标, 其表达公式为:

$$\mathrm{II} \, T_i = 1 - \mid X_i - M_i \mid / (X_i + M_i) \qquad (1)$$

(1) 式中 $\mathrm{II} \, T_i$ 表示某年第 i 类动物产品的产业内贸易指数, 并且 $\mathrm{II} \, T_i$ 大于等于 0 小于等于 1, 越接近 1 表明在该类动物产品贸易中产业内贸易比重越大, 越接近 0 表明在该类动物产品贸易中产业间贸易比重越大。X_i 和 M_i 分别代表某年第 i 类产品的出口额和进口额。

1.1.2 边际产业内贸易指数

也被称为 Brülhart 指数, 是 Brülhart 于 1994 年为了从动态的角度反映一定时期内的产业内贸易的水平而提出的概念, 其表达式为:

$$M \mathrm{II} \, T_i = 1 - \frac{\mid \Delta X_i - \Delta M_i \mid}{\mid \Delta X_i \mid + \mid \Delta M_i \mid} \qquad (2)$$

（2）式中 $MⅡT_i$ 表示第 i 类动物产品一定时间跨度的边际产业内贸易指数，ΔX_i 和 ΔM_i 表示两个时期间第 i 类动物产品的进出口贸易额的变化量。$0 \leqslant MⅡT_i \leqslant 1$，越接近 1 表明该类动物产品贸易中的增量主要是由产业内贸易引起的，越接近 0 表明该类动物产品贸易的增量是由产业间贸易引起的。

1.2 数据来源

联合国国际商品贸易统计数据库是本研究的主要数据来源。按照该数据库的 HS 分类标准，将动物产品分为以下 5 类：一是"活动物"，二是"肉及食用杂碎"，三是"鱼、甲壳动物、软体动物及其他水生无脊椎动物"，四是"乳品、蛋品、天然蜂蜜及其他食用动物产品"，五是"其他动物产品"。

2 中日动物产品双边贸易概况

2.1 中日动物产品出口额变化情况

2003—2012 年，中日动物产品出口额的总趋势是先下降后上升，出口额在 2007 年达到极小值 13.10 亿美元，在 2012 年达到极大值 24.51 亿美元（图 1）。

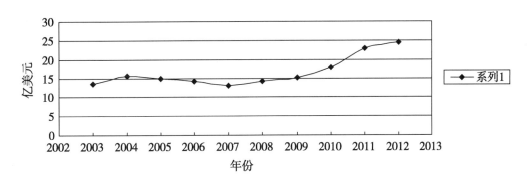

图 1　中日动物产品出口额变化情况

2.2 中日动物产品进口额变化情况

2003—2012 年，中日动物产品进口额波动较大，出口额在 2004 年达到极小值 1.14 亿美元，在 2010 年达到极大值 3.10 亿美元（图 2）。

2.3 中日动物产品进出口总额变化情况

2003—2012 年，中日动物产品进出口总额总体上不断上升波动较大，在 2007 年出现小幅波动（图 3）。

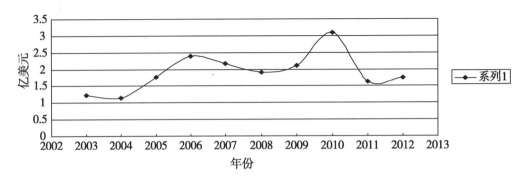

图 2　中日动物产品进口额变化情况

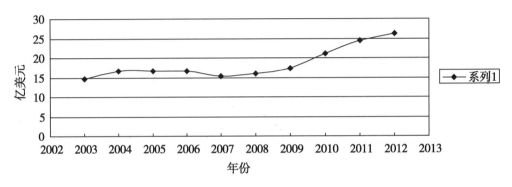

图 3　中日动物产品进出口总额变化情况

3　中日动物产品产业内贸易分析

3.1　GL 单项指数

2003—2012 年，只有"活动物"一类产品在 2003 年、2010 年、2011 年、2012 年 4 年的 GL 指数大于 0.5，"活动物"类产品和其他 4 类产品在其他年份的 GL 指数均小于 0.5，说明这些动物产品在中日动物产品贸易中主要是由产业间贸易引起的，而不是产业内贸易引起的（表 1）。

表 1　中日动物产品贸易 GL 单项指数

	2003 年	2004 年	2005 年	2006 年	2007 年	2008 年	2009 年	2010 年	2011 年	2012 年
HS1	0.9247	0.12755	0.37195	0.135922	0.195209	0.460201	0.453104	0.6277	0.781135	0.680959
HS2	0	0	0	0	0	0	0	0	0	0
HS3	0.202827	0.157997	0.239174	0.330363	0.315416	0.265232	0.269415	0.326202	0.145354	0.146731
HS4	0.008451	0.023563	0.035126	0.038601	0.158395	0.048368	0.084062	0.014641	0.001129	0.002309
HS5	0.046301	0.034373	0.068691	0.057457	0.081156	0.106912	0.08814	0.09436	0.051857	0.055281

3.2 GL 总指数

2003—2012 年，GL 总指数均低于 0.5，中日动物产品贸易主要是由产业间贸易引起的（表 2）。

表 2 中日动物产品贸易 GL 总指数

	年份									
	2003	2004	2005	2006	2007	2008	2009	2010	2011	2012
GL 总指数	0.16735	0.13649	0.21318	0.28783	0.28491	0.23735	0.24523	0.29481	0.13272	0.13335

3.3 边际产业内贸易指数

2003—2012 年，在 5 小类动物产品中，只有"肉及食用杂碎""乳品、蛋品、天然蜂蜜及其他食用动物产品""其他动物产品"在各期边际产业内贸易指数均小于 0.5，说明这些农产品的贸易增量完全是由产业间贸易引起的，而其他小类的农产品的贸易增量则是由产业间贸易和产业内贸易共同引起的（表 3）。

表 3 中日动物产品边际产业内贸易指数

	年份								
	2003—2004	2004—2005	2005—2006	2006—2007	2007—2008	2008—2009	2009—2010	2010—2011	2011—2012
HS1	0	0.679277	0	0.546539	0	0.331444	0.635417	0	0.958354
HS2	0	0	0	0	0	0	0	0	0
HS3	0	0	0	0.495636	0	0.308734	0.568623	0	0.164943
HS4	0.302675	0.156749	0.063386	0.487556	0	0	0	0	0.075827
HS5	0.016036	0	0.320445	0	0.251604	0	0.185317	0	0.110089

4 结论与讨论

2003—2012 年，GL 总指数均低于 0.5，中日动物产品贸易主要是由产业间贸易引起的。只有"活动物"一类产品在 2003 年、2010 年、2011 年、2012 年 4 年的 GL 指数大于 0.5，其他年份的"活动物"类产品和另外四类产品的 GL 指数均小于 0.5，说明这些动物产品在中日动物产品贸易中主要是由产业间贸易引起的，而不是产业内贸易引起的。在 5 小类动物产品中，只有"肉及食用杂碎""乳品、蛋品、天然蜂蜜及其他食用动物产品""其他动物产品"在各期边际产业内贸易指数均小于 0.5，说明这些农产品的贸易增量完全是由产业间贸易引起的，而其他小类的农产品的贸易增量则是由产业间贸易和产业内贸易共同引起的。中日动物产品贸易产业间贸易变化的原因是多方面的，值得下一步讨论。

参考文献

[1] 陈永红，刘宏. 中国粮食中长期需求总量与结构分析预测 [J]，中国食物与营养，2013（1）：32-36.

[2] 吴科. 中日工业制成品产业内贸易研究 [D]，山东大学硕士学位论文，2012：1.

[3] 厉江. 中日韩三国之间产业内贸易研究 [D]，浙江工商大学硕士学位论文，2008：29-47.

[4] 吴学君，易法海. 中日农产品产业内贸易研究——基于 1997—2008 年的进出口贸易数据 [J]，现代日本经济，2010（3）：37-43.

[5] 王瑶. 中日机电产品产业内贸易问题研究 [D]，西北大学硕士学位论文，2012：1.

[6] 王磊，陈柳钦. 中日韩服务业产业内贸易影响因素研究——基于引力模型的实证分析 [J]，发展研究，2012（12）：25-31.

我国水果市场价格风险阈值研究

Research on Fruit Market Price Risk Thresholds in China

赵俊晔　张　峭

Zhao Junye，Zhang Qiao

（中国农业科学院农业信息研究所/农业部农业信息服务技术重点实验室，北京　100081）

摘　要：以 2000—2013 年全国富士苹果和柑橘月度批发价格波动为研究对象，采用 Census X12 季节调整方法和 HP 滤波法对水果价格波动的长期趋势、季节性、周期性、不规则波动规律进行分析，得到水果价格变化的趋势值；将水果价格实际值与趋势值的偏差视为水果市场价格风险，拟合得到水果价格风险的最优概率分布模型，采用百分位法来确定价格风险的相对阈值。研究发现富士苹果和柑橘价格波动均具有明显的季节性和长期趋势，富士苹果价格风险服从 Log-Logistic 分布，柑橘价格风险服从 Beta 分布，通过计算最优概率分布下价格偏离程度的 10%、90% 和 25%、75% 百分位值，得到水果价格异常上涨、异常下降的相对阈值和正常波动区间。实证分析表明该方法可用于水果价格风险的定量分析和判断。

关键词：水果；市场风险；价格；风险阈值；百分位阈值法

0　引言

我国是水果生产和消费大国，水果种植面积和产量均居世界首位，2012年我国水果总面积达 1 214 万公顷，总产量达 2.4 亿吨，其中苹果、柑橘产量分别达 3 849 万 t 和 3 168 万 t，是我国产量最大的两类水果。伴随水果产业的快速发展，水果产业已经成为很多地区特别是主产区的支柱产业，种植水果的收入已经成为农民收入的主要来源之一。近几年，我国农产品特别是鲜活农产品价格频繁波动，大幅涨跌，增加了农业经济发展的不稳定性。水果作为最重要的鲜活农产品之一，其价格与居民生活息息相关，"果贱伤农""果贵伤民"，水果价格的异常大幅波动在短期内影响生产者或消费者的切身利益，在长期内则制约水果产业的健康发展。稳定农产品价格减少异常波动备受各方关注，对水果市场而言，判断水果市场价格是否稳定运行，需要厘清水果价格的正常波动和异常波动，明确当价格涨跌到何种程度提示警报，以便及时采取应对措施，这都对科学确定价格风险的阈值提出了要求。

在农产品市场价格风险度量方面，前人已经做了一些有益的研究，赵友森等（2011）利用标准差技术设定了蔬菜价格报警的警线、警级和警级强度等指标，提出了蔬菜市场价格报警的量化方法，并指出蔬菜价格报警是一个动态的过程，需要及时更新基础数据，重新计算价格指数等相关指标[1]。张峭等（2010）提出了利用VaR度量农产品现货市场风险的定量方法，并以我国鸡蛋、活鸡、牛肉、羊肉和猪肉五种畜产品的市场风险度量为例进行实证分析[2]；王川等（2011）利用VaR对北京市蔬菜市场价格风险进行分析[3]。通过分析农产品市场价格随机波动的概率分布特征，利用VaR方法可实现价格风险的定量化描述，但主要是用于不同农产品市场价格风险大小的比较，不能对特定期的价格风险进行判断。

本文在借鉴前人研究成果的基础上，将水果市场价格波动规律的分解和价格波动的概率分布特征分析相结合，利用相对阈值法得到价格实际值偏离趋势值的正常波动区间和异常波动区间，作为价格风险预警的阈值，以定量判断水果市场价格是否发生了大幅异常波动；研究针对富士苹果和柑橘的月度批发价格波动开展了实证分析，该方法及研究结果可为政府部门及水果生产经营者的科学管理与决策提供依据。

1　研究方法与数据来源

1.1　价格波动分解与趋势值估算

采用Census X12季节调整方法和HP滤波法将水果价格的时间序列分解为季节变动成分、不规则变动成分、循环周期变动成分和长期趋势变动成分[4,5]，以定量化分析水果市场价格波动的季节特征、周期特征、长期趋势和不规则波动。随时间推进，水果价格呈上涨趋势，故采用CensusX12季节调整中的乘法模型对价格数据进行分解。即：

$$Y_t = TC_t \times S_t \times I_t$$

式中，Y_t表示一个无奇异值的月度时间序列，TC_t表示趋势循环项，S_t表示季节要素，I_t表示不规则要素。

HP滤波法是由Hodrick和Prescott（1997）提出，该方法假定时间序列是由趋势性成分和波动性成分组成，则对于时间序列Y_t，HP滤波就是选择一

个时间估计序列 X_t，最小化实际值和样本点的趋势值。λ 是对趋势成分 Xt 波动的折算因子，由于所采用价格数据为月度数据，因此，滤波分析中 λ 的取值为 14 400。

在将水果价格数据进行分解的基础上，对水果价格的趋势值进行计算。由于水果价格在长期内呈现上涨趋势，并受季节和节假日的显著影响，我们根据水果价格的长期趋势和季节性趋势得到水果价格趋势值。

1.2 价格风险阈值确定

价格风险指价格波动所引起的风险，在本研究中我们把价格风险视为实际价格与趋势价格的偏差程度。对水果价格风险的概率分布进行拟合，得到其最优分布。根据极端事件的定义[6]，概率分布曲线两侧尾部为价格偏差幅度较大的小概率事件，价格偏差落入该区间可视为价格风险事件发生，中部区间则为价格偏差较小的正常波动区间。基于最优概率分布，采用百分位法来确定价格风险的阈值，即将价格偏差从小到大排列，根据不同价格偏差发生的概率，拟合其最优分布，计算累计概率达到 10％、25％、75％、90％所对应的价格偏差程度，作为价格风险的阈值，其中 [0，10％] 区间视为价格异常大幅下跌，[90％，100％] 区间视为价格异常大幅上涨；[25％～75％] 区间视为价格正常波动；介于上述 3 个区间之间的 [10％～25％] 和 [75％～90％]，价格波动幅度也相对较高，需要密切关注，防止风险的扩大。

本研究采用的富士苹果和柑橘价格数据来源于农业部 522 个定点批发市场的日价格监测数据，全国日批发市场价格为 522 个批发市场大宗价的加权平均，全国月度批发市场价格采用全国日价格的平均值，数据起止期间为 2000 年 1 月至 2013 年 12 月。

运用 Eviews7.0 软件中的 Census X12 季节调整方法和 HP 滤波法对价格数据进行分解，运用 Easyfit5.5 软件拟合价格风险的概率分布函数。

2 水果价格波动规律分析

2.1 水果批发市场价格变化

根据农业部监测的全国批发市场富士苹果和柑橘月度价格，2000 年以来我国富士苹果和柑橘价格在波动中呈上涨趋势，一年内价格呈现较大波动，随时间推进，价格波动特点也发生变化。富士苹果月平均价格为 4.03 元/kg，2000 年 4 月出现最低价格 1.63 元/kg，2013 年 8 月出现最高价格 6.98 元/kg；柑橘月平均价格为 4.54 元/kg，2012 年 11 月出现最低价格 2.01 元/kg，2001

年 1 月出现最高价格 11.71 元/kg（图 1）。富士苹果和柑橘月度价格变异系数分别为 41.73％和 39.36％，价格整体波动幅度均较大。

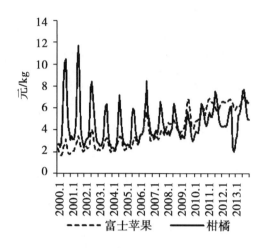

图 1　水果月度批发价格变化趋势

2.2　价格波动的长期趋势

用 HP 滤波法分离出水果价格波动的长期趋势（图 2），从长期趋势来看，富士苹果价格一直呈上涨趋势，价格波动有两个明显的拐点，分别出现在 2004 年 1 月和 2011 年 1 月，2000—2003 年价格涨速较慢，2004—2010 年价格涨速较快，2011—2013 年价格涨速放缓。与富士苹果相比，柑橘价格变化的长期趋势波动较大，2000—2003 年趋于下降，2004—2013 年价格在波动中小幅上涨。

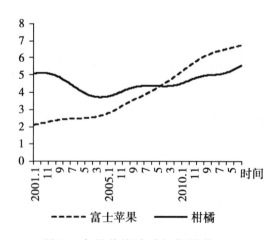

图 2　水果价格波动长期趋势

2.3 价格波动的季节性特征

利用季节调整法，分解出水果价格变化的季节性因子，发现富士苹果和柑橘价格波动均具有显著的季节性特征（图3）。一年之内，富士苹果价格最低值一般出现在10～11月，之后价格上涨，在2～3月达到一个次峰值后出现小幅下跌，之后持续上涨，最高值一般出现在7～8月。柑橘价格最低值一般出现在每年11月到来年1月，2～3月价格较慢增长或略有回落，3月之后价格较快增长，在7月达到最高值后下跌。富士苹果和柑橘价格最低点均出现在集中上市期间，最高点则出现在库存基本消耗殆尽而新果未上市期间，由于柑橘耐贮性较苹果差，价格的季节性特征较苹果更为明显。随时间推进，富士苹果和柑橘价格的季节性特征均趋于变弱，分析其原因是储运条件改善，削弱了价格的季节性波动。

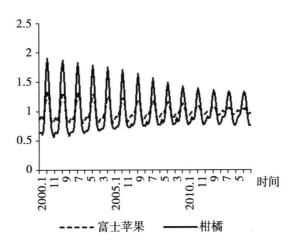

图3 水果价格波动季节性特征

2.4 价格波动的周期性特征

富士苹果和柑橘价格波动均呈现一定周期性（图4），但周期性规律不明显，波动周期不固定。2000—2013年，苹果价格大致经历7个波动周期，2000—2009年初约2～3年1个周期，2009—2011年约1年1个周期。柑橘价格大致经历6个周期，2000—2007年为1～1.5年为1个周期，之后大致为2.5～3年1个周期。2005—2013年富士苹果和柑橘价格周期性波动的幅度大于2000—2005年。

2.5 价格的不规则波动

水果价格波动剔除长期趋势、季节性波动和周期性波动后的残余项被认为是不规则波动，图5显示富士苹果价格和柑橘价格均呈现显著的不规则波动，

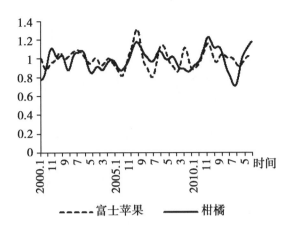

图 4　水果价格波动周期性特征

其中柑橘价格不规则波动幅度大于富士苹果。随时间推进，富士苹果价格不规则波动幅度趋于减小，而柑橘价格不规则波动在近两年呈现扩大趋势。

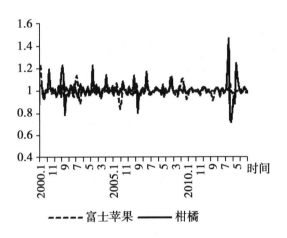

图 5　水果价格的不规则波动

3　水果市场价格风险预警阈值的确定

3.1　水果价格波动实际值与趋势值的偏离

水果市场上，水果价格波动的趋势值反映了价格的长期趋势和季节性规律，将实际价格剔除长期趋势和季节性规律后的其他波动要素则视为价格的偏离，其偏离程度可揭示价格风险的大小。2000—2013 年，富士苹果实际价格与趋势值的偏离程度在（−31.67%，40.00%）区间波动，柑橘实际价格与趋势值的偏离程度在（−49.05%，33.35%）区间波动（图 6）。

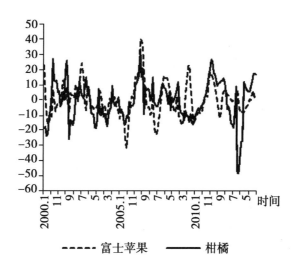

图 6　水果价格实际值与趋势值的偏离

3.2　水果市场价格风险预警阈值确定

对水果价格实际值与趋势值不同偏离程度的发生概率进行拟合，求得最优概率分布函数，发现富士苹果价格风险服从 Log-Logistic 分布，柑橘服从 Beta 分布（表 1）。

计算最优概率分布下价格偏离程度的 10％、90％和 25％、75％百分位值，得到水果价格异常上涨、异常下降的相对阈值和正常波动区间（表 2）。

表 1　2010—2013 年水果价格波动风险的最优概率分布模型及参数值

水果品种		最优概率分布函数模型	参数值
富士苹果	Log-Logistic	$f(x)=\dfrac{\alpha}{\beta}\left(\dfrac{x-\gamma}{\beta}\right)^{\alpha-1}\left(1+\left(\dfrac{x-\gamma}{\beta}\right)^{\alpha}\right)^{-2}$	$\alpha=-0.7486$; $\beta=0.7389$; $\gamma=12.429$
柑橘	Beta	$f(x)=\dfrac{1}{B(\alpha_1,\alpha_2)}\dfrac{(x-\alpha)^{\alpha_1-1}}{(b-a)^{\alpha_1+\alpha_2-1}}$; $B(\alpha_1,\alpha_2)=\int_0^1 t^{\alpha_1-1}(1-t)^{\alpha_2-1}dt\,;\alpha_1,\alpha_2>0$	$\alpha_1=21.458$; $\alpha_2=13.785$; $a=-0.9999$; $b=0.6302$

表 2　水果价格正常波动区间和异常涨跌相对阈值

水果品种	异常上涨相对阈值	正常波动区间	异常下跌相对阈值
富士苹果	13.16％	（−7.42％，5.73％）	−13.26％
柑橘	15.50％	（−9.71％，8.19％）	−18.85％

3.3　水果价格风险分析

根据得到的水果价格正常波动区间和异常涨跌的相对阈值，分析 2000—

2013 年水果市场价格，对是否发生了风险事件进行判断。14 年间，富士苹果价格有 21 个月异常上涨，平均上涨幅度 20.58%，有 12 个月价格异常下跌，平均跌幅 19.68%，异常上涨出现的频率和幅度均大于异常下跌。除 9 月、10 月、11 月外，其余月份均出现过价格异常大幅波动，特别是 5 月、6 月、7 月的价格异常涨跌幅度最大。对不同年份而言，2000 年、2007 年和 2009 年等年份在一年内出现了价格大涨和大跌，2002 年、2006 年、2010 年和 2011 年等年份出现了价格异常大幅上涨，2005 年则出现了价格异常大幅下跌。

柑橘价格有 15 个月异常上涨，平均上涨幅度 21.17%，有 8 个月异常下跌，平均下跌幅度 32.69%。每个月均曾出现过价格的异常波动，不同月份比较，每年 10 月到来年 4 月出现价格异常波动的频率较高。对不同年份而言，2000 年、2001 年和 2013 年等年份在一年内出现了价格大涨和大跌，2006 年、2010 年和 2011 年等年份出现了价格异常大幅上涨，2012 年则出现了价格异常大幅下跌。

4 讨论与结论

水果作为重要的鲜活农产品，其价格涨跌直接影响生产者和消费者的切身利益，因此，倍受关注，水果价格也是政府部门农产品市场监测预警的重点对象之一。但水果价格涨跌幅度达到多少可视为异常波动发生尚缺乏深入研究，不利于价格风险的预警预报和市场价格风险的有效管理。在其他农产品价格风险度量上，概率分布拟合基础上的风险价值法应用于蔬菜、畜产品、粮食价格的风险度量上，但主要用于不同农产品价格风险的比较，其所利用的数据是农产品价格的环比或同比增长率。对多数水果而言，由于存在明显的集中上市期，其市场价格存在明显的季节性波动，如果仅利用水果价格增长率来度量并不能准确反映价格风险的大小。本研究根据水果价格的长期趋势和季节性波动，得到价格变化的趋势值，基于实际价格与价格趋势值的偏差，得到异常价格波动的相对阈值和绝对阈值，以此衡量价格风险的大小并判断是否发生了价格风险事件，更符合水果价格波动规律，所指示的价格风险事件更为准确。

该研究主要得出以下结论：①富士苹果和柑橘属水果的价格均具有一定的季节性和周期性，支持了仅利用价格月度环比增长率来判断风险大小存在一定的缺陷，在进行价格风险识别和预警时应剔除季节因素和长期趋势的影响。②不同品种水果价格风险服从不同的概率分布，风险事件发生特点也存在差异。富士苹果和柑橘属水果价格风险分别服从 Log-Logistic 分布和 Beta 分布，

2000—2013 年富士苹果和柑橘的异常上涨频率和程度均大于异常下跌；富士苹果价格异常波动的频率要大于柑橘，而柑橘异常波动的幅度要大于富士苹果。提示我们在进行水果价格风险分析和预警时，需注意不同品种水果价格波动规律的差异，以采取针对性的风险防范和管理措施。

致谢

本研究得到了农业部农产品市场监测预警专项和创新方法工作专项项目 2013IM030700 的资助。

参考文献

[1] 赵友森，赵安平．王川．北京蔬菜市场价格报警方法研究 [J]．价格月刊，2011，412 (09)：33-37．

[2] 张峭，王川，王克．我国畜产品市场价格风险度量与分析 [J]．经济问题，2010，3：90-94．

[3] 王川，赵友森．基于风险价值法的蔬菜市场风险度量与评估—以北京蔬菜批发市场为例 [J]．中国农村观察，2011 (5)：45-54，77．

[4] 高铁梅，等．计量经济分析方法与建模．北京：清华大学出版社，2009．

[5] 钱贵霞，陈思．鲜奶零售价格波动规律与趋势预测 [J]．农业经济与管理，2011 (5)：46-55．

[6] Beniston M，Stephenson DB，Christensen OB，et al. Future extreme events in European climate：an exploration of regional climate model projections. Climatic Change，2007，81 (Supp. 1)：71-95．

原文为中国灾害防御协会风险分析专业委员会第六届年会论文，2014-08-23．

对农产品价格指数保险可行性的思考

Analyzing on the Feasibility of Agricultural Price Index Insurance Program

王　克[1]*　张　峭[1]**　肖宇谷[2]　汪必旺[1]　赵思健[1]　赵俊晔[1]

Wang ke, Zhang Qiao, Xiao Yugu,
Wang Biwang, Zhao Sijian, Zhao Junye

(1. 中国农业科学院农业信息研究所/农业部农业信息服务技术重点实验室，北京，100081；2. 中国人民大学统计学院，北京　100872)

摘　要： 农产品价格指数保险被视为是一种重要的农业保险创新，得到了社会各界的高度重视，但价格指数保险可行吗？学界和业界并未进行深入的探讨。本文从价格风险管理和分散的视角出发，对农产品价格指数保险的可行性进行了理论上的分析和探讨，首先对农产品价格风险的可保性进行了分析，随后指出了农产品价格指数保险6种可能的风险分散途径并对其可行性进行了具体分析，最后对国外发达国家承保农产品价格风险的经验进行了介绍。研究认为：①开展农产品价格指数保险要特别关注其可能的巨灾赔付风险；②同质性很强的农产品（如粮棉油）可能并不适宜采用价格指数保险；③对大部分农产品来说，收入保险或收益保险可能是更好的选择。

关键词： 价格风险；农产品；农业保险；产品创新；可行性

0　引言

2007年以来，在各级政府的大力支持下，我国政策性农业保险取得了快速发展，业务规模跃居世界第二，开办区域已扩展到全国所有省、市、自治区，险种不断丰富，覆盖了农、林、牧、渔的各个方面。据保监会统计，2007—

---

*　第一作者：王克，男，河北辛集人，助理研究员，在职博士研究生，研究方向为农业保险和农业风险评估。E-mail：wangke01@caas.cn

**　通讯作者：张峭，男，山西运城人，研究生、博士生导师，长期从事农业保险和农业风险管理研究。E-mail：zhangqiao@caas.cn

2011 年，农业保险累计向 7 000 多万户农户支付保险赔款 600 多亿元，户均赔付近 600 元，占农民人均纯收入的 10％[1]，政策性农业保险在降低农民承担的风险、弥补农业灾后损失、提高农民农业生产积极性、促进农业生产等方面发挥了越来越重要的作用。然而，目前我国农业保险主要是对自然灾害导致的农作物减产进行赔付，仅对生产风险提供风险保障，而对农业生产经营中的另外一种重要风险——市场风险或价格风险则基本没有保障。事实上，随着社会主义市场经济的发展，市场风险对农业生产的影响越来越大，而且农产品市场价格的波动不仅影响到农业生产者的收入水平，同时也直接影响到广大市民的消费福利水平。

在此背景下，近年来我国社会各界开始探讨能否将农产品生产的经济风险纳入农业保险保障范畴，拓宽保险服务领域，利用保险手段促进农业生产、稳定农产品市场价格、保障农民和市民利益。2011 年，上海市农委和安信农业保险公司在全国率先推出了蔬菜价格指数保险，将农业保险的承保范围从生产风险扩展到市场风险，受到了社会各界的广泛关注和好评。随后，保险公司纷纷研究和试点价格指数保险产品，2012 年北京市农委和安华农业保险公司推出了生猪价格指数保险试点，人保财险在江苏省张家港市也推出了夏季保淡绿叶菜价格指数保险，2013 年四川省也推出了蔬菜价格指数保险，与此同时，国家有关部门也正在探讨利用价格指数保险调控农产品市场价格的可能性，农产品价格指数保险在我国大有"燎原之势"，有业界专家指出价格指数保险是农业保险发展的新趋向[2]。

创新农业保险、开发新型保险产品是值得肯定的，也是令人高兴的，然而，农产品价格风险可保吗？如果可保，怎样承保？需要注意什么？国外又是如何开展的？对这些问题的研究和解答十分重要，可以说是创新价格指数保险产品并将其顺利实施推广的前提，遗憾的是国内学界对上述问题的研究还很少，已有研究要么是对国内蔬菜价格指数保险实际做法和经验的介绍[3,4]，要么是从宏观层面分析价格指数保险对农业经济和国民经济的影响[5]，而深入分析价格指数保险可行性的研究尚未见报道。本文从价格风险管理和分散的视角出发，对农产品价格指数保险的可行性进行理论上的分析和探讨，并对国外发达国家如何对农产品价格风险进行承保的经验进行介绍，旨在抛砖引玉，提醒社会各界要重视农产品价格保险的可行边界，为我国农业保险创新和相关政策的制定提供一些借鉴。

1 农产品价格指数保险的概念、实践和运行机制

农产品价格指数保险是一种较为新颖的农业保险产品，是对农业生产经营者因市场价格大幅波动、农产品价格低于目标价格或价格指数造成的损失给予经济赔偿的一种制度安排。和天气指数保险一样，农产品价格指数保险也是一种指数保险产品，所不同的是，前者承保的是生产风险，以"气象指数"为赔付依据，而后者承保的是市场风险，以"价格指数"为赔付依据。由于指数保险是以某种公开、透明、客观的"指数"为保险赔付依据，所以，能够降低农业保险实际工作中的交易成本、最大程度避免逆选择和道德风险问题，但同时，"指数"选择的合适与否也直接影响指数保险产品的"基差风险"[①] 和实施效果，因此，理解农产品价格指数保险实际做法的关键在于了解其价格指数是如何设计和选择的。

在国外期货市场发达的国家一般是将期货市场价格作为农产品价格指数保险产品中的"价格指数"，如在美国农业部的"畜牧业风险保障保险计划——肉牛价格保险"中，目标价格或保障价格是以保单签订日（如 5 月 11 日）芝加哥商品交易所（Chicago Mercantile Exchange，CME）上保障期限末（如 9 月 11 日）交割的肉牛期货价格为依据确定的，当保单到期日 CME 商品交易所的 9 月 11 日肉牛期货价格低于"目标价格或保障价格"时，保险公司则对差额部分进行赔偿[6]。而由于国内期货市场不太发达，上海的蔬菜价格指数保险则是选择当地批发市场日平均零售价格为价格指数，以"前三年保险期内当地市场平均零售价"为目标价格或保障价格，当保险年度蔬菜日平均零售价格低于保障价格时，保险公司根据蔬菜种植成本和价格下降的比例对参保农户进行赔偿[3]，江苏省张家港市夏季保淡价格指数保险的做法与上海类似。而北京市生猪价格指数保险则是选择国家发改委公布的"猪粮比"为价格指数，以 6 ∶1 为目标价格，当一个保险期间内猪粮比平均值低于 6∶1 时，保险公司则根据事先约定对参保户进行赔偿[②]。

从上述介绍中可以看出，农产品价格指数保险的运行机制和看跌期权十分相似，事实上国内外也有许多学者将价格指数保险看作是一种类似于"看跌期

[①] 期货中的一个专业术语，是指保值工具与被保值商品之间价格波动不同步所带来的风险。在农产品指数保险中，基差风险是指个体农户价格和指数价格不同步给参保农户带来的风险

[②] 新华网，北京推出全国首款生猪价格指数保险，http：//news. xinhuanet. com/fortune/2013－05/25/c_115906274. htm

权"的市场价格风险管理工具，保费相当于期权的期权费。但相比于期权，农产品价格指数保险具有 3 个方面的优势：①期货期权的每手交易量太大，普通农业生产者不能达到期货交易需要的量，对于发展中国家而言，农民直接利用期货期权市场更是不太可能，而农业生产者可以很容易购买农产品价格保险；②期货期权专业性较强，普遍农业生产者不具备相关的知识，也害怕从事期货交易，即使美国农民也是如此，但农业保险公司与农户的关系往往比较紧密，且会建立除价格保险以外的其他合作关系，因而更利于达成合作[7]；③价格或收益保险的原理虽然和看跌期权很相似，但成本并不比期权高，收益保险的成本反而更低一些。另外，有学者进行了模拟分析，认为价格保险的效果和期权一样好[8]，甚至比期权更有效[9]。

2 农产品价格指数保险的可行性分析

"可保风险"是保险业务发展的根基，也是保险公司确立其经营范围的重要约束条件[10]。如上文所述，农产品价格指数保险是对市场价格风险进行管理的一种工具，那么价格风险是否属于"可保风险"呢？根据保险学理论，适合承保的风险应当满足以下的要求：经济上具有可行性（即指损失发生的频率较低，但一旦发生，其严重程度很高的特点）；有独立、同分布的大量风险标的；损失的概率分布是可以被确定的，损失是可以确定和计量的；损失的发生具有偶然性。但是，随着市场经济改革的不断深入，我国农产品市场一体化程度很高[11]，同种农产品在不同地区间的价格走势基本一致，因此，我国农产品市场价格具有明显的系统性特征，很显然并不满足风险独立性要求。

然而，我们并不能只根据上述理论分析就认定农产品价格指数保险不具有可行性，因为在现实生活中，保险承保的风险并不完全严格满足可保风险的条件，且可保风险的内涵还随着经济的发展和技术的进步而改变，原来不可保的风险随着某些技术的应用或政策的干预则可能变为可保风险①。在笔者看来，一种保险产品是否可行的关键在于其风险是否能够得到有效分散、赔付风险是否可以控制在可承受范围之内，因此，本文对农产品价格指数保险可行性的分析是通过对农产品价格指数保险可能的风险分散途径及其可行性分析得到的。

---

① 农业产量保险（多种灾害险，MPCI）就是一个很好的例子。严格意义上讲，多灾害的农业自然灾害保险是不可保的，这也是历史上商业化农业保险屡次失败的原因所在，但随着政府财政补贴的介入，公私合营模式的农业保险在全世界得到了发展和推广

保险公司经营农产品价格指数保险可能的风险分散方式有以下几种。

（1）增大承保数量，在时间和空间上分散风险。这种方式是保险公司最为典型的风险分散途径，如果承保风险是独立、同分布的，那么这种风险分散方式是有效的。但由于价格指数保险承保的价格风险具有系统性，因此，价格风险不可能在空间上得到分散，而在时间上分散价格风险也存在两个问题：①如果在积累足够资本金之前发生大的价格下跌，则保险公司无法赔付；②如果空间上不能分散风险，则时间上分散风险要求保险公司将保户缴纳的全部或大部分保费用于防备损失赔付，从保险公司运营角度讲是不可能的。

（2）设置不同的保障水平，通过保户间赔付机会和金额的不同分散风险。由于设置了不同的保障水平，对任何一次风险事故来说，可能有些农户获得了赔付，有些农户没有得到赔付，且赔付的金额也不相同，这种风险分散方式似乎可以在保户间分散风险。但是，虽然选择低保障的农户获得赔付的可能性低、赔付金额少，但其缴纳的保费也低，因此，从赔付率角度看该方法并没有降低保险公司的赔付风险。事实上，不同保障水平的组合并不能降低保险公司总的赔付风险，具体数学证明见附录。

（3）承保不同的标的，在标的间分散风险。由于不同农产品的价格并不是完全相关的（如农作物价格和牛奶价格可能是比较独立的），因此，如果保险公司同时承保不同的农产品，就可以实现风险的分散化。从理论上说，这种风险分散方式具有可行性，但是，由于价格风险的系统性，使得单一标的的赔付额度可能很大，赔付额可能超过所有保费收入，因此，利用此种方式分散风险时需特别注意不同标的的搭配比例。

（4）设置低保额，控制赔付金额上限。有人认为，通过将农产品价格指数保险的保额设定在较低水平上可以有效控制风险，因为在较低保额的情况下，即使发生了大范围同时赔付的巨灾事件，保险公司的总赔付金额也不会太高。这种说法似是而非，该风险转移的方式并没有解决价格指数保险可能面临的巨灾赔付问题，只是将赔付总额控制在低水平上，因此从赔付率的角度看该方法不具有可行性。另外，过低的保障水平也会降低农民的保险需求和参保积极性。

（5）购买再保险，将承保风险进行分保。购买再保险是直保公司常用的风险分散途径，但由于价格风险具有系统性，农产品价格指数保险可能出现大范围（如全国）的同时赔付，因此，如果农产品价格指数保险在大范围推行的话，再保险人可能并不愿意对该种风险进行再保，即使愿意接受，再保险费用也会很高。

（6）在期货期权市场进行风险对冲。保险人在期货市场上利用期权工具对承保风险进行分散从理论上来讲具有可行性，但在期货市场转移风险的同时也要求保险人将保费收入①进行转移，如果保险公司将风险全部转移到期货市场，则公司经营该产品的意义何在？如果指数保险保费远高于"公平保费"的话，保险公司通过期货对冲可以赚取利润，但这样的话农民的保险需求会下降，政府提供补贴就涉及到财政资金的使用效率问题。因此，如果以利润最大化的目标来衡量，保险公司在期货市场对承保农产品价格指数保险的风险进行分散也是不可行的。

综上，笔者认为如果像国内现有农产品价格指数保险试点一样，将实施范围限定在一个较小局域内，且根据生产成本设定较低的保额，农产品价格指数保险可能不会面临很高的赔付风险，但如果将价格指数保险的成本对象扩展到所有农作物、实施区域推广到全国，则需要根据不同农产品的特点进行慎重考虑。对于同质性很强的农产品（如粮棉油）来说，由于在不同区域其价格具有高度相关性，以此类农产品为保险对象的价格指数保险会面临很高的巨灾风险赔付，且保险人通常采用的风险分散方式并没有效果，因此，对于这些农产品来说，价格指数保险可能并不具有可行性；对于运输能力差、保质期短的鲜活农产品来说，由于此类农产品不耐储存和运输，可以根据各地特点选择适宜承保的农产品品种以分散风险，因此，此类农产品的价格指数保险的可能具有可行性，但也需要注意产品品种和保险期限的选择。

3 承保农产品价格风险的国际经验

根据本文上述分析，是否可以说明农产品价格风险不可保呢？也不尽然，因为在世界上也有许多国家将农产品价格风险纳入到农业保险保障范围之内，如美国、加拿大、巴西、西班牙和法国，其中美国是世界上唯一一个将大部分农产品价格风险纳入农业保险保障计划的国家[12]。但是，在上述国家，对农产品价格风险的承保大都是通过收入保险（产量×价格）来完成的，以美国为例，在美国数量众多的农业保险产品中，很少有专门的价格保险，只有畜牧业（生猪、肉牛、奶牛）有专门对价格风险进行承保的价格风险保障计划（Live-

---

① 由于价格指数保险的运行机理和看跌期权类似，因此，如果目标价格一致，价格指数保险的保费和看跌期权的期权费用基本相同。国外对价格指数保险的定价也是参照期权定价方法制定的

stock Risk Protection，LRP）和毛收益保险（Livestock Gross Margin，LGM)[①]。

笔者认为，美国之所以通过收入保险而不是价格保险对大部分农产品的价格风险进行承保，可能是基于以下两点考虑：①在市场经济高度发达的美国，不同地区同种农产品的价格走势应该是高度一致的，价格的系统性使得价格保险存在很高的巨灾赔付风险；②从理论上讲，农产品产量和价格具有负相关关系，因此，实施收入保险，同时承保作物产量风险和价格风险，事实上会平滑和降低总的赔付风险。另外，美国之所以采用价格保险而不是收入保险对畜牧价格风险进行承保，原因并不是不想采用收入保险，而是因为：①畜牧生产和产量更容易受人类行为的影响，养殖技术和防疫水平直接影响着死亡率和出栏膘重，因此，畜牧产量不好确定且将其纳入保险合同容易引发严重的道德风险问题[7]；②对于畜牧生产者来说，畜牧市场价格风险比生产风险对其影响更大[9]。最后，需要说明的是，虽然由于上述原因，美国农业部风险管理局选择利用 LRP 和 LGM 两种价格保险产品对畜牧业市场价格风险进行承保，但其对该保险产品可能面临的系统性风险仍然有清醒的认识，在条款中明确规定当疯牛病等巨灾发生或期货市场价格剧烈波动（连续两个交易日期货市场 4 种相关期货合约的日价格波动超过涨跌幅度限制时）时停止销售这两款保险产品[13]。

4　结论和讨论

根据上文分析，本文可以得到如下几个结论：①相比于生产风险，农产品价格风险具有更强的系统性，农产品价格指数保险存在大范围赔付或巨额赔付的风险，因此，推广应用农产品价格指数保险时要慎重考虑，要特别注意防范其可能面临的巨额赔付风险；②对于同质性很强的农产品（如粮棉油）来说，单纯保障其价格风险的赔付会十分大，且保险人通常采用的风险分散方式并没有效果，因此，对于这些农产品来说，价格指数保险可能并不具有可行性，收入保险可能是一个更好的选择；③对于同质性很强、但产量确定十分困难的畜牧产品（如生猪、奶牛）来说，实施价格指数类保险可能是一个不得已的选择，但如果具备条件，最好采用收益保险以降低赔付风险；④对于运输能力差、保质期短的蔬菜产品来说，实施价格指数保险最具有可行性，但也需要注

---

① 除美国外，只有加拿大阿尔伯特省有生猪和肉牛的价格保险产品，其具体做法和美国 LRP 类似

意蔬菜品种和保险期限的选择。

需要说明的是，本文仅从理论层面对农产品价格指数保险的可行性进行了一些探讨，并未涉及实际工作中许多其他影响因素，而这些因素对农产品价格指数保险的具体做法和效果可能具有十分重要的影响。如对农产品价格风险承保时，是采用收入保险、收益保险还是价格指数保险，实际工作中政府并不是仅仅依据 3 种保险产品的风险大小进行决策，政府可能还需要考虑施政目标、政府财政能力等。即便是采用价格指数保险进行承保，政府可能还需要明确实施价格指数保险的目的是什么，是利用该工具调控农业生产？还是为农民和农业加工企业提供一个风险管理工具？如果是前者，则在实际工作中可能需要关注和监测参保农户的生产种植行为，这样就会产生很高的经营管理成本；如果目标是后者，则农户和农业加工企业都能利用价格指数保险来分散和规避自身承担的价格风险，但如何防范投机行为[①]也是一个需要关注的问题；另外，目前我国蔬菜价格指数保险试点中是将当地赔付市场的零售价格作为价格指数，而如果将该保险推广到全国，应该选择什么样的价格指数呢？目前生猪价格保险中是以全国猪粮比价作为价格指数，该指数是否合理呢？总之，在农产品价格指数保险中，如何选择科学、客观、公开、透明的"价格指数"是需要认真研究的一个重要问题；最后，近年来农产品的金融属性日益凸显，如果实施全国性的农产品价格指数保险，国内外资本对农产品价格的炒作势必会对该保险产品造成极大的冲击，如何防范资本炒作和投机的影响也是需要思考的问题。

致谢

感谢首都经贸大学庹国柱教授和中国农业科学院农业信息研究所赵亮博士对本文初稿提出的修改意见，但文责自负。

附录

不同保障水平下的保险赔付具有正相关性，两者的组合并不能降低农业保险的赔付风险的数学证明。

[①] 由于现行农业保险包括农产品价格指数保险中，80％或更高的保费都是政府补贴的，农民只需支付很小一部分，因此，农民存在夸大自身种植面积或养殖规模以换取更多保障的投保动机

令 λ_i 和 λ_j 代表不同的保障比例（ $0 < \lambda_i \leqslant \lambda_j$ ），EP 为目标价格，P 为实际价格，则 $Var[\max(\lambda_i EP - P, 0) + \max(\lambda_i EP - P, 0)] \geqslant Var[\max(\lambda_i EP - P, 0)] + Var[\max(\lambda_j EP - P, 0)]$ 证明：因为 $\max(\lambda_i EP - P, 0)$ 为变量 P 的单调减函数，根据 Gurland 不等式知

$$Cov[\max(\lambda_i EP - P, 0), \max(\lambda_j EP - P, 0)] \geqslant 0$$

所以

$$Var[\max(\lambda_i EP - P, 0) + \max(\lambda_j EP - P, 0)]$$
$$= Var[\max(\lambda_i EP - P, 0)] + Var[\max(\lambda_j EP - P, 0)] +$$
$$2Cov[\max(\lambda_i EP - P, 0), \max(\lambda_j EP - P, 0)]$$
$$\geqslant Var[\max(\lambda_i EP - P, 0)] + Var[\max(\lambda_j EP - P, 0)]$$

证毕。

参考文献

[1] 保监会. 关于印发周延礼副主席在全国农业保险工作会议上讲话等有关会议材料的通知 [OL]. 保监会. 2012.

[2] 王建国. 农业保险的新趋向：价格指数保险 [J]. 中国金融，2012（8）：47-48.

[3] 孙占刚. 2011年上海蔬菜价格保险的调查及思考 [J]. 中国蔬菜，2012（1）：5-7.

[4] 上海市农委. 绿叶菜成本价格保险机制 [J]. 上海农村经济，2012（4）：67-68.

[5] 廖楚晖，温燕. 农产品价格保险对农产品市场的影响及财政政策研究——以上海市蔬菜价格保险为例 [J]. 财政研究，2012（11）：16-19.

[6] Burdine K, Halich G. Understanding USDA's Livestock Risk Protection Insurance Program for Feeder Cattle [J]. 2008,

[7] Babcock B A. Implications of Extending Crop Insurance To Livestock; proceedings of the Agricultural Outlook Forum 2004, F, 2004 [C]. United States Department of Agriculture, Agricultural Outlook Forum.

[8] Feuz D M. A Comparison of the Effectiveness of Using Futures, Options, LRP Insurance, or AGR-Lite Insurance to Manage Risk for Cowcalf Producers; proceedings of the NCCC-134 Conference on Applied Commodity Price Analysis, Forecasting, and Market Risk Management, St. Louis, MO, F, 2009 [C].

[9] Hart C E, Babcock B A, Hayes D J. Livestock revenue insurance [J]. Journal of Futures Markets, 2001, 21 (6): 553-80.

[10] 孙祁祥. "可保风险"：保险业务发展之"根基" [M]. 2013.

[11] 赵书伟. 我国农产品市场一体化研究 [D]; 华南理工大学，2012.

[12] Muhr L. Revenue Insurance：Covering Yield and Price Risks. Basic Requirements from an Insurance perspective ［M］. 31th AIAG congress. Athens； Munich Re. 2011.

[13] Kang M G. Innovations of agricultural insurance products and schemes ［R］. FAO，2005.

本文是作者的投稿未删减版，已在《保险研究》杂志正式发表。如需引用，请参考王克，张峭，肖宇谷，等. 农产品价格指数保险的可行性. 保险研究，2014（1）：40-45.

基于东亚对华 FDI 的技术
进步对我国农业的影响[*]

Impact of Technological Progress Based on FDI from East Asia on China's Agriculture

赵　亮[1,2][**]　穆月英[1][***]

Zhao Liang，Mu Yueying

(1. 中国农业大学经济管理学院，北京　100083；

2. 中国农业科学院农业信息研究所，北京　100081)

摘　要：通过理论分析并运用可计算的一般均衡模型（CGE）模拟基于外国直接投资（FDI）的技术进步对我国农业的影响。结果表明：随着东亚区域经济合作，基于自由贸易区的对华 FDI 逐步增加；农业及其要素生产部门技术进步会促进农业部门及其出口不同程度的增加，蔬菜和肉奶等产品出口增幅较大，同时实际工资水平和居民消费总值的降低；基于农业要素生产部门技术进步的各经济指标对其弹性相对较大；农业部门技术进步越大，地区产出增长差异越大，而农业要素生产部门相对农业部门的技术进步造成的地区发展不平衡更大。

关键词：东亚；外国直接投资（FDI）；可计算一般均衡模型（CGE）；技术进步；农业

0　引言

自 2000 年以来，亚洲区域合作经济快速发展，并且逐步放宽了外国投资

---

　*　项目来源：国家自然科学院基金"东亚经济一体化对我国农业影响的 SCGE 模拟分析与对策"（项目编号：71073158）

　**　作者简介：赵亮（1983—　），男，汉族，河南省平顶山人，中国农业大学经济管理学院博士；研究方向为农业经济理论与政策。E-mail：inter-10@163.com

　***　通讯作者：穆月英（1963—　），女，汉族，山西省大同人，中国农业大学经济管理学院教授，博士生导师；研究方向为农业经济理论与政策。E-mail：yueyingmu@cau.edu.cn

进入和设立的条件，截至 2010 年，已报告的投资政策措施有 2/3 以上属于外国直接投资（FDI）的促进领域，而且世界 FDI 呈现出"两头小中间大"的现象[①]。随着我国加入 WTO 和 FTA 的建立，在货物和服务贸易逐步自由化的同时，对华 FDI 也日益成为关注的焦点。2011 年 1—7 月，全国新批设立外商投资企业 15 600 家，同比增长 7.89%；合同外资金额 1 402.76 亿美元，同比增长 20.71%；实际使用外资金额 691.87 亿美元，同比增长 18.57%，而同期亚洲十国（或地区）[②] 无论对华投资额还是投资增速都显著高于同期美国和欧盟等其他国家（或地区）[③]；对华投资前五位国家（或地区）（以实际投入外资金额计）依次为：中国香港、中国台湾、东盟[④]、日本和新加坡，如果加上韩国，以上 6 个国家（或地区）实际对华 FDI 占全国实际使用外资金额的 80% 以上，且都属东亚地区[⑤]。

截至 2011 年，中国大陆已经与香港和澳门地区签订《关于建立更紧密经贸关系的安排》，随后《补充协议三》[⑥] 为贸易双方投资便利化提供了良好平台，自 2006 年以来，中国香港和澳门对大陆 FDI 以年均约 20% 的速度递增，而在《补充协议三》生效的次年即 2007 年，增速甚至接近 50%。在我国建立的 FTA 进程中，与东盟建立的 FTA 相对较为系统和完整，继《中国-东盟全面经济合作框架协议》签署之后，2009 年双方签署《投资协议》，该协议有效地促进了东盟对华 FDI，目前东盟已超过日韩成为除港澳地区外第一大对华 FDI 投资来源；韩国是中国第三大贸易伙伴、第三大引资国，中国已成为韩国第一大贸易伙伴。根据《中韩自贸区研究报告》[⑦]，通过改善双边投资环境，促进相互投资以争取尽早实现 2 000 亿美元贸易和投资目标，进而实现 2015 年

---

① 世界发展中和转型期经济体吸引的直接外资流量首次达到全球总流量的半数以上，而发达国家的直接外资流入量依旧在下滑，某些最贫困区域的直接外资流量继续下滑（世界投资报告，2011）

② 香港、澳门、台湾、日本、菲律宾、泰国、马来西亚、新加坡、印尼和韩国

③ 2011 年 1—7 月东亚十国/地区对华投资新设立企业 12 555 家，同比增长 8.79%，实际投入外资金额 595.37 亿美元，同比增长 23.67%；而同期美国对华投资新设立企业 844 家，同比下降 4.74%，实际投入外资金额 19.4 亿美元，同比下降 19.17%。欧盟 27 国对华投资新设立企业 976 家，同比增长 7.14%；实际投入外资金额 40.84 亿美元，同比增长 1.36%（1 和 2 数据来源：中华人民共和国商务部）

④ 以东南亚国家联盟 10 个国家整体为研究对象

⑤ 数据来源：中华人民共和国商务部；其中东盟 2009 年对华 FDI 逾 46 亿美元

⑥ 根据《〈安排〉补充协议三》，内地在《安排》及其两个补充协议的基础上，加强在贸易投资便利化领域的合作……在贸易投资便利化领域，借鉴香港保护知识产权的经验，推进内地知识产权保护工作

⑦ "中韩自贸区"目前还处在研究阶段，双方就自贸区建设进行广泛研究，详见"中国自由贸易区服务网"

3 000亿美元贸易和投资目标；日本对华 FDI 一直保持相对较高份额，在亚洲金融危机期间曾一度下跌，但自 2007 年以来逐渐增加。可以预见，随着我国与东亚国家（或地区）FTA 的建立和完善，该地区对华 FDI 将会占据中国 FDI 更大份额，而"三农"问题一直是我国各项工作的重中之重，因此，在我国与东亚国家/联盟 FTA 的背景下研究 FDI 对我国农业的影响是有意义的。

1 文献综述

FDI 可以直接促进东道国产出的增加，而且间接的促进了东道国的技术进步（王志鹏，2001；王红领等，2006；张化尧等，2006 等），并且通过多种渠道或路径实现（Kokko，1994；Findlay，1978 等）。Arrow（1962）假定技术进步或生产率提高是资本积累的副产品，即投资产生溢出效应，而 FDI 作为物化型技术转移的主要形式，特别是对于发展中国家；林毅夫等（2007）认为我国目前就可以利用一切条件从国外引进先进技术；或者通过以 FDI 的形式从国外进口大量包含先进技术的资本品用于国内生产，而自主创新的机会成本过高，相对而言"购买"的成本则要低得多（郑玉歆，1999；易纲等，2003）；衡量技术进步的指标主要是全要素生产率（TFP），目前对我国（农业）技术进步的研究主要集中在（农业）TFP 增长率及其贡献度的测算，自 1978 年以来全国（张宇，2007；郭庆旺等，2005；车维汉等，2010；章祥荪，2008）和农业部门（赵洪彬，2004；全炯振，2009；周端明，2009）TFP 及其增长率汇总在表 1 中，从中看出不同阶段农业 TFP 始终保持增长，并且技术进步已成为农业持续增长的主要源泉，我国总体 TFP 增长率低于农业部门，但其依然是我国经济发展的重要推动力。

表 1　关于我国（农业）不同阶段 TFP 增长率的研究文献

作者	部门	阶段（年）	TFP 增长率（%）	备注
全炯振	农业	1978—2007	0.70	该值源于对我国中、东、西部 3 个地区该指标的平均值
周端明	农业	1978—2005	3.30	—
车维汉等	农业	1990—2005	2.60	—
赵洪彬	农业	1979—2000	4.00	—
郭庆旺等	全部	1979—2004	0.89	—
车维汉等	全部	1981—2005	0.90	—
张宇	全部	1992—2004	4.43	1980—1991 年该指标值都很低，而从 1992 年开始剧增
章祥荪	全部	1980—2005	1.60	—

一般情况，FDI 与东道国技术进步是正相关的，影响其大小和流向的因素很多，比如产品进口，东道国或部门经济发展水平等（Lv 等，2009）；而 FDI 向农业部门流动和其大小的影响因素除此之外还有农业资源和特色农业优势、地理位置以及示范效应等（臧新等，2008；Ning 等，1995）；Bolling 等（1994）认为人口增长，消费市场，气候条件，靠近（美国）市场和便利的宏观经济环境是投资国主要考虑因素；此外，Ning 等（1995）认为文化联系、贸易管制、东道国的市场规模、权衡税收、汇率的差异以及东道国市场的增长率对 FDI 影响显著，与之研究得到同样结论的还有 Makki 等（2003）和 Lv 等（2009）；还有学者从政策的角度研究不同的内外政策对（农业）FDI 的影响，政策的不同会导致外商不同的投资动机，进而影响 FDI 的流向，使跨国公司在东道国市场结构中处于不同地位，从而对 FDI 技术溢出渠道产生影响并最终影响到 FDI 技术溢出效应（邵留国等，2007）；比如"以市场换技术"战略（谢建国，2007）；Tanyeri 等（2011）认为一个国家吸收外国直接投资主要由本国资源约束条件决定，据此制定相关的引资政策，相对弱势的农业部门吸引 FDI 的能力相对较强；联合国贸发会议为了更客观准确的评估各国 FDI 的绩效以及引资的执行力，建立 FDI 绩效指标（FDI performance index）[①]（世界投资报告，2002），该指标剔除了 FDI 东道国市场规模以及经济基础等因素，较好的反映了一国的引资效能。

上述研究肯定了 FDI 对东道国技术进步的促进作用，但大多是针对 FDI 影响因素及其流向的研究和预测，而对我国（农业）技术进步的研究也多是对 TFP 及其贡献度的测算。我国不论从市场规模，还是宏观经济环境都有利于吸引 FDI，而且目前正在通过 FTA 积极寻求建立与东亚国家/联盟的经济合作，并且取得了一定的成果，本文即是以我国与东亚国家/联盟的"投资协议"为背景，模拟分析基于 FDI 的技术进步对我国农业的影响。全文首先分析 FDI 与技术进步的关系，接着根据本文研究需要将技术进步分类并从理论分析技术进步及其对农业的影响机制，最后运用可计算一般均衡模型（CGE）模拟分析不同类型技术进步对我国宏观和农业经济指标变化以及地区发展的影响，从对外政策的角度为我国与东亚国家/联盟建立 FTA 的研究和谈判提供参考。

---

① $IND_i = \dfrac{FDI_i / FDI_w}{GDP_i / GDP_w}$ i 表示国家，w 表示世界，分子表示某国某年相对世界 FDI，分母表示某国某年相对世界 GDP

2 理论分析与模型构建

2.1 FDI 与技术进步的关系

FDI 对东道国技术进步可以从两条渠道获得：一是外资企业相对国内企业的 TFP 优势，外资企业相对国内企业的较高的 TFP 会带动东道国技术进步；二是外资企业对国内企业的技术外溢。技术外溢主要通过示范效应、教育培训效应、关联效应以及竞争效应等提高东道国企业的技术水平。

新古典增长理论指出，经济的长期增长（人均意义上的经济增长）只有靠技术进步来实现。在长期，根据资本边际产出递减的假设，引进 FDI 的国家将会向该经济体的稳态收敛，FDI 影响经济增长的唯一途径就是技术变革。按照技术外溢理论，FDI 的进入会直接或间接地给东道国企业带来技术上的转移，从而促进了东道国科技能力的提高。

根据罗默（2009）的研究与开发增长模型：

$$Y(t) = \left[(1-a_K)K(t)\right]^{\alpha} \left[A(t)(1-a_L)L(t)\right]^{1-\alpha}, 0 < \alpha < 1 \quad (1)$$

其中，Y、K、L 和 A 分别表示产出、资本、劳动和技术；该模型假定生产函数是一般化的柯布-道格拉斯生产函数，并且规模报酬不变。经济系统内共有两类部门，一类是产品生产部门，另一类是研究开发部门；a_K 和 a_L 分别是资本和劳动用于研发和技术创新部门的份额；$1-a_K$ 和 $1-a_L$ 分别是资本和劳动用于生产部门的份额。而新技术的产生同样取决于投入技术研发的资本和劳动投入以及原有科技水平，因此，用于技术研发创新的生产函数如下：

$$\dot{A}(t) = B\left[a_K K(t)\right]^{\beta} \left[a_L L(t)\right]^{\gamma} A(t)^{\theta}, B > 0, \beta \geqslant 0, \gamma \geqslant 0 \quad (2)$$

其中 B 为转移参数，θ 表示现有技术对新技术研发的影响。

笔者认为技术进步的关键取决于资本 K，因此，建立资本 K 与收入和 FDI 的关系如下：

$$K_t = \sum_{i=1}^{t-1} \omega_i Y_i + \sum_{i=1}^{t} \lambda_i FDI_i \quad (3)$$

其中，K_t 表示第 t 年的资本存量，FDI_i 和 Y_i 分别表示第 i 年外国直接投资和一国产出，λ_i 和 ω_i 分别为二者第 i 年用于资本积累的比重。联立式（2）和（3）即可表示技术进步与 FDI 的关系：

$$A(t) = Ba_K^{\beta}\left(\sum_{i=1}^{t-1} \omega_i Y_i + \sum_{i=1}^{t} \lambda_i FDI_i\right)^{\beta} \left[a_L L(t)\right]^{\gamma} A(t)^{\theta}, B > 0, \beta \geqslant 0, \gamma \geqslant 0$$

$$(4)$$

2.2 技术进步对农业影响的理论分析

理论分析技术进步包括农业部门和非农业部门技术进步，二者混合作用于农业生产过程中，农业部门的技术进步除了自身的 TFP 提高外，还通过非农业部门的技术传导得以体现[①]。因此，建立包含技术进步的利润函数如下：

$$\max\pi = P_y A_0 f(a_j x_j) - \sum_{j=1}^{n} e_j(a_j \cdot A_j) P_{xj} x_j, j = 1,2\cdots n \quad (5)$$

其中，P_y 为农产品价格；A_0 为农业部门技术进步参数；a_j 为生产要素因技术进步而扩张的乘数；A_j 为生产第 j 种生产要素的部门的技术进步参数；$e_j(\cdot)$ 为第 j 种生产要素因技术进步而导致的其投入的成本变化乘数，且 $e_j(\cdot) > 1$，该指标是由于技术进步的价格传递而导致生产要素成本的变化，并假设其是 a_j 和 A_j 的函数。

利润最大化时 $\partial\pi/\partial x = 0$，从而：

$$\frac{\partial f}{\partial x_j} = \frac{e_j}{A_0 a_j} \frac{P_{xj}}{p_y}, j = 1,2\cdots n \quad (6)$$

假设该模型生产要素市场和农产品市场是完全竞争的，因此，P_{xj}/p_y 短期内固定不变：令 $\Omega = \dfrac{\partial f}{\partial x_j} \dfrac{P_y}{p_{xj}} = \dfrac{e_j}{A_0 a_j}$ \quad (7)

将 Ω 对时间 t 求导：

$$\frac{d\Omega}{dt}\frac{1}{\Omega} = \frac{de_j}{dt}\frac{1}{e_j} - \frac{dA_0}{dt}\frac{1}{A_0} - \frac{da_j}{dt}\frac{1}{a_j}, j = 1,2\cdots n \quad (8)$$

即 $\dfrac{\dot{\Omega}}{\Omega} = \dfrac{\dot{e_j}}{e_j} - \dfrac{\dot{A_0}}{A_0} - \dfrac{\dot{a_j}}{a_j}$ \quad (9)

根据（7）式等号右边参数的定义可知 $\Omega > 0$，由于 FDI 的技术外溢，社会各部门存在不同程度的技术进步，在不同时间，不同环境情况下，非农部门相对农业部门技术进步的增长率是不同的，假设在没有技术进步的情况为均衡水平，则技术进步导致 Ω 的变化率 $\dot{\Omega}/\Omega$ 不能确定，因此需分 3 种情况讨论：

2.2.1 当 $\dot{\Omega}/\Omega > 0$ 时

$\dfrac{\dot{e_j}}{e_j} - \dfrac{\dot{a_j}}{a_j} > \dfrac{\dot{A_0}}{A_0}$，表示在技术进步情况下，$e_j(\cdot)$ 相对 a_j 的增长率大于农业技

[①] 根据孙中才（2010）的研究，农业技术进步包括两方面内容：一方面，工业的技术进步给农业全部门提供便利，基础设施，通信等硬件的共享，称为农业部门平均技术水平；另一方面体现在生产要素投入上，由于农业生产要素质量因技术进步而提高，从而导致农业生产水平的提高，也称为生产要素能力扩张

术进步增长率 A_0。此时，根据（7）式在农产品价格和生产要素相对价格短期不变的情况下，农产品边际产量的一阶导数大于零，表示在既定农业要素投入增加时，产出加速增长，与之前的均衡状态相比，新的均衡状态投入要素和农业产出都较少。

2.2.2 当 $\dot{\Omega}/\Omega = 0$ 时

$\dfrac{\dot{e}_j}{e_j} - \dfrac{\dot{a}_j}{a_j} = \dfrac{\dot{A}_0}{A_0}$，表示在技术进步情况下，$e_j(\cdot)$ 相对 a_j 的增长率等于农业技术进步增长率 A_0。此时，根据（7）式农产品边际产量不变，而农业部门相对技术进步率不变，农产品生产依旧保持均衡水平，即要素投入和产出维持原有水平。

2.2.3 当 $\dot{\Omega}/\Omega < 0$ 时

$\dfrac{\dot{e}_j}{e_j} - \dfrac{\dot{a}_j}{a_j} < \dfrac{\dot{A}_0}{A_0}$，表示在技术进步情况下，$e_j(\cdot)$ 相对 a_j 的增长率小于农业技术进步增长率 A_0。此时根据（7）式在农产品价格和生产要素相对价格短期不变的情况下，农产品边际产量的一阶导数小于零，表示在既定的要素投入增加时，产出增速降低，与之前的均衡状态相比，新的均衡状态投入要素和农业产出都增加。

2.3 模型与方法

本文运用 CGE 模拟基于 FDI 的技术进步对我国国民经济特别是农业生产、贸易等的影响，在 CGE 模型中，所有部门生产函数均为不变替代弹性（CES）函数形式，但不同生产部门的差异体现在各部门 CES 函数中技术因子、弹性参数和要素投入份额等参数的不同。假设存在技术进步，即在既定产出的情况下，投入最小：

$$成本函数为 \min \sum_i P_i X_i \tag{10}$$

其中，P 是要素价格，X 是要素投入量；部门生产函数形式如下：

$$Z = \Big[\sum_i \delta_i \Big(\dfrac{X_i}{A_i} \Big)^{-\rho_i} \Big]^{-1/\rho_i} \tag{11}$$

其中，A_i 表示不同部门技术进步因子，即在产出 Z 不变的情况下，通过要素使用效率的提高，从而达到减少投入的目的，故 $A_i > 1$；ρ_i 为不同部门生产弹性参数；δ_i 为不同部门生产。

$$设 \widetilde{X}_i = \dfrac{X_i}{A_i} 和 \widetilde{P}_i = P_i A_i \tag{12}$$

重新描述目标函数和生产函数变为：

$$\min \sum_i \widetilde{P}_i \widetilde{X}_i \tag{13}$$

$$Z = \Big[\sum_i \delta_i \widetilde{X}_i^{-\rho_i} \Big]^{-1/\rho_i} \tag{14}$$

由于要分析技术因子的变动导致生产变动的情况，因此，需将该生产函数以百分比线型形式表示出来。建立拉格朗日函数：

$$\iota = \sum_i \widetilde{P}_i \widetilde{X}_i + \lambda Z \tag{15}$$

分别对 $\widetilde{X}_i$ 和 λ 求导，从而根据一阶条件：

$$\frac{\partial \iota}{\partial \widetilde{X}_K} = \widetilde{P}_K + \lambda \frac{\partial Z}{\partial \widetilde{X}_K} = 0 \ 和 \ \frac{\partial \iota}{\partial \lambda} = Z = 0$$

得到：$\widetilde{P}_K = \lambda \delta_K \widetilde{X}_K^{-(1+\rho_i)} \Big(\sum_i \delta_i \widetilde{X}_i^{-\rho_i} \Big)^{-(1+\rho_i)/\rho_i} \tag{16}$

$$则：\widetilde{X}_i^{-\rho_i} = \Big(\frac{\delta_i \widetilde{P}_K}{\delta_K \widetilde{P}_i} \Big)^{-\rho_i/(1+\rho_i)} \widetilde{X}_K^{-\rho_i} \tag{17}$$

将式（17）带入生产函数式（14）得到：

$$Z = \widetilde{X}_K \Big[\sum_i \delta_i \Big(\frac{\delta_i \widetilde{P}_i}{\delta_K \widetilde{P}_K} \Big)^{\rho_i/(1+\rho_i)} \Big]^{-1/\rho_i} \tag{18}$$

根据式（18）可得到要素需求函数：

$$\widetilde{X}_K = Z \Big[\sum_i \delta_i \Big(\frac{\delta_i \widetilde{P}_i}{\delta_K \widetilde{P}_K} \Big)^{\rho_i/(1+\rho_i)} \Big]^{1/\rho_i} \tag{19}$$

$$令 \ \widetilde{P}_C = \Big(\sum_i \delta_i^{1/(1+\rho_i)} P_i^{1/(1+\rho_i)} \Big)^{(1+\rho_i)/\rho_i} \tag{20}$$

$$因此，\widetilde{X}_K = Z \delta_K^{1/(1+\rho_i)} \Big(\frac{\widetilde{P}_K}{\widetilde{P}_C} \Big)^{-1/(1+\rho_i)} \tag{21}$$

对式（21）两边取对数：

$$\ln \widetilde{X}_K = \ln Z + 1/(1+\rho_i)\ln\delta_K - 1/(1+\rho_i)(\ln\widetilde{P}_K - \ln\widetilde{P}_C) \tag{22}$$

设替代弹性 $\sigma_i = 1/(1+\rho_i)$，由于 δ_K 是外生确定的，不随函数形式的变化而变化，因此式（22）可变为：

$$\widetilde{x}_K = z - \sigma_i(\widetilde{p}_K - \widetilde{p}_C) \tag{23}$$

式（23）中均用小写字母表示各变量之间的百分比变化关系，根据（12）式的设定：

$$\tilde{x_i} = x_i - a_i \; ; \; \tilde{p_i} = p_i - a_i \qquad (24)$$

其中，a_i 表示技术进步因子 A 的变化率；将（24）式带入（23）式得到：

$$x_i - a_i = z - \sigma_i(p_i + a_i - \tilde{p}_C) \qquad (25)$$

式（25）即为包含技术进步在内的价格和要素投入的百分比变化关系（弹性关系）[①]。

2.4 模拟方案的设定

我国实际使用 FDI 和农业 FDI 情况如图 1 所示，二者都呈上升趋势，前者是稳步上升，后者在经过 2006 年的低谷后，强劲增长，二者共同点都是在 2006 年后增速超过之前年份。

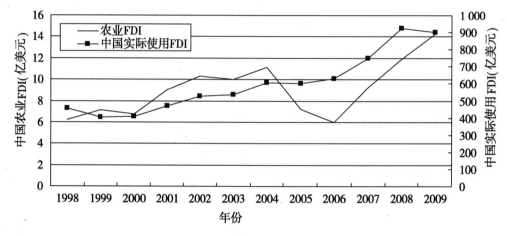

图 1 中国（农业）FDI 趋势

数据来源：《中国统计年鉴》各年版

图 2 显示了近年来东亚国家/联盟对华 FDI 趋势，从中明显地看出，由于中国和东盟 FTA 的建立，导致后者在 2006 年对华 FDI 迅速超过日韩，并使其成为除中国香港和中国台湾之外最大的对华 FDI 联盟。随着东亚经济一体化的进程，日本、韩国等区内发达国家会通过类似的"投资协定"进一步扩大在我国投资市场的份额。

为了研究技术进步对农业的影响，本文将技术进步分为农业部门技术进步和非农业部门技术进步，二者又都主要体现在全要素生产率提高和生产要素的

---

① 部分参考 MONASH 大学培训教材"PRACTICAL GE COURSE MANUAL BOOK1—MODEL AND SOFTWARE DOCUMENTATION"

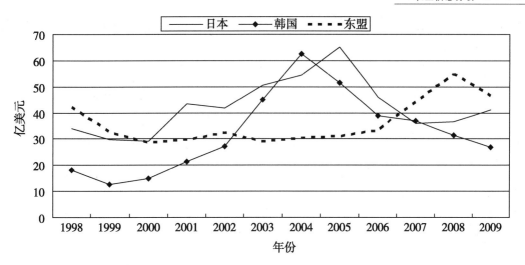

图 2　东亚三国/联盟对华 FDI

数据来源：《中国统计年鉴》各年版

扩张。而非农业部门（特别是生产农业生产要素部门）全要素生产率的提高又促进了农业部门的投入要素扩张（图 3）。因此，本文集中研究图 3 中虚线方框内的不同类型的技术进步。

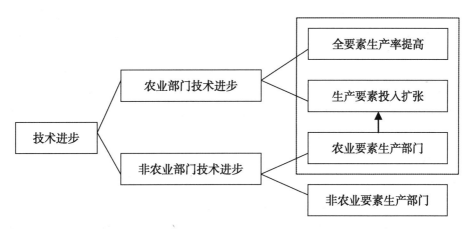

图 3　部门技术进步关系

根据表 1 对我国（农业）TFP 增长率汇总，估计我国农业 TFP 增长率为 3％～3.5％，我国 TFP 增长率约为 1.5％[①]。因此，本文在我国与东亚国家/

---

① 全炯振（2009）测算的 TFP 增长率源于对我国中、东、西部 3 个地区该指标的平均值，并未考虑 3 个地区的贡献度，因此，低估了该指标值；而张宇（2007）依据其对历年全要素生产率的测算，发现 1980—1991 年间全要素生产率都维持在较低水平，而从 1992 年开始猛增，因此自 80 年代以来的该指标值被高估了

联盟建立 FTA 背景下，基于 FDI 的技术进步对我国农业影响的一般均衡模拟方案及其依据如下。

（1）已有研究已经证明东道国的市场规模，特别是农业市场规模对吸引农业 FDI 有促进作用，在亚洲甚至世界范围内，中国的农业市场规模是巨大的。又由于我国农业越来越受到资源环境的约束，并且农业是相对弱势的部门，根据 Tanyeri 等（2011）的研究理论，农业部门吸引 FDI 的能力会相对较强。而 FDI 对东道国技术进步贡献度在目前研究中还没有精确的测算，根据（4）式，FDI 通过资本的产出弹性及其用于技术积累的份额等参数影响技术进步，因此，农业 TFP 增长率在原有 3.5％的基础上增加 0.5％，即方案 1 摸拟 6 个农业部门[①] TFP 生产率相对提高 4％。

（2）作为世界最大的直接接受外资的发展中国家，我国因 FDI 流入而促进的技术进步部门会遍及几乎所有部门，目前的研究表明制造业部门（主要是第二产业）的 FDI 绩效指标较其他产业高，而农业部门生产要素制造部门通常属制造业部门（Lv 等，2009）。基于此，方案 2 模拟所有 39 个部门生产要素扩张 2％。但根据软件运行结果，变量精确度（variables accuracy）和数据精确度（data accuracy）都不理想[②]。随着中国工资和生产成本持续上升，劳动密集型制造业外包至中国的速度放缓，直接外资流入继续向高技术产业和服务业转移（世界投资报告，2011）。因此，模拟方案 2 调整为资本密集型部门[③] TFP 增长率为 2％。

（3）方案 3 仅从农业生产要素投入扩张的角度考察技术进步。目前对农业生产要素补贴或政府直接投资属于"黄箱"范畴，而为了农业生产和发展对生产农业生产要素部门 FDI 的促进政策和措施则不属于"黄箱"，因此，可以通过建立 FTA 吸引外资，即"以合作促投资"。由于农业 TFP 增长率明显大于我国整体增长率水平，根据图 3 所示，农业要素生产部门属于农业关联部门。借鉴王滨（2010）关于 FDI 对制造业 TFP 的横向和纵向关联溢出效应为正的研究，此处 TFP 增长介于农业部门和我国整体增长水平之间，参考方案 1 和

---

① GEMPACK 中共有 39 个部门，其中涉农部门共 8 个，此处选择 6 个，分别是 rice（水稻）、wheat（小麦）、fruitveg（蔬菜）、livestock（家畜）、fishing（水产品）、meatfairy（肉奶）。其余两个为 otherfood（其他粮食）和 otheragriculture（其他农业）部门，由于其所包含部门没有明确的定义，本文暂不做研究

② 二者精确指标分别为 5 和 6（满值为 10），一般情况下，较好的模拟结果，二者精确指标值大于或等于 8

③ 本文选定"elecequip"电器、"machinery"机械、"chemicals"化工、"automobile"汽车 4 个部门

2，并且根据前文理论分析内容，农业要素生产部门技术进步对要素投入和产出的双向影响，该方案模拟 6 个农业部门生产要素扩张 3%。

（4）通过测算 FDI 绩效指数发现除了饮料制造业外，其余 11 个农产品加工部门的该值都大于 1，并且有上升趋势（Lv 等，2009）。这意味着中国的农产品前后向产业能吸引更多的 FDI，因此在区域经济合作进程中，会出现对华 FDI 流向农业部门和其相关产业（部门）的现象。故方案 4 模拟方案 1 和 3 作用效果的总和，即 6 个农业部门 TFP 增长 4%并且农业生产要素扩张 3%。上述模拟方案及其依据汇总在表 2 中。

表 2　模拟方案及变量含义

方案	冲击变量	含义	变化
方案 1	alprim（i）	全要素生产率提高	6 个农业部门均提高 4%
方案 2	alprim（i）	—	4 个工业部门均提高 2%
方案 3	altot（i）	投入生产要素扩张	6 个农业部门均提高 3%
方案 4	alprim（i）和 altot（i）	上述二者同时发生	6 个农业部门 alprim 4%和 altot 均提高 3%

注：alprim（i）：All factor augmenting technical change；altot（i）：All input augmenting technical change；括号内是技术进步的部门

3　模拟结果及分析

利用澳大利亚莫纳什（Monash）大学研发的 GEMPACK 软件，通过对上述不同方案的模拟，得到我国在不同技术进步情况下的宏观经济指标和农业经济指标变化汇总在表 3 中（虚线以上部分为宏观经济指标变动值），模拟方案中技术进步和各经济指标均以百分数表示。

表 3　不同方案的模拟结果

指标名称	指标含义	方案 1（%）	方案 2（%）	方案 3（%）	方案 4（%）
x0gdp（exp/inc）	真实 GDP	0.43	0.23	0.74	1.16
w3tot	家庭消费总值	−1.25	0.03	−1.83	−2.99
w4tot	出口总值	1.29	0.69	2.09	3.33
w0imp	加税进口总值	−0.06	−0.04	−0.29	−0.33
p1lab	部门工资	−1.25	0.03	−1.83	−2.99
p0（rice）		−4.45	−0.06	−5.39	−9.51
p0（wheat）		−4.47	−0.06	−5.33	−9.47
p0（fruitveg）	农产品消费价格	−4.37	−0.05	−5.29	−9.33
p0（livestock）		−4.16	0.03	−5.91	−9.74
p0（fishing）		−4.11	0.03	−5.34	−9.15
p0（meatdairy）		−3.91	0.05	−6.94	−10.48

（续表）

指标名称	指标含义	方案1（%）	方案2（%）	方案3（%）	方案4（%）
x0com（rice）	农业部门产出	1.14	0.04	0.41	1.55
x0com（wheat）		1.10	0.05	0.43	1.53
x0com（fruitveg）		1.47	0.06	0.86	2.41
x0com（livestock）		1.20	0.03	1.34	2.58
x0com（fishing）		1.10	0.07	1.07	2.17
x0com（meatdairy）		2.66	0.04	4.86	7.85
x3（rice）	农产品家庭需求（国内/进口）	1.75/-6.72	0.04/-0.07	1.96/-8.26	3.73/-14.24
x3（wheat）		1.77/-6.72	0.04/-0.07	1.95/-8.17	3.75/-14.16
x3（fruitveg）		1.69/-6.61	0.04/-0.06	1.90/-8.13	3.61/-14.02
x3（livestock）		1.53/-6.11	-0.01/0.05	2.19/-8.66	3.74/-14.07
x3（fishing）		1.47/-6.04	-0.01/0.05	1.83/-7.91	3.32/-13.31
x3（meatdairy）		1.57/-5.73	-0.02/0.08	3.09/-9.87	4.68/-14.85
x4（rice）	农产品出口	4.29	-0.65	16.17	10.74
x4（wheat）		4.29	-0.65	16.17	10.74
x4（fruitveg）		18.13	0.14	71.11	44.07
x4（livestock）		4.29	-0.65	16.17	10.74
x4（fishing）		4.29	-0.65	16.17	10.74
x4（meatdairy）		15.45	-0.28	81.55	48.74
x0imp（rice）	农产品进口	-6.05	-0.03	-19.26	-13.49
x0imp（wheat）		-5.95	-0.03	-18.87	-13.21
x0imp（fruitveg）		-5.59	-0.02	-17.87	-12.52
x0imp（livestock）		-6.39	0.09	-21.15	-14.81
x0imp（fishing）		-6.04	0.17	-19.56	-13.64
x0imp（meatdairy）		-5.44	0.20	-21.03	-14.53

注：指标名称是由 GEMPACK 软件自动生成，为保留原意，本文未做改动；方案1~4 的变量和数据精确指标值分别为（9，10）、（10，10）、（9，9）和（8，9）

3.1 宏观经济指标的变化

选取实际 GDP、家庭消费总值、总工资、进口总值和出口总值等宏观经济指标变动作为研究对象。从表3中看出，不同模拟方案都促进实际 GDP 增加；进口总值呈负增长，表明技术进步增加国内生产供给；技术进步提高本国出口产品竞争力，促进出口；家庭消费总值和工资同方向同比例变动，资本密集型部门的技术进步促使单位成本下降，其较高消费弹性扩大了国内需求。

为便于分析，建立不同技术进步的弹性系数[①]（表4）。其中方案3的最敏感，说明农业要素生产部门相对其他类型的技术进步，更有效的促进实际 GDP 增长和总出口值增加。但使工资和居民消费总值同比例相对其他方案降幅更大，方案3的加税进口总值对技术进步的敏感性相对更大。

---

① e＝各经济指标主动（%）/方案的技术进步增长率（%）

表 4 宏观经济指标对技术进步增长率的弹性系数

指标名称	指标含义	方案 1 弹性	方案 2 弹性	方案 3 弹性	方案 4 弹性
x0gdp（exp/inc）	真实 GDP	0.11	0.12	0.25	0.17
w3tot	家庭消费总值	−0.31	0.02	−0.61	−0.43
w4tot	出口总值	0.32	0.35	0.70	0.48
w0imp	加税进口总值	−0.02	−0.02	−0.10	−0.05
p1lab	部门工资	−0.31	0.02	−0.61	−0.43

注：方案 4 中各指标弹性由表 3 中对应各经济指标值与此方案两种技术进步增长率（3%＋4%＝7%）的比值

由于技术进步程度不一，为便于分析，表 3 中数值与对应方案技术进步的增长率的比值就是各指标对不同技术进步的弹性系数[①]，即单位技术进步的增长率导致各经济指标值的变动（表 4）。从中可以看出各宏观经济指标对方案 3 的变动最敏感，说明农业要素生产部门相对其他类型的技术进步，更有效的促进实际 GDP 的增长和总出口值的增加。但使工资和居民消费总值同比例相对其他方案降幅更大，加税进口总值弹性系数约是方案 1 和方案 2 的 5 倍，表现其对技术进步的敏感性相对更大。

3.2 农业经济指标的变化

表 3 中虚线以下部分为各农业部门经济指标在不同模拟方案的变化情况。总体看，农业部门经济指标变化有如下特点：一是方案 1、方案 3 和方案 4 各指标值变化方向相同，而方案 2 中除了农业产出与前者同方向变化外，部分农业部门经济指标与前者完全相反；二是从表 3 中各农业部门经济指标绝对变化量看，方案 4 农业部门产出以及农产品价格变化最显著，而方案 3 中农产品出口和进口变化最显著，其次是方案 1，变化最不显著的是方案 2；三是除不同农产品出口增长差异较大以外，其余每项农业经济指标（特别是方案 1、方案 3 和方案 4）变化程度非常相近，个别情况，不同农业部门变化程度完全相同。

方案 1、方案 3 和方案 4 中农产品消费价格都为负，是由于农业 TFP 或要素生产部门技术进步导致产出增加，短期需求不变的情况下，均衡价格下降。方案 2 中牲畜、渔业和肉奶 3 个部门产品价格上升，而水稻、小麦和蔬菜 3 个部门产品价格下降，由于后者是必需品，消费弹性较前者低，并且该方案促使工资总量增加，从而导致对前者消费的增加；6 个农业部门产出都不同程度的增加，也说明不同种类的技术进步在一定程度促进农业生产；农产品家庭需求分为国内和国外两类，方案 1、方案 3 和方案 4 的变动趋势一致，即在技术进步情况下，更多消费本国农产品，而减少进口产品的需求，而方案 2 中牲畜、水产品和肉奶 3 种农产品变化截然相反，其原因与前述类似，此类农产品需求

---

① *e*＝各经济指标变动（%）/方案的技术进步增长率（%）

弹性较高，随着收入水平的提高，对进口高质量农产品的相对需求增加；方案 1、方案 3 和方案 4 中农产品出口变动与产出变动方向一致，技术进步一方面提高产品国际竞争力，另一方面随着产出的增加也进一步促进了出口，特别是蔬菜和肉奶部门出口增长率远大于其他农业部门，并且和产出增长情况一致。但方案 2 例外，除蔬菜有小幅增长外，其余都为负增长，这是由于随着工业部门技术进步，大多数农产品与工业品相对价格上升，从而抑制出口。但由于蔬菜出口占生产份额较大，其出口增长力大于上述阻力，即出现其他农产品出口减少的同时，蔬菜出口小幅增加；农产品进口变动与上述情况类似，方案 1、方案 3 和方案 4 不同农产品进口同为负增长，其中方案 3 的减幅最大。而方案 2 中水稻、小麦和蔬菜 3 个部门进口减少，而牲畜、渔业和肉奶 3 个部门进口增加，这与家庭对进口产品需求的变动方向完全一致，其原因也类似。

表 5　农业经济指标对技术进步增长率的弹性系数

指标名称	指标含义	方案 1 弹性系数	方案 2 弹性系数	方案 3 弹性系数	方案 4 弹性系数
p0（rice）		−1.11	−0.03	−1.80	−1.36
p0（wheat）		−1.12	−0.03	−1.78	−1.35
p0（fruitveg）	农产品消费价格	−1.09	−0.03	−1.76	−1.33
p0（livestock）		−1.04	0.01	−1.97	−1.39
p0（fishing）		−1.03	0.02	−1.78	−1.31
p0（meatdairy）		−0.98	0.03	−2.31	−1.50
x0com（rice）		0.28	0.02	0.14	0.22
x0com（wheat）		0.28	0.02	0.14	0.22
x0com（fruitveg）	部门产出	0.37	0.03	0.29	0.34
x0com（livestock）		0.30	0.02	0.45	0.37
x0com（fishing）		0.28	0.04	0.36	0.31
x0com（meatdairy）		0.66	0.02	1.62	1.12
x3（rice）		0.44/−1.68	0.02/−0.04	0.65/−2.75	0.53/−2.03
x3（wheat）		0.44/−1.68	0.02/−0.04	0.65/−2.72	0.54/−2.02
x3（fruitveg）	家庭需求（国内/进口）	0.42/−1.65	0.02/−0.03	0.63/−2.71	0.52/−2.00
x3（livestock）		0.38/−1.53	−0.01/0.03	0.73/−2.89	0.53/−2.01
x3（fishing）		0.37/−1.51	−0.01/0.03	0.61/−2.64	0.47/−1.9
x3（meatdairy）		0.39/−1.43	−0.01/0.04	1.03/−3.29	0.67/−2.12
x4（rice）		1.07	−0.32	5.39	1.53
x4（wheat）		1.07	−0.32	5.39	1.53
x4（fruitveg）	出口需求	4.53	0.07	23.70	6.30
x4（livestock）		1.07	−0.32	5.39	1.53
x4（fishing）		1.07	−0.32	5.39	1.53
x4（meatdairy）		3.86	−0.14	27.18	6.96

（续表）

指标名称	指标含义	方案1 弹性系数	方案2 弹性系数	方案3 弹性系数	方案4 弹性系数
x0imp		−1.51	−0.01	−6.42	−1.93
x0imp		−1.49	−0.01	−6.29	−1.89
x0imp		−1.40	−0.01	−5.96	−1.79
x0imp	进口商品总供给	−1.60	0.05	−7.05	−2.12
x0imp		−1.51	0.09	−6.52	−1.95
x0imp		−1.36	0.10	−7.01	−2.08

为便于分析，将农业各部门经济指标对技术进步增长率的弹性系数汇总在表5中，该表说明不同种类技术进步每增长1％导致各农业部门经济指标的变动情况。表5中方案3各指标的弹性系数较大，说明此方案对技术进步的敏感度较高。

3.3　分地区的产出变化

地区产出增长差异是依据国家整体宏观经济变化，将其拆分后形成，因此，农业部门间接影响到地区产出的增长。此外，由于不同地区比较优势以及产业结构的差异，地区投入产出表也大相径庭，当农业部门及其要素部门技术进步时，都会间接影响地区产出。在模拟不同方案技术进步的同时，生成我国31个省区市总产出变动[①]如图4所示。

技术进步对我国各地区总产出的增长变化呈现以下几个特点：一是从整体看，不同模拟方案都促进了各地区总产出的增长，不同方案产生的地区产出增幅不同，这表明农业部门及其要素部门技术进步有效促进农业产出，进而间接刺激各地区产出增加。比较而言，方案4＞方案3≥方案1＞方案2，并且基于方案4的地区产出增长率远大于其余3个方案，这表明农业部门及其要素部门共同的技术进步对不同地区总产出的促进力度最大，地区总产出不仅依靠农业部门的基础投入作用，也依靠非农部门产出增长来拉动。

二是各地区增长差异显著，方案4的增长差异最大。增幅最大的天津市与西藏（西藏自治区，简称西藏，全书同）的差异约为0.8％，其余方案产出增长最高与最低差距均在0.4％以内。为方便比较分析，去除技术进步程度大小的干扰，用D表示各地区产出增长差异度：

---

①　根据李娜等（2009）的研究，由于我国不同地区的地理位置和环境条件各不相同，这就导致各自比较优势的差异，在政策或外部环境变动时，各个地区之间产生联动效应，因此，在应用CGE模型时需要考虑区域之间的差异和联系

$$D_i = \sum_{d=1}^{31}(gdp_d^i - gdp_a^i)^2, i = 1, 2, 3, 4 \qquad (26)$$

D_i 表示第 i 种方案地区产出增长差异度；gdp_d^i 表示基于第 i 种方案 d 地区产出增长率；gdp_a^i 表示基于第 i 种方案地区平均产出增长率；根据式（26）计算得到基于不同方案地区差异度如下：

$$D_4(0.912) > D_3(0.463) > D_1(0.124) > D_2(0.122) \qquad (27)$$

从式（27）中看出方案 4 的地区增长差异度是最大的，其次是方案 3，方案 1 和方案 2 大体一致。

这表明，在农产品及其要素技术进步时，利用要素产出增加促进农业部门产出，发挥后者国民经济基础部门的作用增加地区总产出。

三是 4 个方案中各地区产出变动趋势大体一致，特别是方案 1、方案 3 和方案 4，地区产出变动趋势几乎相同：天津、上海和广东等省市是产出增幅最大的第一梯队；其次是由江苏、浙江、福建等省市组成的第二梯队；大多数省市如河北、山西、黑龙江、河南、山东、云南和四川等产出增长处于同一水平，属于第三梯队；而北京、吉林、安徽、江西、湖南、重庆和西藏等是产出增幅最小的省市。方案 2 与前者略有不同，处于产出增幅第一梯队的是福建、广东和江苏，其他大部分省市除西藏外产出增幅几乎相同，且同属第二梯队。不同省市总产出处于不同梯队，说明其产业结构存在差异。天津、上海和广东等省市产业结构相对合理，在技术进步同等条件下，农业部门及其要素生产部门对地区总产出贡献相对更大。第二梯队省市多为农业要素部门较发达，而第三梯队省市多为农业部门较发达，因此，单一的部门优势无法充分发挥两类部门共同技术进步的优势。

综上所述，不同部门技术进步对我国宏观和农业经济指标影响方向及大小不同。我国实际产出因技术进步而增加，农业及其要素部门的技术进步会导致工资和消费总值同比例减少，还使各农业部门产品消费价格以及进口需求下降，但各农业部门产出和出口都不同程度增加，而工业部门则正好相反；不论工业、农业还是其要素生产部门技术进步，都促进了我国地区产出的增长，但增长幅度不同，并且不同部门技术进步及其程度大小造成各地区产出增长差异特点的变化：农业及其要素部门技术进步使沿海省市增长幅度较大，而工业部门技术进步并没有造成各省市增长的较大差异。

4 主要结论

本文分析了对华（农业）FDI 现状、趋势及原因，在我国与东亚国家/联

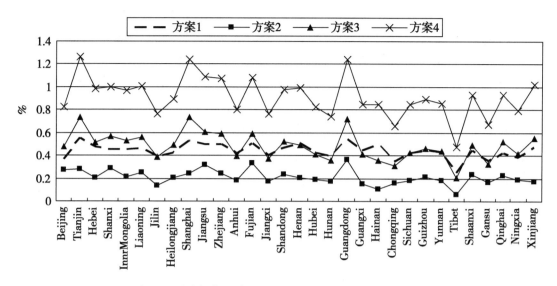

图 4　不同方案下各地区总产出增长率的模拟结果

盟建立 FTA 的背景下，运用 CGE 模型模拟不同部门的技术进步对我国农业的影响，得到结论如下。

第一，随着东亚区域经济合作进程，基于 FTA 的对华 FDI 逐步增加。日本、韩国和东盟等国家/联盟逐渐成为投资主力，并且对华 FDI 有效的促进我国技术进步。

第二，不同部门的技术进步均提高我国总产出和出口总值，但农业部门及其要素生产部门技术进步会使实际工资水平和居民消费总值的降低，而主要工业部门的技术进步可弥补其不足；农业及其要素生产部门技术进步对不同农产品的出口促进程度不同，蔬菜和肉奶等产品出口增幅较大，说明此类农产品具有出口比较优势。

第三，基于农业生产要素部门技术进步的各经济指标对其弹性比其余方案大。因此，鼓励对华 FDI 向农业生产要素部门流动，会更有效促进我国农业产出和出口。并且外资对要素部门的投资不属于"黄箱"，从而避免由此产生的农产品贸易摩擦。

第四，农业部门技术进步增长率越大，地区产出增长差异越大。而且农业要素生产部门相对农业部门的技术进步造成的地区发展不平衡更大。随着我国参与区域经济合作领域的扩大，基于 FDI 的技术进步程度将会逐渐增加，因此，在促进对华 FDI 政策调整中，需特别注意地区增长差距的拉大。

第五，同一地区在不同部门技术进步的冲击下相对产出增长不同。比如农业及其要素生产部门技术进步使东部沿海省市表现出较高的产出增长率，而工业部门技术进步使北京、山西和江苏等省市地区产出增长相对其他省市更高。

目前，中日韩重启自贸区谈判，开放并促进东亚国家和地区对华 FDI 将成为谈判中的重要一环。在东亚对华 FDI 增加的趋势下，引导 FDI 流向，就农业发展而言，农业部门及其要素部门应当并重，只有农业及其关联产业同步实现技术进步才能最大程度实现促进农业发展的目的。此外，根据不同省市属性或比较优势，调整 FDI 地区流向和产业流向，对产业结构相对合理和完整的地区，促进农业部门及其要素部门共同技术进步从而带动地区产出增加，而其他地区则引导 FDI 流向相对弱势产业及其关联产业。

参考文献

[1] Arrow K J. The Economic Implication of Learning by Doing. Review of Economic Studies，1962（29）：155-173.

[2] Bolling C，Valdes C. The US presence in Mexico's agribusiness. Foreign Agricultural Economic Report Number 253，US Department of Agriculture，ERS，US Government Printing Office，Washington，DC. 1994.

[3] 车维汉，杨荣. 技术效率、技术进步与中国农业全要素生产率的提高——基于国际比较的实证分析 [J]. 财经研究，2010（3）：113-123.
Che W H，Yang R. Technical Efficiency，Technical Progress and the Increase of Agricultural Total Factor Productivity in China：Empirical Study Based on International Comparisons [J]. Journal of Finance and Economics，2010（3）：113-123.

[4] 陈卫平. 中国农业生产率增长、技术进步与效率变化：1990—2003 年 [J]. 中国农村观察，2006（1）：18-23.
Chen W P. Productivity Growth，technical Progress and Efficiency Change in Chinese Agriculture：1990—2003 [J]. China Rural Survey，2006（1）：18-23.

[5] 戴维罗默（David Romer）. 王根蓓译. 高级宏观经济学（第三版）[M]. 上海：上海财经大学出版社，2009.
David Romer. Advanced Macroeconomics [M]. SHANGHAI，Shanghai University of Finance & Economics Press，2009.

[6] Findlay R. Relative Backwardness，Direct Foreign Investment and Transfer of Technology Simple Dynamic Model. Quarterly Journal of Economics. 1978，92（1）：1-16.

[7] 郭庆旺，贾俊雪. 中国全要素生产率的估算：1979—2004 [J]. 经济研究，2005，6：51-60.
Guo Q W，Jia J X. Estimating Total Factor Productivity in China [J]. Economic Research Journal，2005，6：51-60.

［8］ Kokko. Technology，Market Characteristics and Spillover. Journal of Development E-conomics，1994，43（2），279-293.

［9］ 李娜，石俊敏，王飞. 区域差异和区域联系对中国区域政策效果的租用：基于中国八区域 CGE 模型 ［J］. 系统工程理论与实践，2009（10）：35-44.

Li N，Shi J M，Wang F. Roles of regional differences and linkage on Chinese regional policy effect：Based on a eight region CGE model for China ［J］. Systems Engineering — Theory ﹠ Practice，2009，10：35-44.

［10］ 林毅夫，任若恩. 东亚经济增长模式相关争论的再探讨 ［J］. 经济研究，2007（8）：4-12.

Lin Y F，Ren R E. East Asian Miracle Debate Revisited ［J］. Economic Research Journal，2007，8：4-12.

［11］ Lv L C，S M Wen，et al. Determinants and Performance Index of Foreign Direct Investment in China's Agriculture. Bingley，Emerald Group Publishing Limited，2009.

［12］ Makki S S，Somwaru A，Bolling C. Determinants of US foreign direct investments in food process- ing industry：evidence from developed and developing countries. paper prepared for presentation at the American Agricultural Economics Association AnnualMeeting，Montreal，2003 July：27-30.

［13］ Ning Y，Reed M R. Locational determinants of the US direct foreign investment in food and kindred products. Agribusiness，1995（11）：77-85.

［14］ 全炯振. 中国农业全要素生产率增长的实证分析：1978—2007 年——基于随机前沿分析（SFA）方法 ［J］. 中国农村经济，2009（9）：36-47.

［15］ 邵留国，张仕璟，王国顺. 外贸政策对 FDI 技术溢出效应的影响机制 ［J］. 世界经济研究，2007，2：3-9.

Shao L G，Zhang S J，Wang G S. Study on the Impacting Mechanism of Trade Policy on FDI Technology Spillover Effect ［J］. World Economy Study，2007，2：3-9.

［16］ 孙中才. 国际贸易与农业发展：数理分析从 F 函数到 G ［M］. 北京，中国农业出版社，2010.

Sun Z C. International trade and agricultural development：the mathematical analysis from F to G function ［M］. BEIJING，China Agricultural Press，2010.

［17］ Tanyeri Abur A，Elamin N H. International investments in Agriculture in Arab Countries：an overview and implications for policy. Food Security，2011（3）：S115-S127.

［18］ 王滨. FDI 技术溢出、技术进步与技术效率——基于中国制造业 1999—2007 年面板数据的经验研究 ［J］. 数量经济技术经济研究，2010（2）：93-103.

Wang B. Technology Spillovers of FDI，Technical Progress and Technical Efficiency

[J]. Institute of Quantitative & Technical Economics，2010，2：93-103.

[19] 王红领，李稻葵，冯俊新. FDI 与自主研发：基于行业数据的经验研究 [J]. 经济研究，2006，2：44-55.

Wang H L，Li D K. Feng J X. Does FDI Facilitate or Dampen Indigenous R&D [J]. Economic Research Journal，2006，2：44-55.

[20] 王志鹏. 外商直接投资对我国经济增长的贡献评价 [c]. 北京：清华大学中国经济研究中心，2001. No. 200112.

Wang Z P. The contribution evaluation of China economic growth on Foreign direct investment [c]. BEIJING，Tsinghua University，CCER，2001：No. 200112.

[21] 谢建国. 市场竞争、东道国引资政策与跨国公司的技术转移 [J]. 经济研究，2007，6：87-97.

Xie J G. Market Competition，Host Country's FDI Policies and MNC's Technology Transfer [J]. Economic Research Journal，2007，6：87-97.

[22] 易纲，樊纲，李岩. 关于中国经济增长与全要素生产率的理论思考 [J]. 经济研究，2003，8：13-20.

Yi G，Fan G，Li Y. A Theoretical Analysis on Economic Growth in China and Total Factor Productivity [J]. Econo- mic Research Journal，2003，8：13-20.

[23] 张诚，张艳蕾，张健敏. 跨国公司的技术溢出效应及其制约因素 [J]. 南开经济研究，2001，3：3-5.

Zhang C，Zhang Y L，Zhang J M. Multinational technology spillovers and constraints [J]. Nankai Economic Studies，2001，3：3-5.

[24] 张化尧，史小坤. FDI 压力下的企业 R&D 支出规律：内生序贯博弈及其演进 [J]. 系统工程理论与实践，2006，11：8-16.

Zhang H R，Shi X K. Private R&D Investment under the Pressure of FDI：Asymmetric Endogenous Sequential Game and Its Evolution [J]. Systems Engineering-Theory & Practice，2006，11：8-16.

[25] 章祥荪，贵斌威. 中国全要素生产率分析：Malmquist 指数法评述与应用 [J]. 数量经济技术经济研究，2008 (6)：111-122.

Zhang X S，Gui B W. The Analysis of Total Factor Productivity in China：A Review and Application of Malmquist Index Approach [J]. Institute of Quantitative & Technical Economics，2008，6：111-122.

[26] 臧新，王红燕，潘刚. 农业外商直接投资地区集聚状况的实证研究——以江苏省为例 [J]. 国际贸易问题，2008，5：109-113.

[27] Zang X，Wang H Y. An Empirical Study on FDI Agglomeration in Jiangsu Agriculture [J]. Journal of International Trade，2008，5：109-113.

[28] 张宇. FDI 与中国全要素生产率的变动——基于 DEA 与协整分析的实证检验 [J].

世界经济研究，2007，5：14-19.

Zhang Y. Does FDI Promote Chinese TFP——An Evidence based on DEA and Cointegration [J]. World Economy Study，2007，5：14-19.

[29] 赵洪彬. 改革开放以来中国农业技术进步率演进的研究 [J]. 财经研究，2004，12：91-110.

Zhao H B. A Study on the Technological Change of Chinese Primary Industry since Reform in 1978 [J]. Journal of Finance and Economics，2004，12：91-110.

[30] 赵志耘，吕冰洋，郭庆旺等.资本积累与技术进步的动态融合：中国经济增长的一个典型事实 [J]. 经济研究，2007，11：18-31.

Zhao Z Y，Lv B Y，Guo Q W，et al. On the Dynamic Integration of Capital Accumulation and Technological Progress：A Stylized Fact in China's Economic Growth [J]. Economic Research Journal，2007，11：18-31.

[31] 赵芝俊，袁开智.中国农业技术进步贡献率测算及分解：1985—2005 [J]. 农业经济问题.2009（3）：28-36.

Zhao Z J，Yuan K Z. The Contribution rate measurement of China's agricultural technological progress and decomposition：1985—200 [J]. Issues in Agricultural Economy，2009（3）：28-36.

[32] 周端明.技术进步、技术效率与中国农业生产率增长——基于 DEA 的实证分析 [J]. 数量经济技术经济研究，2009，12：70-82.

Zhou D M. Technical Progress，Technical Efficiency and Productivity Growth of China s Agriculture [J]. Institute of Quantitative & Technical Economics，2009，12：70-82.

[33] UNCTAD（2002），World Investment Report，United Nations，New York，NY，available at：www. unctad. org.

[34] UNCTAD（2011），World Investment Report，United Nations，New York，NY，available at：www. unctad. org.

原文发表于《系统工程理论与实践》，2014（1）.

农村老人主观幸福感及其影响因素分析
——基于山东、河南、陕西三省农户调查数据分析

Analysis on Subjective Well-being of the Rural Elderly and Its Influence Factors
——Data Analysis Based on the Survey of Shandong，Henan and Shanxi

李　越[1]　崔红志[2]

Li Yue，Cui Hongzhi

(1. 中国农业科学院农业信息研究所，北京　100081；
2. 中国社会科学院农村发展研究所，北京　100732)

摘　要： 让老人生活幸福、安享晚年是各项老龄政策的最终目标。本文基于山东省、河南省和陕西省111名农村老人的福利调查数据，系统分析了农村老人的主观幸福感及其影响因素。研究结果表明：从总体上看，农村老人的主观幸福感较强，但同时存在着群体性差异。农村老年人主观幸福感较高并不能掩饰其客观生活质量较差的事实，"多子"也不一定意味着"多福"。基于此，本文从居住空间、代际关系、医疗保障、社会保障、文化服务等几个方面为改善农村老人的生活质量，提高其主观幸福感提出了建议。

关键词： 农村；老年人；主观幸福感；影响因素；实证研究

拥有幸福的晚年生活不仅是每个人心中的美好愿景，也是各项老龄政策的最终目标。要实现这一目标，就必须了解老年人的福利现状和需求基础，进而探究其幸福感形成的机理和影响因素。随着社会转型步伐的加快，我国人口老龄化问题愈加凸显，十八大报告中更是将"积极应对人口老龄化"提升到国家未来长期战略任务的高度。在广大农村地区，人口流动引发的农村空巢老人问题、依然存在的城乡差别以及尚不完善的农村社会保障制度使得农村老人面临着比城市老人更加严峻的养老压力。据世界银行报告显示，到2030年，农村老年人口抚养比将达到34.4%，城镇地区则为21.1%。中国农村地区的老龄

化速度将快于城镇地区，且未富先老的问题在中国农村比在城镇更突出。近年来，一系列老龄政策密集出台，农村老人则是这些政策关注的重点。

正是在这样的背景下，本文将研究的目光聚焦于农村老年人，基于对山东、河南、陕西三省的实地调研，对农村老人的福利现状及特点进行概况总结，探究提高农村老人幸福感的有效途径。本文结构安排如下：第一部分是对国内外相关研究的综述；第二部分提出本文的研究方法和假设，同时说明数据来源；第三部分对理论上的农村老人主观幸福感的决定因素进行单因素分析，以验证该因素是否会显著影响农村老人的幸福感，并在多大程度上影响其幸福感；第四部分是对实证分析结果的讨论；第五部分是基于实证分析，探索改善老年人主观幸福感的可行路径。

1 文献综述

长期以来，人们总希望能够找到打开幸福之门的钥匙。传统的效用理论认为，经济发展和收入水平的不断提高是人们获得幸福的源泉。然而，随着研究的深入，学者们发现经济收入与幸福感之间的关系远非如此简单。Easterlin（1974）指出收入和幸福感的正向相关关系也仅能被面板数据证实，而不能被时间序列数据所证实，说明绝对收入对幸福感的影响是有限的。自此以后，越来越多的学者尝试着从个人人格、心理机制等角度阐释幸福感的形成。Michalos（1985）归纳了 6 种影响个体主观幸福感的差距解释理论，包括：目标—现实差距理论（个人已有与个人所追求的目标的差距）、理想—现实差距理论（个人已有与社会公认标准的差距）、期望—现实差距理论（个人已有与可能得到的最佳水平的差距）、最佳体验参照理论（与过去最佳的差距）、社会参照理论（与相关个人或群体的差距，又称相对剥夺理论）、个人—环境拟合理论（个人的某一主观特质与所处环境的特质的差距）。

一些研究表明，年龄与幸福感之间呈现"U"字型关系（Oswald，1997，Blanchflower，2000；Dolan et al.，2008），也即老年人是主观幸福感较强的群体。Stroebe（1987）对此的解释是：老年人的期望与抱负相对较低，如老年人认为不再工作以及鳏寡孤独是意料中事，因而当老年人经历类似的事情时，其痛苦相对较轻。Campbell（1995）、Converse（1996）等人的研究认为，随着年龄的增长，老年人会不断调整自己的目标，使之更切合实际①。此外，老年人更加了解如何调节和控制消极事件对自己的影响。作为社会的动物，社会关系对于个人幸福存在正面的溢出效应。无论是家庭、朋友还是同事，人们都能从与他人共同度过的时间中获得乐趣，通常与他人一起进行活动会有更强烈的满足感（Kahneman and Krueger，2006）。但也有研究表明，老年群体报告的与朋友聚会的可能性小得多，他们面临的社会孤立风险较高（经济合作与发展组织，2012）。

国内对主观幸福感的研究起步较晚，但以老年人为对象的研究是国内幸福感研究较早涉足的领域。现有研究大多认同中国老人主观幸福感较高的观点。影响老年人主观幸福感的因素多集中在个人性格、健康状况、家庭生活、社会支持等方面（邢占军，2003；吴振云，2003；唐丹等，2006；李德明等，2006；吴捷，2008）。此外，性别、文化程度等因素也会影响到老年人的主观幸福感。在农村老人主观幸福感的影响因素方面，经济状况、子女孝顺程度的重要性在多项研究中被反复提及（梁渊等，2004；张义帧，2010；杨人平和康小兰，2011；吴菁和黄慧敏，2013）。

对已有文献的梳理表明：农村老年人主观幸福感的研究已经进入到初步类型化研究的阶段，关注的重点集中在农村老人的健康状况、经济状况、代际支持、社会联系、性格和心理特征等方面；但同时，现有研究仍然比较薄弱，表现为缺乏系统的分析框架，研究范围往往局限于某一特定地区，没有将区域间经济社会发展水平的差异纳入研究模型中。本文在前人研究的基础上，进一步拓宽了农村老人主观幸福感研究的深度和广度，表现为：一是在分析框架的确定上，既延续了学术界主观幸福感研究中较常用的评价维度（影响因素），又设计了与农村老人特点相适应的评价维度；二是在分析方法上，遵循了"单因素—多因素"的分析路径，分析方法更为严谨；三是利用东中西部三省的数据，将区域差异因素纳入研究范围，弥补了现有研究的不足。

2 研究方法、假设与数据来源

2.1 研究方法

根据已有研究的成果及相关理论，本文将影响农村老人主观幸福感的因素

---

① 转引自［瑞士］布伦诺·S·弗雷、阿洛伊斯·斯塔特勒：《幸福与经济学——经济和制度对人类福祉的影响》［M］. 北京：北京大学出版社，2007.

归纳为基本变量、健康状况变量、经济状况变量、社会支持变量、社会比较变量五大类。此外，为了考察老年人主观幸福感的地区差异，将地区变量纳入考虑范畴。基于此，农村老年人主观幸福感函数可表述为：

$$SWB_i = f(X_1, X_2, X_3, X_4, X_5, X_6) + \varepsilon_i$$

其中：SWB_i 表示第 i 个受访者的主观幸福感；$X_1, X_2, X_3, X_4, X_5, X_6$ 分别代表上述 6 类可能影响农村老人主观幸福感的变量；ε_i 是随机扰动项。

在主观幸福感决定因素的研究方法方面，主要存在两种研究取向：一是把主观幸福感视为连续变量，进而采用 OLS 估计方法分析相关因素对主观幸福感的影响；二是将主观幸福感视为定序变量，进而采用有序 Probit 或 Logit 模型来估计主观幸福感决定因素的作用。事实上，相关研究显示，对于 7 点尺度以上的定序变量与连续变量的统计分析结果差异不大。因此，本文将采用第一种研究方法，首先做单因素分析，分别检验各类变量对农村老人主观幸福感的贡献，接着再以 OLS 估计方法检验各变量对主观幸福感的作用。

2.2 研究假设

在现有研究的基础上，本文提出研究假设如下：第一，农村老人的主观幸福感总体上处于较高水平，究其原因，在老年人主观幸福感形成的过程中，其过去的经历作为参照发挥了明显的调适作用。第二，农村老人的主观幸福感会因性别、年龄、婚姻状况、健康状况的不同而有所差异。其中，健康状况对老年人主观幸福感的影响会比对年轻人的影响更显著。第三，家庭经济状况对农村老人主观幸福感的影响并不完全与经济状况本身正相关，还与受访者的预期负相关。第四，代际关系与农村老人的生活状况及幸福感关系密切。本文假定代际关系的影响主要体现在子女的数量、对老人的生活照料和经济供养 3 个方面。受"多子多福"的传统思想影响预期子女数量，特别是儿子的数量与老年人主观幸福感成正比，能得到子女经济和精神支持的老年人主观幸福感会相对较高。第五，乐于参加社会活动、与他人互动较多的老年人更加幸福。第六，完善的社会保障制度、适宜的保障水平有利于提高农村老人的主观幸福感。第七，农村老人主观幸福感的形成不仅与其客观福利状况相关，还受到所选择的参照对象的影响。与参照群体比处于优势地位会提升受访者的幸福感，反之则会降低其幸福感。第八，考虑到东中西部经济社会发展水平的差异，预期东、中、西部农村老人的主观幸福感呈递减趋势。

2.3 数据来源

本文所用数据来源于中国社会科学院创新工程"中国农民福利研究"项目在山东、河南、陕西三省的入户调查。所调查的 487 个样本中，60 岁以上老年人 111 名，占样本总量的 22.98%。受访老人以男性、已婚和身体健康者居多，平均年龄 65.96 岁，年龄最高者为 84 岁。

3 主观幸福感决定因素的单因素分析

3.1 老年人主观幸福感的统计描述（表 1）

生活满意度是目前学术界公认的衡量个体主观幸福感的关键指标，它指个人依照自己选择的标准对自己生活状况的总体性认知评估。为了考察农民的主观幸福感，我们请受访者对自己的生活及生活的几个主要方面打分。满意度评价采取十分制，1 分代表最低，10 分代表最高。同时，我们对受访者的打分按五分法归类，将农民对生活的满意程度分为非常满意（9~10 分）、比较满意（7~8 分）、一般（5~6 分）、比较不满意（3~4 分）、非常不满意（1~2 分）。

从总体调查结果看，受访老人对自己目前的生活满意度较高，生活满意度评分的均值达到 7.99 分，比 483 名受访者整体生活满意度的均值高 0.67 分。其中，对目前生活满意和比较满意的老人占总样本的 81.7%，仅有 3.6% 的老人对目前的生活比较不满意，没有老人对目前的生活非常不满。

表 1 受访老人生活满意度的统计结果

	均值	非常满意（%）	比较满意（%）	一般（%）	比较不满意（%）	非常不满意（%）
总体	7.99	37.2	44.5	14.5	3.6	0.0
山东	8.37	53.7	26.8	19.5	0.0	0.0
河南	7.92	35.9	46.2	12.5	5.2	0.0
陕西	7.57	16.6	66.7	10.0	6.6	0.0

从不同区域的情况来看，随着经济发展水平的变化，东、中、西部老年人的生活满意度依次降低。其中，在经济发展水平较高的山东省，受访老人的生活满意度均值 8.37 分，比河南省、陕西省分别高出 0.45 分、0.8 分，且与陕西省受访老人的满意度评分在统计上有显著差异；同时，在山东省，超过一半的受访老人对自己的生活非常满意，该数值比河南、陕西两省分别高出 17.8% 和 37.1%，并且没有受访老人对自己的生活表示非常不满或比较不满。

3.2 健康状况变量与主观幸福感

健康是老年人晚年生活质量的重要保证。从睡眠质量、是否有疼痛感、是否有疲劳感等指标的统计结果看，63.7% 的老人在不同程度上需要依赖药物治疗以保证日常活动，近四成的老人受到长期慢性病的困扰。从老年人自我报告的身体健康状况看，44.7%的老年人认为自己身体很健康，对自我健康状况的满意度评分为 6.97 分。

除了身体健康状况之外，老年人的精神健康状况也值得关注。虽然半数以上的老年人在生活中获得的满足感、安全感较强，也较少有消极、孤独的感觉，但仍有 10%左右的老年人常处于孤独、消极的状态中，这部分老年人生活满意度只有 7.15 分，显著低于老年群体的平均水平。

3.3 经济状况变量与主观幸福感（表2）

在传统经济学理论中，收入水平一直被视为是影响个体效用进而主观福利的关键性因素。本文选取了家庭人均纯收入、家庭人均消费以及期望/现实收入比 3 个变量来反映个体的经济状况。需要说明的是，为了考察受访者对收入满意度的个体标准，我们在问卷中设计了诸如"你们家年收入达到多少万元你觉得就很满意了？""低于多少万元你觉得日子就紧了？"等一系列问题。这种"收入评价问题"（IEQ）模式最初由 Van Praag（1971）年提出，而后被莱登学派广泛使用，其优势是在分析中体现了受访者所持评价标准的差异性（范普拉格，2009）。进一步，我们将所获得的个体期望收入的标准与其实际收入相除，得到的期望/现实收入比以反映两者之间的差距。

表 2　经济状况与主观幸福感

满意度	人均纯收入（元）	人均消费（元）	期望/现实收入比
非常满意	10 971.4	5 986.5	1.7
比较满意	7 265.1	4 707.0	2.2
一般	6 623.1	4 666.7	2.9
比较不满意	3 089.0	1 550.0	3.9
总体	8 396.2	5 081.7	2.1

注：由于没有受访者生活满意度评分为非常不满意，因此，本表略去未列

统计数据表明，随着满意度评价等级的降低，该群体的家庭人均纯收入和人均消费水平均值也依次降低，并且对生活非常满意的群体的上述两项经济状况指标分别是对生活比较不满意群体的 3.55 倍、3.86 倍。与此同时，现实收入与期望收入的差距却随着满意度评价等级的降低而扩大，说明主观幸福感与期望/现实收入比负相关。

对于农村老人来说，其目前主要的经济来源有（表3）：自我保障（劳动收入、个人积蓄等）、子女保障（子女转移支付）和社会保障（退休金、养老金等）。从统计结果看，近半数的老年人能够得到子女的赡养；依靠社会保障养老金生活的老年人幸福感最强，特别是那些仅依靠养老金就能基本满足日常

生活需求的老年人，其满意度得分高达 8.38 分。

表 3　养老经济来源

		个人积蓄	个人劳动	子女	养老金
仅有	频率	3	12	19	16
	占比（%）	2.8	14.3	17.2	22.4
	满意度	8.00	7.08	8.05	8.38
包含	频率	13	34	54	23
	占比（%）	11.7	30.6	48.2	20.4
	满意度	7.9	7.5	7.9	8.4

虽然依靠养老金养老的方式更有利于农村老人主观幸福感的提高，但现阶段，农村老人社会养老保障资源还较为匮乏，仅有五分之一的受访老人将养老金作为其养老经济来源，多数老人仍处于依靠自我养老、子女保障的模式。

3.4　社会支持变量与主观幸福感

子女是老年人晚年生活的重要依靠，也是老年人社会关系中极其重要的组成部分。在调查中，受访老人平均有子女 2.72 个，平均有儿子 1.45 个。62.8% 的老人能从子女处得到钱或实物，平均金额为 2165.3 元/年；13.0% 的老人所得的钱或实物折价后不超过 1000 元，很难称得上得到了"赡养"。

除了经济赡养之外，子女在老年人生活照料和情感支持方面的作用是无可比拟的。目前，单独居住仍是老年人主要的居住方式，只有 15.2% 的老年人和子女生活在一起。不与子女生活在一起的老年人与其子女的联系频率对其主观幸福感有重要的影响。统计数据显示，超过 50% 的老年人能保证每周都与子女联系，老年人的满意度评分随着与子女联系频率的降低而递减。一个值得注意的现象是，如果将与子女共同生活的老年人也纳入比较范围则会发现，作为与子女联系频率最高的共同生活模式却并不是令老年人幸福感（8 分）最强的生活模式，反而是单独生活但能每天都与子女联系的老年人幸福感（8.4分）最高，甚至只要保证每周至少联系一次，单独生活的老年人的主观幸福感（8.1 分）也会高于与子女共同生活的老人。但是，如果联系的频率过低（例如，每月至少一次或没事不联系），独居老年人的幸福感则会不如与子女共同生活的老年人。由此可以看出，老年人既需要子女的关怀，也需要有自己相对独立的生活空间（表 4）。

表 4　与子女的联系频率

	变量描述		单变量影响	
	占比（%）	幸福感均值	系数	T 值
常量			8***	19.6
住一起（参照）	15.2	8	—	—
每天联系	14.4	8.4	0.08	0.64
每周联系	36.9	8.1	0.021	0.151
每月联系	20.7	7.8	−0.043	−0.323
没事不联系	12.6	7.5	−0.09	−0.745

注：*** 表示 $p<0.01$

3.5　社会比较变量与主观幸福感

3.5.1　横向社会比较

社会比较是指人们将自己的能力、感觉、境况、观点等与别人进行比较的过程（Festinger，1954）。问卷中设计了社会比较的相关问题，如"与你亲朋好友/村里人/城里人比，你觉得你过得如何？"等，并请老人们在回答完每个问题后分别陈述原因。调查结果显示，半数以上的老人认为自己与同村人相比生活过得差不多，还有 20% 左右的老人认为自己的生活比同村人更加优越。与亲友比的结果和与村里人比的结果较为相似，这是由于农村社会本身就是以血缘为纽带，农民的亲友也多生活在本村。与城里人比较的结果却有所不同，76.9% 的老人清楚地感受到了差距的存在，并且 45.4% 的老年人表示这种差距不仅是"差一点"而是"差很多"，只有不足 10% 的老人觉得自己生活得比城里人好一点或好很多。

与社会比较密切相关的是参照群体，该概念最早由 Hyman（1947）在研究社会地位问题时提出，其基本思想是个体在自我评估和形成态度时会受到他人行为和标准的影响，其中，某些人的影响比其他人更大，这些对我们有相当影响的个体组合就被称为社会参照群体①。用来做参照的群体既可以是实际的，也可以是想象中的（Webster and Faircloth，1994）。表 5 反映了与亲戚朋友、同村人和城里人 3 类人群的社会比较结果与老年人生活满意度的关系。结果显示：首先，社会比较结果与生活满意度之间存在正相关关系，即当个体认为自己在社会比较中处于优势地位时，其生活满意度往往也较高，反之则较低；其次，虽然与上述 3 类群体的比较对老年人生活满意度的形成都有影响，

---

①　转引自［美］迈克尔·休斯和卡洛琳·克雷勒：《社会学导论》［M］. 上海：上海社会科学院出版社，2012.

但只有与同村人的比较对满意度的影响在统计上显著，这说明老年人满意度形成过程中的参照范围十分狭窄，他们真正的参照群体仅仅是同村的农民；最后，参照群体对个体满意度的影响存在着不对称，即当个体自我感觉生活状况优于参照群体时，两者间的差距对其满意度造成的影响不如当个体自我感觉生活状况处于劣势时。具体而言，当老年人感到自己的生活不如同村人时产生的痛苦会比当他认为自己的生活比同村人好时产生的快乐更强烈。

表5　生活满意度的参照群体及参照效应

	系数	T值		系数	T值
常量	8.401***	19.909	比同村人差	−0.313***	−2.954
比亲友好	0.104	1.072	比城里人好	0.131	1.232
比亲友差	0.031	0.293	比城里人差	−0.111	−1.032
比同村人好	0.047	0.475			

注：*** 表示 $p<0.01$。这里将与目标群体社会比较的结果归为"比目标群体好""与目标群体差不多""比目标群体差"三类设置虚拟变量

3.5.2 纵向自我比较

进入 21 世纪以来，我国农村公共事业发展的政策取向发生了重大的调整和转变，国家财政投入"三农"的力度不断加大。近年来，各项支农惠农政策，特别是与老年人利益密切相关的农村政策密集出台，极大地改善了农村老人的福利状况。因此，66.7%的受访老人感到现在的生活比 5 年前好多了，27.0%的老人感到生活比 5 年前好一些，只有不到 10% 的受访老人感到生活没太大变化（甚至在走下坡路）。同时，近年来，农民生活的明显改善也增强了老人们对未来生活的良性预期①，60%的受访老人认为 5 年后的生活将比现在好一些或好很多，6.3%的老人认为变化不会太大，只有不到 5% 的老人对未来预期较为悲观。此外，还有 28.8% 的老人认为生活中存在着一定的不确定性，因而很难对未来形成明确的预期（表6）。

表6　自我比较与幸福感的 Pearson 相关性检验

	满意度	
	相关性	显著性（双侧）
与 5 年前比	0.232*	0.015
与 5 年后比	0.229*	0.016

注：* 表示在 0.05 的水平（双侧）上显著相关；** 表示在 0.01 的水平（双侧）上显著相关

① "与 5 年前比"和"与 5 年后比"两变量间相关性在 0.05 水平上显著

Duesenberry（1949）强调：人们的幸福感评价会以往期收入和消费水平为参照，该特征在受访老人幸福感（满意度）形成过程中表现得十分明显。生活满意度与"与5年前比""与5年后比"两类自我比较变量之间存在显著的正相关关系，说明比过去的生活水平提高了以及对未来生活的良好预期能显著增强老年人目前的生活满意度。在调查中，老人们对近年来党的政策赞不绝口，他们相信在党的领导下，未来的生活将越来越好。

4 老年人主观幸福感决定方程

在单因素分析的基础上，本文将六大类指标、19个变量纳入模型中进行分析。各变量赋值及基本描述见表7。

表7 变量处理与分布

	定义	均值或占比（%）
因变量		
主观幸福感	满意度评分1～10	7.99
自变量		
1. 基本变量		
性别	男=1；女=0	79.3
年龄	岁	66.23
受教育年限	年	5.63
未婚虚拟	未婚=1；已婚或丧偶=0	4.5
丧偶虚拟	丧偶=1；已婚或未婚=0	5.4
2. 健康状况变量		
身体健康	不依赖药物=1；需要药物=0	36.4
心理健康	根本不孤单=1；有孤单感=0	59.1
3. 经济状况变量		
家庭人均纯收入	元/人	7897.69
家庭人均生活消费	元/人	5081.66
期望/现实收入比		2.14
是否享受新型农村社会养老保险	享受=1；否=0	72.6
子女是否给钱或物	是=1；否=0	69.6
4. 社会支持变量		
子女数量	个	2.72
儿子数量	个	1.45
是否与子女住一起	是=1；否=0	16.8
是否与子女联系密切	单独生活或每周联系=1；否=0	51.3
是否参加各类社会组织	是=1；否=0	41.4
5. 社会比较变量		
比同村人好	是=1；一样或较差=0	18.9
比同村人差	是=1；一样或较好=0	25.1
比五年前好	是=1；不变或变差=0	93.7
预期变好	是=1；不变、变差或说不好=0	60.9
6. 地区变量	是=1；否=0	
山东虚拟	山东=1；河南或陕西=0	36.9
河南虚拟	河南=1；山东或陕西=0	30.0

本文将生活满意度看作连续变量，用 OLS 法进行试验性逐步回归，得到的结果见表 8。

表 8　老年人主观幸福感决定因素的 OLS 估计结果

	估计系数		估计系数
常量	2.568	4. 代际关系变量	
1. 基本变量		子女数量	0.120
性别	−0.211*	儿子数量	−0.62
年龄	0.110	是否与子女住一起	−0.124
受教育年限	0.081	是否与子女联系密切	0.192
未婚虚拟	−0.243**	是否参加各类社会组织	0.173*
丧偶虚拟	−0.090	5. 社会比较变量	
2. 健康状况变量		比同村人好	0.222
身体健康	−0.224**	比同村人差	−0.157**
心理健康	0.231**	比 5 年前好	0.181
3. 经济状况变量		预期变好	0.056
家庭人均纯收入	0.153	6. 地区变量	
家庭人均消费	0.221	山东虚拟	0.212**
期望/现实收入比	−0.188*	河南虚拟	0.346
子女是否给钱或物	0.076	R^2	0.413
是否享受新型农村社会养老保险	0.098	F	2.016**

注：* 表示 $p < 0.1$；** 表示 $p < 0.05$；*** 表示 $p < 0.01$；自变量相关矩阵显示，自变量间两两相关性较弱，限于篇幅，本文省略相关矩阵

老年人主观幸福感决定因素的 OLS 估计结果表明：

第一，在基本变量中，主观幸福感存在性别差异，老年女性的幸福感显著高于男性；年龄的增长和受教育程度的提高都会提高老年人的主观幸福感，但作用不显著；相较于已婚者，终身未婚或丧偶的老年人主观幸福感相对较低，特别是终身未婚者，其幸福感显著低于已婚者。

第二，以"日常生活是否需要依赖药物"和"生活中是否有孤单感"为代表的身体健康和心理健康变量的估计结果表明，身心健康对老年人主观幸福感的形成有显著影响。身体健康状况较差、常年依赖药物的老年人，其主观幸福感的对数较身体健康的老人低 0.224。类似地，生活中会感到孤单的老人，其生活满意度的对数比没有孤单感的老人低 0.231。

第三，以家庭人均纯收入、家庭人均消费提高所表征的家庭经济状况的改善有助于提高老年人的主观幸福感，但影响不明显；与此同时，期望收入与生活满意度呈显著的负相关关系，期望与现实收入比每扩大 1 倍，老年人的生活满意度将下降 0.188。

从老年人养老的经济来源来看，以社会保障作为主要养老经济来源的老年人，其主观幸福感明显高于依靠自我保障、子女保障的老年人。本文以农村地区普惠性的养老金制度——新农保为代表分析了社会保障制度对老年人主观幸福感的影响，结果表明，有72.6%的受访老人已经享受到新农保养老金，享受新农保养老金的老年人生活满意度高于未参保的群体，新农保制度在提高老年人主观幸福感方面已经开始发挥积极作用。但这种积极作用目前表现得并不明显，其主要原因在于：一是现阶段的人均养老金水平仅为55.2元/月，保障水平较低，尚不能满足老年人的养老需求；二是我们在调查中发现，一些老人的新农保养老金被计入家庭总收入的一部分，并不由老年人自行支配，因而它对改善老年人生活质量的作用表现得不明显。

第四，考察老年人的社会联系与其主观幸福感的关系时可以发现，积极参与老年协会、兴趣组织等社会组织的老年人，其生活满意度显著高于未参加此类组织的老年人。可见，积极参与社会交往有利于增进老年人的主观幸福感。

与子女的关系是老年人社会关系中最重要部分。回归结果表明，子女数量、儿子数量对老年人主观幸福感的影响并不显著，甚至儿子数量与农村老人的主观幸福感负向相关，也就是说儿子越多，老年人的幸福感反而更低。考察老年人与子女的联系时发现，与子女共同生活或是提高与子女的联系频率以及得到子女经济上的赡养可以增进老年人的主观幸福感；但是，从提高老年人主观幸福感的角度看，与子女共同生活似乎并不是最优的养老生活方式。

第五，在横向社会比较中，由前文的分析可知，同村人是农村老人的参照群体，因此，本部分仅将该群体纳入参照系。结果表明，感觉自己生活比同村人好可以提高老年人的主观幸福感，但作用不显著；而感觉自己生活比同村人差会显著降低老年人的主观幸福感。纵向自我比较中，当老年人感到生活比过去有所改善以及预期未来生活会向更好的方向发展时，其幸福感都会有相应地提升。

地区变量方面，在处于东部沿海地区的山东省，老年人的主观幸福感显著高于处于西部地区的陕西省，这说明东西部的经济差异会影响老年人的主观幸福感。

5　主要结论与启示

本文基于山东省、河南省和陕西省111名农村老人的福利调查数据，系统分析了农村老人的主观幸福感及其影响因素。实证研究的主要发现及相关启示如下。

第一，从总体上看，农村老人的生活满意度较高、主观幸福感较强，但这并不表示其生活条件也达到相应较高的水平。农村老人较高的幸福感主要源自社会比较倾向弱、仅仅以过往的收入和消费为参照系、以及对近年来国家惠农政策的认同和对未来的美好预期。因此，政府在政策制定时，应看到农民较高的主观生活质量并不完全是由客观生活质量的改善所形成的，不该因为老年农民主观生活质量较高而放松甚至忽视改善老年农民的客观生活质量。同时，由于老年农民较高的主观生活质量的形成与近年来国家的惠民政策以及对未来的美好预期有直接关系，如果想继续保持以及提高老年农民的主观生活质量，就需要不断完善惠农政策、尤其是瞄准农村老年人的惠农政策。

第二，有悖于"多子多福"的传统认识，子女数量的增多并没有带来老年人主观幸福感的显著提升，尤其是家中儿子数量增多反而会造成老年人主观幸福感的降低。究其原因：一方面，按照多数农村地区的传统，婚娶费用如建房、聘礼等主要由男方承担，家中儿子越多，父辈经济压力相应就越大；另一方面，随着农村男性青壮年劳动力的外出务工，"养儿防老"的社会经济基础趋于瓦解，真正担负起照顾父母责任的反而是外嫁的女儿。

第三，居住安排是老年人晚年生活的重要内容。实证研究发现，与子女共同生活并不是最理想的居住安排模式，独立的生活空间对提高老年人的主观幸福感而言是十分必要的，原因是两代人在生活习惯上存在客观的差异。许多老年人表示，"和年轻人吃不到一块去"，共同生活容易因生活琐事引发摩擦。更为理想的居住安排模式是老年人拥有独立的居所，并能时常与子女保持联系、互动。

第四，健康是老年人生活质量的核心和基础。调查显示，虽然受访老年人身体健康状况尚可，但多数老人都或多或少地需要一些药物维持日常生活，并且有相当比例的老人长期受到慢性病的困扰。然而，许多慢性病药物并不在新农合报销药物范围之内，从而给这些老年人造成了沉重的经济负担，也导致部分老人有病不治而使病痛折磨加剧。针对老年人健康问题的特点，应考虑提高新农合中老年人常用慢性病治疗药品的报销范围和比例，健全与老年人实际医疗需求相匹配的医疗保障体系。

同时，健康的含义不仅指身体的健康，老年人的精神健康需求同样值得重视。相较于身体健康，精神健康状况对老年人的主观幸福感有更为直接的影响，但精神健康问题在日常生活中的表现却较为隐性，因而极易为人们所忽略。特别是在经济社会转型的过程中，城镇化引发的农村留守老人的精神赡养问题、现代住宅方式造成的老年孤独问题等，使得农村老人的精神需求问题更加凸显。在这样的背景下，一方面应该强调并发扬传统孝文化以及尊老敬老等社会美德；另一方面要致力于丰富老年人的文化娱乐生活，健全老年人公共文化体育设施的配套，鼓励老年协会等组织发展。此外，还要加强对空巢老人、五保老人等特殊群体的精神关怀。

第五，注重村庄内部分配公平和老年人利益保障。实证研究发现，参照群体的参照效应对老年人幸福感的形成有重要影响。通常，老年人仅以同村村民作为参照对象，狭窄的参照群体是其主观幸福感较高的原因之一。同时，与参照群体进行社会比较的结果对老年人幸福感的影响是不对称的，当老年人处于相对剥夺地位时，其主观幸福感将有显著的下降。因此，农村社会政策制定时应特别注意村庄内的分配公平，秉持"最大最小化"原则的分配政策和制度安排更有利于提高老年人整体福利水平的原则。

第六，加强农村社会养老保障制度建设，提高新农保养老金的保障水平。长期以来，中国农村地区的老年人主要依靠个人劳动和子女赡养维持晚年生活，这会给老年人带来身体和心理上的负担。调查显示，当养老金可以成为老年人主要的养老经济来源时，可以观测到其主观幸福感的提升。但目前，社会养老方式还没有成为农村主导的养老保障模式。虽然新农保制度已经在2012年实现了地区全覆盖，但其"保基本"的政策目标决定了新农保养老金很难满足老年人的养老经济需要。随着社会经济的发展，传统养老方式的脆弱性逐渐凸显，由此也对政府的社会养老责任提出了更高、更紧迫的要求。因此，政府应该将逐步提高新农保养老金保障能力作为未来政策的目标，解决农民养老的后顾之忧，提高农村老年人的主观幸福感。

参考文献

[1] Easterlin，Richard A. Does Economic Growth Improve the Human Lot Some Empirical Evidence. In：David，Paul A. and Melvin W. Reder（eds.）：Nations and Households in Economic Growth：Essays in Honor of Moses Abramowitz，NY：Academic Press，1974：89-125.

[2] Michalos，Alex C，Multiple Discrepancies Theory. Social Indicators Research，1985，16.

[3] Oswald，Andrew J. Happiness and Economic Performance. Economic Journal，1997（445），107：1 815-1 831.

[4] Blanchflower，David G. ，Andrew J. Oswald：Well-being over Time in Britain and

the USA，NBER Working Paper，No. 7487，Cambridge，Mass. National Bureau of Economic Research，2000.

［5］Stroebe，Margaret S，Wolfgang Stroebe. Bereavement and Health：The Psychological and Physical Consequences of Partner Loss. New York：Cambridge Universih Press，1987.

［6］Daniel Kahneman，Alan B. Krueger：Developments in the measurement of subjective well-being，The Journal of Economic Perspectives，2006（20）：3-24.

［7］Bernard M S. Van Praag and Paul Frijters，The measurement of welfare and well-being：The Leyden approach，School of Economics and Finance Discussion Papers and Working Papers Series，1999.

［8］Festinger L. Informal social communication，Psychological Review，1954（57）：271-282.

［9］Webster C，Faircloth Ⅲ J B. The role of Hispanic ethnic identification on reference group influence，Advances in Consumer Research，1994（21），1：458-463.

［10］Duesenberry，James S. Incomes，Savings and the Theory of Consumer Behavior. Cambridge：University of Harvard Press，1949.

［11］［瑞士］布伦诺·S. 弗雷，阿洛伊斯·斯塔特勒.幸福与经济学——经济和制度对人类福祉的影响.北京：北京大学出版社，2007.

［12］经济合作与发展组织.民生问题：衡量社会幸福的 11 个指标.北京：新华出版社，2012.

［13］［荷］伯纳德·M·S·范普拉，埃达·费勒-i-卡博内尔.幸福测定——满足度计量方法.格致出版社，2009.

［14］［美］迈克尔·休斯、卡洛琳·克雷勒.社会学导论.上海：上海社会科学院出版社，2012.

［15］邢占军.中国城市居民主观幸福感量表在老年群体中的应用.中国老年学杂志，2003（10）.

［16］吴振云.老年心理健康的内涵、评估和研究概况.中国老年学杂志，2003.

［17］唐丹，邹军，申继亮，等.老年人主观幸福感的影响因素.中国心理卫生杂志，2006（3）.

［18］李德明，陈天勇，吴振云，等.城市空巢与非空巢老人生活和心理状况的比较.中国老年学杂志，2006（3）.

［19］吴捷.老年人社会支持、孤独感与主观幸福感的关系.中国老年学杂志，2008（4）.

［20］梁渊，曾尔亢，吴植恩，等.农村高龄老人主观幸福感及其影响因素研究.中国老年学杂志，2004（2）.

［21］杨人平，康小兰.农村老人主观幸福程度影响因素的实证研究.江西农业大学学报，2011（33）.

[22] 吴菁，黄慧敏.农村老年人主观幸福感及其影响因素研究.湖北经济学院学报，2013，1.

[23] 张义帧.农村老年妇女主观幸福感及其影响因素研究.东南学术，2010（5）.

原文发表于《中国农村观察》，2014（4）.

牛肉价格周期分析及未来价格走势判断[*]

Research on Beef Price Fluctuations in China

司智陟[**]　　曲春红

Si Zhizhi，Qu Chunhong

（中国农业科学院农业信息研究所/农业部农业信息服务技术重点实验室/
中国农业科学院智能化农业预警技术与系统重点开放实验室，北京　100081）

摘　要： 本文利用季节调整法和 H-P 滤波法分析了 2002—2013 年我国牛肉市场价格波动周期及产生的原因，并对未来牛肉价格走势进行初步判断。

关键词： 牛肉；价格波动；H-P 滤波法

近年来，我国牛肉需求快速增长，而市场供给能力有限，导致牛肉价格持续上涨。牛肉俨然成为居民消费品中的"奢侈品"。2007 年以来，牛肉价格已经历史性的连续 7 年上涨。2013 年年底牛肉跃入每千克 60 元高位，大约是同期猪肉价格的 3 倍，禽肉价格的 4 倍。有专家声称，我国牛肉价格的上涨趋势将持续 15～20 年。我国牛肉市场价格到底遵循怎样的规律，未来价格走势是否继续一牛冲天呢？本文正是从这些问题出发，利用计量分析方法，研究我国牛肉市场价格周期波动，分析价格波动原因及未来走势。

1　牛肉价格周期拉长

本文运用 Eviews6.0 软件，对 2002—2013 年牛肉价格的月度数据进行 X12 季节调整法分析，将季节要素和不规则因素分离出来，然后使用 H-P 滤

---

　* 基金项目：农业部农产品监测预警项目

　** 通讯作者：司智陟，博士，畜牧业经济。E-mail：Sizhizhi@caas.cn

波分析法，将周期序列和趋势序列分离，结果如图 1 所示。图中趋势线（Trend）逐渐平稳上升。说明从长期来看，近年来牛肉价格走势基本一致且呈螺旋式增长趋势。图中周期线（Cycle）显示，牛肉价格波动周期性明显，周期波动呈"U"形。按照"从波峰到波峰"的波动周期划分，2002 年以来，中国牛肉价格波动经历了 3 个完整周期。第 1 个波动周期为 2002 年 2 月至 2005 年 2 月，波长为 36 个月；第 2 个波动周期为 2005 年 2 月至 2008 年 2 月，波长延长到 48 个月；第 3 个波动周期为 2008 年 2 月至 2013 年 2 月，波长进一步延长到 60 个月。波动周期由 3 年延长到 5 年，目前正处于第 4 个价格周期，此轮周期结束至少要到 2018 年 2 月。

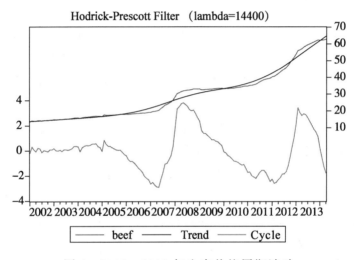

图 1　2002—2013 年牛肉价格周期波动

2　牛肉价格波动幅度放缓

从波距（波峰价格与波谷价格的增长率）来看，第 1 周期的牛肉价格波距为 21.4％；第 2 周期牛肉价格波距为 94.3％；第 3 周期牛肉价格波距为 92.9％；牛肉价格第 2 和第 3 价格周期波距呈增大趋势，波动剧烈程度愈发明显。

从年度波动幅度（最高值减最低值除以平均值）来看，牛肉价格 2002—2006 年，价格波动幅度为 4％～6％，波动较小，同期猪肉、禽肉价格波幅在 20％左右；2007—2008 年波动幅度较大，分别为 31.5％、13.0％，同期猪肉、禽肉价格波幅达到 50％左右。2009—2010 年，价格波动平稳，波幅下降到 3％以内，同期猪肉、禽肉价格波幅均在 10％以上。2011—2013 年价格波动幅度在 10%～25%，波动较猪肉、禽肉价格平稳（表）。

表 畜产品年度价格波动幅度比较

	2002 年	2003 年	2004 年	2005 年	2006 年	2007 年
猪肉	10.0%	25.7%	21.1%	18.7%	31.5%	51.4%
禽肉	4.2%	18.0%	13.1%	16.7%	16.3%	48.6%
牛肉	5.2%	4.6%	3.5%	5.4%	3.6%	31.5%
	2008 年	2009 年	2010 年	2011 年	2012 年	2013 年
猪肉	28.2%	20.0%	31.6%	31.0%	21.4%	20.3%
禽肉	22.1%	11.7%	14.1%	18.9%	12.3%	5.0%
牛肉	13.0%	0.5%	2.8%	10.9%	24.2%	12.5%

数据来源：根据畜产品月度价格计算得出

2006 年以前，中国牛肉发展市场形式较好，牛肉产业发展比较稳定，中国牛肉价格波动在 5% 以内。但是到 2006 年以后，中国牛肉产业就进入到了比较严峻的市场价格波动时期，牛肉产业是投资周期长、相对风险又高的产业。市场价格震荡波幅加剧，市场风险加强。从年度波动规律来看，牛肉市场价格在一年内形成一个较为完整的 U 形走势。年初市场价格从高点波动下降，在年内中后期开始回升，到年末恢复到高位。2005 年以后，仍然遵循这种波动特征，只是在年末受到下滑冲击的影响，复位程度稍低。到 2009 年后，牛肉市场价格波动回复到比较平稳的波动状态中，市场环境有所好转。2010—2011 年前半年，由于受猪肉价格大幅度提升的影响，牛猪比价显著下降。与生猪相比，肉牛产业的比较效益降低。2011 年下半年以来，牛肉价格与往年走势不同，呈现了比较显著的上升趋势。除了受养殖效益降低影响，还受饲料价格、CPI 等显著上涨因素的影响，牛肉市场价格显著提升。这种增长趋势一直延续到 2014 年上半年，春节过后牛肉价格平稳略降。

3　牛肉价格持续高位剖析

3.1　牛肉生产能力下降，供给不足

近年来，我国肉牛产量总体平稳发展，牛肉产量逐年增加。但从牛存栏来看，隐藏着产能下降的趋势。国家统计局调查数据显示，2009 年我国牛存栏 1.07 亿头，到 2012 年牛存栏下降到 1.034 亿头。肉牛由于生长周期长，风险大，成本高，农区养殖散户退出加快。牧区受国家草原生态保护奖励机制和禁牧、休牧政策的影响，放养方式向成本相对较高的舍饲圈养过度，影响了肉牛规模的快速发展。

3.2 牛肉消费增加，未来刚性增长

2012 年，中国城镇居民家庭户人均购买牛肉是 2.54kg，农村居民家庭户人均消费牛肉为 1.02kg。加上在外就餐、损耗等未统计的消费量，2012 年人均牛肉消费为 5.16kg。与世界平均水平相比，牛肉消费量还有一定差距，消费增长的空间较大。但产量增长无法与消费需求增长同步。

3.3 食物消费升级，供需结构不匹配

居民除了对肉类数量需求增加，对肉类品质的要求也越来越高。无论是户内消费还是在外就餐等，对高品质牛肉和牛肉制品需求越来越大，我国牛肉产品以低端、初级加工产品为主，当前中国高端牛肉供给基本依靠进口，高品质、加工类需求缺口增加。未来随着肉牛生产方式转变，产业升级加快，高品质牛肉产品的供应将满足居民需求的升级。

4 牛肉价格未来趋势判断

预计在未来几年内，由于肉牛饲养周期长，市场补充能力和应变能力较猪肉、禽肉产业要缓慢得多，在短时间内牛肉供需仍将处于紧平衡状态，牛肉价格仍有上涨空间。而人工成本、饲料原料价格以及社会物价水平的不断增加也在一定程度上助推牛肉价格的涨势。同时，随着肉牛生产方式的转变，国家对肉牛养殖政策的倾斜，肉牛生产有望稳步发展，供不应求局面将有不同程度的缓解，后期牛肉价格不会出现大幅波动的态势。按照文中价格周期判断，第 4 个价格周期预计于 2018 年 2 月到达此轮价格周期的波峰，这之后牛肉价格将作周期性调整。

参考文献

[1] 全国牛羊肉生产发展规划（2013—2020 年）

[2] 方燕，宋建元.我国农产品价格波动的实证分析 [J]，经济理论与实践，2013（6）：62-63.

[3] 韩星焕，姜天龙.我国活鸡价格波动成因分析——以 2000—2011 年为例 [J].中国畜牧杂志，2012，48（12）：46-49.

原文为《中国牛业科学》第九届牛业大会会议论文，2014.

我国西部农村食物营养安全分析[*]

Nutritional Status Analysis of Households in West Rural China

黄佳琦^{**}　**聂凤英**^{***}　**毕洁颖**　**张学彪**

Huang Jiaqi，Nie Fengying，Bi Jieying，Zhang Xuebiao

（中国农业科学院农业信息研究所，北京　100081）

摘　要：本文基于我国陕西、云南、贵州 3 个西部省份的实地调研数据，从营养摄入的角度考察贫困地区农户的食物营养安全状况，并将能量、蛋白质、脂肪摄入量综合起来衡量和评价食物营养安全水平，同时划分出能量安全但蛋白质、脂肪不安全的分布区域。研究发现：仍有 2 成左右的样本农户存在能量摄入不足的情况，仅有接近一半的农户能量、蛋白质、脂肪的摄入量都达到推荐水平，蛋白质摄入不足情况最为突出；此外，能量与蛋白质、脂肪摄入水平体现出区域的不一致性。

关键词：西部农村；营养安全；综合评价

0　引言

随着我国社会经济的不断发展，人们的生活水平有了很大提高。中国的人均 GDP 由 2000 年的 7 858 元增长到 2012 年的 38 354 元。农村居民家庭人均纯收入由 2000 年的 2 253 元增长至 2012 年的 7 917 元，恩格尔系数则由 49.1％下降至 39.3％。在国力强盛，粮食产量"九连增"的良好趋势下，吃不饱、不够吃的情况在我国农村已并不多见。但"饿不着"并不代表"吃得好"。根据联合国粮农组织（FAO）数据，2010—2012 年期间，中国仍有 1.58 亿营养

---

　　* 本文为国家自然科学基金项目部分研究成果，项目名称：农村贫困人口粮食安全研究，项目批号：71173222

　　** 作者简介：黄佳琦（1989—　），女，湖北武汉人，在读硕士研究生，研究方向：食物消费与营养

　　*** 通讯作者：聂凤英（1963—　），女，博士，研究员，研究方向：粮食安全，农业经济与政策

不良人口[①]，占全球营养不良人口总数的 18.2%，占全国人口总数的 11.5%。由此可见，中国要想达到消除饥饿和贫困的千年发展目标仍需继续努力。调查和了解我国农户食物营养安全的现状，分析营养不安全的特点和地理分布，有助于针对性地减少饥饿与营养不良的人口。

1 数据与指标

1.1 数据

1.1.1 样本

本文运用的数据来自 2012 年 7—8 月在陕西省的镇安、洛南，云南省的武定、会泽，贵州省的盘县、正安 6 个贫困县进行的实地调研。6 个样本县是在全国贫困县中收入水平最低的组群中随机抽样得到。样本量根据标准的样本量计算公式得来，样本量确定后，采用两阶段抽样法进行抽样。第一阶段，采用按照人口加权的抽样方法（PPS）按照每个县各村人口数抽取 19 个村，人口越多的村抽到的概率越大。第二阶段，采用随机抽样的方法，在每个样本村中随机抽取 12 个农户。这样，每个县抽取 19 个村 228 户，6 个县共抽取 114 个村 1 368 户。

1.1.2 相关数据说明

对食物消费量的调查，采用回顾法，回顾时间为过去 1 个月。由于样本县多处于贫困山区，交通不便利，此外贫困地区经济水平落后，多种因素造成农户食物消费种类远不如城镇居民多样，若回顾周期过短，可能造成大量农户多种食物零消费的状况。为了获得更为全面的数据，选择过去 1 个月作为回顾期。

1.2 指标

能量及营养素摄入量

本文中能量及各类营养素摄入量的数据是由食物消费的数据转化而来。在这一方面，有以下两点需要说明：第一，将食物消费量转化为营养素摄入量所用到的工具是食物成分表（Food Composition Table），然而由于地理差异，各国的食物成分表有所不同，本文采用由中国疾病预防控制中心营养与食品安全所研究制定的《中国食物成分表》进行换算。第二，消费的食物在问卷中主要

---

① 根据 FAOSTAT，营养不良人口指膳食能量摄入长期低于保障健康生存和基本活动所要求的最低摄入标准

分为两部分，一部分为日常在家饮食（例如，大米、小麦、蔬菜等）的消费总量，另一部分为在外饮食，但这部分并未记录消费量，仅记录了消费金额。所以，必须将在外消费金额换算为摄入的能量及营养素。在这个问题的处理上，以能量摄入为例，FAO 和 WFP 均采用单位卡路里金额来计算[1]。即首先将在家消费的全部食物换算为能量，再将总能量除以在家消费食物的总花费计算出单位卡路里金额，最后再将单位卡路里金额乘以在外饮食花费得到在外饮食摄入的能量。但若用这种方式来计算，显然会高估在外饮食的卡路里摄入量。由于餐饮业有经营成本，在外饮食的花费肯定大于实际消费食物的成本，因此，首先按 50％的比例将在外饮食金额折减，然后再按上述程序计算在外饮食的能量摄入。在外饮食中蛋白质与脂肪的摄入量也按上述方法进行折算。

能量标准

能量摄取水平被视为一个重要的衡量食物安全状况的指标。在国际上也被广泛使用。但不同的机构制定的能量标准也不尽相同。联合国粮农组织（FAO）用每人每天最小能量需求量 MDER（minimum daily energy require-ment）来估计营养不良（undernourishment or chronic hunger）人口的比例。FAO 认为人均 MDER 大约为 1 800kcal，但每个人每天所需的能量还与个人的年龄、性别、体重、活动量以及所处地区等因素有关①。FAO 每年都会测算各国的 MDER，中国 2010—2012 年的 MDER 为人均 1 907kcal/日②。

联合国粮食计划署 WFP 也运用能量指标来衡量食物安全状况[2,3]。WFP 用人均能量摄入量 2 100kcal/日作为食物安全分组的临界值，而不足临界值 30％，即 1 470kcal/日的被认为是极度食物不安全的。

中国营养学会编著的《中国居民膳食指南》中附有《中国居民膳食营养素参考摄入量表（DRIs）》，该表针对中国不同年龄、性别的人群，给出了能量及主要营养素的推荐摄入量（RNI）。研究时运用此表的通常做法是，先将不同人群转化为标准人（成年男子轻体力劳动者为标准人），再将每标准人能量摄入量的实际计算值与推荐值进行比较。每标准人每日的能量推荐摄入量（RNI）为 2 400kcal[4]。本文先依据该表将农户中每个成员折算为标准人，计算出样本农户每标准人的能量摄入，然后将结果与参考摄入量进行对比。

为了比较在不同标准下，所得出的能量摄入水平结论的差异，本文分别用上文提到的 FAO、WFP、RNI 3 种标准将样本农户进行分类。值得强调的是，

---

① FAO 对营养不良人口的定义．http：//www.fao.org/hunger/en/
② 从 FAO 网站下载数据．http：//www.fao.org/economic/ess/ess-fs/ess-fadata/en/

FAO、WFP 的能量标准多用于国家层面食物安全的衡量，无论是 1 907 kcal/日还是 2 100kcal/日，都是人均（per capita）的标准。而 RNI 的标准则是区分了不同性别、年龄的人群。为了将各种标准的衡量状况进行比较，首先需要保证调研样本在数据上的适用性，在运用 FAO、WFP 标准时均采用人均标准，而运用 RNI 标准时则严格按照标准人的方式来计算。

营养素标准

本文主要计算了蛋白质、脂肪两种主要的营养素。《中国居民膳食营养素参考摄入量表（DRIs）》为不同年龄段、不同性别的人群制定了推荐蛋白质、脂肪摄入量。本文考察农户蛋白质摄入是否足够的标准为每标准人日摄入量是否达到 75g，考察农户脂肪摄入是否足够的标准为每标准人日脂肪摄入量的供能比是否达到 20%（推荐值下限）[4]。

2 能量及营养状况

2.1 样本农户的能量及营养状况

经计算，调研样本人均日能量摄入量为 2 767.8kcal，比 2010 年国家扶贫重点县 2 636.7kcal[5] 的人均日能量摄入量高出 131.1kcal。其中洛南县最高，达 3 004.4kcal，其次是镇安县。正安的人均能量摄入量最低，为 2 530.9kcal。能量摄入均值呈现出相对明显的地域特征，即陕西省最高，云南省其次，贵州省最低。

虽然能量摄入的均值看似并不低，但仍有 1/5 左右的样本农户未达到能量摄入标准。分别将 6 县的样本农户按照 RNI、WFO、FAO 3 种能量摄入标准进行分组，发现 75.9% 的农户达到了能量的推荐摄入标准（RNI），而按照WFP 与 FAO 的能量标准，分别有 75.8%、81.3% 的农户是食物安全的。通过比较发现，WFP 与 RNI 的能量标准得出的结果非常接近，而因标准较低，所以，计算出的食物安全农户比例明显高于其他两种标准。不难看出，即便用标准较低的 FAO 标准［1 907kcal/（人•日）］来衡量，仍有高达 18.7% 的农户是不安全的，这比 FAO 统计出的 11.5% 的中国平均水平要高出 7.2 个百分点，这更加突显出贫困地区农户能量摄入不足问题的严峻性（图 1）。

蛋白质是人体所必需的重要营养素。食物蛋白质的质和量关系到人体蛋白质合成的量。因此，青少年的生长发育、孕产妇的优生优育、老年人的健康长寿，都与膳食中蛋白质的量有着密切的关系。

经统计，仅有 58.1% 的样本农户的蛋白质摄入量达到推荐标准，该比例

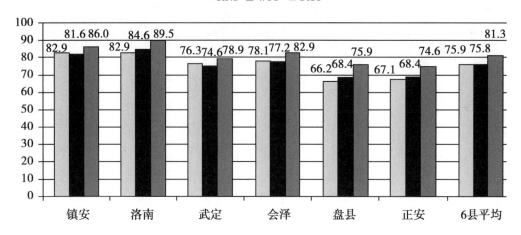

图 1　不同机构按能量指标衡量的食物安全农户比例（%）

显著低于能量摄入达到 RNI 标准的农户比例（75.9%）。分县来看，正安县蛋白质摄入状况最差，仅有 39.0% 的农户达到了推荐标准，其次是盘县，有 54.8% 的农户达到标准，其余 4 个县摄入水平相对比较接近，武定县达标的农户最多（66.7%）。有趣的是，这一结果与上文中对能量摄入的分析有所不同，陕西省的镇安、洛南两县的能量摄入量明显高于其他县，但蛋白质摄入水平却不及云南的武定县，这是由于陕西的镇安、洛南两县谷物消费多，而动物性食物消费少。

在蛋白质质量方面，优质蛋白摄入比例是较为常用的衡量指标。优质蛋白的食物来源主要为动物性食物和豆类食物。《中国居民膳食指南》推荐，优质蛋白的比例应为 60%～70%。2002 年的全国营养调查中，农村居民优质蛋白摄入水平仅为 28.6%，还不及推荐值下限的一半。6 县样本中，优质蛋白摄入的平均水平为 29.2%，但各县水平有较为明显的差异。洛南优质蛋白的摄入水平最低，仅为 15.0%，其次是正安（23.4%），武定优质蛋白的摄入水平最高，达 38.2%。进一步说明了洛南县极低的动物性食物摄入量在营养方面带来的负面影响（表 1）。

表 1　优质蛋白摄入比例 %

	镇安	洛南	武定	会泽	盘县	正安	6 县平均
动物性食物	13.7	6.1	18.1	16.9	14.1	11.5	13.4
豆类	14.8	8.9	20.1	19.9	18.9	11.9	15.8
合计	28.5	15.0	38.2	36.8	33.1	23.4	29.2

脂肪，是提供热量的主要物质之一，是生命运转的必需品。6县样本中，有88.5%的农户脂肪供能比达到20%。脂肪摄入情况最差是洛南县，仅有69.7%的农户达到下限标准。

脂肪的来源主要是烹调油和食物本身所含的油脂。脂肪含量丰富的食物主要是动物性食物和植物性食物中的坚果类食物。植物性食物中的脂肪主要含不饱和脂肪酸，比动物性食物中所含有的饱和脂肪酸更有益于身体健康。6县样本中，49.2%的脂肪直接来自于烹调油，镇安、洛南两县该比例最高，均超过60%，说明这两个县从食物中获得的脂肪太少，应相应减少烹调油的摄入，增加食物消费的种类和数量（表2）。

表2　脂肪的食物来源　　　　　　　　　　　　　　%

	镇安	洛南	武定	会泽	盘县	正安	6县平均
植物性食物	19.5	27.8	21.9	20	23.8	18.6	21.9
动物性食物	20.4	8.7	34.2	39.7	38.1	32	28.9
烹调油	60.2	63.4	43.9	40.3	38.1	49.3	49.2

通过本节对样本农户能量、蛋白质、脂肪摄入水平的总结不难看出，用单一的能量摄入标准来衡量食物安全状况往往会掩盖营养不均衡的问题。洛南县就是一个典型的例子，它是能量达标农户比例最高的县，却是脂肪达标农户比例最低的县。这种差异体现出农户膳食不均衡、营养搭配不当的问题，同时也为如何衡量食物营养安全提出新的挑战。

2.2　能量与营养水平综合分组

上文已提到能量指标在衡量食物安全方面的重要性，而蛋白质和脂肪作为人体所需的最主要的营养素，也是营养问题研究中不可忽视的方面。若将能量与营养水平结合起来分析，将样本农户进一步细分，找出能量、蛋白质、脂肪摄入都足够[①]及都不足够，能量足够蛋白质不足够，能量足够脂肪不足够的农户，并找出他们主要分布在哪，对我国有针对性地对贫困地区实施营养干预及其他提高食物安全及营养水平的措施有着十分积极的作用。

将能量、蛋白质、脂肪摄入水平是否足够综合进行分组时，为了能穷尽所有的分组可能性，共将农户分为8（$2^3=8$）组：都足够；都不足够；能量足，蛋白不足，脂肪不足；能量足，蛋白不足，脂肪足；能量足，蛋白足，脂肪不

---

① 这里的"足够"与"不足够"分别对应前文中能量、蛋白质、脂肪参照《中国居民膳食营养素参考摄入量表（DRIs）》所进行的分类，因此，"足够"不代表100%满足需求，而是指达到了参考摄入水平的标准

足；能量不足，蛋白不足，脂肪足；能量不足，蛋白足，脂肪足；能量不足，蛋白足，脂肪不足。

由于能量是否达到标准是衡量食物安全最基本、最直接的指标，蛋白质、脂肪都是能量的来源，若能量本身不足够，表示该农户是食物不安全的，需要摄入更多的食物，而这里更关心的是有多少农户在能量摄入达到标准的前提下，蛋白质、脂肪摄入不足，因此，主要分析：都足够；都不足够；能量足，蛋白质不足；能量足，脂肪不足这 4 种情况农户的分布情况（图 2）。据统计，能量、蛋白质、脂肪摄入都足够的农户有 677 户，占总农户样本的 49.5％，都不足够的有 26 户（1.9％），能量足，蛋白不足的有 254 户（18.6％），能量足，脂肪不足的有 130 户（9.5％）。不难发现，仅有接近一半的农户能量、蛋白质、脂肪的摄入量都达到推荐水平，蛋白质摄入不足的问题最为突出。

对这 4 个综合分组的地理分布进行统计，发现：都足够组中，各县所占比例较为平均，武定的农户最多（20.7％），正安最少（12.1％）；都不足组中，各县所占比例差距明显，镇安县没有能量、蛋白质、脂肪都不足的农户，而武定在这组中仍是所占比例最大的（26.9％），但注意到都不足组总共只有 26户，样本量并不大；能量足，蛋白质不足组中，正安比例最大（26.0％），而武定最少（8.7％）；能量足，脂肪不足组中，洛南所占比例接近一半（49.2％）。

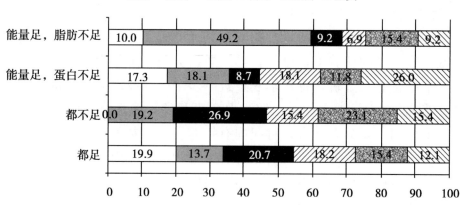

图 2　能量与营养水平综合分组的地理分布（％）

不妨再看看各县中这 4 种农户的分布情况：6 县中，正安县能量、蛋白质、脂肪都足够的农户最少，仅有 36.0％，相当一部分的农户（28.9％）面临着能量足蛋白质不足的现况；洛南县的状况同样不容乐观，能量足蛋白不足与能量足脂肪不足的农户比例分别高达 20.2%、28.1%，这再一次突显了洛南县食物消费种类单一所带来的营养不均衡的问题；会泽、镇安也存在相当一部分能量足而蛋白质不足的农户，比例分别为 20.2%、19.3%；武定是综合状况最好的县，能量、蛋白质、脂肪都足够的农户达 61.4%，且能量充足其他营养素不足的农户比例显著低于其他县。

3 小结

（1）在样本农户的能量及营养状况方面，能量、蛋白质、脂肪达到 RNI 标准的农户比例分别为 75.9%、58.1%、88.5%。说明我国贫困地区仍有相当一部分的农户存在能量摄入不足的情况，此外，蛋白质摄入不足情况更为突出。需要在努力增加贫困地区农户食物消费量的同时，注意平衡膳食种类，增加肉、蛋、奶等蛋白质含量高的动物性食物。

（2）能量摄入水平与蛋白质、脂肪摄入水平体现出区域的不一致性，用单一的能量摄入标准来衡量食物安全状况往往会掩盖营养不均衡的问题，例如，陕西的洛南县为能量安全农户比例最高，但脂肪安全农户比例最低的县，因此，在评价食物营养安全状况时，应将能量与营养素的摄入状况综合起来衡量。从综合角度分析，云南的武定县是食物安全水平最高的县，能量、蛋白质、脂肪都达到 RNI 标准的农户达 61.4%。蛋白质摄入最缺乏的区域为贵州省的正安县，脂肪摄入最缺乏的区域为陕西省的洛南县。

（3）在不同机构能量摄入标准衡量结果比较方面，WFP 的能量摄入标准与 RNI 的能量摄入标准的衡量结果非常接近，衡量出的能量安全农户比例仅相差 0.1%。由于 FAO 的能量标准较低，所以衡量出的能量安全农户比例较高，达 81.3%，这意味着仍有 18.7% 的样本农户营养不良，这个比例显著高于 FAO 测算出的 11.5% 的 2010—2012 年中国营养不良人口比例，突显出贫困地区农户食物安全与营养问题的严峻性。在我国城市居民营养过剩的问题占据人们视野的同时，绝不能忽视我国仍有近 2 成的贫困县农户连膳食能量的最低摄入标准都未达到，我国仍应为实现消除饥饿的千年目标而进一步努力。

参考文献

[1] FAO Statistic Division. Food Security Statistics from National Household Surveys.
[2] WFP. Emergency Food Security Assessment Handbook，2009.

［3］ IFRRI Discussion Paper 00870，2009. Validation of the World Food Programme's Food Consumption Score and Alternative Indicators of Household Food Security.

［4］ 中国营养学会. 中国居民膳食指南［M］. 拉萨：西藏人民出版社，2013.

［5］ 国家统计局住户调查办公室. 中国农村贫困监测报告 2011［M］. 北京：中国统计出版社，2012.

［6］ Nie Fengying et al. Analysis of Food Security and Vulnerability in Six Counties in Rural China［M］. Beijing：China Agricultural Science and Technology Press，2011，47.

［7］ USDA. Eating & Health Module User's Guide（2009），February 2009.

［8］ WFP/IFAD China VAM Unit. Vulnerability Analysis Of Chinese Counties，June 2003.

［9］ World Bank 2010 World Development Report 2010.

［10］ Yuan Ting，L. M.，et al. Health and Nutrition Economics：Diet Costs AreAssociated With Diet Quality［J］. Asia Pac J ClinNutr，2009，18（4）：598- 604.

［11］ Morris，Saul Sutkover. Measuring Nutritional Dimensions Of Household Food Security. IFPRI，1999.

中国奶文化的形成与特点[*]

Process of Formation and Characteristics of Milk Culture in China

聂迎利^{**}　**冯艳秋**^{***}

Nie Yingli，Feng Yanqiu

（中国农业科学院农业信息研究所，北京　100081）

摘　要：本文介绍了我国奶文化的定义及其形成过程，总结了我国奶文化的特点：具有浓郁的草原奶文化特征；受游牧民族对中原的统治影响较大；将牛奶视为上品等。

关键词：中国；奶文化；形成；特点

牛奶是大自然赐给人类的除母乳之外的最完善的食物。因此，世界各国都十分重视居民奶类消费水平的提高，世界卫生组织把人均奶类消费量作为衡量一个国家居民生活水平的重要标志之一。在我国，牛奶已经成为温饱之后小康来临时的健康食品。但是，我国城乡居民奶类消费总体偏低，2012 年，中国人均奶类消费量为 32.4kg，不到世界平均水平的 1/3，且近年来增长缓慢。有人认为，这与牛奶是外国传入的"舶来品"，我国居民没有饮奶传统有关。其实，我国许多北方民族传承着数千年的饮食奶制品的风俗，远古时代就创制了多种多样的奶制品。牛奶对于我国人民来说不是"舶来品"，不是"洋奶"[1]。

我国的先民们在"神农尝百草"的过程中认识了五谷并将其作为食物。在这一过程中，他们创造了以食草为主，药食同源的维生文化。但是，中华民族的"食草"文化并不是指要绝对吃素，而是要遵循"五谷为养，五果为助，五畜为益，五菜为充"的原则。其中，"五畜为益"就包括奶及其制品[2]。在近

---

　* 基金项目：农业部政策法规司委托软科学课题"中国奶业发展史研究"（课题编号：Z200829）

　** 作者简介：聂迎利（1971—　），女，博士，副编审，研究方向：奶业经济与农业科技期刊编辑出版管理。E-mail：zhgry@caas.cn

　*** 通讯作者：冯艳秋（1963—　），编审，研究方向：期刊编辑出版与管理，奶业与畜牧经济

万年的生产、加工和饮奶历史中逐步形成了独具特色的奶文化。

1 我国奶文化的形成[3]

奶文化是指奶在生产、销售、消费过程中所产生的物质文化和精神文化的总称。我国奶类消费的历史悠久，可以追溯至1万年前。考古资料证实，我国原始畜牧业约始于新石器时代，至少已有8 000多年的历史。随着"拘兽为畜"，开始有了畜牧业，也自然会产生挤奶、饮奶的活动。到商周时期，"六畜"均已具备，畜牧业得到发展，肉、乳类食物的消费也日益增多。先秦经典《礼记》中已有"酪"字。但是这些记载都是零散的。因此，有资料认为，在我国古代文献中，真正意义上的奶文化方面的记载和描述是从西汉初期才开始和传播的。汉武帝刘彻酷爱马这种动物，生活中又十分喜爱饮用马奶酒。当时，汉朝和匈奴不再发生战争，双方民族的交往也随之增加，匈奴草原游牧民族的一些生活习惯、饮食风俗渐渐地渗透到汉民族中，奶文化风俗便是其中之一，并开始被当时汉朝各民族所接受和传承；另外，与西域各国进行了长期友好的往来，文化也得到了广泛交流，西域各国的饮食文化也被吸收进来[4]。

之后，汉哀帝刘欣元寿元年，佛教从印度传入中国，影响着汉民族文化的各个领域。当时，佛经被大量译成中文，《金刚经·般若涅磐经》中所记载的有关乳、酪、生酥、熟酥、醍醐等的相关知识也同时传入了中国。随后，历经我国各个朝代的文献都有关于奶文化的记载[4]。

2 我国奶文化具有浓郁的草原奶文化特征

自古以来，中国就是一个拥有众多民族的国家，在长期的历史发展进程中，各族人民共同打造了中国灿烂辉煌的饮食文化。对于那些从事农牧业或牧业的少数民族来说，他们地处边疆、草原，逐水而居，过着衣皮、饮乳、食肉的游牧生活，牛奶、牛肉是他们赖以生存的重要食物，特别是牛奶，在其传统生活中逐渐占据了重要地位，并形成了具有鲜明特色的草原奶文化[5]。他们在乳制品加工制作和饮用方面有着许多宝贵的经验，丰富了我国的奶文化。

随着社会经济的发展，少数民族的社会风尚和饮食风俗也发生了变化，但饮奶的习惯却从来没改变过，他们所创造的许多具有本民族特点的乳制品至今仍然保留着，如藏族的酥油茶、酸奶子、奶渣，蒙古族的奶豆腐、奶酪，维吾尔族的酸奶，白族的乳扇等。不仅如此，乳制品的种类还逐渐增多，如白酸奶油、黄油、奶饼，还有风格独特的醍醐、酥酪、马奶酒、呼牢道和苏提切等。其中，醍醐、酥酪和马奶酒在古代被誉为"塞北玉珍"；呼牢道、苏提切等与当今许多乳制品有密切的联系，如干酪的制作工艺与呼牢道的制作方法近似。

对于生活在青藏高原上的藏族居民来说，那里的高原气候和严酷的生存环境，在造就藏族居民勇敢刚毅个性的同时，也形成了其独具特色的膳食习惯和饮食文化。因为西藏地区牛羊多，奶制品就多，所以许多饮食都与奶相关，酥油茶便是其中重要的一种。

酥油茶由酥油、茶和盐制成。酥油是藏族人民从牛羊奶中提炼出的奶油。虽然酥油的提炼以前依靠传统的手工搅打，现在已发展到机械或电动搅打，但酥油在藏族人民日常生活中重要地位却一直没有改变过。对于藏族居民来说，酥油是一种主要食品，一日三餐不可或缺。除了食用，酥油还有很多其他重要用途，如软化皮革等。酥油还被赋予了浓重的宗教色彩，虔诚的藏传佛教信徒敬神供佛时，点灯、煨桑等都离不开酥油。为了御寒保暖，以酥油为主要原料的酥油茶应运而生，并成为藏族居民日常生活所必需的一种饮料。在藏区，藏族居民一般早上都要先喝完酥油茶才会去劳动和工作，他们也会用酥油茶来招待客人。传统且正宗的酥油茶是将煮好的浓茶滤去茶叶，倒至打酥油茶专用的酥油茶桶内，然后加入酥油和食盐，用搅拌器在酥油茶桶内使劲搅打，待酥油、浓茶和盐融合为一体后，倒进锅或者茶壶中，立即饮用，或放在火炉上加热，或装入保温瓶中。现在，在制作酥油茶时，有时会再加入鸡蛋、核桃仁、花生、芝麻等。除了用酥油外，有的藏族居民还会用骨髓、牛奶、清油等打酥油茶，同样芳香甘美，而且可以御寒保暖，强身健体[6]。

奶茶被誉为草原的象征。奶茶是以砖茶、羊奶或马奶和酥油熬制而成，再加入炒米浸泡一会儿；加糖则甜，加盐则咸，馥郁芬芳。牧民们对奶茶极其喜爱，已经达到"宁可一日无食，不可一日无茶"的境界。蒙古族居民更是酷爱喝奶茶，往往是每天要喝 3 次茶。奶茶也是蒙古族同胞招待客人的第一道食品。另外，在传统节日、婚宴等重要场合，主人会请来宾首先品尝奶茶，以表示对客人的尊敬。这种传统礼节被称作"品食物之精华"的礼仪[5]。藏族人民也同样喜欢喝奶茶。藏族的奶茶一般有两种。一种叫"卧甲"，就是将茶水烧开后，直接加牛奶放盐。这种奶茶在安多地区比较常见。另一种叫"甜茶"，这种茶必须用红茶熬汁，再加入牛奶、白糖。因为加入了白糖，所以又叫作甜茶。又因为甜茶香甜可口，营养又丰富，所以深受人们的喜爱。甜茶在卫藏地区（"卫"指前藏，即拉萨市（当雄县除外）、山南地区和林芝地区西部（林芝、工布江达、米林、郎县四县）；"藏"指后藏，包括大部分日喀则地区)[7]，特别是城镇最为盛行。后藏有些地方喜欢把做好了的奶茶倒入酥油茶筒内，放进一点儿酥油，用打酥油茶的方法搅匀。这样，不仅茶的营养价值高，喝起来味道也特别香。

在众多民族乳制品中，最具民族特色的是奶酒。资料显示，我国奶文化在北方首先是以马和马奶酒为代表开始的。奶酒是马奶、牛奶、驴奶等，经过酵母菌和乳酸菌发酵制成的酒，也称为乳酒、马酒或马奶酒。据专家考证，奶酒起源于春秋时期，从汉代开始就有了"马逐水草，人仰潼酪"的文字记载，在元朝时最为盛行，在北方少数民族中流行已经有 2000 多年。奶酒一直被游牧民族作为礼仪用酒，当前在北方游牧民族的广大地区也比较普遍流行奶酒。奶酒在少数民族居民心目中的地位极其重要。奶酒被视为"圣洁之物"，在隆重的祭祀或盛大的节日中，人们都要饮奶酒。如在一年一度的那达慕盛会上，蒙古族居民在演唱英雄史诗江格尔时，都要饮奶酒；哈萨克族的牧民在伊犁大草原上要酿制克木斯，奶酒也会作为婚礼等宴会招待客人的名贵饮料。这些都反映了奶酒在各游牧民族社会习俗和礼仪中的重要地位。

3 游牧民族对中原的统治影响着我国奶文化的发展

我国奶文化的形成主要受匈奴草原游牧民族奶文化的影响，其发展也与游牧民族进入和统治中原密切相关。

汉朝之后，中国一直处于分裂状态，并持续了几个世纪。在此期间，中亚民族逐步取得了北方的统治权，西亚和南亚的一些作物和观念随之传入中原，乳制品在这一时期也继续得以发展。敦煌壁画和贾思勰的《齐民要术》中都可以看到公元 5 世纪末到 6 世纪初时乳品生产的画面和有关记载。例如，《齐民要术》中就记述了酸奶酪、干酪和黄油的制作方法。可见，由于中亚统治者和佛教游僧对奶制品的大力推广[2]。

到了唐朝，藏族经济文化交流日益发展，汉藏两族人民的关系也更加亲密，"醍醐"开始在唐代上流社会流行。唐以后可以佐证的资料还有《旧唐书》，书中记载了玄宗朝"贵人御馔，尽供胡食"。

宋朝时，尽管农业结构发生了较大的变化，稻子成为了主要谷物，但在北宋时期，奶制品仍是重要的动物来源。而到了南宋，南方的汉族开始对奶制品冷淡起来。其原因主要是心理因素。如前所述，汉朝之后，受强大的中亚饮食习惯的影响，奶制品才在中原得以广泛流行。而南宋的政治与经济中心在东南部，受中亚饮食文化影响最弱。再加上又将北方的王朝视为是仇敌，奶制品随即被打上了"敌人"的烙印。

公元 1279—1368 年，蒙古族征服中原建立了元朝，也带来了新的食物。元朝的食物具有比较浓郁的中亚风味，蒙古人也保持着游牧民族食用奶制品的习俗，马奶酒、奶酪、黄油和各种奶制品在食物中占有重要地位。而当其统治被汉族推翻后，他们离开中原返回大草原，其饮食习惯在中原也就逐步淡化[2]。

清朝时，皇室作为北方的游牧民族，入关后再次将草原"奶文化"带进紫禁城。清王朝不但使草原奶文化得以继承和发扬，而且在中华宫廷乳制品，乃至老北京传统的饮食中也增添了灿烂的一页。但最终，与蒙古族的统治一样，清王朝的统治被推翻后，饮奶的习惯也就随之消失了[5]。

4 各民族对奶都极其尊崇，将其视为上品

欧美奶文化具有强烈的民生意识，并有一句世代流传、妇孺皆知的名言："奶汁是母亲给自己孩子的礼物，奶酪是上帝给我们人类的礼物。奶牛是人类的保姆。"[8]

自古以来，我们的先民就对"奶"也十分推崇，将"奶"视为上品。但物以稀为贵，一直以来，在中国，奶并未像欧美国家创造的奶文化那样，使奶成为"普惠食品"，而是成为了一种身份、地位和权力的象征。

在草原游牧民族的心目中，奶汁被当作纯洁、平安、幸福和吉祥的象征。比如，蒙古族人民用"乳汁般洁白的心"比喻人心的纯洁和善良；亲人或客人起程时老阿妈都会将鲜奶洒向天空，以祈祷旅途平安；婚宴上母亲会给新郎和新娘斟上一碗鲜奶，以祝福他们新生活美满幸福[5]。

用酥油茶待客，是藏民族的古老传统，而且主人要用家中最好的酥油茶。送别亲人时，要背着酥油茶将亲人送上车，然后再敬 3 次茶，代表吉祥如意、一路平安、万事大吉。探望病人时，也要带上甜茶或酥油茶。

最能体现藏族奶文化的是雪顿节。雪顿节是西藏的传统节日之一，在藏语中，"雪"是酸奶子的意思，"顿"是"宴""吃"的意思，雪顿节，就是吃酸奶子的节日。雪顿节最早起源于 11 世纪中叶，那时雪顿节是一种纯宗教活动[9]。后来雪顿节的活动内容逐渐演变，除了喝酸奶子，还增加了藏戏汇演等娱乐，并且形成了一套固定的节日仪式，所以又被称为藏戏节。边吃酸奶边看藏戏，这种奶文化的特性是其他民族少有的。现在，雪顿节主要在拉萨举行，在日喀则叫"色木钦波"，但时间要晚于拉萨，规模也小于拉萨[10]。节日期

间，千千万万的佛教徒从全世界涌向拉萨，以最虔诚的心，一步一个顶礼膜拜，朝圣道至高无上的佛祖。佛教信徒们到山上去修行，修行完毕时家里的亲众人带着酸奶到山上去迎接他们。在回家的路上，人们吃酸奶、跳舞、唱歌。每年此时，西藏各地的藏戏主要流派会在拉萨罗布林卡连续几天进行表演和比赛，其场面热闹非凡[11]。来自青海、甘肃、四川、云南等省的藏戏剧团也会前来，大家一起切磋技艺，庆贺狂欢。藏族居民除了观看藏戏外，还会品尝各种美酒、饮料、菜肴，还要玩耍藏棋、藏牌等游戏，对唱不同曲调的敬酒歌，十分热闹。产业部门也会把各种物资和节日食品运到罗布林卡内，摆摊设棚，供应游人[10]。

上述这一切都充分展示了游牧民族心灵和精神生活中丰富的奶文化传统内涵及魅力。

"醍醐"是中国古籍和佛教经典中经常提到一种乳制品。《涅槃经》中是这样记载的："牛乳成酪，酪生成酥，生酥成熟酥，熟酥出醍醐，醍醐是最上品。"就是说，醍醐是乳制品的最终产品。但佛教"天台宗""真言宗"等流派，先后将其借喻为各自信奉的《法华经》《陀罗尼藏经》为上乘[9]。成语"醍醐灌顶"，出于《敦煌变文集·维摩诘经讲经文》："令问维摩，闻名之如露入心，共语似醍醐灌顶"，比喻给人灌输智慧，使之从迷惑中醒悟或彻底觉悟。至此之后，世人对佛的敬畏遂转移到了"醍醐"和"奶"的身上。

古时的士大夫将"奶"视为长生不老之药。据北魏时期的《北史·魏志·王琚传》记载："长饮牛乳，色如处子，卒年九十。"意思是由于王琚经常喝牛奶，不仅看起来显得年轻，而且长寿，活到了 90 岁[9]。

在唐代，奶制品的消费达到了高峰，奶油、酸奶酪、马奶酒、干酪、凝乳和黄油相当流行。乳制品的普及也影响到了文学，韩愈的诗句"天街小雨润如酥"，就说明了"酥"在当时生活中的地位[2]。

元朝时，马可·波罗在其《马可·波罗游记》中提到，成吉思汗的队伍行军时，将干燥过的"糊状奶粉"作为军饷。骑兵打仗，有时需要连续赶路作战而没有时间做饭，于是，士兵们就在马背上把一个皮袋里的水倒入另一个装有"糊状奶粉"的皮袋里。随着马的跑动，一会儿就能喝了充饥。但是他也指出，这仅限于大汗皇帝的新兵部队在执行重要任务时才有此待遇[9]。

到了清朝，皇室对牛奶及其制品更加痴迷，清代皇室不仅仅在祭祀时注重牛乳及牛乳制品，在日常的饮食中，也特别重视饮食中的营养学与保健法。因此，富有营养保健价值的牛乳成为日常食用最多的食品之一。朝廷按照每个人的身份和地位配给奶牛。如康熙年间的奶牛分配法为：皇帝、皇后共用奶牛

100 头、太皇太后、皇太后各 24 头，皇贵妃 7 头，贵妃 6 头，妃 5 头，嫔 4 头，贵人 2 头，皇子福晋 10 头，皇子侧晋 5 头等。除皇室家族成员食用牛乳外，宫廷各种宴会也备有大量的牛奶及奶制品[5]。慈禧太后掌权后，设立了西厨房，下边分五局，其中之一便是饽饽局。她把最爱吃的奶饽饽称为"奶油萨其玛"。清代京师典礼时，供奉食品和礼品称"京八件"，有酥皮大八件、油皮细八件、奶皮小八件。在满汉全席中，乳制品也占有一席之地，如奶子茶、牛乳饼、奶羹、奶汤和奶子芥酒等。

纵观汉民族饮用牛奶及食用牛乳制品的历史，可以发现，在近代以前，汉民族从未真正将牛奶纳入饮食体系之中，对牛奶的偶尔尝试，主要受游牧民族、佛教东传和中亚饮食等外力的影响。即便在民族融合的高峰时期，对牛奶的接受也只是浅尝辄止。汉民族不喜欢牛奶，不是单纯因为生活上的原因，也不是对其口味不习惯，更不是某种根深蒂固的反对和禁忌。其实，牛奶对于汉民族有着很强的吸引力，但高成本的生产过程令疲于养活众多人口的中国不堪重负。宋代之后北方自然生态环境的急剧恶化，更使牛奶成为珍稀食物，只能成为奢侈品的代表。牛奶真正融入中国汉民族饮食体系，是从近代才开始的，不过最初也是作为滋补品出现的，同时，高昂的价格给牛奶蒙上了一层"贵族化"的色彩。牛奶在上海的发展过程可见一斑。鸦片战争之后，各国列强在上海等设定了租界，侨民纷至而来。为满足侨民的饮食习惯，上海周边的农民开始利用法泌乳的水牛挤奶。1900 年 6 月，荷兰的荷斯坦奶牛被引入上海，并很快进入上海的牛棚。一直到 20 世纪 20 年代之前，上海的牛奶及奶制品都是用来满足这些侨民的需求的。受其影响，华人也开始食用牛奶。但是直到 20 世纪 20 年代初，除哺育婴儿的代乳粉外，牛奶产品多数被作为优质的补品，而不是食品或饮品向大众进行宣传的。当时《申报》上有关牛奶营养价值的文章，几乎都认同牛奶作为补品的滋养价值，并推荐消费者经常饮用。因此，20 世纪 20 年代初的上海，牛奶的销售地点大都集中在各大药房。

物以稀为贵。当时中国本土牛奶行业还极不发达，国人食用的乳制品几乎都是价格不菲的进口货，价格昂贵，普通家庭根本无法承受将牛奶作为日常饮用的滋补品。1923 年 2 月，《申报》对市场上销售的牛奶和牛乳粉的价格进行了调查。结果显示，罐头牛奶每罐价格为三角二分至四角五分，均价大洋四角；牛乳粉每磅的价格为一元三角至一元五角五分，均价约为一元四角。这两种产品的价格按当时的物价水平来衡量，属于高档消费。高昂的价格给牛奶蒙上了一层"贵族化"的色彩，因此，牛奶也成为奢侈补品的标志，牛奶消费也被定义为穷人和富人差距的一把标尺。之后，随着牛奶生产的日渐本土化和产量的逐步提高，牛奶的补品形象才渐渐动摇起来。至 20 世纪 30 年代初，随着牛奶行业的发展与市场需求的持续增长，牛奶制品的价格逐渐走低，销售牛奶的地点开始向普通的食品店和南货店拓展，牛奶产品种类开始细化，牛奶消费呈现出由高档滋补品向日常食物转变的明显趋势。1929—1930 年，上海市社会局针对 305 户工人家庭生活状况进行的为期一年的调查显示，有 28 家购买牛奶，占总调查样本的 9.2%。说明当时牛奶的消费虽然已经普及到工人阶层，但是仍然未能成为日常食品。直到 1936 年，曾经被视作奢侈补品的牛奶才成为被众多国人消费的普通商品。

在这个过程中，牛奶的消费文化也发生着变化——从养生到卫生。古代中国的卫生观念是一种"自信的、中国式的长生之道"，是"一套同中国文化密切相连、并被外帮觊觎的先进的养生之术。"在西方现代性话语系统下，中国近代的"卫生"不再涵盖有关饮食、休息、运动、睡眠等一整套养生系统，而是缩小到由微生物学等学科发展出的清洁观念，演变成为净化人的身体，防止病菌，保护身体的洁净健康。卫生不仅与个人有关，同时国家也积极介入公共卫生领域，政府卫生机构制定法规政策，实施检查监督，以国家权威保证卫生，实现国家的现代化。近代牛奶消费文化就体现了"卫生"的这种变化。19 世纪末 20 世纪初，国人已经开始关注牛奶饮用时需要注意的卫生条件以及牛奶品质和奶牛的健康，如是否掺假，牛奶是否有异味等。随着巴氏消毒法的广泛应用，牛奶与"卫生"一词开始紧密结合。1925—1936 年，牛奶的"卫生"标准体现在"机械、无手工、无菌、密封"4 个要素上。19 世纪 20 年代后期上海牛奶市场的"A 字"标准非常典型地将这种"卫生"诉求推向高潮。"A 字"牛奶是指采用巴氏消毒法，并经工部局颁发 A 字执照的牛奶才能称为"A 字"牛奶。A 字牛奶代表着新鲜、优质的"最高级牛奶"。此后的牛奶产品在广告中均将"A 字"执照作为宣传重点。这种变化提示了中国国人牛奶消费文化的现代性转变，正是这一转变成功地确立了牛奶在消费者心目中牢不可破的健康食品的优势地位[12]。

在此期间，社会精英还在观念上构建了牛奶营养、卫生与民族振兴和国家强盛间的紧密关联。于是，牛奶的营养和卫生就被认为不再仅仅关系到个人的健康，而且关系到民族和国家的强健。首先，营养关系国民健康，关系国族兴衰，国人特别是儿童要多喝牛奶；其次，卫生是强种强国的基本要素，是民族复兴之基，要讲求并保证牛乳卫生；最后，期望牛奶消费者信任"成绩卓著"的"国人所营之牛奶公司"，虽然不特别提倡消费者要饮用国产牛奶，但是国人的健康也不应该轻易地寄托在国外产品上，并期望牛奶经营者选择好奶牛。

近代社会精英关于牛奶营养、卫生的观念及其泛政治化的民族主义取向，构建了一个身体关系国家，牛奶颇具营养价值，饮纯净牛奶能强身健体、强种兴邦、挽回权利的现代民族国家的想象。1936年，牛奶成为普通商品后，对于牛奶的宣传也渐渐远离了牛奶"保种强国"的想象[13]。

新中国建立后，对于中国城乡居民来说，尽管牛奶从奢侈品逐渐过渡到生活必需品，但是将牛奶视为上品，对牛奶的重视却从来没有改变过。新中国建立之后直到1978年相当长的一段时间里，由于奶牛养殖业和乳品加工业发展缓慢，牛奶仍只作为特殊食品专供或凭票供应给特殊人群和为数不多的富裕家庭，都是将"奶"视为上品的一种体现。直到20世纪90年代，牛奶敞开供应之后，特别是进入21世纪后，随着我国奶业的快速发展，牛奶才逐渐进入寻常百姓家中，走上了餐桌，成为了一种大众食品和日常食品。随着科学饮奶知识的宣传普及，以及城乡居民收入水平的提高和对牛奶营养价值的认同，奶还成为了送礼佳品，特别是高档奶制品。每到重要节日时，如元旦、春节、国庆节、中秋节等，随处可以见到拎着牛奶赠送亲朋好友的居民。过节送牛奶成为了一种风尚，并带动了牛奶销售市场，使之形成了"元旦春节""十一中秋"两个重要的"两节市场"。另外，在探望病人、宴请宾客时，牛奶也逐渐成为了"主角"。

参考文献

[1] 曹幸穗，张苏. 中国历史上的奶畜饲养与奶制品 [J]. 中国乳业，2009，8（11）：80-84.

[2] 许先. "天街小雨润如酥"——中国古代乳制品史概述 [J]. 食品与健康，2008，3：4-6.

[3] 奶道 [N]. 乳业时报，2009-06-24.

[4] 金世琳. "新酪撞重日，绝品挹清元"——中国古代的乳文化概述（下篇）[J]. 乳品与人类，2003，5：18-19.

[5] 宝音朝克图. 草原乳文化与清代皇室 [J]. 北京档案，2007，4：51-52.

[6] 藏族的酥油文化 [OL]. http：//www.qimaren.com/gonglue/xizhang/tesemeishi/671.html.

[7] 扎桑. 藏族特色饮食及其成因探析——以卫藏地区为例 [J]. 西藏大学学报，2010，25（5）：138-141.

[8] 顾佳升. 我国"奶文化"的演变 [J]. 中国乳业，2006，5（10）：33-36.

[9] 藏族的雪顿节 [OL]. http：//wenku.baidu.com/view/89e4433243323968011c9213.

html.

[10] 娜仁卓玛. 藏族雪顿节 [J]. 民族论坛，2003，6：16.

[11] 雪顿节 [OL]. http：//baike. baidu. com/view/15198. htm.

[12] 王书吟. 哺育中国：近代中国的牛乳消费——二十世纪二三十年代上海为中心的考察 [J]. 中国饮食文化，2011，7：207-239.

[13] 李忠萍. 从近代牛乳广告看中国的现代性——以 1927—1937 年《申报》为中心的考察 [J]. 安徽大学学报（哲学社会科学版），2010（3）：106-113.

原文发表于《中国食物与营养》，2014（11）.

中国花生生产现状及发展趋势

Status Quo and Development Direction of China's Peanut Production

潘月红[1]*　　钱贵霞[2]**

Pan Yuehong[1]，Qian Guixia[2]

(1. 中国农业科学院农业信息研究所，北京　100081；

2. 内蒙古大学，内蒙古呼和浩特　010021)

摘　要：花生是中国主要的油料作物和经济作物之一，也是其重要的特色出口农产品。通过分析当前中国花生产业的生产、深加工、机械化水平和贸易现状，指出了制约中国花生产业发展的因素，并提出了相应的对策建议，最后对中国花生产业的未来发展方向和趋势进行了展望。

关键词：花生；生产；深加工；机械化水平；制约因素；趋势

花生是我国主要的油料作物和经济作物之一，也是重要的特色出口农产品，我国花生产业的发展不但在增加农民收入、保障我国食用油安全、提高国民身体素质方面具有举足轻重的地位，而且在世界的花生生产中也具有重要的地位。

1　中国花生生产特点

1.1　种植面积波动增长

新中国成立以来，我国花生种植面积经历了快速上升期（1949—1956年）、急速下滑期（1956—1961年）、恢复发展期（1961—2003年）、徘徊调整

---

* 作者简介：潘月红（1976—　），女，硕士，副编审，研究方向为科技期刊编辑出版与农业信息分析

** 通讯作者：钱贵霞（1971—　），女，博士，教授，硕士生导师，主要从事农业经济、产业经济与可持续性科学方面的研究

期（2003—2007 年）和稳步增长期（2007—2013 年）5 个明显的发展阶段，总体呈波动增长趋势（图 1）。1949—1956 年，全国花生种植面积快速增长，从 1949 年的 125.44 万公顷增长到 1956 年的 258.17 万公顷，这一时期的快速发展主要得益于党和政府一系列关于油料作物增产和农民积极种植花生的政策与措施的激励[1,2]。1956—1961 年，受严重的自然灾害及其他因素影响，我国花生种植面积大幅度滑坡，下降到 1961 年的 119.98 万公顷，创历史低纪录。1961—2003 年是我国花生生产恢复发展期，花生种植面积增长到 2003 年的 505.68 万公顷，尤其是 1978 年我国农村土地实行家庭联产承包责任制后，农民的花生种植极性高涨，全国花生生产快速恢复并逐步趋升，2003 年的花生种植面积创历史新高。2003—2007 年，受农业宏观政策因素影响，我国花生生产进入徘徊调整期[3]，种植面积下降至 2007 年的 394.49 万公顷。2007—2013 年，我国花生生产步入稳步增长期，种植面积逐步增长至 2013 年的 471 万公顷[4]。其中，2013 年中国花生播种面积同比 2012 年增长 1.54%。

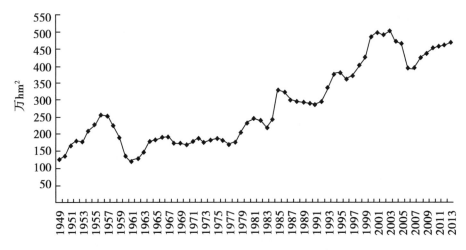

图 1 1949—2013 年中国花生播种面积

Fig.1 China's peanut planting area，1949—2013

数据来源：国家统计局。其中 2013 年数据为国家粮油信息中心预测数

1.2 总体产量不断提高

新中国成立以来，我国花生总产量总体呈波动增长趋势，长期走势尤其是 2000 年以前的走势基本与播种面积的走势保持一致（图 2）。1949—1956 年为上升期，总产量从 1949 年的 126.83 万 t 增长到 1956 年的 333.61 万 t；1956—1961 年为下滑期，总产量下降到 1961 年的 104.86 万 t，其中 1960 年的总产量仅为 80.45 万 t，这是由于严重的自然灾害和花生播种面积大幅滑坡

所致；1961—2002 年为恢复发展期，花生总产量增至 2002 年的 1 481.76万 t，这一时期总产量的逐步提高主要得益于花生收购价格的提高和花生种植面积的增长；2002—2006 年为震荡下行期，花生总产量震荡下跌至 1 288.69万 t，这一时期总产量的下降与当时的农业宏观政策影响密不可分；2006—2013 年为稳步增长期，花生平稳增长至 2013 年的 1 700万 t[4]，创历史最高水平。其中，2013 年中国花生总产量较 2012 年同比增长 1.85%。

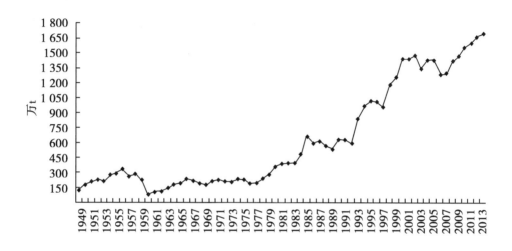

图 2 1949—2013 年中国花生总产量

Fig.2 China's peanut production，1949—2013

数据来源：国家统计局。其中 2013 年数据为国家粮油信息中心预测数

1.3 单产水平稳步提高

我国花生的平均单产水平与播种面积和总产量的发展曲线不太一致，但总体发展方向是一致的，除 1960 年因严重自然灾害导致单产水平急剧下降以及个别年份降低外，其他年份基本保持波动增长态势，尤其是 1976—1985 年和2003—2013 年两个阶段呈现出明显的持续增长势头（图 3）。1976—1985 年单产水平的迅速提高与家庭联产承包责任制的推行和科技进步的推动作用是分不开的；2003—2013 年单产水平稳步提高主要得益于栽培技术和机械化播种水平的提高。1949 年我国花生单位面积产量为 1 011.04kg/hm²，而 1960 年的自然灾害更是使单产降到了前所未有的低水平，仅为 598.05kg/hm²，之后单产水平不断提高，2012 年已提高到 3 598.46kg/hm²，而根据国家粮油信息中心2013 年 10 月 14 日发布的预测数据，2013 年中国花生平均单产为 3 609.00kg/hm²，同比增长 0.3%[4]。花生单产的年际变化很大程度上与气象因素有关，特别是生长后期遭遇大量降水，可造成单产大幅下降乃至绝产，1989 年、

1992 年、1997 年和 2003 年等年份单产较低，均与降水密切相关[5]。

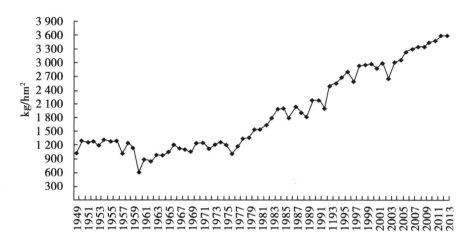

图 3　1949—2013 年中国花生单产

Fig. 3　China's peanut yield，1949—2013

数据来源：国家统计局。其中 2013 年数据为国家粮油信息中心预测数

1.4　科技推动作用增强

　　1950 年以前，靠人力、畜力栽培、管理和收获是我国花生生产的基本状况；1950 年后栽培技术和栽培模式的发展，尤其是春播高产栽培模式促使我国花生单产水平在世界上处于领先地位；采用机械化生产始于 20 世纪 60 年代，而 20 世纪 60—80 年代是我国花生机械化生产的高速发展阶段；20 世纪 80 年代以来，花生栽培模式有了进一步的变化和发展，花生产量大幅度提高。到了 20 世纪 90 年代，我国的农业机械化程度达到了较高的水平，这一时期市场需求导向明显，重大科技成果广泛而快速的推广应用对花生生产起到了非常重要的推动作用[1,6]。进入 21 世纪，我国花生生产机械化开始了新的发展阶段，单产的提高由过去依靠物质投入向依靠科技方向发展，科技进步已成为提高花生产量的主要依靠力量[7]。

1.5　国际竞争优势明显

　　我国花生在世界市场上具有较强的竞争优势，国际竞争力排名稳居第三至第四位，国际地位比较稳定，其竞争优势集中表现为资源、产量、市场占有率及价格优势[8~10]。从资源方面来说，我国花生种质资源非常丰富，品种非常多，已达 200 多种，随着育种技术的日益成熟，我国已经培育出了许多高产、高油脂、高蛋白的优良品种，目前不论是栽培品种还是野生品种都是全球最多的，且优良的品质也在国际上享有良好的声誉[11,12]。从产量上来说，在世界花生主产国中，我国的花生种植面积和总产量均具有竞争优势[1]。从市场占有率上来说，我国花生的国际市场占有率有一定的波动性，但基本稳定在30%以上的较高水平，具有比美国和阿根廷相对较大的优势[10]。从价格上来说，我国花生品质较好是其走俏国际市场的一个因素，但我国花生相对较高的价格比较优势也是重要因素之一[13]。

1.6 地区间发展不平衡

花生生产受气候条件、土壤地力、水利条件、耕作制度和栽培技术等的影响较大，因此各地区发展极不平衡[14]。从国家统计局2008—2012年的数据可以看出，我国花生主产无论是在种植面积上还是在单产水平上区域间发展都极不平衡（图4、图5）。从种植面积来看，近几年我国花生种植面积较大的依次为河南、山东、河北、辽宁、广东和四川等，宁夏、西藏、上海、甘肃、天津、北京和新疆等地种植面积较少，2012年花生种植面积最大的是河南省，为100.71万 hm²，而宁夏回族自治区仅为0.007万 hm²，前者是后者的14 387.29倍；从单产水平来看，近几年单产水平较高的有河南、山东、安徽、新疆、江苏、河北、天津、湖北、甘肃等地，而云南、宁夏、内蒙古、贵州、重庆等地的花生单产水平较低，2012年最高的是新疆，为4 894.87kg/hm²，最低的是云南，仅为1 536.57kg/hm²，二者之间相差3 358.30kg/hm²，新疆是云南的3.2倍。值得注意的是，河南、山东、安徽近几年的花生单产水平稳步提高，而新疆的花生单产水平尚不太稳定。此外，同一地区不同年份之间的种植面积和单产水平也存在一定差异。造成我国花生生产地区间发展不平衡的影响因素除各地区自然条件和生产条件差别外，适宜良种及其配套高产栽培技术推广应用缓慢，以及未实现良种良法相配套也是重要的影响因素[15]。

2 制约中国花生产业发展的因素

2.1 花生生产成本高

花生属于劳动密集型农产品，人工成本在总成本中约占40%，随着城镇化的不断推进，人工成本快速上涨带动农业生产服务收费涨价，花生播种和收获费工的特点已成为花生生产规模及效益增长的重要限制因子，并从根本上削弱了我国花生产业的国际竞争力[16]。此外，化肥、农用机械、农用机油等农资价格普遍上涨，直接抬高了花生的生产成本，且运输成本的不断提高也在一定程度上加剧了农资价格的上扬，助长了花生的生产成本。

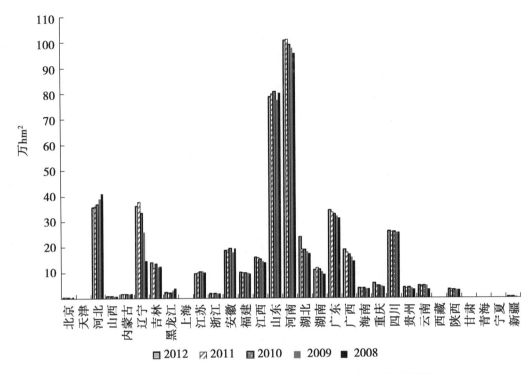

图 4　2008—2012 年中国各省（市、自治区）花生种植面积

Fig. 4　Peanut planting area in the provinces of China，2008—2012

数据来源：国家统计局

2.2　机械化水平较低

我国花生的耕种收仍然以人工为主，播种和收获两大关键环节的机械化水平较低显而易见，尤其是花生收获作业环节机械化率的高低直接关系到我国花生产业的整体机械化水平，然而 2012 年我国花生的机收率尚不到 20％。而美国高效率的花生机械化代表了世界上最先进的花生机械化收获技术，位居全球之首[17]。低下的机械化水平极大地限制了我国花生产业的进一步发展，因此，花生机械化收获将是我国花生产业面临的亟须解决的重要问题。

2.3　深加工水平较低

我国对花生的深度开发利用起步较晚，深加工产品少，且加工水平较低。当前我国生产的花生 50％～60％用于榨油，25％～35％直接食用和用于食品加工（仅约 10％用于深加工），3％～5％用于出口，约 8％为种用消费，国内消费量占总产量的 95％以上，深加工水平与美国、加拿大和日本等相比有很大的差距[18,19]。现阶段，我国花生加工业存在的问题主要是：原料品质低，加工专用性不强；加工企业规模小，生产集中度不高；标准化、产业化程度

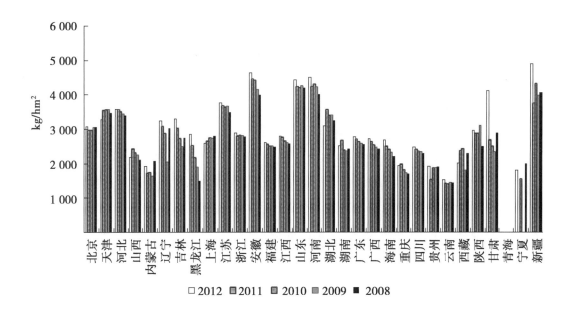

图 5 2008—2012 年中国花生单产前 20 名产区及其单产水平

Fig. 5 China's top 20 peanut producing areas and their yields，2008—2012

数据来源：国家统计局

低；加工设备落后，科研力量薄弱，技术创新能力差；加工出的产品品种少，应用范围窄，大多数产品都处于初级加工阶段，产品附加值低[19,20]。

2.4 出口贸易效益下滑

近年来国际市场对花生产品的需求增长不明显，同业间竞争加剧影响了我国花生出口声誉，导致国际市场竞争力逐渐下降，同时出口贸易效益明显下滑，主要体现在：出口经营秩序混乱导致出口效益大幅下滑；出口花生质量下降导致退货从而效益下降甚至亏损；外贸出口队伍的业务素质不高，不精通国内外花生品质标准和安全卫生标准的差异，不利于参与正常的国际竞争[21]。从长期来看，出口贸易效益下滑必然会对我国花生产业的可持续发展产生不利影响。

3 中国花生产业未来发展趋势与对策

3.1 科技支撑保障花生产业可持续发展

科技进步在我国花生品种资源、品种改良、高产优质栽培、单产提高、花生油产量等方面都有巨大的推动作用，多年来，大批花生优异资源在育种中得到了应用，并育成了花生新品种 300 多个，其中，单产 7 500～9 000 kg/hm²

的高产品种已达到世界领先水平；在品种抗病性研究和分子标记、基因克隆及转基因等方面也取得了很好的进展；高产优质栽培技术也有较多科技创新[22]。因此，科技进步无论在我国花生生产的数量增长还是质量提高方面都提供了很大的支撑作用，未来我国花生产业的可持续发展仍然离不开科技的进步，优质专用型花生新品种培育、高效生产技术和加工技术研发、构建花生创新科技体系等将是未来应着重展开的工作。

3.2 通过发展机械化降低花生生产成本

花生的生产和收获用工多、劳动强度大，而我国花生生产机械化水平较低，生产成本相对较高，当前发达国家的花生收获机械化正针对其花生种植特点，向大型化、机电一体化、智能化等更高效、更可靠的方向发展，花生收获已全部实现机械化作业，单位产量的生产成本较低[23]。2014年中央一号文件明确提出加快发展农业机械化，并完善农村土地承包政策，因此，未来应针对我国花生主产区生产特点和自然条件，提高花生机械化生产和收获的技术水平，通过发展机械化降低生产成本。

3.3 深加工水平提高带动产业大发展

目前，花生的营养保健价值不断受到重视，世界花生已从油用向食用方向发展，食用花生市场潜力巨大，未来高科技含量和附加值的花生产品将有着广阔的发展前景，而与发达国家相比，我国的花生深加工产品少，高附加值产品较少。而未来一段时期，我国丰富的花生资源和不断增长的产量，将为进一步拓展花生食品奠定稳固的基础和提供良好的开发空间。因此，未来一段时期，应以满足人民的营养和健康保健需求、调整农业产业结构为契机，加大花生深加工技术和设备研究的投入，借助科技进步的力量，大力发展我国的花生深加工产业，提高花生的出口创汇能力，进而带动整个花生产业的全面发展。

参考文献

[1] 万书波，张建成，孙秀山.中国花生国际市场竞争力分析及花生产业发展对策 [J]. 中国农业科技导报，2005，7 (2)：25-29.

[2] 杨静，黄漫红.中国的花生生产：回顾与展望 [J]. 北京农学院学报，2002，17 (3)：35-40.

[3] 周垂钦，祝清俊，段友臣，等.我国花生油产业发展现状与前景 [J]. 中国油脂，2009，34 (10)：5-8.

[4] 期货日报网.2013年中国主要农作物播种面积和产量预测 [EB/OL]. [2014-03-20].

http：//www.qhrb.com.cn/2013/1014/115059.shtml.

[5] 王启现．中国花生生产与供求分析 [J]．农业展望，2005（3）：15-20.

[6] 万书波．山东花生六十年 [M]．北京：中国农业科学技术出版社，2010.

[7] 张吉民．中国花生产业现状与入世后发展对策 [J]．世界农业，2003（1）：25-27.

[8] 杨静．中国花生进出口贸易现状及前景展望 [J]．农业展望，2008（9）：30-32.

[9] 陈迪，吕杰．中国花生产业国际竞争力评价研究 [J]．财经问题研究，2013（1）：35-39.

[10] 林治乾，闫静．中国花生出口竞争力分析 [J]．西北农林科技大学学报：社会科学版，2007，7（4）：82-85.

[11] 刘博文，刘晓庚．浅谈中国花生产业发展的优势与策略 [J]．粮食科技与经济，2011，36（1）：9-11.

[12] 马寅斐，何东平，王文亮，等．我国花生产业的现状分析 [J]．农产品加工·学刊，2011（7）：122-124.

[13] 万书波．打造强势花生产业，参与国际竞争 [J]．花生学报，2003，32（增刊）：5-10.

[14] 汤松，禹山林，廖伯寿，等．我国花生产业现状、存在问题及发展对策 [J]．花生学报，2010，39（3）：35-38.

[15] 董文召，张新友，韩锁义，等．中国花生发展及主产区的演变特征分析 [J]．中国农业科技导报，2012，14（2）：47-55.

[16] 许婷婷，宫清轩，江晨，等．我国花生产业的发展现状与前景展望 [J]．山东农业科学，2010（7）：117-119.

[17] 孙玉涛，尚书旗，王东伟，等．美国花生收获机械现状与技术特点分析 [J]．农机化研究，2014（4）：7-10.

[18] 马寅斐，何东平，王文亮，等．我国花生品种加工特性与品质评价技术研究进展 [J]．中国食物与营养，2011，17（6）：29-31.

[19] 周雪松，赵谋明．我国花生食品产业现状与发展趋势 [J]．食品与发酵工业，2004，30（6）：84-89.

[20] 杨伟强，王秀贞，张建成，等．我国花生加工产业的现状、问题与对策 [J]．山东农业科学，2006（3）：105-107.

[21] 肖嵘．中国花生产品国际竞争力研究 [D]．华中农业大学，2010.

[22] 方振华．大力推进科技进步振兴我国花生产业——访中国农科院油料所副所长廖伯寿研究员 [J]．科技成果管理与研究，2010（12）：42.

[23] 尚书旗，王方艳，刘曙光，等．花生收获机械的研究现状与发展趋势 [J]．农业工程学报，2004，20（1）：20-25.

原文发表于《中国食物与营养》，2014（10）.

美国奶牛养殖与环境管理政策[*]

Dairy Cattle Farming Industry and Environmental Policies in USA

翁凌云[**]   董晓霞[***]

Weng Lingyun，Dong Xiaoxia

（中国农业科学院农业信息研究所，北京   100081）

摘　要：我国奶牛养殖业产生的废弃物已经成为农业污染的主要源头。建立健全的奶牛养殖业污染防治法律体系和规范，切实有效降低奶牛养殖业对环境所造成的污染，势在必行。文章简述了美国奶牛养殖业发展现状，重点分析和归纳了美国奶牛养殖场废弃物防治的重要法案和法规条例，最终对我国奶牛养殖污染防治工作提出了政策建议。

关键词：奶牛养殖；污染防治；政策法规

美国奶业发展历史悠久，是世界重要的原料奶生产国和出口国。据美国农业部最新统计数据显示，2012 年，世界原料奶主要出口国（澳大利亚、美国、新西兰、阿根廷、欧盟 27 国）所生产的原料奶总量为 27 203.7万 t，其中，美国产量为 9 086.5万 t，占总量的 33.4％，位居世界第二。

美国奶牛养殖主要集中在西部和东北部地区，包括西部的加利福尼亚州、爱达荷州以及东北部的威斯康星州、明尼苏达州、密歇根州、宾夕法尼亚州、纽约州等。自 20 世纪 60 年代以来，美国奶牛养殖业逐步向规模化养殖过渡[1]。据美国农业部统计，2012 年美国奶牛存栏量 923.3 万头，养殖场数量 5.8 万个，平均规模为 159 头奶牛。规模化奶牛养殖导致大量的粪便污水等废弃物产生[2]。Rogers 在研究中指出，一头约 1 350磅重的泌乳牛每天产生的粪

　＊　项目来源：农业部软课题"发展规模养殖与环境保护问题研究"（z201335）；奶牛产业技术体系北京市创新团队项目

　＊＊　作者简介：翁凌云，女，研究方向为农业经济。E-mail：wenglingyun@caas.cn

＊＊＊　通讯作者：董晓霞，女，副研究员，研究方向为畜牧业经济与环境经济

尿为 50L[3]。美国牛场产生的粪污已成为畜牧业粪污的主要来源。为此，美国出台了一系列相关法律法规，积极开展奶牛场防污治理工作。

近年来，中国规模化畜牧业迅速发展，据第一次全国污染源普查报告结果显示，畜禽养殖业粪便产生量为 2.43 亿吨，尿液产生量 1.63 亿吨，畜牧业已经成为农业污染的主要源头，这与美国 30 年前的状况类似[4]。研究表明，单位奶牛养殖产生的废弃物量在畜禽养殖业中最多，处理难度最大[5]。因此，本文整理了美国有关奶牛养殖场废弃物防治的重要法案和法规条例，希望对我国未来奶牛养殖业环境管理法律政策的制定提供可借鉴的国际经验。

1 美国奶牛养殖业的发展概况

美国农业土地资源丰富，共 33 000 多万公顷[6]，约占国土面积的 34%。气候资源良好，大部分地区属温带和亚热带气候，雨量充沛而且分布比较均匀，平均年降水量为 760mm[7]，适宜奶牛养殖业的发展。美国奶业产值占畜牧业产值（畜牧业年均产值超过 1 000 亿美元，占农业产值的一半以上）的 30%，仅次于牛肉，位列第二[8]。

自 20 世纪 50 年代以来，美国奶牛存栏量一直处于下降状态。据美国农业部统计，进入 2000 年以来，奶牛存栏量一直保持在 1 000 万头以下，2004 年达到历史最低，仅 901 万头，随后又开始了新一轮增长，2008 年，奶牛存栏量达到 931.9 万头，之后，奶牛存栏量进入徘徊期，2012 年美国奶牛存栏量 923.3 万头，2013 年预计将减少至 912.5 万头（图 1）。与此同时，由于育种技术的进步，饲养方法的改进，以及养殖环境的不断改善，奶牛单产水平不断提高，2000 年奶牛单产 8.25t/头，2012 年单产达到 9.84t/头。预计 2013 年单产水平将继续提高至 9.92t/头，与 2000 年相比，提高了 20%（图 1）。因此，尽管美国奶牛存栏量下降，美国牛奶总产量仍在逐年上升。2012 年美国牛奶总产量达到 9 085.5 万 t，预计 2013 年可能略有减少，约 9 058.2 万 t，相比 2000 年 7 593.1 万 t 的产量，增长了 1 465.1 万 t，提高了 19%。

随着奶业不断深化发展，美国奶牛养殖表现为区域上相对集中，规模上不断扩大的趋势。美国奶牛存栏排名前 10 位州的奶牛头数占全国奶牛总数的 70% 以上[7]。据美国农业部数据显示，尽管从 2005 年至 2012 年，美国奶牛牧场数量由 78 300 下降为 58 000，但主要体现为小规模奶牛牧场数量减少，而大规模奶牛牧场数量呈上升趋势。其中，100 头规模以下的牧场数量从 60 510 下降至 43 000，降幅为 28.94%，该规模牧场占牧场总数的比重也随之下降了

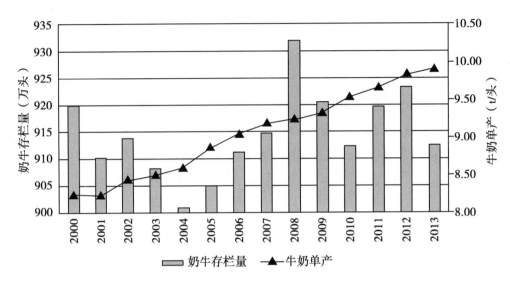

图 1　美国奶牛存栏量及牛奶单产（2000—2013 年）

数据来源：美国农业部

3.14%；100～499 头规模牧场所占比重上升了 1.38%；500～999 头规模牧场所占比重上升了 0.54%；1 000 头以上的牧场数量在 2012 年达到了 1 730 个，较 2005 年增加了 26%，该规模牧场所占比重增加了 1.23%（图 2）。

随着美国奶业的发展以及奶牛养殖场规模化程度的提高，奶牛养殖场产生了大量粪污，对空气、水资源和土壤造成较为严重的污染。据美国环保署最新数据统计，牛场（肉牛，奶牛及其他）养殖产生的粪便大约占美国畜禽粪便总量的 80%，其中，排名前 10 位的州所产生的粪便占总量的 56%[9]。美国已深刻认识到防治奶牛养殖业污染的重要性，并从点源污染和非点源污染两方面，分别出台了一系列法律法规对牧场粪污管理进行约束。

2　法律法规

2.1　点源污染防治计划

《清洁水法案》是《联邦水污染控制法案》的修正案，对农业生产和畜牧业养殖产生了直接而重要的影响。《联邦水污染控制法案》制定于 1948 年，是美国第一部控制水污染的法律，目的在于从物理、化学和生物方面保护美国水体（如，河流，湖泊，河口和沿海水域）的质量。1972 年，美国环境保护署对《联邦水污染控制法案》进行了较大的修订，最终于 1977 年更名为《清洁水法案》。此次修改法案重点在于防治点源污染。

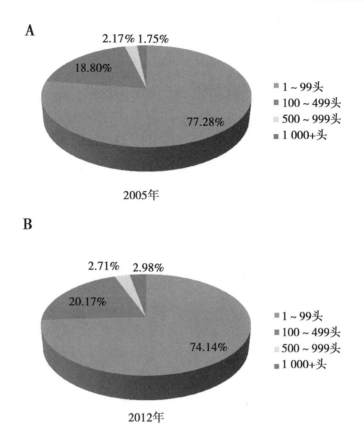

图 2 美国奶牛不同规模的牧场数量占比变化

数据来源：美国农业部

"集约化畜禽养殖（CAFO）"被明确定义为点源污染。其中，CAFO 按畜禽存栏量分为大型、中型和小型 3 类，对于牛场而言，分别为：①大型集约化养殖场，全牛群存栏 1 000 头以上，或成母牛存栏 700 头以上；②中型集约化养殖场，全牛群存栏 300～999 头或成母牛存栏 200～699 头，并且排放粪便污水到水体中或者奶牛接触到流经限制区域的地表水；③ 小型集约化养殖场，全牛群存栏 300 头以下或成母牛存栏 200 头以下，但被当地主管部门认定为明显污染源[10]。

根据《清洁水法案》第 402 章"国家污染物减排系统"（以下简称 NP-DES）的规定，任何从点源向美国的水体排放污染物的行为，不论是否会对受容纳水体产生污染，或对环境产生其他不良影响，都必须获得 NPDES 许可证，否则即属违法。并通过制定国家污水排放限制标准，明确不同类型废弃物排放的最大限值。《清洁水法案》有关水污染防治的各项具体法律要求均通过 NPDES 许可证加以落实，因此，NPDES 许可证制度可以说是美国水污染防控的重要支柱。

早在 20 世纪 80 年代，美国环境保护署（EPA）就开始执行 CAFO 条例，对粪污排放进行了限制。2003 年和 2008 年，EPA 在 NPDES 项目中相继加强了对 CAFO 的要求。2003 年，EPA 对《清洁水法案》有关规定进行了重大修订，旨在进一步控制 CAFO 废弃物排放。此次修订法案要求所有 CAFO 的经营者必须持有 NPDES 许可证，除非申明其在经营过程中绝不会排放有害物质。2008 年 10 月 31 日，EPA 再次对法案进行了修订，签订了针对 CAFO 的国家污染物减排系统许可规定和污水限制排放标准，法规自当年 12 月 22 日生效。此次修改再次加强了 CAFO 的 NPDES 规定，要求不论 CAFO 是否在经营过程中排放废污，都必须申请持有 NPDES 许可证。而且，必须制订并实施营养管理计划，明确施用于土地的粪便废弃物的养分数量限值。营养管理计划需要递交相关授权机构进行审阅，并给予公众参与审阅和评价的机会。同时，无须获得 NPDES 许可，但希望寻求雨水排放到农田得到豁免的畜禽养殖场也必须制订并实施养分管理计划，确保粪便废弃物排放对农田造成的污染降至最低[11]。《清洁水法案》308 章，授权 EPA 检查、检测和监督污染物排放限值是否达标。《清洁水法案》309 章建立了激励措施，对遵守法规的个体提供相应的奖励。而对于违法废污排放行为，最高可处以每天 27 500 美金的罚款[12]。

2.2 非点源污染管理计划

上述 NPDES 主要目的在于控制点源污染，而对于奶牛养殖业产生的非点源污染却无能为力。非点源污染不同于点源污染，起源于非特定、分散、多样的地区，在降水或融雪冲刷作用下，污染物通过径流过程，最终汇入受纳水体（湖泊、河流、湿地、沿海水域、甚至是地下饮用水源流域），引起水体的富营养化或其他形式的污染。不恰当的农业活动，如畜牧业养殖选址和管理不当，过度放牧，耕作过于频繁或者时机不对，或者杀虫剂的不当、过度使用，灌溉水，以及肥料，这些农业活动都会导致非点源污染[6]。2000 年美国国家水质评估报告指出，非点源污染是河流和湖泊的首要污染源，是影响湿地的第二大因素，是河口和地下水的主要污染源。在所调研的河口地区（海水和淡水混合的海岸附近区域），已有 1/3 区域遭受污染[6]。面对严重的畜禽养殖业非点源污染问题，美国已颁布了相关法案，帮助养殖场经营者或管理者开展非点源污染防止和治理工作，并对这些活动进行财政支持[6]。

2.2.1 《清洁水法案》第 319 章—非点源污染管理计划

1987 年美国国会通过《清洁水法案》修正案，此次修正案将非点源（NPS）污染管理纳入其中。《清洁水法案》319 章[13]建立了控制非点源污染的国家计划，旨在通过联邦政府的领导，加强州和地方政府的非点源污染控制工作，从而确保水源质量。为帮助各州执行 NPS 项目，该计划专门设立了财政专项资金，并明确了政府资金用途，包括：立法和非立法项目的执行，技术指导，财政支持，教育，培训，技术转化和示范项目，以达到最佳的管理实践和水质目标的实施。这是联邦政府首次对非点源污染控制进行资助。各州如果要得到联邦的资助，必须完成评价报告和非点源污染源管理计划。据 EPA《清洁水法案》319 章显示，1990 年首次资助金额为 3 800 万美元，1995 年提高至 1 亿美元，1999 年突破 2 亿美元。2013 年资助金额为 1.559 亿美元。截至 2013 年，共拨付 37.365 亿美元，其中，超过 40% 的财政拨款用于治理来自农场和牧场非点源污染（表）。

表　1990—2013 年美国联邦政府拨款总额　　　　　　　　　　　　百万美元

年份	拨款总额	年份	拨款总额
1990	38.0	2002	237.5
1991	51	2003	238.5
1992	52.5	2004	237
1993	50	2005	207.3
1994	80	2006	204.3
1995	100	2007	199.3
1996	100	2008	200.9
1997	100	2009	200.9
1998	105	2010	200.9
1999	200	2011	175.5
2000	200	2012	164.5
2001	237.5	2013	155.9

数据来源：美国环保署

2.2.2　1990 年海岸带法修正案

1972 年，美国国会通过了《海岸带管理法》[14]，旨在鼓励各州/部落保存、保护、开发，并在可能的情况下，恢复或增强珍贵的天然沿海资源，如湿地、洪泛平原、河口、海滩、沙丘、屏障岛屿、珊瑚礁以及栖息地的鱼类和野生动物。所涉及区域包括毗邻大西洋，太平洋，北冰洋，墨西哥湾，长岛海湾，五大湖地区。该法律的一项重要特征即各州/部落的自愿参与。为了鼓励州/部落的参与，联邦政府对他们提供财政支持，帮助他们制定和实施全面的沿海管理计划。1990 年国会通过了《海岸带管理法》修正案（以下简称 CZARA），加强了海岸带管理的调控能力。CZARA 明确指出非点源污染是导致海岸带水质恶化的主要因素，并认可了各州/部落或者地方层面的非点源污染治理的有效措施。CZARA 第 6217 章，建立了海岸带非点源污染管理计划，要求 NOAA（国家大气和海洋管理局）和 EPA 协助 29 个州、领地和部族实施计划。1993 年 1 月，EPA 发布了《海水非点源污染管理评估分类指南》，明确了农业和城市污染管理细则，畜牧业粪污管理也包含在其中。该法案对于 28 个动物单位（20 头奶牛）以下的小型畜牧养殖场产生直接影响[15]。截至 2008 年，美国共有 34 个州和部落加入了这项计划[14]。

2003 年 7 月，EPA 还制定了《国家农业非点源污染管理措施》[16]，为各州、地方和部落实施非点源污染治理项目提供技术支持和参考。该措施有利于人们采取经济有效的方法，控制农业非点源污染，从而减少农业生产对地表水和地下水的污染。同时，针对 NPS 补充管理办法，美国农业部和地方政府还提供技术支持和经济激励，并共同分担成本。此外，许多地方组织和个人，还联合建立了区域网络，用于开展技术支持和实践活动，消除和降低农业活动对水质的不良影响[6]。

3 借鉴和启示

通过上述一系列环境管理政策的实施、严格的监督管理机制和惩罚措施的建立，以及财政专项资金的支持，美国奶牛养殖业已拥有较为完善的基础配套设施，具备成熟环保的技术工艺，现已形成较为成熟且行之有效的"零废物"目标防治管理技术体系。美国奶牛养殖场的环境管理政策所取得的实践经验对中国具有一定的借鉴意义。

3.1 健全奶牛养殖业污染防治法律体系

美国非常重视奶牛养殖业的环境治理，建立了配套的法律法规和管理政策，制定了严格的排放标准和技术标准，并设计了相应的行动计划促进项目实施落实。而且在实施过程中，能够与时俱进，不断完善和更新相关法案，以适应新时代奶牛养殖业发展的特点和需要。在环境治理过程中，对于不合规的废弃物排放等违法行为，执行严格的惩罚措施，最高可处以每天 27 500 美金的罚款[12]。此外，对于 CAFO 产生的废污和农作物秸秆，征收废物税。而我国目前对奶牛养殖业污染防治的法律法规尚不健全，尽管目前已出台了一系列的政策文件，如《畜禽养殖污染防治管理办法》《畜禽养殖业污染排放物标准》《畜禽场环境质量标准》、以及 2013 年 11 月最新颁布的《畜禽规模养殖污染防治条例》等，但是这些政策办法并未上升到法律高度，严重影响执行力度[5]。因此，我国应进一步完善畜禽养殖污染控制相关法律法规体系，明确畜禽养殖业污染排放标准，制定防污管理条例，加大处罚力度，建立切实有效的落实机制。

3.2　点源与非点源治理相结合

奶牛养殖业产生的污染可分为点源污染与非点源污染两类。对于点源污染治理，美国《清洁水法案》明确将"集约化畜禽养殖（CAFO）"定义为点源污染，并对其粪污排放实施严格的 NPDES 许可证制度，要求 CAFO 必须遵守相应的技术标准和排放限值。而对于非点源污染，美国也专门制定了非点源性污染防治规划，鼓励国家、州和民间社团共同参与制定污染防治计划与示范项目。并且要求各级政府建立相应的管理计划，完善非点源污染的检测、普查和评估体系[17]。借鉴美国根据养殖规模，对粪污进行分类管理的法律条例和行动计划，我国应从点源污染和非点源污染两方面，分别制定相应的法律法规和治理方案，双管齐下，采取积极有效的措施，科学合理地治理奶牛养殖业的粪污，从而降低奶牛养殖业对环境所造成的污染。

3.3　加大国家政策补贴力度

奶牛养殖业粪污处理，不能纯粹依赖农户和企业的自觉性和积极性，还需要国家财政予以支持。美国采取了多项财政激励措施，鼓励畜禽养殖业污染防治工作。如农业税收、信用担保的贷款、农业养殖补贴、财政转移支付以及补偿等。《清洁水法案》319 条例，通过设立联邦专项财政资金，帮助各州实施已通过审批的非点源污染治理项目。截至目前，已提供资金共 37.365 亿美元。与美国相比，我国缺少具体明确的优惠政策、金融支持方式偏少，财政补贴对象局限于大中型粪污处理工程[5]。因此，我国应加大国家财政投入力度。提高科研经费，积极开展水污染控制技术与示范研究；扩大宣传力度，培养农户或企业的环保意识，并对他们提供培训课程和技术指导；扩大补贴范围；推广生态养殖技术。多角度、多层面地推进奶牛养殖业的防污治理工作，有效控制环境污染，改善空气、水体和土壤质量，促进社会、经济和环境的协调发展。

参考文献

[1] Graham J P，Nachman K E. Managing waste from confined feeding operations in the U. S. Journal of Water and Health，2010，8（4）：646-670.

[2] Gollehon N，Caswell M，Ribaudo M，et al. Confined animal production and manure nutrients. Agriculture Information Bulletin No. 771. USDA，NRCS，ERS，Washington，DC，2001.

［3］Rogers S. Zoonotic disease agents：livestock sources，transport pathways，and public health risks. PowerPoint Presentation for USEPA，Office of Water，Office of Science and Technology on September 7，2011.

［4］向明皎，覃伟，马林，等. 美国养分管理政策法规对中国的启示［J］. 2011，3（383）：51-55，86.

［5］李孟娇，董晓霞. 发达国家奶牛规模化养殖的粪污处理经验及启示——以欧盟主要奶业国家为例［J］.（排版中）

［6］EPA. Protecting Water Quality from Agricultural Runoff. 2005-03.［2013-06-15］http：//www. epa. gov/owow/nps/Ag _ Runoff _ Fact _ Sheet. pdf.

［7］刘琳，陈兵. 美国奶业考察报告. 中国奶牛，2012（22）：50-54.

［8］USDA. Dairy.［2013-8-15］. http：//www. ers. usda. gov/topics/animal-products. aspx♯. UnDLE7Iaza4.

［9］USEPA. Literature Review of Contaminants in Livestock and Poultry Manure and Implications for Water Quality. 2013-07.［2013-12-10］http：//water. epa. gov/scitech/cec/upload/Literature-Review-of-Contaminants-in-Livestock-and-Poultry-Manure-and-Implications-for-Water-Quality. pdf.

［10］USEPA. Regulatory Definitions of Large CAFOs，Medium CAFO，and Small CAFOs.［2013-8-10］. http：//www. epa. gov/npdes/pubs/sector _ table. pdf.

［11］沈银书，吴敬学. 美国生猪规模养殖的发展趋势及与中国的比较分析. 世界农业，2012（4）：4-8，31.

［12］Meyer D，Mullinax D D. Livesock nutrient management concerns：regulatory and legislative overview. Journal of Animal Science，1999（77）：51-62.

［13］USEPA. Clean Water Act Section 319.［2013-6-10］http：//water. epa. gov/polwaste/nps/cwact. cfm.

［14］USEPA. Coastal Zone Act Reauthorization Amendments（CZARA）Section 6217.［2013-6-10］http：//water. epa. gov/polwaste/nps/czara. cfm.

［15］Meyer D. Diary and environment. Journal of Dairy Science. 2000，83（7）1 419-1 427.

［16］USEPA. National Management Measures to Control Nonpoint Source Pollution from Agriculture.［2013-6-10］http：//water. epa. gov/polwaste/nps/agriculture/agmm _ index. cfm.

［17］韩冬梅，金书秦，沈贵银，等. 畜禽养殖污染防治的国际经验与借鉴. 世界农业，2013（5）：8-12.

2014

农业信息资源管理

Agricultural Information Resource Management

◆未来我国农业科技创新人才队伍建设探讨

◆国家农业图书馆文献传递服务分析与发展对策

◆"英文超级科技词表"范畴体系协作共建研究

◆1995—2012年生物育种领域知识演化分析

◆DDC与UDC对比分析——以工程学科为例

◆基于知识组织体系的多维语义关联数据构建研究

◆大数据的特征解

◆2000—2010年国家奖励农业科技成果概况分析

未来我国农业科技创新人才队伍建设探讨

The Discussion of China's Agricultural Science and Technology Innovation Talent Team Construction in the Future

陆美芳　王一方　季雪婧

Lu Meifang，Wang Yifang，Ji Xuejing

（中国农业科学院农业信息研究所，北京　100081）

摘　要： 党的十八大提出了创新驱动发展战略，要求加快推进以科技创新为核心的全面创新。本文阐述了农业科技人才在创新驱动现代农业发展中的新使命，结合我国农业科技人才队伍现状，探讨了制约科技人才创新的制约因素，分析了新时期农业科技创新人才队伍建设面临的新形势和新任务，从加大创新激励、发挥市场带动、加强人才培养、营造良好环境等角度，提出了推进农业科技创新队伍建设的措施建议。

关键词： 农业科技人才；创新；人才队伍建设

　　党的十八大在我国进入经济社会发展新常态的新阶段，提出了实施创新驱动发展的战略部署，强调加快推进以科技创新为核心的全面创新。农业科技人才是农业科技创新的主体，是科技创新驱动现代农业发展的核心力量，建设一支高素质的农业科技创新人才队伍，不仅直接关系我国农业科技事业进步，而且影响创新驱动发展战略的顺利实施。加强农业科技创新人才队伍建设，对于发挥科技人才在创新驱动发展的引领作用意义重大。

1　我国农业科技人才在创新驱动农业发展中的新使命、新定位

　　过去几十年，我国农业发展主要依赖于资源消耗型的粗放式增长，发挥了农业资源环境和劳动力的低成本优势。进入"四化同步"的新发展阶段，农业现代化正在快速推进，传统农业向现代农业加速转变。面对人口总量增长、城

镇人口比例增加、消费水平升级以及用途拓展，农产品需求刚性增长的态势不可逆转，同时耕地和水资源紧缺、环境承载压力和异常气候变化还难以改变，原有以资源要素驱动为主的发展方式难以为继，迫切需要依靠以科技为核心的创新驱动发展，实现资源集约型的内涵式增长，以技术和人才创新优势取代资源和人力成本优势。农业科技创新将愈发成为推动现代农业发展的决定性力量，广大农业科技人才在加快实施创新驱动现代农业发展中肩负着新的使命。

1.1 农业科技人才要在实施新形势下国家粮食安全战略中成为充分挖掘科技增粮增收潜力的攻坚力量

保障国家粮食安全始终是我国的"头等大事"。过去我国成功解决了粮食短缺问题，广大农业科技人员功不可没。近 10 年我国粮食亩产提高 69.6kg，对粮食增产的贡献接近 70%[1]。据预测，到 2020 年我国粮食消费需求将达到 7 200 亿 kg，按目前粮食产量水平还有 1 000 多亿 kg 缺口[2]。实施新形势下国家粮食安全战略，在高起点继续促进粮食增产，仍要靠科技挖掘粮食增产潜力。目前，我国超级稻攻关亩产潜力已突破 1 000kg，是全国水稻生产平均亩产 1 倍左右；美国玉米平均亩产达到 700kg 以上，远高于我国玉米亩产 400kg 左右水平。我国农业科技人才在继续发挥科技增粮潜力中仍然大有作为。

1.2 农业科技人才要在加快农业发展方式转变中成为充分发挥科技引领产业转型的支撑力量

我国人多地少、水资源紧缺、环境承载能力较弱，目前农业化肥、农药利用率仅为 30%左右，低于发达国家 20 个百分点以上，不仅增加了生产成本，也加剧农业生态环境问题[3]。随着农村劳动力转移和土地流转加快，农业生产经营方式正在发生深刻变化，生产适度规模化、机械化要求迫切，加快转变农业发展方式刻不容缓。改变过去农业生产大肥、大水的粗放模式，加快推广高产、高效、多抗的新品种，推进规模化、标准化、机械化，大力推广控肥、控药、控水等节本增效的生产技术，让科技创新成为引领现代农业发展方式的关键技术支撑。

1.3 农业科技人才要在日益开放的国际竞争中成为占据现代农业科技竞争制高点的骨干力量

当今世界，国际竞争的焦点主要聚集在经济与科技上，农业是国民经济的基础，国家农业竞争的实质是农业科技的竞争。随着现代科技迅速发展及其在农业领域的广泛应用，农业学科正在加速分化，生物技术、基因工程、细胞工程等学科快速发展，与信息化、智能化、机械工程等技术不断融合，形成了许多新兴学科和交叉学科，拓展了现代农业科技领域[4]。与欧美发达国家相比，我国农业科技在广度和深度上都有很大差距，原始创新和关键技术成果明显不足。提高我国农业国际竞争力，把握发展的主动权，必须在农业科技的关键领域占领制高点，在国际竞争中占有一席之地。

1.4　农业科技人才要在深化农业科技体制改革中成为主动投身改革实践的重要推动力量

在我国计划经济时期形成的农业科研体制难以适应现代市场经济发展的要求，一些深层次体制机制弊端逐步显现出来，虽然经历近些年的改革探索，但农业科研院所改革仍然滞后，农业科技体系布局、科研模式、资源配置、成果转化等方面问题不少，科技与生产脱节没有根本解决。我国农业科技成果转化率只有30%左右，远低于发达国家的70%以上，生产上应用的突破性科技成果少，科技人员创新活力不足，深化农业科技体制改革势在必行[5]。科技人员作为农业科研单位的核心力量，既是科技创新的实践者，也是改革的受益者，应自觉成为当前深化农业科技体制改革的有力推动者。

2　当前我国农业科技创新人才队伍建设面临的新挑战、新任务

近年来，我国农业科技人才队伍较快发展，人才总量不断增加，结构不断优化，整体素质明显提高。"十二五"初期，农业科研人才达到27万人，其中高级职称占19.6%，硕士以上学历占18.6%[6]。一批年轻的学科带头人快速成长起来，许多领域科技人才紧缺的状况有所缓解。但总体上看，我国农业科技人才队伍总量不足、结构不合理、作用发挥不充分等老问题尚未得到解决，有利于创新人才发展的体制机制还没有建立起来。面对经济全球化背景下的世界现代科技飞速发展，对我国农业科技人才工作提出了新挑战、新要求。

2.1　农业科技创新人才队伍存在的主要问题

从人才结构层次看，农业科技人才总量不足与结构布局不合理并存。与欧美发达国家相比，我国农业科技人才占比偏低，每百亩耕地平均拥有科技人员0.05名，而美国为1名；每万名农业人口拥有科技人员6名，而日本为100名、荷兰为200名；我国农业科技人才数量仅占农业劳动力总数的0.64%[7]。科研创新领域的领军人才、拔尖人才严重缺乏，尤其在生物种业、低碳农业、生物质能源等方面缺少一流的科学家，成为制约现代农业科技发展的重要瓶颈。从专业知识类型看，从事种植业、养殖业等传统学科的人才比重大，生物育种、信息化技术、智能化技术等高技术领域和新兴学科的人才比重少；知识结构单一型人才多，复合型人才少；从事应用型科研的人才多，基础性研究、

原始性创新的人才少。许多学科领域缺乏高水平的科研创新团队，没有形成较强的自主创新能力和国际竞争力。从人才资源分布看，东部较发达地区科技人才资源相对集中，中西部欠发达地区人才资源严重不足；现有的80%以上的农业科技人才、成果资源主要集中在农业科研单位，企业的科技创新人才、成果资源严重缺乏。从人才培养使用看，我国科技人才培养力度加大，人才规模逐步增长，但人才培养质量普遍不高，与实际需求脱节，还存在大量农业科技人才外流和非农化现象，亟须的创新型拔尖人才仍以引进为主。从人才队伍管理看，普遍按照以课题组为单元的事业单位岗位管理，大多数科研人员长期在一个单位甚至一个岗位，人才固化现象突出，团队结构松散，管理不科学，一个学科带头人的流失往往会带走一个学科或科研领域，造成科研团队不稳定，空缺难以弥补。

2.2　制约我国农业科技人才创新的主要因素

从科研管理体制上看，我国科技人才资源、设备设施为不同科研单位所有，受行政区划、行业领域等制约，条块分割，共享不充分；以课题组制的科研组织模式相对封闭分散，低水平重复，而且产学研结合不紧密，科研与生产脱节，"两张皮"问题依然存在，不适应现代科技发展趋势要求。从人才创新激励上看，按照现行事业单位管理方式，实行收支两条线，成果的知识产权及其权益主要归国家所有，对成果完成人奖励激励不充分，同时知识产权意识不强，权益难以得到有效保护，导致科技人员缺乏创新活力，甚至出现成果私下交易现象普遍。从人才评价管理上看，对科技人才创新导向与生产和市场需求结合不紧密，人才评价标准不科学，在科研实践中重科研、轻应用，重论文、轻转化，重数量、轻质量，多侧重于跟踪式、模仿式研究，虽然研究成果多，但低水平重复，能有效转化为生产力的成果少，缺乏基础性、原创性成果。从人才投入保障上看，长期以来我国农业科研单位经费保障不足，缺乏稳定的投入支持，普遍靠创收弥补运行经费，科研人员人均经费低、工资水平低，过度依赖分散在不同部门的科研项目，科研人员需要投入大量精力争取立项、应付检查，难以专心持续性科研创新。同时科研人员多倾向于有直接经济效益的应用研究，而以社会效益为主的基础性研究、公益性科研少有人问津，导致科研布局不合理。

2.3　农业科技创新人才队伍建设面临的新情况新形势

随着经济全球化深入发展，科技作为第一生产力、人才作为第一资源的特征日益突显。国家间、产业间、企业间竞争的实质是科技的竞争、人才的竞争。从国外看，发达国家科技创新的主体构成、组织方式、运行机制、资源配置、法律保障等均发生了深刻变化，企业已成为越来越重要的科技创新主体。随着科技与市场资本的有效结合和法律对创新成果的有力保护，促进了企业在更大市场范围进行资源整合，吸引各地的优秀创新人才，组织多学科、多层次、多领域的产学研联合创新，建立大规模商业化研发平台和创新模式，形成了强大的科技创新能力和国际竞争优势。特别是人才管理上，实行多途径创新激励、矩阵式模块管理、多层次法律保护，有效调动了创新人才的积极性和创新团队的稳定性。从国内看，虽然我国农业科技进步贡献率达到55%，但是与欧美发达国家的70%～80%仍有较大差距[8]。过去我国农业发展成就很大程度上依赖于充裕的劳动力和低廉的人力成本，科技人才潜力尚未充分发挥。随着劳动力大量转移和人力成本日益上涨，迫切需要进一步挖掘科技创新人才潜能。但由于集中了绝大多数农业科技人才的科研院所改革滞后，传统的科技人才观念和选人用人制度尚未根本改变，不利于创新人才成长和创新团队建设。党的十八届三中全会作出了全面深化改革的决策部署，推进科技体制、人才体制等领域全面改革，国家科技成果处置、项目管理等方面的改革试点已经启动实施，将为我国农业科技创新人才队伍建设提供难得的机遇。

2.4 加强农业科技创新人才队伍建设的主要任务

创新驱动发展的实质是人才驱动发展，农业科技人才是实施创新驱动现代农业发展的关键所在。加快推进以科技创新为核心的全面创新，必须加强以科技人才为核心的创新人才队伍建设。通过深化农业科技体制改革、健全创新人才发展机制，从创新激励、成果保护、科学管理、加强培养等方面入手，进一步完善科技创新人才培养、吸引、评价、使用和激励机制，搭建人才创新平台和法规体系，营造创新人才发展的良好环境，造就一大批高素质的科技创新人才、领军人才，建设一支规模宏大、结构布局合理、紧密联合协作、管理科学高效、组织保障有力、富有创新活力的农业科技创新团队，使农业科技进步与创新人才发展相互融合、相互激发，构建与现代农业发展相适应的农业科技创新人才体系。

3 加强我国农业科技创新人才队伍建设的新路径、新举措

3.1 加快完善农业科技创新人才评价和激励机制

坚持以科研创新能力和成果转化业绩为导向，将对产业技术进步和生产发展的实际贡献大小作为重要指标，兼顾业内同行认可、生产或市场认可的双重要求，完善农业科技创新人才评价标准。强化科技人才创新激励的政策导向，

允许将科技人才的收入与岗位职责、创新绩效、实际贡献及成果转化效益直接挂钩。鼓励以科技成果、技术专利等创新资源作价入股，灵活运用产权激励、物质奖励、精神鼓励、福利待遇等多种手段，激励科研人员立足各自岗位自主创新。通过国家科研体制改革试点，探索建立科研成果自主处置、产权股权激励、权益收益分配等鼓励科技人员创新的政策和机制，强化创新成果转化和知识产权保护，使农业科技创新人才能够依靠自主创新获得合理合法的收益，调动科技人才创新的积极性，使之不仅成为知识和技术的创造者，也能成为社会财富的创造者、拥有者，实现科学家到"知本家"的转变。

3.2 发挥市场机制对农业科技人才创新的带动作用

坚持发挥市场配置科技创新资源的决定性作用，把市场作为促进科技人才创新、检验创新成果的重要平台。建立以科技成果知识产权为资本的作价入股和上市交易的机制，做实做大农业科技成果交易技术市场，促进科技与资本市场结合，一方面加速农业科研成果迅速转化为现实生产力，使创新成果尽快实现经济效益，反哺上游科研创新激励；另一方面通过市场检验科技成果推广价值，引导上游科研创新与市场对接，强化市场需求导向，进而建立科技资源成果等创新要素自由流动、市场选择的新机制，形成市场化、信息化和制度化的多维互动科技创新模式。鼓励科研院所建立面向市场和社会的科研信息发布和资源共享平台，加快建立农业科技公共资源开放利用的"绿色通道"和信息共享的"高速公路"，打破科技资源信息相对封闭的状况，为创新人才高效利用科技资源信息提供随时查询的服务平台，更大程度地推动科技资源共享利用和有效整合，促进农业科研人才集成创新、再创新。

3.3 加强农业科技创新人才培养和科学管理

依托国家重大科技专项、重点实验室等科研平台和人才工程，围绕现代农业科技前沿和生产需求，坚持自主培养与引进相结合，分层次、多渠道培养选拔科研创新领军人才。以培养后备人才为目标，选拔创新意识强、发展潜力大的中青年科研骨干，支持其自主选题开展研究，在实践中积累经验、锻炼成才，造就一批拔尖的创新型人才。涉农高校要以提高科技创新能力为目标，采取合作共建等方式加强与市场和企业技术需求对接，调整优化学科结构，改变简单以论文、成果数量为导向的人才培养机制，加快实用型人才培养。通过推进事业单位分类改革，明确农业科研院所的定位，按照有所为、有所不为的要求，强化基础性研究和公益性科研方向。建立"按需设岗、竞聘上岗、合同聘用、科学管理"的科技创新人才聘用管理机制，形成有利于创新人才脱颖而出、施展才能的选人用人机制。探索建立多学科、分层次、模块化的人才管理制度，发挥领军人才在创新团队中的核心作用，稳定和壮大农业科研创新人才队伍。

3.4 努力营造农业科技创新人才发展的良好环境

遵循创新型科技人才成长规律，不拘一格选拔、培育和使用人才，构建有利于激发创新活力的科技人才工作机制。坚持农业科技创新人才优先原则，建立健全政府主导的多元化投入机制。落实国家支持人才发展各项政策，突出强化对农业科技创新人才的扶持措施，增加农业科技创新人才队伍建设专项资金投入，支持农业科研单位开展基础性重大科技攻关、海外高层次人才引进和多学科创新团队建设。逐步消除农业科技人才流动中的区域、行业和身份等限制，鼓励农业科研单位开展人才项目合作，引导科技人才面向市场和农业生产一线开展研究、加强服务、创新创业，发挥创新人才在支撑产业发展中的重要作用。搭建农业科技创新人才服务平台，建立人才需求信息发布机制，提供政策咨询、权益保护、创业帮扶等服务。改善农业科技创新人才工作环境，政治上关心、工作上支持、生活上帮扶，努力营造一个尊重知识、尊重人才、尊重创新的良好氛围，使之全身心投入农业科技创新创业。

参考文献

[1] 韩长斌. 全面实施新形势下国家粮食安全战略 [J]. 农业科技培训，2014（11）：6-7.

[2] 余欣荣. 我国现代农业发展形势和任务 [J]. 行政管理改革，2013（12）：11-12.

[3] 李子田，郝瑞彬，沈方. 我国农业可持续发展面临的生态环境问题及对策 [J]. 农机化研究，2006（1）：21-22.

[4] 张桃林. 加快科技创新 发展现代农业 [J]. 求是，2011（18）：42-43.

[5] 王敬华，钟春燕. 加快农业科技成果转化 促进农业发展方式转变 [J]. 农业现代化研究，2012，2（33）：195-196.

[6] 农业部新闻办公室. 农业科技发展取得显著成就 [J]. 种业导刊，2012（12）：7-8.

[7] 孙好勤，邵建成. 农业科技人才队伍建设与政策研究 [J]. 中国农学通报，2006（9）：519-520.

[8] 谢丽威，梁兴英. 发达国家农业科技人才资源开发利用的特点及其启示 [J]. 四川行政学院学报，2012（3）：82-83.

原文发表于《农业展望》，2014（12）：56-59.

国家农业图书馆文献传递服务分析与发展对策[*]

Analysis and Developing Strategy for Document Delivery of the National Agricultural Library

周爱莲[**] 梁晓贺 张 毅

Zhou Ailian，Liang Xiaohe，Zhang Yi

（中国农业科学院农业信息研究所，北京 100081）

摘 要：文献传递是图书馆为满足用户需求而采取的一种资源共建共享策略的基本途径。笔者简述了国家农业图书馆文献传递的现状，概括了国家农业图书馆文献传递工作的特点，分析了国家农业图书馆文献传递服务面临知识产权保护不断加强、文献获取途径日趋多元化的挑战，存在文献满足率不高、文献传递信息管理不完善、文献传递费用较高、宣传力度不够的问题，提出规避版权问题、开发农业领域特色文献和网络文献数据库、深入用户调查以合理定价、拓展文献来源渠道、建立文献传递数据归档系统、广泛开展宣传培训、提高工作人员的职业素质以尽力满足读者需求等建议和完善措施。

关键词：文献传递服务；国家农业图书馆；NSTL；发展对策

中图分类号：G252 **文献标志码**：A **论文编号**：2014-0577

0 引言

文献传递服务是图书馆界实现资源共享最有效的方法之一[1]。随着网络的普及，信息获取环境的改善，文献传递服务工作发展迅速，已然成为图书馆服务工作的主要形式之一[2]。

目前，国内大部分图书馆机构都已开展文献传递服务，并以不同的形式组

———————————

* 基金项目：中国农业科学院农业信息研究所公益性科研院所基本科研业务费专项资金"国家农业图书馆文献提供服务发展对策研究"（2014-J-023）。

** 第一作者简介：周爱莲（1973— ），女，湖北人，硕士，从事文献信息服务研究。E-mail：zhouailian@caas.cn

建了文献资源共享联盟。这无疑成为丰富图书馆文献资源建设的有力保障，极大地满足了读者（用户）对文献的需求，是提高图书馆的服务效率和读者（用户）满意度，提升图书馆形象和影响地位的一大利器。但与此同时，数字环境下的文献传递服务也逐步暴露出了不足和缺点，电子文献的广泛流行也带来了越来越多的版权侵权风险，图书馆和读者有意无意的行为就可能引发侵权事件；文献传递费用一直是制约文献传递发展的一个较大障碍；网络环境、传递模式的不完善影响着文献传递服务质量；电子资源、利益等方面的问题，阻碍了图书馆文献传递服务的高效开展。因此，对数字环境下国家农业图书馆文献传递服务进行系统而深入的研究，把握其特点与规律，探索最佳运作途径，为国家农业图书馆文献传递服务找到一条可持续发展的道路，对促进农业科研创新、推动中国图书馆事业发展具有重要的现实意义和理论意义。

1　国家农业图书馆文献服务现状

1.1　国家农业图书馆文献传递途径

国家农业图书馆的文献传递服务主要是依托国家农业图书馆服务平台——"中国农业科技文献与信息服务平台"（NAIS 平台）和国家科技图书文献中心（NSTL）开展的。

NAIS 平台是中国农业科学院农业信息研究所自主开发、拥有独立知识产权"一站式"农业科技文献信息保障与服务平台。平台充分整合丰富的农业科技文献信息资源，面向全国 100 多万农业科研、教育和推广人员提供服务。

用户在 NAIS 平台请求文献有两种途径：①先注册并预交费用，用户既可以先检索相关数据库检索到需要的文献并提交原文请求，也可以直接提交原文请求。②如果不需要经常使用原文请求服务，也可以不选择注册后再网上提供请求的方式，而是直接通过电话和邮件直接与相关部门联系请求文献。

NAIS 平台文献传递收费标准：待查服务费 3 元/篇，复制费 0.5 元/页，加急费 10 元/篇。每次订购的最终费用＝待查服务费×篇数＋复制费＋传递费（＋加急费）。"普通"服务是在 2 个工作日内发出文献，"加急"服务是 1 个工作日发出文献。

NSTL[3]，是国家科技部联合几大部委于 2000 年 6 月共同建设的国家级科技文献信息服务机构，其成员单位包含中国科学院文献情报中心、中国科学技术信息研究所、机械工业信息研究院、冶金工业信息标准研究院、中国农业科学院图书馆（即国家农业图书馆）、中国化工信息中心、中国医学科学院图书馆等 7 家成员单位，和中国标准化研究院、中国计量科学研究院等 2 家网上共建单位。国家农业图书馆主要承担为农业信息领域事业发展与科技创新提供文献信息服务的任务。

依托 NSTL 进行文献传递工作流程见图 1。用户必须在 NSTL 平台注册成用户并预付费后才能请求文献，NSTL 文献传递有两种方式。①正常订单请求：用户先利用普通检索、高级检索、期刊检索、分类检索等检索方式对所需要的文献进行检索并提交原文请求订单。为了满足用户对文献需求的急迫性，NSTL 正常订单申请系统还可以设置成加急订单和普通订单，加急订单的完成时限是 12 小时，普通订单的完成时限是 24 小时。②代查代借：用户在检索栏不能检索到需要的文献，或对复制的文献有特殊要求，可委托某一 NSTL 成员馆进行代查代借请求。

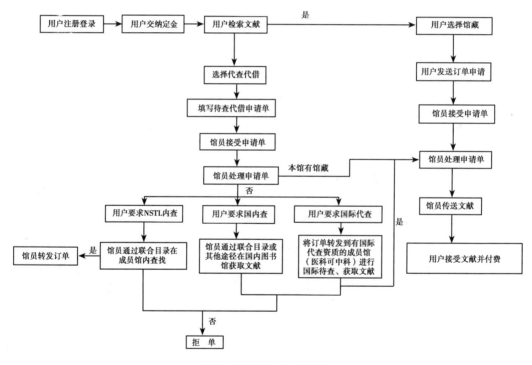

图 1　NSTL 服务流程

服务人员在处理不同性质的订单也有不同的工作流程。①正常订单处理方式：正常订单所需求的文献其图书馆信息机构一定有馆藏，工作人员根据是否为加急订单，来确定该订单的处理时限，正常订单的满足率通常为 100%。②代查代借订单处理方式：待查代借订单的处理方式主要根据用户的查找范围确定，见图 2。

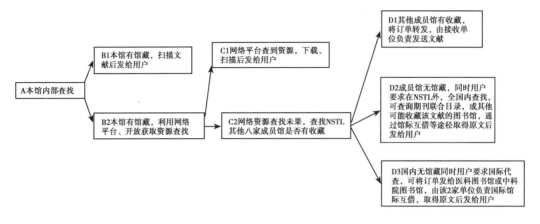

图 2　代查代借工作流程

NSTL 收费标准：正常订单复制费 0.3 元/页，如需加急另收 10 元/篇加急费。正常订单 24 小时内发出服务，加急订单 12 小时内发出服务。代查代借服务需另收 2 元的待查服务费，一般在 1 周内给予读者答复。

1.2　国家农业图书馆文献传递发展历程

1.2.1　中国文献传递发展历程

本部分选择以"中国期刊全文数据库"（CNKI）为数据源进行数据统计分析。采用高级检索，以"文献传递"作为"篇名"进行检索，检索 1979—2012 年文献传递研究领域的文献（统计时间截至 2012 年 12 月 31 日），共获得 502 条结果，经过整理（剔除通知和报道后）为 476 条。

由图 3 可得，中国这 20 年来文献传递呈 3 个发展阶段，第 1 个阶段是 2000 年以前，是文献传递研究的起步期，这期间共发表论文 9 篇，其中第 1 篇文章发表于 1988 年，而文章主要内容大多为介绍文献传递概念和国外文献传递服务。第 2 个阶段 2000—2008 年是持续发展阶段，这个阶段文献传递研究论文量持续上升，特别是 2008 年，达到了 58 篇。在此期间多个文献传递网络平台建立起来，也对文献传递的研究起到了推动的作用。第 3 个阶段 2008—2012 年是波动上涨阶段，文献传递研究也进入相对成熟时期。

1.2.2　国家农业图书馆文献传递发展历程

国家农业图书馆文献传递发展历程与中国文献传递发展历程基本一致。早在 20 世纪 90 年代，在中国文献传递研究初期，国家农业图书馆已经开展文献传递服务（馆际互借）与各地方、省级农科院、农业科研单位和各图书馆都建立了联系，建立长期合作关系的单位有 50 余个。早期的文献传递查找范围仅限于本馆藏单位内；付费方式采用预付费，即用户到馆预付费或邮局汇款方

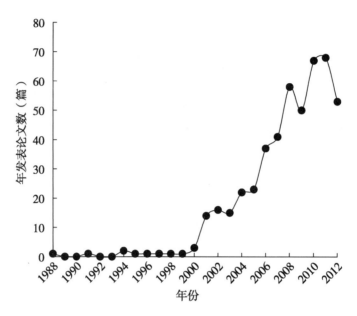

图 3　1988—2012 年 CNKI 收录文献传递研究论文的年代分布

式；传递方式主要是通过邮寄或扫描文献后用 E-mail 发送给用户。由于馆藏资源的局限性、付费方式的单一性，使早期的国家农业图书馆文献传递服务只被一小部分用户使用，而未能满足中国大部分农业科研人员的文献需求。

到 2000 年后，中国文献传递呈现蓬勃发展状态，国家农业图书馆也找到了自己在文献传递服务中的定位。2000 年 6 月国家农业图书馆成为了 NSTL 的成员单位，NSTL 便捷的付费系统、海量的信息存储平台和快速的反应时间都优于国家农业图书馆传统的文献传递模式，所以，自国家农业图书馆加入 NSTL 以来，服务人员积极向用户推荐 NSTL 系统，逐渐的国家农业图书馆已基本依靠 NSTL 进行原文传递。笔者统计 2003—2012 年这 10 年间国家农业图书馆文献传递量的变化见图 4。2003—2008 年文献传递量直线上升，这个阶段也是文献传递研究在中国快速发展的时期；2008—2011 年间，文献传递数量呈缓慢上升趋势，2011 年文献传递数量达到峰值，较 2003 年文献传递量增长了 340%。而 2012 年，文献传递数量显著下降。其中通过电话、邮件等传统途径进行文献请求订单量下降显著，特别是从 2006 年来文献传递总量已基本等于 NSTL 文献传递量，这说明在 NSTL 成立初期（2005 年以前），国家农业图书馆的长期合作用户已基本转移成 NSTL 用户。

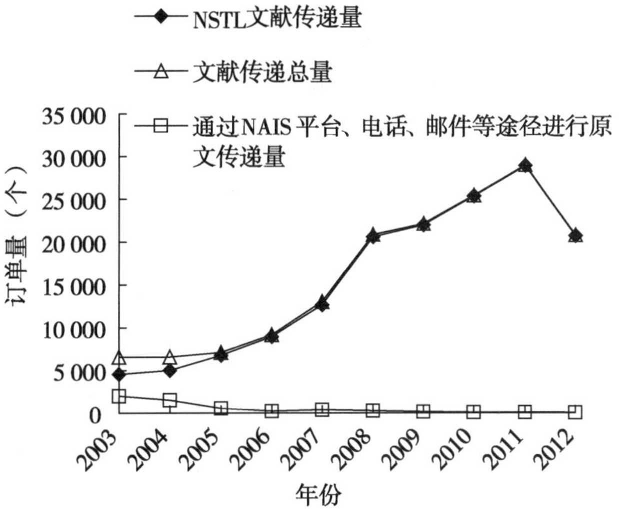

图 4 国家农业图书馆文献传递总量与依托 NSTL 文献传递量对比

国家农业图书馆文献传递总量＝NSTL 文献传递量＋通过 NAIS 平台、电话、邮件等途径进行原文传递量

2 存在的问题

2.1 知识产权保护问题

近几年，国内科研人员对于外文文献需求量增加，同时中国自主创新型企业也越来越重视对科技文献的索取，从而使商业性质的文献请求骤增。据此，国外出版商、数据库商对中国文献传递服务高度关注，他们对文献传递流程中所涉及的知识产权问题特别是对商业目的文献请求多次提出了质疑[4]。2012年国家农业图书馆订单骤减（图 4）就是由于考虑到知识产权问题，NSTL 对用户身份进行核查，拒绝向一切有商业目的的用户提供文献服务。

2.2 文献获取途径多元化

2.2.1 开放获取资源的影响

开放获取（open access，OA）核心特征是在尊重作者权益的前提下，利用互联网为用户免费提供学术信息和研究成果的全文服务。开放获取资源的存在满足了部分用户对文献资源的需求，显然，和有偿的文献传递相比，用户会优先选择免费的开放获取资源。这在一定程度上削弱了用户对文献传递的依赖。

2.2.2 网络搜索引擎的影响

网络搜索引擎可以帮助用户快速获取开放资源。其中最受欢迎的就是 Google Scholar。Google Scholar 是一个可以免费搜索学术文章的网络搜索引擎，该项索引包含了世界上绝大部分出版的学术期刊。搜索引擎更加快速便捷，更受广大用户的青睐。据联机计算机图书馆中心（Online Computer Library Center，OCLC）对用户信息检索行为调查发现，在信息检索过程中 84% 的用户会首选网络搜索引擎，只有 1% 的用户通过图书馆主页检索，这也是导致图书馆文献传递获取量下降的原因之一[5]。

2.2.3 其他文献传递服务系统的影响

近几年来文献传递服务行业在中国快速发展成熟起来，涌现出一批机制成熟、完善的文献传递服务系统，如由高校图书馆机构组成的"中国高等教育文献保障系统"（CALIS）、国家科学数字图书馆（CSDL）的文献传递系统都拥有丰富的农业类期刊、图书资源，各系统用户的文献需求在系统内就可以得到解决，无须向 NSTL 及国家农业图书馆请求文献。

2.3 文献满足率低

当用户通过 NSTL 网站查找不到文献时，会通过代查代借的方式获取自己所需要的文献，但是通过代查代借方式获取文献的满足率较低，2012 年代查代借订单满足率仅为 71.13%，而国际一流的图书馆文献提供服务可达到 95% 左右的全文满足率。可见，国家农业图书馆文献传递满足率与国际领先水平还有一定距离，文献传递满足率直接反映文献传递满足读者的程度，是衡量文献传递服务质量的重要因素[6]。

2.3.1 读者提供的信息不准确、不完全

读者经常会传递参考文献列表中的文献，这类文献经常由于被多次引用而发生信息错误；或提供的期刊名、页码、题名对不上。比如用户 sipo 提交的订单，信息见图 5。

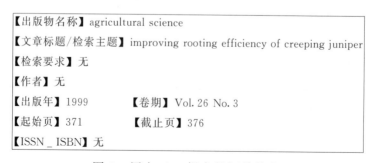

【出版物名称】agricultural science
【文章标题/检索主题】improving rooting efficiency of creeping juniper
【检索要求】无
【作者】无
【出版年】1999　　【卷期】Vol. 26 No. 3
【起始页】371　　【截止页】376
【ISSN _ ISBN】无

图 5　用户 sipo 提交的订单信息

在接到这个订单后，文献传递馆员会首先对国家农业图书馆馆藏进行搜索，国家农业图书馆正好收藏了这个期刊，而进库查找后发现 1999 年只包含12 卷 1～4 期，且每期的页数均为 30 多页，没有 371 页。文献传递馆员之后利用搜索引擎对文章标题进行检索，无果。这是用户提供信息有误的常见例子。

抑或用户提供的信息不完整，有的用户只给题名，这样工作人员也只有通过搜索引擎先进行该题名所在期刊信息的搜索。比如西南大学图书馆信息咨询部提交的订单见图 6。出版年、卷、期、页码等信息都没有，还有云南省大理市大理学院图书馆用户提交的订单，仅提供了文献标题 A new genus of wal-chinae（acarina，tromiculidae），其余信息都没有提供。这些情况都会给工作人员的文献查找带来难度，最后往往会查不到用户所需文献。

【出版物名称】Acta Horticulturea
【文章标题/检索主题】THE DETECTION AND POPULATION DYNAMICS OF MICROBIAL GROWTH IN COMMERCIAL ORANGE JUICES IN CHINA.

图 6　西南大学图书馆信息咨询部提交的订单信息

2.3.2　联合目录馆藏信息不准确

网络环境下图书馆员处理本馆无馆藏的文献时，都是借助联合目录来进行进一步检索。目前国家农业图书馆使用的是由中国科学院国家科学图书馆研建的全国期刊联合目录。其包括西文期刊、日文期刊、俄文期刊和日文期刊联合目录数据库 4 个子库，学科覆盖范围广，成员馆遍布全国[7]。全国期刊联合目录为图书馆员进行文献传递提供了很大的便捷。但是实际工作中期刊联合目录缺乏及时的维护更新，收录信息的卷期有遗漏或错误，这些都给查找文献带来了困难。此外，有很多规模较小的科研单位或学院图书馆的馆藏尚未收录到联合目录，无法利用[8,9]。有一些国内图书馆的一些核心特色馆藏资源如图书、会议文献、科技报告等类型出版物缺乏全国性的开放联合揭示目录，致使用户盲目请求，图书馆员也因此无法准确定位国内入藏地而造成文献获取困难。

2.3.3　图书馆员信息检索水平限制

由于待查代借订单的处理没有固定的处理流程，所以，图书馆员的专业熟练程度对读者文献请求是否能被满足有着直接的影响。文献传递服务中，如果工作人员缺乏耐心，职业素质不高，对搜索引擎、目次库、导航库、馆藏目录、自建数据库、论坛帖子、国际联机数据库、开放获取资源等的资源信息不熟悉，计算机外语水平较低，对用户需求信息理解不透彻等原因，都会导致原本可以检索到的文献"丢失",从而人为降低文献传递的满足率。

2.4　缺乏对文献传递信息的统一管理

2.4.1　对"已传递"文献缺乏管理

国家农业图书馆自开展文献传递以来已成功传递 20 万份左右订单,且随着文献传递受众面越来越广,越来越被科研工作者认可,年传递量将继续呈现递增趋势。但对于这些数量众多的"已传递"文献还没有具体的管理办法,这些文献大都存储在以"年份"命名的文件夹保存在电脑里,不利于长久保存。这些数据是图书馆的瑰宝,通过分析"已传递"文献的学科分类、使用频次,可以指导馆藏建设。但是这些数据处于尚未加工处理的原始状态,很难进行数据分析。

2.4.2　对用户群较难统计

国家农业图书馆文献传递开展至今已积累了不少的用户,通过对用户所在单位、学历、地区分布进行统计可以了解该馆的主要用户群、用户身份,以此依据判断该馆文献传递覆盖区域、受众职业,从而指导文献传递的发展方向。国家农业图书馆文献传递主要是通过 NSTL 系统实现,该系统的数据分析功能只能对已知用户某时间段的文献传递申请情况进行统计,但是不能对用户根据订单申请量、职业分布、年龄、学历等参数进行排序。

2.4.3　对"未满足"订单缺乏统一管理

"未满足"订单是衡量一个图书馆资源拥有量、服务满意度的重要依据,对"未满足"订单进行分析可以洞察图书馆的资源配置漏洞、提升图书馆的服务能力。目前国家农业图书馆文献传递馆员已手工的在"未满足"订单上进行原因标注,并进行分类放置,但由于只是简单的纸质版归类,不易长久保存。

2.5　文献传递费用影响

文献传递的费用也是影响文献传递申请量的主要因素之一,一些用户往往由于费用顾虑而放弃文献传递服务。在笔者从事文献传递工作时,遇到过如下两个案例。

案例1:云南大学一学生用户发来的学位论文请求邮件,但是该读者在信中表达了学位论文页数太多,支付该费用有一定困难,希望我部门能给他优惠、打折的愿望。

案例2:南京农业大学农学院一读者提交文献传递订单,并注明需要做国际代查,文献传递馆员和该读者进行沟通,说明国际代查最低费用150元,最后读者由于费用太高,放弃了该文献请求。这两个案例从某种程度上反映了学生用户对文献获取的渴望及无奈,同时也折射出文献传递收费存在一定的不合理性。

现在中国专业图书馆、高校图书馆及文献提供机构没有统一的收费标准。见表，目前 NSTL 0.3 元/页，西部地区半价优惠；CALIS 1 元/页，西部地区70％优惠；CASHL 0.3 元/页。高校及专业图书馆的收费方式众多，有按页精确定价的，有按篇笼统定价的，还有既按页定价也按篇定价的。收费标准不一样，造成价格差异很大，这些费用大都需要由用户自己承担或者由用户承担其中的大部分，因而对于那些无能力支付文献传递费用的用户而言，对文献传递存在一定的抵触情绪，从而阻碍了文献传递服务的发展。

表 不同机构文献传递服务收费标准比较

	复制费	检索费	加急费	备注
国家农业图书馆	0.5 元/篇	3 元/篇	10 元/篇	NSTL 文献参照 NSTL 收费标准
NSTL	0.3 元/页	代查代借 2 元/篇	10 元/篇	——
CALIS	1 元/页	网内馆文献 2 元，国内馆文献 5 元 国外馆文献 10 元	10 元/篇	——
CASHL	0.3 元/页	网内馆文献 2 元，国内馆文献 5 元 国外馆文献 10 元	10 元/篇	——
中国科学院国家科学图书馆	本馆文献 0.3 元/页； 国内第三方图书馆馆藏文献：按照该图书馆收费标准，不加收代理服务费； 国外图书馆馆藏期刊/图书/会议论文 120 元/篇（SUBITO）； 150 元/篇（大英图书馆）			NSTL 文献参照 NSTL 收费标准
中国科学技术信息研究所国家工程技术数字图书馆	中外文学位论文/国外科技报告：100 页以下 0.3 元/页； 100 页以上（含 100 页）30 元/份；其他（中外文期刊、会议、工具书等）0.3 元/页			NSTL 文献参照 NSTL 收费标准
北京大学	大陆地区收藏的文献：一般文献 0.15～1 元/页。 港台及国外机构收藏的文献：期刊论文 20～140 元/篇； PQDD 博硕士学位论文电子版 280 元/篇、印刷版 540 元/篇			CALIS 文献参照 CALIS 收费标准 CASHL 文献参照 CASHL 收费标准
清华大学	校内用户补贴后完成不超过 8 元/篇；国外完成 30 元/篇 校外用户：复印费（0.5 元/页）＋服务费［临时用户15 元/篇（30 页以内），每增加 1 页加 0.5 元；长期用户 3 元/篇］			CALIS 文献参照 CALIS 收费标准 CASHL 文献参照 CASHL 收费标准

2.6　宣传力度不够

国家农业图书馆自开展文献传递服务活动以来，采用过多种宣传方式，如设立文献检索选修课，介绍文献传递操作方法、发放文献传递试用卡、在院、所网页上发布文献传递链接，但是结果并不理想。广大用户对文献传递服务的理解意识还比较薄弱，他们中的大多数习惯于利用自己拥有的文献资源，或搜索引擎、论坛、向作者直接搜求等方式来满足自身需求，而对于委托别人查找文献这种方式还不熟悉。因此，还需加大宣传力度，特别是到一些农业科研院所进行培训，使用户能全面深入了解文献传递服务，加深对文献传递服务的理解和利用。

3 改进建议

3.1 规避版权问题策略

目前图书馆进行文献传递的主要依据为"合理使用"条款。即图书馆在文献传递、复制等信息服务过程中，必须掌握合理复制的量度。要有效避免文献传递中的知识产权风险，笔者认为应从传递目的、数量和作品类型等方面进行控制。

3.1.1 文献传递目的限制

图书馆在开展文献传递服务时，要严格审查复制文献资料的目的和性质，坚决杜绝一切出于商业目的的文献服务请求。可以通过在文献传递流程中增加免责合同、免责协议、版权声明、版权条例以明确服务双方的权利和义务，避免图书馆及用户侵权行为的发生。例如，大英图书馆要求用户提供非商业研究和个人学习声明[10]；国家图书馆通过要求文献请求用户签署版权声明来限制文献传递目的从而避免侵权[11]；NSTL 为规范文献传递服务，促进文献合理使用，保护作者及出版商的合法权益，2012 年实行用户分类实名注册，将用户划分为个人用户、公益性机构用户和企业机构用户 3 种类型，针对不同类型用户提供不同的服务政策和收费[12]。这些经验都值得 NAIS 平台文献传递服务系统借鉴。

3.1.2 文献传递数量控制

《中华人民共和国著作权法》[13]中规定为个人学习、研究或者欣赏使用他人已发表的作品；学校课堂教学或科研，翻译或少量复制已发表的作品都可以不经著作权人许可，不向其支付报酬。这一规定对文献传递数量进行了限制，即应控制在合理使用范围内。但笔者在从事文献传递服务工作中，时有遇到用户对整本图书或刊物的请求，而工作人员稍不注意就容易使文献传递机构陷于侵权风险，因此，图书馆在进行文献传递过程中要严格控制文献传递的篇幅，以消除由于文献传递数量过多而造成的侵权隐患。澳大利亚版权修正案中规定，图书馆为研究或学习的目的，可以不必经过许可与支付报酬复制一部作品的 10% 或在版期刊中的一篇文章；德国图书馆馆际互借文献篇幅一般以 20 页为限[14]。中国对文献传递页数虽没有明确规定，但是部分图书馆、文献传递机构已开始限制文献传递数量，例如，中国科学院图书馆声明只提供少量的全文文献，这些做法都值得国家农业图书馆借鉴[15]。

3.1.3 尽快建立版权税征收制度

目前，中国大部分图书馆为了避免知识产权侵权风险，一般采取上述限制文献传递目的、控制文献传递数量等方式，这样虽然可以使图书馆免于侵权危害，但同时也限制了文献资源在更大范围内的传播与扩散，从一定程度上抑制了文献传递量的增长。以国家科技文献图书中心（NSTL）为例，2012 年该中心对注册服务的用户进行了身份审查，剔除了企业机构用户，2012 年全年文献传递量自 NSTL 创办来首次下降，较 2011 年下降了 17.87%。剔除的企业用户主要来源于万方集团用户，而万方集团用户一向是 NSTL 订单订购大户，2012 年万方集团用户订单申请量较 2011 年下降了 44.99%，非万方集团用户订单申请量增长了 8.11%。所以，2012 年 NSTL 订单申请量的下降与企业用户的流失密不可分。国家农业图书馆 2012 年文献传递量的骤减同样也是企业用户流失造成的。所以，应尽快建立版权税征收制度，对超出"合理使用"范围的文献请求用户收取版权费不仅可以维护版权人的经济利益，还可以扩大文献传递的受众群体，促进文献资源的良性流动。

3.1.4 以法律为依据规范文献传递服务

国家农业图书馆应重视对知识产权的保护，特别是要注重提高文献传递工作人员的法律意识，明确服务中各种资源的知识产权问题，消除一切可能造成侵权的隐患，例如，对图书馆馆员进行版权教育培训，增强版权意识；依据版权法制定文献传递规章制度，规范文献传递行为；在提供文献服务前与用户签订版权协议，当用户发生侵权行为时使图书馆免责；认真阅读文献中的版权声明，对权利人声明禁止使用或转载的，不得随意复制；履行告知义务，向用户说明作品所处的法律保护状态及侵权的可能与责任；图书馆要始终坚持文献传递的非盈利性服务模式，对文献传递服务记录进行保存，在发生侵权纠纷时有据可依。

3.2 开发农业领域灰色文献、特色文献以及网络文献数据库

尽管网络环境下用户可以通过多种途径获取文献，但并不是所有文献都可以通过网络获得。特别是科学文献，占主导地位的仍是印刷型文献，所以，图书馆可以致力于开发尚未被数字化的文献以弥补网络开放资源带来的冲击。此外，一些灰色文献、特色文献也隐藏着巨大价值。有学者调查发现，核心自然科学领域深网资源（普通搜索引擎无法发现其信息内容）包含着巨大的信息资源[5]，自然科学研究人员非常依赖非正式文献信息。国外文献机构十分重视此类文献的搜集，其中，BLDSL 收录了包括会议论文、科技报告、学位论文、

反应文献、政府资料等一系列非正式资料；CISTI 对会议论文进行了收录；美国国家技术信息服务中心也对各国家政府立项研究的科技、工程、研发、商业等领域的项目报告进行收录[16]。目前国内 NSTL 和 CALIS 都着重对学位论文、科技报告、成果专利、预印本等收集、建库。因而国家农业图书馆也应注重对农业领域的灰色文献、特色文献资源进行采购，更好地满足读者的文献需求。

3.3 深入用户调查，合理定价

目前，文献传递收费不合理、收费标准混乱是困扰中国图书馆开展文献传递的主要因素，但是无论是专业图书馆还是高校图书馆也都在积极探索、研究，以期制定出一套符合本馆情况同时又能最大限度服务读者的收费标准。像北京大学、清华大学、浙江大学、中国科学院国家科学图书馆都出台了文献传递原文补贴政策，在一定程度上减轻了读者的负担。国家农业图书馆文献传递定价应遵循如下几个步骤。

3.3.1 坚持公益性文献传递模式

文献传递的模式主要分为营利性模式和非营利性模式，国家农业图书馆必须坚持非营利模式，保障文献传递服务的公益性。公益性文献传递模式，并不是无偿的提供文献服务，而是要向用户收取一定的成本费用。这样一方面可以有效预防用户滥用文献传递服务；另一方面还可以一定程度地弥补文献传递部门的费用支出[17]。

3.3.2 进行用户调查了解用户的经济承受能力

文献传递的费用制定标准应从用户的实际承受能力出发，对用户实际承受情况进行深入调查，进而确定定价标准、补贴额度。浙江大学图书馆员曾对用户进行调查发现，研究生对国内文献传递费用承受能力是不超过 20 元/篇，国外文献的承受标准是 50 元/篇[18]。目前国家农业图书馆文献一般是按页计费，传递费用＝复制费 0.5 元/篇＋3 元代查费，一般读者索取 10 页左右的文献花费 5～10 元。但是如果需要索取上百页的学位论文，费用在 50～80 元，此外，国际代查的费用一般在 150～200 元间，都大大超出了读者的经济承受范围。所以，国家农业图书馆要着重对大篇幅文章及国际代查文章文献传递费用定价的补贴。

3.3.3 向用户宣传信息有价的观念

文献信息作为一种商品是有经济价值的，所以，图书馆员在进行文献传递的同时要积极向用户灌输信息有价的理念，让用户了解文献传递收取的费用并不是用于图书馆盈利，而是用来补偿著作权费用和文献传递必要的成本支出，消除用户思想顾虑，使其充分了解该服务的益处并乐于接受文献传递服务。

3.4 积极拓展文献来源渠道

对于本部门无法满足的文献传递请求，国家农业图书馆积极地与国内的文献提供机构建立联系，除了与 NSTL 建立文献传递关系外，于 2012 年 9 月成为了 CALIS 的用户，这无疑成为了文献资源保障的又一大利器。

此外，国家农业图书馆非常重视与农业相关专业高校、科研单位图书馆建立文献传递联系。具有相同专业的高校、科研单位，其读者的文献资源需求及图书馆资源建设具有相似性，因此，具有相同专业的高校、科研单位图书馆间开展馆际互借与文献传递服务是实现同学科专业资源共享的有效途径。目前与国家农业图书馆建立馆际互借关系的图书馆有林科院图书馆、北京大学图书馆、中国农业大学图书馆、东北农业大学图书馆等。但是在网络环境下，读者的文献信息需求呈现出多样化和实效性特点，国家农业图书馆在充分利用网络技术的同时，要积极寻求和拓宽文献传递的渠道。①要继续加强与农业及农业相关学科为主要研究对象的科研单位、高校图书馆进行文献传递合作关系。②重视对网络上与农业及农业相关学科的学术资源的收集和整理，以弥补馆藏资源的不足，更好地为用户服务。③根据用户提交订单的特点，积极开拓国外市场，以适应读者对外文文献需求日益增多的趋势。

3.5 建立文献传递数据归档系统

随着文献传递的日益普及，国家农业图书馆文献传递服务的需求量将会越来越大，对积累的已传递的文献资源进行整合，建成数据库，这样可以增加图书馆电子文献资源，对于用户重复申请的文献，文献传递馆员可以直接通过数据库进行查找，这样不仅节省了反复查找、扫描文献的劳动力，还提高了文献的利用率。

此外，图书馆应致力于开发便于统计分析文献信息、用户信息、未满足状况信息的文献传递平台或数据库，把对图书馆的评价由强调"单位藏书量"向提高"读者满意度"转移。通过分析用户结构群、文献满足率、被请求文献学科分布等数据为调整图书馆文献资源建设、优化文献资源配置提供科学的参考依据。

3.6 广泛开展宣传培训，为科研助力

（1）深入科研一线举办数据库讲座，文献传递服务培训，让更多的科研人员了解国家农业图书馆的馆藏资源和各种数据库资源，了解文献传递服务的便捷性，并做成简洁明了、图文并茂的宣传材料发放给潜在用户。

（2）加大宣传力度，在图书馆主页登载并及时更新文献传递服务流程和服

务说明板块，使读者可以方便快捷地获取文献传递信息和优惠政策。图书馆员在日常工作中也要肩负起宣传文献传递的任务，特别是对于有文献需求的用户，要建议他们通过文献传递获取所需信息。

（3）应定期向广大读者开展文献传递优惠活动，如提供免费服务月、服务周、服务日活动，以吸引更多用户、扩大宣传力度；增加补贴额度、积极利用NSTL举行的优惠活动，增加试用卡的发放量，让用户切身体会到文献传递的便捷性、及时性。

2012年国家农业图书馆文献信息服务部相关人员赴新疆农业科学院、新疆畜牧科学院开展农业科技文献信息需求调研及信息服务宣传交流活动，据统计，2012年新疆用户订单提交量471篇，比2011年的5篇，多了466篇，可见宣传培训作用显著。在文献传递服务工作中，要把宣传培训作为一个长期任务，这样才能取得实效。

3.7 提高工作人员的职业素质，尽可能满足读者需求

随着网络信息的快速发展，图书馆文献传递工作对工作人员的知识水平、工作态度、信息处理能力也提出了更高的要求。为了提高文献传递服务质量、更好地满足用户需求，国家农业图书馆应该注重构建学习型服务团队、加强对文献传递馆员的培训。

3.7.1 共同愿景培训

共同愿景即为所有文献传递馆员眼中未来国家农业图书馆文献传递服务的发展景象。只有国家农业图书馆文献传递服务愿景与文献传递馆员由心认同、齐心共筑的未来景象吻合，这个愿景才能真正实现。国家农业图书馆共同愿景应该包含社会公益效益和社会经济效益。既要保障文献传递的正常进行，满足农业科研用户的文献需求，也要考虑社会经济效益，不断提高文献服务水平，积极探索农业发展方向，为农业成果转换提供技术、理论支持，为中国农业事业作出更大的贡献。

3.7.2 业务能力培训，注重相互学习

文献传递馆员是用户和图书馆信息传递的桥梁，所以，图书馆应重视对文献传递馆员业务能力的培养。在信息大爆炸的年代，信息量迅猛增加，信息更新极快，国家农业图书馆除了对新入职职工进行文献传递章程、要领、规范进行必要的培训外，还应定期聘请专业老师对国家农业图书馆馆藏、互联网各种农业数据库、开放获取资源及各类农业信息源特点、检索方法及一些相关技术进行培训，使文献传递馆员成为具备图书情报专业知识和计算机网络技术能力的高级复合型人才。此外，也要重视文献传递馆员间的相互学习，开展工作交

流会，为文献传递馆员在实际工作中遇到的问题及积累的经验提供一个解决、共享的平台。

3.7.3　沟通技巧培训

如果说对文献传递馆员加强业务能力培训是为了增强文献传递馆员与图书馆的联系，那么沟通技巧的培训则意在加深图书馆员与用户的关系。良好的沟通技巧要以崇高的思想品质、热忱饱满的工作态度及强烈的敬业精神为前提。同时要具备良好的亲和能力，急用户所急，想用户所想，特别是当无法满足用户的文献诉求时，在告知用户的同时，尽可能提供可行的文献查找方案。如遇到期刊尚未到馆或装订的情况，可以将此情况及时告知读者，并根据情况采用选取及时催到、让装订师傅帮忙扫描所需文献或提供有馆藏的单位给用户等处理方式。如遇订单有误或订单不详的情况，也要及时致电用户通知读者补全或请专家断定处理意见。用户的每一个申请都是对国家农业图书馆服务的信赖和希望，所以，要以最大程度满足用户的各种文献诉求为第一任务，真正实现读者至上的服务宗旨。

参考文献

[1] 马红月. 资源共享的一种有效途径——文献传递服务 [J]. 现代情报，2009（3）：112-119.

[2] 陈炜，李宏建，吕俊生. 馆际互借与文献传递研究所文献的保证模式 [J]. 科技广场，2012，2：77-79.

[3] 国家科技图书文献中心. 关于我们 [EB/OL]. http：//www. nstl. gov. cn/NSTL/nstl/facade/aboutus. jsp，2014-03-25.

[4] 丁道劲，周杰. 图书馆文献传递服务中的版权结算问题研究 [J]. 情报杂志，2013，32（2）：165-169.

[5] 崔林. 网络环境下图书馆文献传递服务的困境与应对 [J]. 科技管理研究，2011，15：184-188

[6] 范超英，姚丹丹，贾苹. 文献传递服务满足率之探讨——以中国科学院文献情报中心文献传递服务为 [J]. 图书情报工作，2006，50（4）：92-95.

[7] 中国科学院文献情报中心. 全国期刊联合目录数据库 [EB/OL]. http：//union. csdl. ac. cn/1. jsp，2014-03-25.

[8] 卞丽. 我国期刊联合目录建设现状及对策研究 [J]. 图书情报工作，2006，50（12）：105-108.

[9] 冯敏莹. 我国联合编目的现状及思考 [J]. 晋图学刊，2006（1）：7-9.

[10] 徐慧芳，刘细文，孟连生，等. 大英图书馆文献传递服务中版权保护的体现 [J]. 图书馆杂志，2012，31（7）：70-73.

[11] 国家图书馆. 文献提供中心版权声明 [EB/OL]. http：//www.nlc.gov.cn/ne-wkyck/kyfw/201011/t20101122 _ 11696.htm，2014-03-25.

[12] 国家科技图书文献中心. 用户注册需知 [EB/OL]. http：//www.nstl.gov.cn/NSTL/pre.do? act＝toPreRegisterJsp，2014-03-25.

[13] 中华人民共和国国家版权局. 中华人民共和国著作权法 EB/OL]. http：//www.ncac.gov.cn/chinacopyright/contents/479/17537.html，2014-03-25.

[14] 金晓祥，张惠芳. 高校图书馆信息服务侵权风险规避 [J]. 长江大学学报：社会科学版，2010，33（6）：129-133.

[15] 崔雁. 馆际互借与文献传递中的知识产权风险防范 [J]. 图书馆建设，2005（2）：13-15.

[16] 黄如花，熊惠霖. 对 NSTL 未来发展规划的思考 [J]. 图书情报工作，2011，55（3）：14-18.

[17] 杨欣. 我国文献原文传递服务现状与分析 [J]. 农业图书情报学刊，2007，19（10）：172-176.

[18] 范丽莉. 我国图书馆文献传递服务研究 [D]. 武汉：武汉大学，2004.

原文发表于《中国农学通报》，2014，30（33）：286-295.

"英文超级科技词表" 范畴体系协作共建研究[*]

Research on Collaboration and Co-construction of Category System for STEST

孙　巍[1][**]　张学福[1][***]　潘淑春[1]　刘家益[1]　李嘉锐[1]

吴雯娜[2]　李军莲[3]　甄　伟　黄金霞[4]

Sun Wei，Zhang Xuefu，Pan Shuchun，Liu Jiayi，Li Jiarui，
Wu Wenna，Li Junlian，Zhen Wei，Huang Jinxia

(1. 中国农业科学院农业信息研究所，北京　100081；

2. 中国科学技术信息研究所，北京　100038；

3. 中国医学科学院医学信息研究所，北京　100020；

4. 中国科学院文献情报中心，北京　100190)

摘　要：规范合理的词表范畴体系兼顾概念主题聚类、词表结构表达、本体概念映射等多方面因素，需多学科领域专家协同合作共同构建。分析并阐述"英文超级科技词表"范畴体系构建需求与运作机制；分析DDC类目体系的结构特点，提出以DDC为主，专业词表分类体系为辅的主干分类体系选择方法；着重研究并提出范畴体系的协作共建思路、步骤与规则；对范畴体系协作共建成果进行展示与评价。

关键词：范畴体系；超级科技词表；DDC；知识组织体系；国家科技图书文献中心

中图分类号：G254

---

* 本文系国家"十二五"科技支撑计划"面向外文科技文献信息的知识组织体系建设与应用研究"（项目编号：2011BAH10B00）研究成果之一

** 作者简介：孙巍（1978—　），女，中国农业科学院农业信息研究所副研究员，研究方向：农业知识组织与可视化分析，以第一作者发表论文10余篇。E-mail：sunwei@caas.cn

*** 通讯作者：张学福（1966—　），男，中国农业科学院农业信息研究所研究员，研究方向：农业知识组织与可视化分析。E-mail：zhangxf@caas.cn

0 引言

范畴是概念的重要属性，用来说明概念所适用的学科或所归属的类；是文献信息主题聚类的重要依据，便于文献的分类组织与浏览；是科技文献信息通用本体建设的基础，有利于控制通用本体的维度和颗粒度；又是连接概念与本体的枢纽，便于建立通用本体与科技词表概念的映射关系，有利于解决因学科交叉、表达产生的维（粒）度不同、冲突和重叠等方面的问题。

鉴于范畴体系兼顾的对象广泛，以分类表、叙词表等数据源为基础来构建英文超级科技词表范畴体系的工作十分庞杂，需要考虑知识组织体系互操作规范，多学科领域专家共同协作，机器辅助人工干预相结合等多方面因素。因此，深入研究面向多学科领域的英文超级科技词表范畴体系协作共建机制与方法具有重要的理论与实践意义。

"英文超级科技词表"（以下简称"英表"）是"十二五"国家科技支撑计划项目"面向外文科技文献信息的知识组织体系建设与应用示范"的主要研制内容之一，该项目由国家科技图书文献中心（NSTL）[1]牵头，由理、工、农、医四大领域相关机构专家分工协作共同完成。本文正是为了满足课题中"英表"范畴体系构建的迫切需求，分析范畴体系协作共建机制，开展 NSTL "英表"范畴体系协作共建理论方法与实践研究工作。

1 "英表"范畴体系构建需求与运作机制

1.1 英文超级科技词表

英文超级科技词表（"英表"）并非传统意义上的叙词表，从逻辑结构上讲，它是一个具有三层结构的科技知识组织体系，自下而上依次为：基础词库、概念网络、范畴体系。基础词库层是将词汇素材层中的不同来源异构的词汇集，按一定规范进行描述，并采用统一格式进行存储而形成的词汇元数据仓储；对基础词库层中的词汇进行同义词归并，形成以概念为单位的同义词群，进而构成孤立无序的概念网络；范畴体系为概念提供分类框架，以此对无序概念进行分类类聚，在一定程度上弥补概念网络在宏观知识结构表达上的不足[2]。

1.2 "英表"范畴体系构建目标及原则

为了有效组织 NSTL 文献资源，提升 NSTL 英文文献信息服务能力，"英表"范畴体系应从主题与学科角度来实现超级科技词表概念的均衡合理分类与汇聚，词表结构的清晰表达，为后续科技文献信息通用本体建设奠定基础，有效控制通用本体的维粒度，便于建立通用本体与超级科技词表概念的映射关系。为了实现上述目标，建成一个统一结构框架体系的"英表"范畴体系，应遵循以下原则：①充分借鉴来源范畴关系原则，根据省力法则，"英表"范畴体系应充分借鉴和继承来源分类或主题体系，并以此为基础为来源范畴类目进行扩充与调整；②概念涵盖完整性原则，"英表"范畴分类体系应具备学科覆盖面广的特点，类目应尽可能涵盖理工农医等所有科技领域概念；③类目等级科学实用性原则，"英表"范畴分类体系结构应具备层级分明，等级性较强，维度层面的各等级概念分布较均衡等特点，满足专业用户的应用需求，符合用户的一般使用习惯，具备规范的注释以及分类号，可读性强；④可扩展性原则，"英表"范畴分类体系结构应具备一定的可扩展性，其等级类目及概念涵盖面可以随着概念及关系的增加而逐级扩展。

1.3　"英表"范畴体系协作共建机制

以多源异构的词汇集为基础，构建汇聚多领域概念的范畴体系，需要制定由多领域专家共同遵循的协同合作共建机制，进而解决多范畴间的不兼容性，满足不同领域范畴之间的协同操作以及范畴体系的全局调控需求，具体包括：主干类目遴选与分配机制、领域范畴自主构建机制、阶段性协同全局调控机制、交叉领域类目冲突解决机制。

1.3.1　主干类目遴选与分配机制

完全新建一个全新的范畴体系是不现实的，英表范畴体系的构建并不是从零开始，而是选择一个现有的分类体系作为主干分类体系，选择多个专业分类表、叙词表等作为辅助分类体系，根据拟构建范畴体系的功能及需求定位，对主干分类体系进行类目遴选，利用辅助分类体系对主干分类体系做相应的扩充调整。一个合理的任务分配机制能够确保多领域机构高效有序地完成范畴体系协同共建，而按学科领域所遴选的主干范畴类目是制定多领域协同共建范畴体系任务分配机制的重要依据之一。

构建一个多领域范畴体系，首先，需要按各机构的领域特征以主干分类体系为主，以专业辅助分类体系为辅来遴选各自领域的主干范畴类目（前三级），尽可能继承维系主干范畴体系等级逻辑关系，确保所遴选的主干范畴体系类目等级的连贯性，对主干范畴体系中未遴选的、综合性的，而又必设的类目需做特别遴选处理；其次，对各领域所遴选的范畴类目集作类目查重处理，得到的重复类目由遴选机构共同分析确定其最终的任务归属机构。为了避免加重后续

农业信息科研进展

工作量，主干类目遴选阶段产生的重复类目在任务分配时只能分配给一个领域机构；最后，对各领域机构所归属的范畴类目以及综合类目进行任务分配标识，所标识的类目集将作为"英表"范畴体系的基础主干类目，后续工作中，各领域机构必须按类目的任务分配标识来操作各自领域的主干范畴类目。

1.3.2 领域范畴自主构建机制

鉴于理、工、农、医四大部类的学科领域特点不同，各领域所遴选的包括分类表、叙词表等参考辅助专业分类体系的应用范围不同，在核心范畴体系中的分布特征也各异，即便是大致相同的应用领域，也可能因为分类思想的不同导致范畴体系间的不完全兼容性。为了提高了各领域内范畴体系构建的效率，特提出了领域范畴自主构建机制。即：各领域机构在遵循"英表"范畴体系整体构建原则的前提下，按照各自的学科领域特征及参考辅助专业分类体系的特点，制定各自领域的分类体系互操作规范与细则，提出各领域的核心领域范畴的扩充与调整方法，通过辅助专业分类体系与领域主干范畴类目的互操作，实现范畴类目提升与降级、类目更名、类目拆分与合并、类目删除与新增等领域范畴体系类目扩充与调整，完成各领域范畴的自主构建。

1.3.3 阶段性整合与全局调控机制

英表范畴体系要求所涵盖的学科领域庞杂，概念主题覆盖面广，构建工作涉及的机构多，各机构的工作机制又大同小异，因此，不论从范畴体系的维度等级，还是从范畴体系类目间的逻辑关系上讲，范畴体系构建过程中均需要各领域机构分步骤、分阶段地集中对各领域范畴体系进行整合与全局逻辑调控。

整合与全局调控工作大体分 3 个阶段。第一阶段，对各领域范畴体系（前三级）的整合，确保其学科覆盖的完整性，类目学科主题分布态势的合理性；第二阶段，继续对理、工、农、医各领域扩充调整后的三级以上范畴体系进行整合与全局调控，本阶段工作侧重于提高主题与概念的覆盖完整性；第三阶段，从全局角度对范畴体系类目逻辑关系进行深入核查与分析，消除因学科交叉所产生的类目冲突、重叠及冗余问题，确定构建的"英表"范畴体系等级结构框架的统一性。

1.3.4 交叉领域类目冲突解决机制

针对学科交叉融合等问题所产生的领域间类目冲突、类目重叠、类目冗余等问题制定了一套解决机制。首先，各领域机构核查各自的领域范畴体系类目与其他领域范畴类目存在语义或者逻辑冲突、重叠、冗余 3 类类目冲突问题，并对问题类目进行冲突类型标注；其次，各领域专家针对各自存在的问题共同分析商讨，明确问题类目的最终标注类别；最后，针对类目语义逻辑冲突问题，通过调整类目等级、修改类目名称、类目融合等操作来解决；针对重叠类目考虑在其主要应用领域列类，次要应用领域则以"参见"类目形式出现针对冗余类目则判断其类目间的冗余范围，选择直接删除较小范畴的类目。

2 DDC 特点及主干分类体系选择

《杜威十进分类法》（Dewey Decimal Classification，简称DDC）[3]，是一部通用分类法，系统性强，应用较广泛，目前已被全球超过 135 个国家的图书馆使用[4]，且被翻译逾 30 种语言版本；从其类号体制看，DDC 是十进制分类体系，其各级类目基本按层累计方式编号，类目体系等级分明，易于理解和使用；且 DDC 设有专门的维护机构持续对其进行维护和修订[5]，一直处于不断的更新与完善中。此外，DDC 更能用来组织网际网络上的各种资源。

透过 DDC 类目，对其理学、工学、农学、医学、综合学科类目的分布特征进行粗略分析发现，理学类目主要集中在一级大类"5 自然科学与数学"下，工学类目主要集中在一级大类"6 技术"下；农学类目主要集中在二级类目"63 农业技术"下，而医学类目主要集中在二级类目"61 医学"下。由此可见，DDC 基本涵盖了各学科的核心范畴类目，领域内类目分散及缺省问题可通过分类体系的局部调整与扩充来弥补。

鉴于上述 DDC 自身系统性强、可维护性强、易于理解、学科覆盖相对完整性等特点，本文选取 DDC 分类体系作为主干范畴体系，对其进行局部扩充与调整，由理、工、农、医领域机构协同共建"英表"范畴体系。

3 基于DDC的"英表"范畴分类体系协作共建

3.1 范畴体系协作共建思路

基于"英表"范畴分类体系的构建原则与协作共建机制，"英表"范畴体系的协作共建思路是：选取 DDC 作为主干范畴分类体系，其基本覆盖了理、工、农、医几大部类。以此为基础，理工农医各领域机构分别根据范畴体系构建目标，遵循领域范畴体系构建原则，吸收专业领域优秀范畴体系的分类思想，对主干范畴体系进行类目扩充与局部调整，既要考虑各自领域英文文献的主题分布特征，也要考虑中文用户的使用习惯，自主构建各领域范畴体系。整个范畴体系构建过程中，采取分两个阶段来交替实施"领域范畴体系自主构建"以及"多领域机构协作完成范畴整合"工作，以逐级调整扩展的方式来构建范畴体系，范畴体系经过后期的调整与完善，最终建成一个统一学科框架下的"英表"范畴分类体系。

3.2 范畴类目协作共建步骤

范畴体系协作共建工作大体分为 3 个阶段（图 1），范畴素材遴选、领域范畴构建与整合，以及范畴体系调整与完善。各阶段的主要工作内容阐述如下。

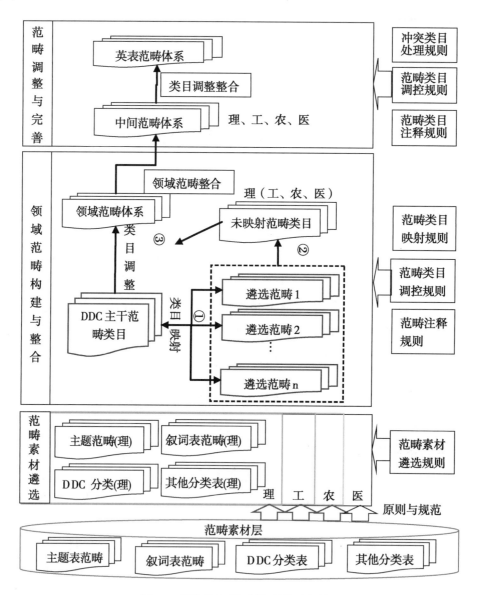

图 1 "英表"范畴体系构建框架

3.2.1 范畴素材遴选

范畴素材遴选的主要任务是从包括 DDC 在内的范畴素材中遴选出尽可能涵盖核心叙词概念的范畴类目，以此作为超级词表范畴体系构建的数据基础。

理、工、农、医各领域机构依据范畴遴选规则，从范畴体系的覆盖面、体系结构、范畴语言等多角度，选取 DDC 分类表以及具有代表性的领域范畴，即参考范畴分类体系，如领域主题表、领域分类表、领域叙词表等，作为超级词表范畴层范畴体系构建的基础数据，为"英表"范畴体系构建奠定数据基础。

3.2.2 领域范畴构建与整合

领域范畴构建与整合的主要任务是以遴选的范畴素材（包括：DDC、主题表、其他分类表等）为基础，各领域机构通过领域范畴体系间的类目互操作，自主构建生成各领域范畴体系，进而整合各领域范畴体系，并对其类目进行科学适用性调整与全局调控。

理工农医各领域机构以 DDC 分类体系作为主干范畴表，遴选出 DDC 主干范畴类目，并对其等级结构进行调整；按照各机构制定的领域范畴体系互操作具体细则，分别将 DDC 主干范畴类目与所遴选的专业领域参照分类表作类目映射，充分发挥专业领域优秀分类体系对 DDC 的扩展补充作用，生成理、工、农、医、综合领域范畴体系；依据英表范畴分类体系调控原则对所生成的分类体系进行整合与全局控制，生成中间范畴分类体系。

通常，协作共建工作可以以细分工作量的方式将复杂工作分阶段简化。由于"英表"范畴体系构建工作庞杂，为了降低工作负担，避免重复工作，此阶段我们又细分了两个步骤还完成中间范畴体系的构建工作，即，领域前三级范畴体系的自主构建与整合，领域三级以上范畴体系的自主构建与整合。

此外，在构建中间范畴体系过程中，针对前三级类目，我们通过专家辅助主干类目遴选，以及多范畴体系类目映射等方式来确保范畴体系的学科主题分布态势的合理性；而针对三级以上类目，应重点考虑范畴体系的概念分布均衡性及概念覆盖完整性。这里我们采取范畴测试的方式，对各学科领域叙词概念进行范畴类目归类，分析范畴体系等级维度上的概念分布均衡性及概念覆盖完整性，依据分析结果及范畴体系调控规则，通过概念群组归并与拆分等操作，对三级以上范畴类目进行调整。

3.2.3 范畴体系调整与完善

范畴体系调整与完善过程的主要任务是各领域专家辅助从全局角度对范畴体系类目逻辑关系进行深入核查与分析，对当前的范畴体系中领域间重复类目、交叉冲突类目、等级关系矛盾类目等进行修正调整，进而消除因学科交叉所产生的类目冲突、重叠及冗余等问题，实现多领域范畴体系的无缝整合。范畴体系调整与完善过程主要依据范畴体系类目冲突处理规则。

3.3 范畴体系协作共建操作规则

尽管各领域机构在各自领域范畴体系构建过程中遵循自主构建原则，但为了确保建成一个统一学科体系框架下、统一风格的英表范畴体系，各领域机构在协作共建以及分别处理相似问题上应遵循一定程度上的统一化规则，规则概述见表1。

表 1 范畴体系协作共建操作规则

序号	协作共建操作规则	规则内容
1	类目遴选规则	①充分继承 DDC 原有范畴类目及类间关系②充分利用专业范畴体系，尽可能高度覆盖本学科领域范畴类目
2	类目映射规则	限定的映射关系类型：①相等②包含于③包含④不相等⑤相交
3	范畴类目调控规则	限定的调控操作类型：①类目更名②类目提升③类目降级④类目拆分⑤类目合并⑥类目增加⑦类目删除
4	冲突类目处理规则	限定的处理操作：①彻底分开，两边分别保留；②两边均保留，但有侧重；③两边均不保留，单独列类
5	范畴类目编码规则	纯数字编码，两位数字表示一个大类，以数字的顺序反映大类的序列。每 3 个等级用圆点符号分隔
6	范畴注释规则	操作注释的类目对象包括：①不同名同意类目间映射产生的新类目②同名不同意③交叉学科类目 ④类目拆分合并生成的新类目⑤主干类目；使用注释的类目对象包括：①参见类目②交替类目

4 范畴体系协作共建结果展示与评价

理、工、农、医各领域机构，以 DDC 分类体系为主干范畴体系，严格按照英表范畴体系的构建目标与需求，遵循英表范畴体系的协作共建机制与原则，协同合作共同建成了一个包含 9 个等级、10 408 个类目的"英表"范畴体系。其中，一级类目 38 个，涵盖了理、工、农、医、综合、通用六大部类（表2），且经测试各大部类的核心词表概念均可归入"英表"范畴体系类目中，表明该范畴体系在一定程度上遵循了学科主题相结合的列类原则以及概念涵盖完整性原则；范畴体系类目等级整体呈规范正态分布[7]（图2），等级性较强；从英表范畴体系的编码规则上看，该体系中的各领域范畴类目具备一定的可扩展性，可读性较强。

综上，本文构建的"英表"范畴体系在一定程度上能够有效组织 NSTL 文献资源，提升 NSTL 的文献信息服务能力。

表 2   "英表"范畴体系一级类目及学科分布

范畴类号	学科部类	范畴类目名称	范畴类号	学科部类	范畴类目名称
00	综合	哲学、心理学、宗教	36	医学	中国医学与其他传统医学
01	综合	社会科学	50	农学	农业基础科学
02	综合	人文与艺术	51	农学	农学
03	综合	历史、地理	52	农学	林业科学
10	理学	自然科学总论	53	农学	畜牧科学
11	理学	数学	54	农学	水产、渔业、狩猎
12	理学	物理学	60	工学	工程基础科学、通用技术
13	理学	化学	61	工学	矿业工程
14	理学	天文学	62	工学	冶金与金属工艺
15	理学	地球科学	63	工学	机械工程、汽车工程、仪器设备
16	理学	生物学	64	工学	能源、动力、电工、核工程
17	理学	植物学	65	工学	电子、通信、计算机、自动控制
18	理学	动物学	66	工学	化学工程
30	医学	医药卫生总论	67	工学	轻工业、手工业、生活服务技术
31	医学	卫生学、预防医学	68	工学	土木、建筑、水利工程
32	医学	基础医学	69	工学	交通运输
33	医学	临床医学	70	工学	航空航天、军事工程
34	医学	特种医学	71	工学	环境科学与技术
35	医学	药学	90	通用	通用概念

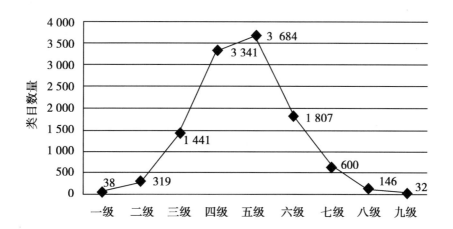

图 2   英表范畴体系类目等级分布统计

5 结束语

本文分析了"英表"范畴体系的构建需求与运作机制；制定了以 DDC 为主干范畴表，通过对其进行局部调整与类目扩展来构建"英表"范畴体系的整体方案；阐述了包括"范畴遴选""领域范畴构建与整合""范畴体系调整与完善" 3 个阶段工作的整体构建框架；从"英表"范畴体系构建目标及原则的角度对理工农医协作共建的"英表"范畴体系的适用性进行了分析与评价，进而得出"英表"范畴体系在一定程度上满足其构建需求的结论。而"英表"范畴体系在类目导航效果、类目的均衡性、实际应用中概念的涵盖率等方面的特性仍有待进一步分析与研究。

参考文献

[1] 国家科技文献中心 ［OL］. ［2014-11-23］. http：//www. nstl. gov. cn/.

[2] 吴文娜，王星. 基于 DDC 的《英文超级科技词表》范畴体系构建研究——以工程技术为例 ［J］. 图书情报工作，2011，55 (22)：15-21.

[3] WebDewey ［OL］. ［2014-11-20］. http：//connexion. oclc. org.

[4] OCLC. "Organize your materials with the world's most widely used library classification system" ［OL］. ［2014-11-29］. http：//www. oclc. org/dewey. en. html.

[5] 马张华. 国外文献分类法修订维护的发展及对《中图法》的启示 ［J］. 国家图书馆学刊，2008 (2)：40-44.

[6] 化柏林. 图书情报学核心期刊论文标题计量分析研究 ［J］. 情报学报，2007 (3)：391-398.

1995—2012 年生物育种领域知识演化分析*

An Analysis of Knowledge Evolution on Biological Breeding Field between 1995 and 2012

郝心宁** 孙 巍 张学福***

Hao Xinning，Sun Wei，Zhang Xuefu

（中国农业科学院农业信息研究所，北京 100081）

摘 要：生物育种科学经过半个多世纪的飞速发展，科技文献数量迅猛增加，通过对学科领域知识的发展分析，详细了解领域内各学科的发展状态，探测研究热点，发现知识间的扩散和融合，为学科领域未来的发展趋势进行更好的预测。本文依据知识演化过程中产生的各种现象设计了知识演化方法模型，该模型可以对不同时间窗聚类间的主题关系、关系性质、变化程度及其所代表的演变趋势进行自动分析。选取 1995—2012 年生物育种领域的文献，结合共著网络和国家合作网络，重点对知识演化现象进行了分析，展示了不同时间窗聚类结果，初步证实了时间窗划分用于探寻知识演化现象的可行性。

关键词：知识演化；主题演化；共词分析；生物育种；合作网络

生命科学始于 20 世纪 50 年代，随后分子生物学兴起并对农业、工业和医药领域的发展产生了巨大影响。生命科学技术在农业领域应用甚广，其中，生物育种是当下发展最快、应用最广的领域之一。经过半个多世纪的飞速发展，质量参差不齐的生物育种类科技文献呈无序增长状态。随着科技信息向数字化、网络化的方向发展，电子资源形式的期刊和图书的数量飞速增长，仅通过传统的文献查询方法已经难以获得有效的信息。科学技术的飞速发展使得生物育种领域研究面临的问题也日益复杂，各个学科交错互融，某个学科领域的发

---

* 基金项目：由十二五国家科技支撑计划课题"基于 STKOS 的知识服务应用示范"（课题号：2011BAH10B06）资助

** 作者简介：郝心宁，博士研究生，研究方向：信息管理。E-mail：xinninghao@caas.cn

*** 通讯作者：张学福，博士生导师，研究方向：信息管理与知识组织。E-mail：zhangxf@caas.net.cn

展会对其他领域也产生巨大的影响，从而也会影响到生物育种领域大方向的转变。如何利用科学方法，在海量信息筛选过滤的基础上，经过一系列加工挖掘出信息中潜在的知识价值，为科研管理人员制定科研战略规划提供依据已成为当下被广泛关注的问题。通过对学科领域的发展分析，可以详细了解领域内各个学科的发展状态，探测研究热点领域，发现生物育种领域各学科之间的交叉和融合，为生物育种领域的发展趋势进行更好的预测。

本文所指知识演化可被定义为以词语为表征的学科主题在时间维度上的发展变化过程，包含知识的扩散、融合、消逝、突发、激增等演化特征。本研究中的知识演化分析通过主题来表现，一个主题由一个或者多个意思相近同的词或词组组成，主题网络指由多个主题构成的聚类集合，主题网络的演化情况可以反映出各主题的演化趋势。以往知识演化状况的分析多依赖于该领域专家的知识，但是科学的发展速度已呈倍速增长，研究人员对学科领域发展的分析缺乏全局性和系统性，很难对某个学科领域的知识结构和宏观发展状况进行全面客观的描述。

知识传播的一个重要途径即为科研合作与交流，通常领域内的专家首先对某类知识产生兴趣，在同其他学者交流的过程中将该类知识传播至其他人，再随不同地域间的合作交流使得该类知识得到了推广，并与其他知识进行了融合，而学术论文则是知识发展过程中的一种表现形式。由词语构成的主题网络可展示该时间段内的研究热点、主要研究方向、主题间的区别和联系、领域内正在发展的潜在热点等，但不能对其起因和规律进行有效的说明，因此，本文同时对作者和国家进行共现分析，用来辅助说明知识结构的变化情况，通过合作网络的分析揭示出知识流动的情况，可对知识的传播情况有更为清晰的认识。

1　数据和方法

选取科学引文索引数据库（science citation index，SCI）研究主题为 biological breeding（s）、crop breeding（s）、plant breeding（s）以及 bio breeding（s）方向的文献进行检索。考虑到不同类型的文献形成周期有所不同，本文仅对文献类型为 Article、语言为英文的科技论文进行了抽取，时间跨度为 1995 年 1 月 1 日至 2012 年 12 月 31 日，构建了知识演化方法模型（图 1）。由 WOS 最初文献资源集合（U）通过数据处理，得到著者集合（A）、词语集合（K）以及国家集合（C）。词语集合采用共词分析法将标题、关键词和摘要三部分的词语进行统计，随后将 3 个集合中的数据依据共现次数生成矩阵，将矩阵转化并采用 k-means 聚类法进行聚类。本研究采取固定时间窗与重叠渐进式时间窗划分相结合的策略，固定时间窗将 1995—2012 年间以每 1 年作为时间区间划分，连续时间窗研究采用渐进重叠式方法，以每 6 年时间为一个时间窗。同时，据目前 SCI 数据库中生命科学类期刊的审稿期、待发期等时间的统计[1,2]，以及基础实验到文章发表的所需时间，本文将时间片以每两年作为一个单位不断向前移动。选取评价指标集合（F）中的相应指标对各网络进行分析，识别知识演化现象，并同时根据共著网络和国家合作网络分析各现象产生的原因。

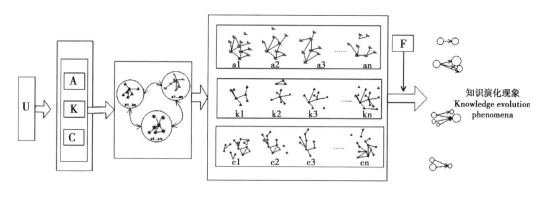

U:文献资源集合Article resource dataset
A:著者集合Author dataset
K:词语集合Word dataset
C:国家集合Nation dataset
F:评价指标集合Evaluation index dataset

图 1　知识演化方法模型

Fig. 1　Model of knowledge evolution method

　　知识演化的现象主要有知识扩散、知识融合、知识消逝、知识突发和知识激增 5 种现象，前两种变化需要较长时间才能显现，后 3 种演变的时间则比较短。知识融合现象是指在连续时间内，科学领域内多个主题逐渐演变成其他主题；知识扩散现象指在连续时间内，科学领域内某个主题分解成多个主题；知识消逝指科学领域内的某个主题在一定时间内全部主题消失或者部分主题消失；知识突发指科学领域内的某个时间点突然大量出现某个主题，且该主题并未找到前一时间窗内的相似主题；知识激增指科学领域内的某些主题的数量在一定时间内大量增加或者类内成员与该主题建立联系突然增多的现象，但主题聚类中的成员数量和成员构成并未发生明显变化。

　　如图 2 所展示，3 个时间窗 t1～t3 每个时间窗有若干主题聚类，聚类团簇越大代表主题包含的成员越多。t2 时间窗内 F2 中一部分主题簇与 C1 相同，还有一部分与 C2 相同，该主题聚类 C1 与 C2 发生知识融合而来；F6 主题中包含与 C4 和 C5 相同的主题簇，是由二者融合而来；F3 由 C2 部分主题簇扩散而来，F4 与 C3 主题簇数量相当，并未发生知识演化；本时间窗内的 F1 与 F5 是孤立主题簇，未从 t1 时间段演化而来，是本时间窗内的新生知识，由知识突发演化而成。t3 时间窗下 N1 为该时间段主要主题，包含了绝大多数 F2 主题簇，因此，F2 未发生知识演化现象，而 F1 与 F3 则通过融合进入 N1 主题；N4 与 N5 是本时间窗下中等水平主题聚类，N4 与 F6 和 F4 有部分相同主题簇，是由 F6 和 F4 发生知识融合而来；N5 仅包含部分 F6 相同主题簇，是由 F6 扩散而来；N2 包含小部分 F4 相同主题簇，是由 F4 扩散而来，N3 则通过本时间段内的知识突发现象而来，t2 时间窗内的 F5 主题未产生新主题，已于 t3 时间段消失。从该示例可以发现，知识演化过程中，各种知识演化现象多是同时进行，某些主题聚类即可能是从前一时间段内扩散而来也可能由另一些主题聚类融合而至。而该主题聚类在下一阶段的演变过程中，可能同时扮演多个角色。

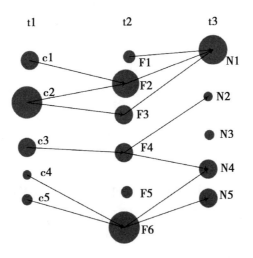

图 2　知识演化各现象在连续时间窗下的演化途径

Fig. 2　Evolutionary path of various knowledge evolution phenomenons in continuous time window

由此可见，知识演化过程中各种现象多是伴随发生，因此，需要相应判定法则以确保自动分析过程中各种知识演化现象识别的准确率。本文首先采用 Coulter 相似指数 SI（Similarity Index）公式[3]对不同时间窗下主题网络的相似程度进行计算。SI 的数值为 0～1，数值越大，两个主题的相似程度就越高。

具体公式为：

$$SI（X_i,X_j,X_{ij}）= 2 \times \frac{X_{ij}}{X_i + X_j} \tag{1}$$

此外，本文还使用了转移率和继承率两个公式：

$$转移率公式\ Vi = \frac{X_{ij}}{X_i} \tag{2}$$

$$继承率公式\ Pj = \frac{X_{ij}}{X_j} \tag{3}$$

其中，i 代表前一时间窗内聚类；j 代表后一时间窗聚类；X_{ij} 为两个主题聚类中相同词语的数量；Xi 为聚类 i 中包含的词语总数量；Xj 为聚类 j 中包含的词语总数量。

本研究仅对前后时间窗内发生了知识演化现象的主题网络进行了分析，其判定条件如下：

（1）SImin≤SI≤SImax

（2）聚类中的成员数大于或者等于最小成员数 Gm

（3）转移率大于或者等于最小转移率 Sm

其中，各取值依次为 Gm = 5；SImin = 0.20；SImax = 0.80；Sm = 0.10。若 $Vi > Pj$ 且 $Xi < Xj$，则发生了知识融合现象；若 $Vi < Pj$ 且 $Xi > Xj$，则发生了知识扩散现象；若后一个时间窗无法找到主题聚类 i 的相似主题，则发生了知识消逝现象；若前一个时间窗无法找到 j 的相似主题或者可找到相似主题但 j 的类内有新成员出现且未从前一时间窗其他主题聚类演化而来，则发生了知识突发现象；若 j 的类内成员增长较快，则发生了知识激增现象。

2 生物育种领域知识演化分析

本研究从 SCI 数据库获得 1995—2012 年的有效文献共计 19 054篇，共有 47 389名作者涉及 162 个国家和地区的 8 796个研究机构。具体分析如下。

2.1 国家合作网络与著者合作网络

SCI 数据库中文献作者所属国家信息从 2008 年开始进行详细录入，本文仅对 2008—2012 年时间窗内的数据进行了分析。图 3 展现了生物育种领域不同国家的合作联系紧密程度分为 6 个聚类，其中，红色聚类为合作网络中的重要国家，大部分都为传统的科学技术强国，例如，美国、德国、英国、日本、法国、俄罗斯等国家，也有近些年新崛起第三世界国家，例如中国、南非、印度等国家。处在聚类 2 中的国家掌握着生物育种领域的关键技术，也对本领域未来发展起着决定性作用。这个聚类内，美国和中国处于整个合作网络的核心位置，不仅发文量最多而且同其他国家的合作数量也最多，尤其是美国，与本聚类内的大部分国家都有合作。处于聚类 1 中的国家为东欧国家，这些国家大部分通过与聚类 2 中欧洲区域内的国家进行合作交流，以获得生物育种领域最新的技术和理论。聚类 6 中的国家绝大部分属于非洲国家，而聚类 5 中国家分布比较分散既有亚洲的菲律宾、泰国也有非洲和南美一些国家。聚类 156 中的国家与聚类 2 中的国家频繁进行交流，但是各自同本聚类内其他国家的交流则较少，可能是通过一些资金援助项目，去一些发达国家进行访问和学习，以获得生物育种领域的最新知识。聚类 3 中绝大部分也属于非洲国家，聚类 4 既有亚洲也有南美的国家。这两个聚类中的国家除了与聚类 2 的国家频繁交流，本区域间小范围的合作也比较多。结合 2008—2012 年固定时间窗下的国家网络分析比较可知，美国长期以来一直处于核心地位，多数国家都与美国建立联系，而其他合作交流比较多的为英国、德国和法国，德国和法国在欧洲区域内比较活跃，与欧洲其他国家交流比较多，与大部分论文高产的欧洲国家都建立了联系。中国虽然在发文量上逐渐升至第二，但在网络中与其他国家的交流没有显著增长，大部分属于本国内部的合作交流。

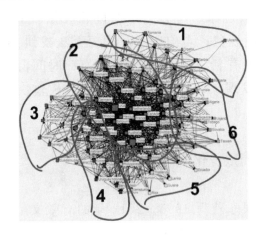

图 3　2008—2012 年国家合作网络

Fig. 3　Country cooperation network，2008—2012

　　图 4 显示了连续时间窗内的共著网络，实线圈所标识的区域为该时间段内交流最广泛的涉及著者最多的合作团体。生物育种领域的发展，越来越取决于领域内核心研究人员及其研究团队的发展，随着领域内知识的不断发展，核心作者们之间的合作交流越来越多，逐渐形成了大的合作团体。从 2001 年开始，

合作网络中的大部分著者相互间都有联系，并且有越来越多的作者加入，而另几个合作人员较少但是发文量较大的合作团体中，一直保持未有变化，可能是该合作团体关注特定的研究方向，且研究较深入并获得了一定认可，处于生物育种领域内不可或缺的专家，所以，即未有其他学者融入同时该团体发文量较大，因此，未从著者合作网络中消失。在 2001—2006 年之前的 3 个时间段中，都呈分散分布的小合作团体，在知识演化的进程中，若合作团体聚集形成了越来越大团簇，那么该时间段内就有可能发生知识融合的现象，若该时间段内小合作团体较多，便容易产生知识扩散现象。知识在不同团体中的不断传播带动了领域知识不断前进，并在前进过程中产生了各种知识演化现象。

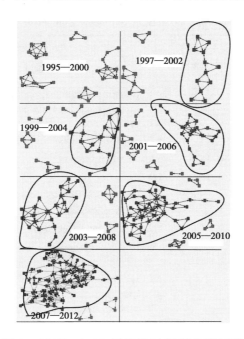

图 4　1995—2012 年连续时间窗共著网络

Fig. 4　Co-author network of continuous time window，1995—2012

2.2　知识演化现象识别

1995—2012 年间生物育种领域仍然以分子育种和分子标记辅助育种两大主题为核心（表 1），同时与基因组相关研究方向结合，类内成员比较固定，未有特别的变化。而转基因育种方向一直围绕在品质改良，例如，抗旱耐盐碱方向。其中，涉及知识融合过程的主题主要为水稻、大豆、小麦等品种与不同类型的育种技术在下一时间窗发生融合，例如，玉米培育与分子标记技术、转基因技术等都与之关联，在发展过程中产生了知识融合现象。此外，还有不同育种技术间的融合，例如，1995 年后的几年间，RAPD 分子标记使用的相对较多，随后 QTL 定位方法相关主题与该类分子标记技术的研究主题发生了融合，出现在核心主题中；拟南芥最早研究主题为转基因相关方向，随后与蛋白质组代谢相关研究主题发生融合，转变为拟南芥的遗传调控研究。知识消逝、知识突发和知识激增现象则多发生于各类技术相关的研究主题，例如，分子标记技术 AFLP 于 2010 年消逝，RAPD 和 PCR 相关主题在 2009 年一并消失。RAPD 和 FISH 技术分别于 1996 年和 2010 年出现于网络中；2010 年芸苔属蔬菜抗病研究主题消逝，SSR 分子标记技术 2011 年消逝；SNP 研究主题于 2009 年突然大量涌现。

表 1　1995—2012 年间连续时间窗下主要主题分类

Table 1　the main topic network of continuous time window，1995—2012

时间窗 Time window	主题总数 Total number of topic	主要主题序号 Main topic number	代表主题 Topic represent to
1995—2000	6	1	QTL 定位构建连锁图谱、马铃薯分子育种 QTL mapping and linkage map construction；Potato molecular breeding
		2	分子标记辅助育种 molecular marker assistance breeding
1997—2002	10	1	小麦育种 wheat breeding
1999—2004	10	1	谷物杂交 grain hybrids
		2	QTL 定位构建连锁图谱 QTL mapping and linkage map construction
2001—2006	10	2	QTL 定位构建连锁图谱、基因组测序 QTL mapping and linkage map construction；genome sequencing
		4	谷物品质改良 Grain quality improvement
2003—2008	6	2	分子标记 molecular marker
2005—2010	11	2	QTL 定位、基因组测序、分子标记辅助育种 QTL mapping；genome sequencing；molecular marker assistance breeding
2007—2012	9	3	分子标记与 QTL 定位，基因组测序 Molecular marker assistance breeding and QTL mapping；genome sequencing

2.2.1　知识融合现象实例分析

2003—2008 年时间窗下主题聚类 2♯ 和 3♯，发展成了 2005—2010 年时间窗下的一个大的主题聚类 2♯（表 2）。2003—2008 年阶段正是水稻基因组完成测序[4]，众多研究集中于水稻基因组以及全基因组测序后进行 QTL 定位的研究阶段，大量论文探讨于此，使得 QTL 与 Genome 和 Rice 关系紧密。但随着研究不断的深入，并依据水稻基因组逐渐完成了水稻数量性状位点分析的研究，分子育种技术结合 QTL 技术，开始了以分子标记进行 QTL 定位构建分子遗传图谱的研究方向[5]。

表 2　知识融合现象实例数据展示

Table 2　Example detail of knowledge fusion phenomenon

主题序号 Group number	2003—2008 年		2005—2010 年	
	2	3	2	
类内成员 Group member	26	10	28	
相同成员个数 Same member	15	7	22	
SI	0.55	0.37	—	
V	0.58	0.70	—	
P	—	—	0.54	0.25

2.2.2　知识扩散现象实例分析

1999—2004 年时间窗下的主题聚类 1♯ 经过两年的发展，发展成了 2001—2006 年时间窗下主题聚类 4♯ 和 6♯，从一个大的主题发展成了两个各自独立的主题，分别关注谷物品质改良方向，和分子标记技术微观应用探讨方向（表 3）。

表 3　知识扩散现象实例数据展示

Table 3　Example detail of knowledge diffusion phenomenon

主题序号 Group number	1999—2004 年		2001—2006 年	
	1		4	6
类内成员 Group member	36		20	20
相同成员个数 Same member	29		16	13
SI	0.57	0.46	—	—
V	0.44	0.36	—	—
P	—		0.80	0.65

2.2.3　知识突发现象实例分析

1995 年主题聚类中的重点主题与 1996 年主题聚类中的重点主题相似，有部分为新主题未在 1995 年的主题网络中找到相似主题（表 4）。1996 年的核心主题有 5 个新增成员，分别为 Phenotype、RAPD、Clone、Carrie 和 Restriction。该新增成员是首次出现在主题网络中，RAPD 为随机扩增多态性 DNA 标记（random amplified polymorphic DNA），该种技术最早由 20 世纪 90 年代初发明。RAPD 是建立在 PCR（Polymerase Chain Reaction）基础之上的，PCR 全称为聚合酶链式反应，是一种分子生物技术，运用该技术可以放大特定的 DNA 片段。而 RAPD 则是一种可对整个序列基因组进行多态性分析的技术，通过 RAPD 扩增的产物可反映基因组的多态性，因此，该种技术可被应用于生物的品种鉴定、系谱分析及进化关系的研究上[6]。而 Clone 是无性繁殖的意思，克隆技术在转基因分子技术例如 PCR 中大量应用，克隆的基因可以进行测序分析。Phenotype 是表现型的意思，指具有某些特定基因型的个体在一定环境条件下，基因的产物所表现出来的性状特征的总和，基因型相同的个体表现型可能相同也可能不相同。克隆技术完成后通常要对基因的表现型和基因型进行判断，以挑选为所需物质进行后继步骤的实验。而 Restriction 在这里指限制性内切酶（Restriction enzyme 或者 restriction endonuclease），限制性内切酶能识别并分裂外源 DNA 分子上的特定部位并将其切断，从而限制外源 DNA 的侵入并使之失去活力，但对细胞自身的遗传却无损害作用。这样可以保护细胞的遗传信息开始克隆并表达限制性内切酶，克隆技术引导限制性内切酶在进行表达时分离开原有环境，从而避免了原细胞中其他内切酶的失误判断[7~9]。

由这些分析可知，本主题网络内新增的词语间关系紧密，共同代表一类主题，均与转基因相关研究方向有关。1995 年以后，正是分子育种领域进入二代转基因作物的时间，由最初第一代转基因作物以抗除草剂、抗虫、抗病的目标转为关注作物品质改良和抗旱耐盐碱方向[9]。

表 4　知识突发现象实例数据展示

Table 4　Example detail of knowledge burst phenomenon

主题序号 Group number	1995 年	1996 年
	1	1
类内成员 Group member	32	38
新增成员个数 New member	—	5
新增成员名称 New member name	—	Phenotype RAPD Clone Carrie Restriction

2.2.4　知识激增现象实例分析

2006 年主题聚类中的核心主题与 2005 年主题聚类中的核心主题相似，但 2006 年聚类中"水稻"主题增长率较大，网络密度明显增加（图 5）。查阅相关资料可知，水稻基因组测序采用了第一代测序方法于 2002 年完成了籼、粳稻两个亚种全基因组的测序，测序完成后，学者们从各研究方向围绕水稻基因组进行分析。亚洲和非洲国家多以水稻为主食，水稻在很大程度上解决了世界的粮食问题，但是一些品种特别是一些籼型品种在发育的后期衰老的特别快，从而限制了更多物质的积累，造成结实率和千粒重等产量相关性状提高的瓶颈问题[4]。水稻基因组测序的完成有效的帮助研究人员对水稻的基因功能进行高效研究，更可为进入更复杂的禾谷类基因组研究领域打下基础。2005年开始，中国学者的发文量排名靠前，有关水稻的研究主题在主题网络中处于中心位置。水稻基因组研究在2002年后不断深入，育种领域的文献越来越多，使得与水稻相关的研究主题于2006年呈现大幅增长。

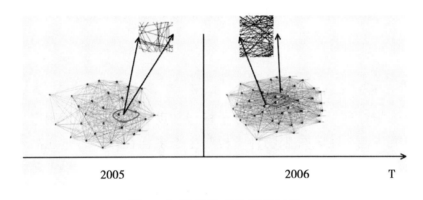

图5 知识激增现象实例展示

Fig.5 Example of knowledge proliferation phenomenon

2.2.5 知识消逝现象实例分析

图6中的虚线框为该年度的核心主题聚类，2011年核心主题聚类与2010年相比，其中与SSR相关的词语主题不再显现，该类主题发生了知识消逝现象。SSR全称为Simple Sequence Repeat，也称为微卫星DNA（Microsatellite DNA），SSR标记技术在作物数量性状基因座定位中的分析方法，已被广泛应用于生物遗传多样性、遗传图谱构建、基因定位、分子标记辅助育种等研究中，成为生物资源利用、开发和保护常用的方法和技术。SSR可利用PCR技术进行扩增，然后进行凝胶电泳分析。近些年来，SSR分子标记已经陆续被应在玉米、小麦、大豆、水稻等作物物种遗传多样性的研究中并取得很好效果[10,11]，也可以为构建遗传连锁图谱提供有力帮助，近年来，SSR分子标记方法已逐渐被第三代遗传标记方法SNP所取代。

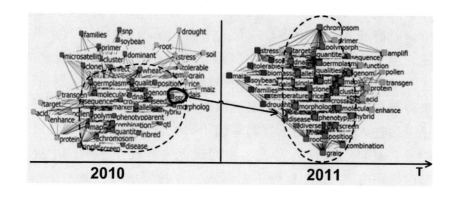

图 6　知识消逝现象实例数据展示

Fig. 6　Example of knowledge disappearance phenomenon

3　讨论

近些年生物育种领域的研究以分子标记辅助育种、基因组测序、种质资源选择相关研究主题为主，外来物种入侵与生态多样性保护、抗逆品种选育、抗旱改良以及转基因改良育种等几个研究主题虽然属于中等规模主题，但一直稳定的存在于主题网络中；本领域的技术方面则以转基因、分子标记、基因组学相关技术为核心。欧美等技术强国在生物育种领域的研究中一直处于领先地位，美国是本领域技术的核心国家，与世界大部分国家有学术合作，中国近些年在本领域的地位逐渐上升，与其他国家交流频繁，并于 2012 年首次超过美国成为合作发表文献最多的国家。当下生物育种领域的专家学者间的交流与合作愈发增多，近年已形成大的合作团体。

随着当今基因组学、代谢组学理论的发展，以及高通量测序和重测序技术的日渐成熟，未来生物育种领域会继续以分子标记辅助育种、全基因组重测序技术以及抗逆耐盐抗旱品种选育 3 个研究方向为主。各个国家间的交流也将越来越频繁，从而更好的带动生物育种领域的发展。

参考文献

[1] 王伟，吴信岚. SCI 收录的生物技术源期刊的统计分析和投稿策略 [J]. 农业图书情报学刊，2010，22（11）：244-246.

Wang W，Wu X L，Statistical analysis and manuscript submission strategy of periodicals of biotechnology collected by SCI JCR Web [J]. Journal of Library and Information Sciences in Agriculture，2010，22（11）：244-246.

［2］刘晓燕，张成峨，等.国内外土壤与植物营养学领域科技期刊论文发表时滞的统计分析.第七界全国核心期刊与期刊国际化网络化研讨会论文集，2009：122-128.

［3］Coulter N. Software Engineering as Seen through Its Research Literature：A Study in Co-Word Analysis ［J］. Journal of the American Society for Information Science，1998，49（13）：1206-1223.

［4］郭龙彪，程式华，钱前.水稻基因组测序和分析的研究进展 ［J］. 中国水稻科学，2004，18（6）：557-562.

Guo L B，Cheng S H，Qian Q. Highlights in Sequencing and Analysis of Rice Genome ［J］. Chinese Rice Science，2004，18（6）：557-562.

［5］黎裕，王健康，等，中国作物分子育种现状与发展前景 ［J］. 作物学报，2010，36（9）：1 425-1 430.

Li Y，Wang J K，et al. Crop Molecular Breeding in China：Current Status and Perspectives ［J］，ActaAgronomicaSinica，2010，36（9）：1 425-1 430.

［6］郝炳，渠云芳.DNA 分子标记在作物育种中的应用 ［J］，山西农业科学，2009，37（3）：81-85.

HaoJ，Liang Y F. Application of DNA Molecular Marker in the Crop Breeding ［J］. Journal of Shanxi Agricultural Sciences，2009，37（3）：81-85.

［7］李恋.生物技术在植物育种上的新应用 ［J］. 内蒙古农业科技，2009（3）：52-54.

［8］杨景成，于元杰，等.外源DNA 导入植物技术的发展及其在作物育种中的应用 ［J］. 核农学报，2002，17（1）：79-84.

［9］刘治先，乔峰等.世界转基因农作物的应用现状和发展趋势 ［J］. 山东农业科学，2008（7）：113-115.

［10］李德全，赵立庆.SSR 分子标记在玉米育种中的应用 ［J］. 农业科技通讯，2012（3）：98-99.

［11］黄国庆，郭加元.SSR 标记在水稻遗传育种中的应用 ［J］. 江西农业学报，2007，19（4）：20-22.

Huang G Q，Guo J Y，Application of SSR Marker in Rice Genetics and Breeding ［J］. ActaAgriculturae Jiangxi，2007，19（4）：20-22.

DDC 与 UDC 对比分析[*]

——以工程学科为例

DDC and UDC Omparative Analysis
——A Case Study in Engineering

刘家益^{**}　张学福^{***}　潘淑春　孙　巍

Liu Jiayi，Zhang Xuefu，Pan Shuchun，Sun wei

（中国农业科学院农业信息研究所，北京　100081）

摘　要：为了更深入理解 DDC 与 UDC 的差异，设计出更优质的知识组织系统（Knowledge Organization System），本文采用领域专家分析和量化对比方法，对最新版本的 DDC 和 UDC 工程相关范畴类目进行对比分析。分析结果表明：①DDC 与 UDC 的知识覆盖面重合度较高；② DDC 范畴类目划分整体上较 UDC 更为细致；③DDC 与 UDC 范畴类目设置存在较大差异；④DDC 与 UDC 的差异主要是由两者知识描述角度的差异造成的。

关键词：知识组织系统；DDC；UDC

中图分类号：G254

1　背景

《杜威十进图书分类法》（Dewey Decimal Classification，DDC[1]）由美国图书馆学家麦尔威·杜威于 1876 年发明，对世界图书馆分类学有相当大的影响，已翻译成西班牙文、中文、法文、挪威文、土耳其文、日文、僧伽罗文、葡萄牙文、泰文等出版，目前被全球超过 130 个国家的 20 000 余个图书馆

---

　* 本文系国家"十二五"科技支撑计划"面向外文科技文献信息的知识组织体系建设与应用研究"（项目编号：2011BAH10B00）研究成果之一

　** 作者简介：刘家益（1986—　），男，中国农业科学院农业信息研究所研究实习员，研究方向：web 挖掘、知识抽取、本体等。E-mail：liujiayi@caas.cn

　*** 通讯作者：张学福（1966—　），男，中国农业科学院农业信息研究所研究员，研究方向：农业知识组织与可视化分析。E-mail：zhangxuefu@caas.cn

所使用[2]。

《国际十进分类法》（Universal Decimal Classification，UDC[3]），又称为通用十进制分类法，是世界上规模最大、用户最多、影响最广泛的文献资料分类法之一。自 1899—1905 年比利时学者奥特勒和拉封丹共同主编、出版 UDC 法文第 1 版以来，现已有 20 多种语言的各种详略版本。近百年来，UDC 已被世界上几十个国家的 10 多万个图书馆和情报机构采用。UDC 目前已成为名副其实的国际通用文献分类法[4]。

作为最权威最有影响力的两种知识组织系统，DDC 和 UDC 不仅为知识服务工作者提供了有力工具，也为知识组织系统（KOS）开发人员提供了很好的借鉴参考工具。DDC 与 UDC 之所以能够相互独立存在，在于两者存在差别。找出两者差别，对深入理解 DDC、UDC 以及知识组织系统开发有着重要的理论和实践指导意义。

2　原则与方法

2.1　范畴类目对比分析的原则

本文所谓范畴类目，是指知识组织系统中的一个结点，包括一个范畴号（class notation）以及范畴号对应的范畴标题（class caption）。DDC 与 UDC 均主要由众多范畴类目组成。对 DDC/UDC 作对比分析，实际上是对其范畴类目体系作对比分析。DDC 与 UDC 范畴类目体系均采用层级的知识结构，下级范畴类目是对其上级范畴类目的进一步细分。范畴号标识了范畴类目在整个知识组织系统中的层级位置。范畴标题则是对范畴类目的文字性描述。对范畴类目作对比分析时，不仅要考虑标题相似性，还要考虑范畴类目所处层级位置。

在对比分析 DDC 与 UDC 范畴类目时，本文遵循如下原则。

（1）范畴类目的层级位置和标题共同决定了范畴类目的含义。含义的相似程度决定了范畴类目的相似程度。

（2）范畴类目间的比较通常只在同级别内进行，即顶级范畴类目与顶级范畴类目对比，二级范畴类目与二级范畴类目对比，三级范畴类目与三级范畴类目对比。特殊情况除外。

需要说明的是，本文所称范畴类目级别如顶级、二级、三级等，不是 DDC 或 UDC 范畴类目体系中的绝对层级，而是相对级别，其中顶级范畴类目是指对某个领域（如农业学科）知识的初次划分，二级范畴类目是指在顶级范畴类目基础上对某个领域知识的二次划分，依此类推。

根据上述原则，本文定义范畴类目相似的 3 个程度。

匹配：即两个范畴类目具有较高相似度，通常是指范畴类目含义近乎一致；

不匹配：即两个范畴类目具有较低相似度，通常是指范畴类目含义完全没有交叉重叠；

部分匹配：即两个范畴类目的相似度介于匹配与不匹配之间，通常是范畴类目含义有部分重叠。

另外，本文定义了术语"不匹配率"，用来衡量两个分类体系的差异程度。所谓不匹配率，是指不匹配的范畴类目数占范畴类目总数的比率。由于本文是对 DDC 与 UDC 的对比分析，因此，计算不匹配率时，不匹配范畴类目数是同一层级 DDC 的不匹配范畴类目数与 UDC 的不匹配范畴类目数之和，范畴类目总数是同一层级 DDC 与 UDC 的范畴类目数之和。

2.2 范畴类目对比分析的方法

遵照上述比较原则，本文设计了如下范畴类目对比分析的方法。

（1）顶级范畴类目匹配。对比两个范畴类目体系的顶级范畴类目，形成 DDC 与 UDC 顶级范畴类目映射对（即两个可以匹配或部分匹配的顶级范畴类目，一个来自 DDC，一个来自 UDC），统计匹配、部分匹配和不匹配的 DDC 顶级范畴类目数和 UDC 顶级范畴类目数，计算不匹配率。

（2）二级范畴类目匹配。对每个顶级范畴类目映射对，对比它们下面的二级范畴类目，形成二级范畴类目映射对，统计匹配、部分匹配和不匹配的 DDC 二级范畴类目数和 UDC 二级范畴类目数，计算不匹配率。

（3）三级范畴类目匹配。对每一个二级范畴类目映射对，对比它们的三级范畴类目，统计匹配、部分匹配和不匹配的 DDC 三级范畴类目数和 UDC 三级范畴类目数，计算不匹配率。

3 数据预处理

数据源的选择。DDC 与 UDC 均有不同语言的版本，而英文版应用最广泛。为统一语言，便于对比，本文选择最新的出版于 2011 年的第 23 版完整英文版 DDC 和最新的更新日期是 2003 年的英文版 UDC[5] 作为对比分析对象。为便于操作，本文对一些范畴标题进行了简单翻译，但是对比分析时仍以英文范畴标题为主要依据。由于 DDC 与 UDC 体量巨大，考虑可操作性，不失一般性，本文选取了工程学科的前三级范畴类目作为对比分析对象。

层级校准。DDC 与 UDC 的范畴类目体系结构具有一定差异。例如，存在着一些相匹配的范畴类目，在 DDC 中可能是顶级范畴类目，而在 UDC 中却是二级甚至是三级范畴类目。为了使对比分析更具可操作性，必须使两者中相匹配的范畴类目尽量处于相同的层级，但是同时还要考虑不破坏范畴类目体系本身的结构性，这就必须对一些范畴类目的层级进行调整。本文采用的方法是，由领域专家对 DDC 和 UDC 类目进行分析判断，把其中可作为工程学科顶级划分但不处于顶级的范畴类目提升为顶级范畴类目。被提升的范畴类目的所有下级范畴类目均顺次提升相同级数，以保持原有范畴类目的体系结构相对稳定。通过校准后，DDC 有 22 个顶级工科范畴类目，UDC 有 30 个工科顶级范畴类目。至此，DDC 与 UDC 对工程学科知识的划分已基本处于相同层级，具有了较大的可操作性。

4 范畴类目对比分析

根据上文提出的对比分析原则和方法，经过数据预处理后，对 DDC 与 UDC 工程范畴类目进行对比。

虽然进行了层级校准，在对比分析过程中，仍然出现了极少量跨级匹配的情况。本文的处理方法是，在统计时，将该范畴类目的匹配结果分别记录在对应级别的范畴类目匹配结果里。例如某 DDC 二级范畴类目与某 UDC 三级范畴类目部分匹配，则 DDC 二级范畴类目"部分匹配数"加一，同时，UDC 三级范畴类目"部分匹配数"加一。

对比分析结束后，对各级范畴类目数量进行核查校验，发现各类型的范畴类目数量与范畴类目总数一致，证明数据统计无误。

4.1 顶级范畴类目对比分析

顶级范畴类目是对某个领域知识的初始划分，体现了知识组织系统在该领域的知识覆盖面。通过对比分析，DDC 与 UDC 在工科领域的顶级范畴类目的相似情况如表 1。

表 1 顶级范畴类目比较结果

	DDC	UDC	总数
匹配	5	5	10
部分匹配	13	17	30
不匹配	4	8	12
不匹配率（%）	18.18	26.67	23.08

从数量上看，DDC 共有 22 个顶级范畴类目与工科直接相关，将工科知识分为 22 块。UDC 共有顶级范畴类目 30 个，将工科知识分为 30 块。DDC 一级范畴类目少于 UDC 一级范畴类目，说明在顶级划分上，UDC 比 DDC 更细一些。

从相似程度上看，DDC 和 UDC 共 52 个顶级范畴类目中，有 5 个 DDC 与 UDC 范畴类目匹配，得到 5 个范畴类目对；13 个 DDC 范畴类目与 17 个 UDC 范畴类目部分匹配（有若干多对一的情况），得到 13 个范畴类目对；4 个 DDC 范畴类目和 8 个 UDC 范畴类目不能在对方范畴类目体系中找到匹配或部分匹配范畴类目。不匹配范畴类目数共 12 个，占一级范畴类目总数 23.07%，这表明，有超过 76% 的 DDC/UDC 顶级范畴类目是匹配或部分匹配的，DDC 与 UDC 顶级范畴类目具有较大的相似性。

4.2 二级范畴类目对比分析

二级范畴类目是对顶级范畴类目的细分。通过对比分析，二级范畴类目相似情况如表 2 所示。需说明的是，在匹配的二级范畴类目中，DDC 的单个范畴类目（范畴号为 725～728 与 5 个 UDC 范畴类目（范畴号为 721、725、726、727、728，）的并集匹配，计数时，这 5 个 UDC 范畴类目计为 1 个匹配。因此，在表 2 中，UDC 二级范畴类目总数为 109。

表 2　二级范畴类目比较结果

	DDC	UDC	总数
匹配	20	20	40
部分匹配	41	41	83
不匹配	91	48	139
不匹配率（%）	59.87	42.48	52.45

从数量上看，DDC 共有二级范畴类目 152 个，UDC 共有二级范畴类目 113 个，DDC 二级范畴类目比 UDC 二级范畴类目多出约 34%，由此可知，在二级划分上，DDC 更加细致。

在二级范畴类目中，DDC 与 UDC 有 20 对范畴类目可以匹配，得到 20 个匹配范畴类目对；有 41 个 DDC 范畴类目可以与 UDC 二级范畴类目（少量三级范畴类目）部分匹配，有 42 个 UDC 二级范畴类目可与 UDC 二级范畴类目（或三级范畴类目）部分匹配范畴类目对；有 91 个 DDC 范畴类目和 47 个 UDC 范畴类目无法找到匹配或部分匹配范畴类目。

不匹配范畴类目总数为 138 个，占二级范畴类目总数 52.45%。可见，

DDC 与 UDC 的差异在二级范畴类目中进一步扩大，不匹配率已超过一半。

4.3 三级范畴类目对比分析

三级范畴类目是对二级范畴类目的进一步细分。三级范畴类目的对比分析结果见表 3。需说明的是，在匹配过程中，有一个 DDC 范畴类目（005.74）与两个 UDC 范畴类目（004.65、004.63）的并集相匹配，在计数时，UDC 的两个范畴类目的共同计数为 1，导致表中 UDC 范畴类目总数为 214 个。

表 3　三级范畴类目比较结果

	DDC	UDC	总数
匹配	12	13	25
部分匹配	50	54	104
不匹配	499	147	646
不匹配率（％）	88.95	68.37	83.25

从数量上看，DDC 共有三级范畴类目 561 个，UDC 共有三级范畴类目 215 个。DDC 三级范畴类目已超出 UDC 三级范畴类目的两倍，可知，在深层级的知识细分上，DDC 比 UDC 要细致很多。

在三级范畴类目中，有 12 对三级范畴类目可以匹配，另有一个 UDC 三级范畴类目可与 DDC 二级范畴类目匹配；有 50 个 DDC 二级范畴类目可以与 UDC 二级范畴类目部分匹配（存在多对一情况和少量跨级匹配情况），有 54 个 UDC 二级范畴类目可以与 DDC 二级范畴类目部分匹配（存在多对一情况和少量跨级匹配情况）；有 499 个 DDC 三级范畴类目和 147 个 UDC 三级范畴类目不无法找到匹配范畴类目。

从上述数据中可知，不匹配的三级范畴类目数为 646，占三级范畴类目总数的 83.25％，可见，到了三级范畴类目，DDC 与 UDC 的差异已经非常明显，平均有占总数 80％ 的范畴类目无法在对方的范畴类目体系中找到。

4.4 整体对比分析

如果不考虑层级，将前三级范畴类目作为一个整体进行对比分析，则结果如表 4 所示。

表 4　范畴类目整体比较结果

不匹配范畴类目数	796
范畴类目总数	1093
不匹配率	0.72827081

DDC 与 UDC 前三级工科范畴类目总数共为 1 093 个，其中无法匹配的范

畴类目数为 796，占到总范畴类目数的 72.83%。这表明 DDC 与 UDC 的范畴类目中，无法匹配的范畴类目数接近 3/4，还是比较大的。

5 结论与展望

5.1 结论

结合上述 DDC 与 UDC 范畴类目对比分析结果，将其从工程学科推广至一般情况，本文得到如下结论。

DDC 与 UDC 的知识覆盖面重合度较高。分析结果表明，DDC 与 UDC 顶级工科范畴类目差异较小，不匹配率仅为 23.07%。顶级范畴类目的较小差异反映了两者所覆盖知识面的较小差异。

DDC 范畴类目类目划分较 UDC 更为细致。对工科范畴类目的分析结果表明，整体上，DDC 前三级范畴类目总数为 735，远多于 UDC 的 358。局部上，虽然 DDC 的顶级范畴类目数量少于 UDC，但随着层级加深，DDC 范畴类目数量有大幅增加，而 UDC 相对增加较小，在二级层面，DDC 范畴类目数量已超过 UDC，到三级层面时，DDC 有三级范畴类目 561 个，远超 UDC 的 215 个，两者差距随层级加深有进一步扩大趋势。

DDC 与 UDC 范畴类目设置存在较大差异。DDC 与 UDC 虽然在知识覆盖面上具有较高程度的重合，但具体的范畴类目设置差异很大。对工科范畴类目的分析结果表明，DDC 与 UDC 的不匹配率平均为 72.83%，其中顶级不匹配率为 23.07%，二级范畴类目不匹配率为 52.08%，三级范畴类目不匹配率为 83.25%。DDC 与 UDC 中有至少一半以上的工科范畴类目无法在对方范畴类目体系中找到匹配或部分匹配的范畴类目。

DDC 与 UDC 的差异主要是由两者对知识描述角度的差异造成的。DDC 与 UDC 知识覆盖面重合度较高。但是，为什么在二、三级范畴类目，差异如此大？作者以经过校准后的二级工科范畴类目"交通运输"为例，分析了两者三级范畴类目不匹配原因。经过层级校准后，DDC 与 UDC 的交通运输及其下级范畴类目如表 5、表 6 所示。

表 5 经过层级校准后的 DDC 交通运输及其下级范畴类目

transportation _ 交通运输	
	629.040289 _ Safety measures _ 交通运输安全
	629.045 _ Navigation _ 交通导航
	385 _ * Railroad transportation _ 铁路运输

transportation _ 交通运输	
	N _ Water transportation _ 水运
	N _ Air，Space transportation _ 航空航天运输
	388 _ * Ground transportation _ 地面运输

表 6   经过层级校准后的 UDC 交通运输及其下级范畴类目

N transportation 交通运输	
	656.6 水运
	656.7 空运、空中交通
	656.1/.5 陆路运输

两者在二级范畴类目上完全匹配，但三级范畴类目却有较大差异。DDC 先对交通运输的一般问题进行了划分，再分类型对交通运输进行划分，先总后分来描述交通运输相关知识；UDC 则只分类型对交通运输进行了划分，分类描述交通运输相关知识。这两种不同描述角度，导致了"交通运输安全"和"交通导航"这两个不匹配三级范畴类目的产生。这种情况在一级范畴类目中也同样存在。这表明，DDC 与 UDC 的差异，主要是由两者对知识的描述角度不同产生的。

5.2   展望

本文基于一套自定义的原则和方法，人工对 DDC 和 UDC 的范畴类目相似度进行了对比分析，得出了一些探索性结论，对于深入理解 DDC、UDC 和知识组织系统的设计是有帮助的。但本研究仍存在一些可改进之处，比如，对范畴类目相似度的判断，全由领域专家进行，没有判定范畴类目匹配程度的量化指标；层级校准方法虽具理论可行性，但在实践中可能存在一定误差；由工科范畴类目对比分析结论推广至一般性结论，可能存在一定误差等。

参考文献

［1］OCLC. Dewey Decimal System Home Page. ［2014-11-30］. http：//www. oclc. org/dewey. en. html.

［2］Wikipedia. DeweyDecimal Classification. ［2014-11-30］. http：//en. wikipedia. org/wiki/Dewey _ Decimal _ Classification.

［3］UDC Consortium. Universal Decimal Classification Home Page. ［2014-11-30］. http：//www. udcc. org/.

［4］ Wikipedia. Universal Decimal Classification. ［2014-11-30］. http：//en. wikipedia. org/wiki/Universal _ Decimal _ Classification.

［5］ UDC Consortium. Overview of Last Reported Editions of the Universal Decimal Classification. ［2014-11-30］. http：//www. udcc. org/files/UDCeditions _ overview _ 2010July. pdf.

基于知识组织体系的多维语义关联数据构建研究[*]

Construction of Multidimensional Semantic Linked Data Based on Knowledge Organization System

鲜国建^{**}　赵瑞雪　孟宪学　朱　亮　寇远涛　张　洁

Xian GuoJian，Zhao RuiXue，Meng Xianxue，
Zhu Liang，Kou YuanTao，Zhang Jie

（中国农业科学院农业信息研究所，北京　100081）

摘　要：简要分析知识组织体系与关联数据的区别与联系，介绍了可在不同层次进行语义关联描述的本体模型和专业叙词表。面向科研创新信息需求，应用通用本体和农业科学叙词表等知识组织体系，建立了覆盖知识组织体系、科技文献和科学数据等多类资源的多维语义关联描述框架，实现了从资源的外部属性特征到内容层面的规范描述与语义关联。最后，以农业领域的信息资源为例，基于开源工具D2R，完成了关系型数据库中多类资源向多维语义关联数据的语义映射、自动转化与关联构建。

关键词：关联数据；知识组织体系；本体；叙词表；科技文献；科学数据

0　引言

作为在语义网中使用URI和RDF发布、分享、连接各类数据、信息和知识的最佳实践[1]，关联数据是实现对海量、异源、异构信息精细化揭示、深度序化和语义化组织的有效途径，也是解决海量信息因离散孤立、缺乏语义而难以被计算机智能处理这一难题的有效手段。据统计，为便于计算机更加容易理

---

* 本文是国家"十二五"科技支撑计划项目课题"基于STKOS的知识服务应用示范"（课题编号：2011BAH10B06）和公益性科研院所基本科研业务费课题的研究成果

** 作者简介：鲜国建（1982—　），男，博士。研究方向：知识组织、关联数据、数字资源加工、信息系统开发，发表学术论文10余篇。E-mail：xgj@mail.caas.net.cn

解和处理数据，在地理信息、生命科学、大型传媒、商业企业、政府部门、学术出版和图书馆等领域已发布的近 300 个关联数据集中，近 65％的关联数据集都采用了都柏林元数据 DC、朋友的朋友 FOAF、简单知识组织体系 SKOS 和地理本体 GEO 等被广泛使用的本体或通过词汇集来描述和关联数据[2]。

深入分析已构建发布的关联数据集不难发现，大部分关联数据资源较为分散，资源聚合性较差，尤其是在面向科学研究提供关联数据服务时，尚未根据科研人员对科技信息的实际需求，从多维度进行专业领域多类型信息资源的整合和数据关联。此外，在建立数据间语义关联关系时，一般只重点考虑数据可关联的外部特征（如名称、时间、地点等），缺乏对数据内容尤其是专业领域的属性和语义关系进行描述和揭示，其中主要原因就是未充分利用专业叙词表等知识组织体系和语义资源，导致语义关联层次不够深入。

本文接下来简要分析了知识组织体系与关联数据的区别与联系，介绍了可在不同层次进行语义关联描述的本体模型（通用词汇集）和专业叙词表。在此基础上，面向科研创新需求，基于通用本体和农业科学叙词表等知识组织体系，建立了覆盖知识组织体系、科技文献和科学数据等多类资源语义关联描述框架，并以农业领域科技信息资源为例，基于开源工具 D2R，完成了关系型数据库中多类资源向多维语义关联数据的语义映射、自动转化与关联构建。

1 知识组织体系与关联数据

1.1 区别与联系

作为组织信息和知识的各类规范和方法的总称，知识组织系统（Knowledge Organization Systems，KOS）是获取、组织、管理和利用知识的重要手段[3]，既包括各种叙词表、主题词表、分类法等传统信息组织工具，也包括主题图和本体等新型知识组织技术。在语义网络环境下，尤其是从传统文件网络向具有结构化和富含语义的数据网络（Web of Data）演进过程中[4]，知识组织系统又重新获得人们的广泛关注和高度重视，在组织管理、挖掘分析和开发利用海量信息资源实践中发挥日益重要作用。

关联数据为在网络上发布和链接结构化数据提供了新的载体和手段，使得机器能更准确理解和智能处理数据。然而，关联数据自身并不会给数据增添任何语义信息，而只是为更便捷地承载语义信息提供了基础框架。因此，富含语义关系的叙词表、本体等知识组织系统，与关联数据可有机融合、互为补充。一方面，可将知识组织系统转化、发布为关联数据，使其适应语义网络环境下新的发展和应用需求；另一方面，知识组织系统可在外部属性特征和专业领域实质内容等多个层次描述数据间的语义关系，为其提供明确规范的语义信息。二者相辅相成，可为构建富含语义的数据网络共同发挥作用。

1.2 通用本体与专业叙词表

由于关联数据不具备携带语义功能，因此，在构建和发布关联数据时，有必要应用被广泛使用的语义关联描述框架模型（本体或词汇集）和专业领域的叙词表，才能更规范、广泛、深入地实现数据间的关联打通和互相操作。目前，研究社区已建立了不同层次的通用本体模型：

关联数据集词汇表（Vocabulary of Interlinked Datasets，VoID）和数据溯源词汇表（Provenance Vocabulary）等词汇集[5]，对关联数据生态系统中关联数据集的可用性、质量、性能和可靠性等问题进行了规范描述[6]，使得数据集的自动发现、筛选和查询优化等工作则变得更加方便。

简单知识组织系统（Simple Knowledge Organization System，SKOS）、SKOS-XL 和词汇表的朋友（Vocabulary of a Friend，VOAF）等本体框架，为叙词表、分类法、主题词表等知识组织体系提供一套规范、灵活、可扩展的描述转化机制，并提供了多种属性来定义词汇表之间的继承、扩展和关联等网络关系，以便实现各类知识组织系统资源的共享和重用。

都柏林核心元数据集（Dublin Core Metadata Initiative，DCMI）[7]、书目本体（Bibliographic Ontology，BIBO）、FRBR 书目本体（FRBR-aligned Bibliographic Ontology，FaBiO）和出版需求工业标准元数据（The Publishing Requirements for Industry Standard Metadata，PRISM）等为学术期刊、会议录、文集汇编等母体文献和篇级数据等都提供了通用、标准的描述规范。

研究社区语义网本体（Semantic Web for Research Communities，SWRC）[8]、科研本体 VIVO Core 和朋友的朋友本体 FOAF 等，为描述科研机构、科研项目、科研人员、科研成果和科研条件等与科研创新活动密切相关的各类核心对象实体和属性，以及数据间关联关系提供了规范的语义关联描述框架模型。

专业叙词表方面，以涉农领域为例，国内有中国农业科学院农业信息研究所研制的农业科学叙词表（Chinese Agricultural Thesaurus，CAT），收录了 6 万多个叙词概念并建立了 13 万余条词间语义关系。AGROVOC 是由 FAO 更新维护的多语种叙词表，涵盖农业、林业、渔业、食品等领域，已收录 3 万多个概念，每个概念都用多达 22 种语言进行描述，并与国际上多个词表建立了语义关联，并基于 RDF/SKOS-XL 格式发布了关联数据版本[9]。NALT 是由美国国家农业图书馆等机构编制的农业叙词表，主要收录了农业、生物及相关领域的 9 万多个术语和 4 万多词间关系，提供了英语和西班牙两个语种版本，该词表在 2011 年就将其发布为开放的关联数据。EUROVOC 是由欧盟管理维护的多语种叙词表，最新版本中的语种多达 22 种收录概念 6883 个，主要用于跨语言检索的词表。LCSH 是美国国会图书馆以本馆的字典式目录为基础，以标题语言编制的美国国会图书馆主题词表。LCSH 是世界上使用时间最长、范围最广、规模最大、影响最大的一部综合性标题表，2011 年开始提供关联数据在线检索、浏览、解析和下载服务[10]。

通过综合应用上述通用本体（词汇集）和专业叙词表，将能以更加通用、更加规范和更加科学的方式，在资源外部特征属性和实质内容主题揭示层面，实现知识组织体系与科技文献和科学数据等多类资源的多维语义关联描述和揭示，这也更加有利于提高关联数据的可见性和互操作性。

2 基于知识组织体系的多维语义关联描述机制

尽管不同来源、类型、结构、载体、用途和表现形式的信息资源可能存在这样或那样、显性或隐性的关联关系，但本文只重点开展与农业科研创新密切相关的科技文献、科学数据、农业领域知识组织体系等资源多维语义关联关系构建研究。其中，科技文献重点选择国家农业图书馆的农业科技学术期刊、图书、文集汇编和会议录等类型，科学数据则包括国家农业科学数据共享平台中的科学数据库集及科技机构、科技人员和科研项目特色数据库[11]。在关联和应用知识组织体系方面，作者在"农业科学叙词表关联数据构建研究与实践"一文中已实现了农业科学叙词表向关联数据的转化，并与 AGROVOC 和 NALT 等叙词表初步建立了语义映射和关联[12]，本文将直接应用这一研究成果。

2.1 基于本体的科技文献外部属性关联

学术期刊、图书、会议录等科技文献为开展科研创新提供了重要信息支撑。尽管越来越多的图书馆已将其馆藏资源以关联数据的方式发布，如瑞典联合目录 LIBRIS、美国国会图书馆发布 SKOS 版本的 LCSH，以及 OCLC 基于 WorldCat. org 发布的书目关联数据等，但主要都集中在书目层面，而对篇级文摘和引文数据等更具价值的信息在更小粒度和内容层面的揭示关联还有待深入推进。在所有科技文献中，学术期刊是最为复杂的一类，因为涉及期刊品种、卷期、摘要、作者、引文等多类对象信息。本文综合应用 DCMI、BIBO、

PRISM、SWRC 及 FABIO 等被广泛使用的本体（词汇集），对国家农业图书馆的学术期刊等科技文献的外部属特征进行了规范化表达和语义描述，其中：

期刊母体类可用 bibo：Journal、swrc：Journal 和 fabio：Journal 进行规范描述。该类的属性主要包括期刊名称、ISSN、语种、起始年份、出版商等对象属性和数据属性，其规范化描述如图 1 所示。

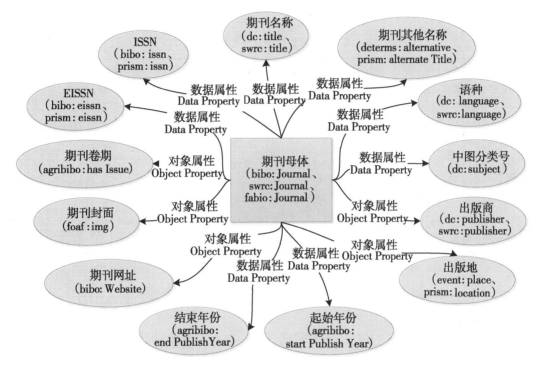

图 1　科技期刊母体类及其核心属性

如图 1 所示，大部分期刊母体元数据项都可直接复用现有本体来表示，且有多个本体模型可供选择使用。然而，作者并未找到能准确表达期刊母体起始出版年份、结束（停刊）年份的词汇。因此，在前缀 agribibo 的限定下，作者自定义了 start Publish Year 和 end Publish Year 两个词汇。此外，还自定义了对象属性 has Issue 来显性地揭示期刊母体与其所有卷期的关联关系。严格意义上，出版商和出版地也可定义为对象属性，其属性取值则应当是一个对象类（如 foaf：Organization 和 event：place）的实例，本文暂未对这两类信息单独描述。

单本期刊（卷期）类可用 bibo：Issue 和 fabio：Journal Issue 进行规范描述。该类的属性主要包括出版年份（swrc：year、fabio：has Publication-Year）、卷（bibo：volume、swrc：volume）、期（bibo：issue、prism：number、swrc：issue）等属性，本文自定义了 agribibo：is Issue of 对象属性，与期刊母体对象属性 agribibo：hasIssue 为互逆属性。一般只需在两个类中定义其中一个属性，就可通过推理得出另一属性的关联信息。

期刊文摘类可用 bibo：Academic Article、fabio：Journal Article 和 swrc：Article 进行规范描述。该类属性主要包括所属期刊卷期、题名、作者、摘要等个属性，其规范化描述如表 1 所示。

表 1　学术期刊文摘类核心属性

序号	核心属性	属性类型	可选用描述词汇
1	所属期刊卷期	Object Property	dcterms：is Part of、agribibo：is Journal Article of
2	题名	Data Property	dc：title、swrc：title
3	其他题名	Data Property	dcterms：alternative、prism：alternate Title
4	作者	Object Property	dc：creator、foaf：maker、swrc：creator
5	关键词	Object Property/Data Property	dc：subject、swrc：keywords、prism：keyword
6	摘要	Data Property	bibo：abstract、dcterms：abstract、swrc：abstract
7	语种	Data Property	dc：language、swrc：language
8	起始页码	Data Property	bibo：page Start、prism：starting Page
9	结束页码	Data Property	bibo：page End、prism：ending Page
10	总页数	Data Property	bibo：numPages、prism：page Count
11	DOI	Object Property	bibo：doi、prism：doi
12	SICI	Data Property	bibo：sici、fabio：has SICI

其中，文摘元数据中包括期刊卷期的唯一标识符 ID，根据关联数据构建原则，本文将所属期刊卷期描述为对象属性，将通过一定规则直接与期刊卷期类的实例进行关联。事实上，对于作者信息，本文将作者姓名及其单位等信息抽象为作者类，通过作者对象属性在文摘类与作者类间建立关联。如果一篇论文有多个作者，则这种关联关系会出现多次。关键词属性既可处理为数据属性（swrc：keywords、prism：keyword），也可描述为对象属性（dc：subjec）。后者需对关键词基于叙词表做进一步标引，将其标引为叙词表中的概念（2.3 节）。

作者类可用 foaf：Person 和 swrc：Academic Staff 等进行规范描述。对该类初步设计了姓名（foaf：name、swrc：name）、所属机构（swrc：address/swrc：affiliation、foaf：Organization）和电子邮箱（swrc：email、foaf：mbox）等属性。目前，从学术论文中能提炼出有关作者的信息非常有限，主要包括姓名、所属机构（通迅地址）和电子邮箱等。由于之前对有关作者详细信息的需求并不多，以及加工成本等因素，已加工的数据中基本上未对作者姓名、所属机构、通讯地址和邮编等信息进行细分和规范加工，只是简单地堆放在一起。在关联数据的环境下，更合理的方式是将作者类的属性进一步规范和扩展。

与学术期刊相比，其他文献类型的规范描述就相对简单，图书、文集汇编和会议录等对象类及部分特殊属性的规范描述如表2所示。

表2　常见文献类型对象类及属性规范描述

科技文献类型	对象类可用本体词汇	对象特殊属性描述词汇
图书对象类	bibo：Book、swrc：Book、fabio：Book	ISBN（bibo：isbn、prism：isbn）、责任者（bibo：editor、swrc：editor）、版次（prism：version Identifier）
文集汇编类	bibo：Collection 和 swrc：Collection	
会议录类	bibo：Proceedings、swrc：Proceedings 和 fabio：Conference Proceedings	所属学术会议（event：produced _ in）
学术会议录	bibo：Conference 和 swrc：Conference	会议名称（swrc：event Title）、主办单位（prism：organization、foaf：Organization）
文集汇编文摘类	bibo：Article 和 swrc：In Collection	
会议录文摘类	bibo：Article、swrc：In Proceedings 和 fabio：Conference Paper	所属会议录（bibo：reproduced In）、所属学术会议（bibo：presented At）

2.2　基于本体的科学数据外部属性关联

科学数据是指人类社会从事科技活动所产生的基本数据，以及按照不同需求而系统加工整理的数据产品和相关信息[13]。科学数据资源是国家科技创新和发展需求的一种战略资源，是科技进步与创新的强有力支撑。当前，以数据密集型计算为特征的科学研究"第四范式"正在兴起[14]，海量科学数据资源的开发利用也备受关注和高度重视。农业科学数据共享中心作为国家科技基础条件平台建设项目，目前共整合了作物科学、动物科学等十二大类农业核心学科的数据库（集）700多个，数据量近3TB，形成了较为系统全面、有较高科学价值的科学数据资源库。

农业科学数据共享中心的数据库集本质上是相对独立的数据库。本文通过继承复用现有的DCMI、VIVO和FaBIO等本体模型，将数据库集类可用vivo：Data Set和fabio：Data base进行规范描述。该类包括数据库中、英文名称、摘要、语种、关键词、负责单位、负责人等13个核心对象属性和数据属性，其规范化描述如图2。

图2中，对农业科学数据库集的核心元数据项进行了规范化描述。其中，将数据库集负责单位与负责人通过对象属性（dc：contributor）分别与科研机

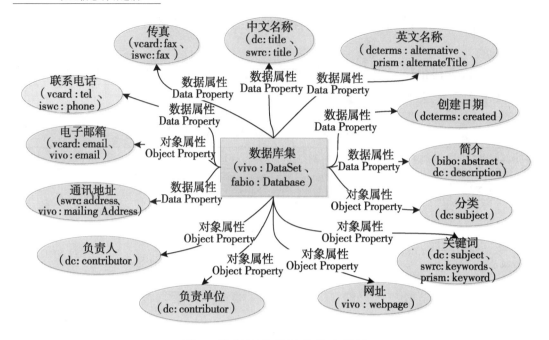

图 2　数据库集类及其核心属性

构和科研人员类建立了关联关系，而不但是之前简单的字符串描述。针对数据集的关键词属性，本文同样采用了两种方式，既可处理为数据属性（swrc：keywords、prism：keyword），又可对关键词基于农业科学叙词表做进一步标引，并通过对象属性（dc：subject）与标引结果建立关联。

　　与虚拟国际规范文档 VIAF[15] 类似，在农业科学数据库（集）中，收集了与科技创新密切相关的农业科技机构、科技人才和科研项目等规范数据，这些数据之间以及与科技文献之间都存在非常紧密的关联关系。其中，农业科技机构类可用 swrc：Organization 和 vivo：Organization 进行规范表达，农业科技人才类可用 swrc：Faculty Member、vivo：Faculty Member 和 foaf：Person等表达，农业科研项目类可用 swrc：Research Project 和 vivo：Project 等类表达。限于篇幅，更详细的属性描述和关联不再详述。

2.3　基于叙词表的专业内容标引与关联

　　尽管基于上述通用本体或词表集可完成对科技文献和科学数据外部属性的规范描述和语义关联，但不同类型数据资源之间，尤其是在内容层面仍缺乏明确、规范和显性的关联揭示。为充分利用农业科技叙词表从内容层面丰富各类资源之间的语义关联关系，基于农业科学叙词表中丰富的概念和语义关系，开发了自动标引工具，初步实现各类资源在概念层面的自动标引（关联规则主要是基于关键词和叙词概念的精确匹配），也初步实现了叙词表、科学数据和科技文献之间的多维语义关联，为开展更丰富的知识服务应用奠定了语义基础。

2.4 多类型资源多维语义关联描述框架

本文在学术期刊、数据库集、科技机构、科技人员、科研项目等多类型资源间建立关联关系的基础上，还与农业科学叙词表中的规范概念建立了语义关联，这为基于农业科学叙词表中丰富的语义关系，更好地整合和挖掘资源奠定了语义基础。这也是本文在构建关联数据过程中采用的具有创新性的方法。图3展示了各类数据资源的多维语义关联关系：

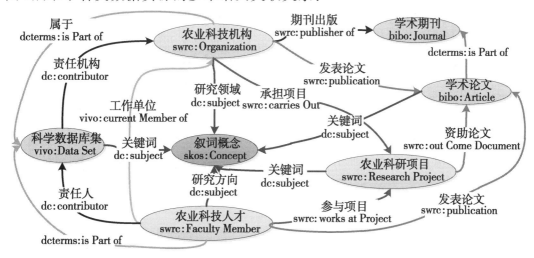

图 3 科学数据与科技文献的语义关联模型

其中，通过 dc：contributor 属性建立了科学数据库集（vivo：Data Set）与其责任单位（科技机构类，swrc：Organization）和责任人（科技人员类，swrc：Faculty Member）之间的关联关系；同时，dcterms：is Part of 建立了科技机构及科技人员与它们所属的数据库集建立了关联。vivo：current Member of 属性建立科技人员与其所属科技机构的关联；swrc：carries Out 和 swrc：works at Project 属性分别关联了科技机构和科技人员参与的科研项目；swrc：publication 属性揭示了科技机构和科技人员发表的学术论文（还可以关联更多科技文献）；swrc：out Come Document 属性建立了科研项目与受其资助发表的学术论文的关联关系。

3 基于 D2R 的多维语义关联数据构建与发布

3.1 关联数据构建与发布关键流程

在构建与发布关联数据过程中，除构建上述语义关联模型外，最为关键的步骤还包括：

• 实体命名：即为每个实体建立稳定、可访问、可解析的唯一标识符 HTTP URI 生成机制。欧盟的欧洲行政互操作项目 ISA 发布的关于 URI 的调查报告，总结了在设计永久唯一标识符的 10 条原则[16]，其中，第一条原则就是尽可能早地为资源为分配唯一标识符。Dodds L 等研究人员也总结了等级型（Hierarchical URIs）、继承型（Natural Keys）和重构型（Rebased URI）等 8 种常见的 URI 生成方式[17]。

• 实体 RDF 化：采用 RDF 对每个对象实体及其属性进行规范化、结构化的语义描述，使得对实例的描述能被计算机理解。

• 实体关联化：采用 RDF 链接来描述各类实体对象之间的关联，并尽可能多地与外部数据源建立丰富的关联关系，使数据集具有跨实体发现的能力。

• 实体发布：部署关联数据发布服务器，对外提供关联数据服务，根据内容协商机制返回正确的网页描述和 RDF 描述；配置 SPARQL 服务端（SPARQL endpoint），对外开放 SPARQL 语义查询接口，供远程调用本地数据。

3.2　基于 D2R 的关联数据构建与发布

在前面设计和建立多维语义关联描述框架的基础上，接下来将遵循 Tim Berners-Lee 提出的创建关联数据应坚持的四项基本原则[18]，基于开源工具 D2R，将存放于关系型数据库中的各类资源以关联数据的形式进行动态关联与发布。D2R 的主要功能是以 RDF 视图和方式，实现对关系型数据库中的数据进行查询访问，并为 RDF 专用浏览器、SPARQL 查询端以及 HTML 传统浏览器提供数据调用接口。作者基于 D2R 提供的 D2RQ 映射语言，完成了存放于数据库中的叙词表、科技文献和科学数据由表、列、表间关系向对象类、核心属性及其关联关系的语义映射，编制了语义映射文件 mapping-agridatas. ttl，图 4 是学术期刊、卷期、论文和作者几类对象的映射框架：

基于 D2R Server，初步构建的农业科技文献语义关联数据构建与发布平台如图 5 所示。

4　结束语

本文基于本体和叙词表等知识组织体系，初步从多种科技文献和科学数据的外部特征属性到实质内容进行了规范描述和语义关联。将图书馆各类科技文献资源进行规范化描述和语义化关联组织，并将特色馆藏资源发布成关联数

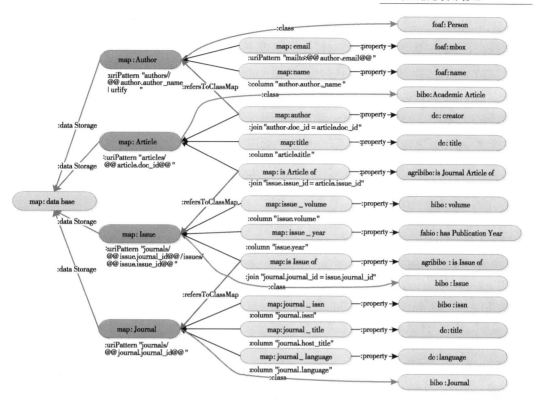

图 4　期刊文献类及属性映射框架

图 5　多维语义关联数据构建与发布平台

据，可增加用户返回图书馆的途径，显著提高馆藏资源的可知性、可见度和可获得性。同时，基于知识组织体系将科学数据与科技文献关联起来，能有效整合、盘活、挖掘和利用好极具科学价值的科学数据资源，有效支撑数据密集型科研创新，最大限度地发挥科学数据的价值。然而，本文在语义关联的广度和深度还远远不够，知识组织体系的作用也还有待进一步挖掘，相关工作将在后续研究深入开展。

参考文献

[1] Bizer C，Heath T，Berners-Lee T. Linked Data-The Story So Far ［J］. International Journal on Semantic Web and Information Systems，2009，5 (3)：1-22.

[2] Bizer C，Jentzsch A，Cyganiak R. State of the LOD Cloud ［EB/OL］. (2011-09-19) (2014-02-19) http：//lod-cloud. net/state/

[3] 王军，张丽.网络知识组织系统的研究现状和发展趋势 ［J].中国图书馆学报，2008，34 (1)：65-69.

[4] Lee TB. Linked Data - Design Issues. ［EB/OL］. (2006-07-27) ［2014-02-11］. ht-tp：//www. w3. org/ DesignIssues/LinkedData. html

[5] Alexander K，Cyganiak R，Hausenblas M，et al. Describing Linked Datasets-On the Design and Usage of voiD, the "Vocabulary Of Interlinked Datasets" ［C］. In：Proceedings of LDOW2009，April 20，2009，Madrid，Spain.

[6] Golbeck J. Weaving a web of trust. Science. 2008，321 (5896)：1 640-1 641.

[7] DCMI Metadata Terms ［EB/OL］. (2012-06-14) ［2014-02-13］. http：//dublincore. org/documents/ 2012/06/14/dcmi-terms/

[8] Sure Y，Bloehdorn S，Haase P，et al. The SWRC ontology - Semantic Web for re-search communities. In Proceedings of the 12th Portuguese Conference on Artificial Intelligence (EPIA 2005). Springer，Covilha，Portugal，December 2005.

[9] AGROVOC Linked Open Data ［EB/OL］. (2013-03-20) ［2013-04-09］. http：// aims. fao. org/ standards/agrovoc/linked-open-data.

[10] Library of Congress Subject Headings ［EB/OL］. (2011-04-26) ［2014-02-20］. ht-tp：//id. loc. gov/authorities/subjects. html

[11] 国家农业科学数据共享中心 ［EB/OL］. (2011-12-02) ［2014-02-17］. http：// www. agridata. cn/

[12] 鲜国建，赵瑞雪，等.农业科学叙词表关联数据构建研究与实践 ［J]，现代图书情报技术，2013 (11)：8-14.

[13] 黄鼎成，郭增艳.科学数据共享管理研究 ［M].北京：中国科学技术出版社，2002.

［14］Hey T，Tansler S，Tolle K，et al. The Fourth Paradigm：Data Intensive Scientific Discovery ［M］. Microsoft Research Publishing，2009.

［15］VIAF：The Virtual International Authority File.［EB/OL］.（2010-06-15）［2012-2-21］. http：//viaf. org/

［16］Archer P，Goedertier S，Loutas N. Study on persistent URIs，with identification of best practices and recommendations on the topic for the MSs and the EC ［ER/OL］.（2012-12-17）［2014-02-16］. https：//joinup. ec. europa. eu/sites/default/files/D7. 1. 3％20-％20 Study％20on％20persistent％20URIs _ 4. pdf.

［17］Dodds L，Davis I. Linked Data Patterns：A pattern catalogue for modelling，publishing，and consuming Linked Data ［EB/OL］.（2012-05-31）［2014-02-19］. http：//patterns. dataincubator. org/book/linked-data- patterns. pdf.

［18］Bizer C，Heath T，Lee T B. Linked Data - The Story So Far. In：Heath，T，Hepp，M，and Bizer，C（eds.）. Special Issue on Linked Data，International Journal on Semantic Web and Information Systems（IJSWIS 2009）.

大数据的特征解

Characteristics of Large Data Solutions

李　路

Li Lu

（中国农业科学院农业信息研究所，北京　100081）

摘　要：当数据的一个量趋向于无穷大时，这个数据称作为大数据。微分方程
的数据都是大数据，微分方程的数据一定有一个量趋向于无穷大。微分方程中
的本征函数和本征值是微分方程的特征解，当算符作用于一个函数其微分方程
的特征解是微分方程的本征函数和本征值。

关键词：大数据；趋向无穷大的量；特征解；热力学集合体；能量分数波动；
热容

当数据的一个量趋向于无穷大时，这个数据称作为大数据。微分方程的数
据都是大数据，微分方程的数据一定有一个量趋向于无穷大。微分方程中的本
征函数和本征值是微分方程的特征解，当算符作用于一个函数其微分方程的特
征解是微分方程的本征函数和本征值。本征函数和本征值是微分方程（量子力
学）中的一组离散集，是薛定谔方程的非普通解微分方程的本征函数与本征值
是微分方程的算符作用于一个函数使这个函数变成另外一个函数，这个函数称
作算符的本征函数，实数解称作本征值。例如，微观光学势哈特里光学势为薛
定谔方程的本征函数解 $E = hbar^2/mea0^2$，它是波尔半径和电子质量和电子
量的函数是一组离散集。量子力学的本征函数与本征值是量子力学中薛定谔微
分方程的非普通解，是一组离散值集，它的物理变量是能量和角动量，是研究
微观状态的一组离散集。量子力学是由薛定谔方程确定本征函数与本征值的，
薛定谔方程是系统的态函数的哈密尔顿算符作用等于系统态函数与能量的积即
$H\psi = E\psi$，例如，m 态时间与位置的态函数 $\psi m (x, t)$。

1 大数据的一个趋向无穷大的量

以 e 为底的数理统计，e 是数学中的超越数，它的定义为当 n 趋向于无穷大时（1＋1/n）^n 的值为 2.718281828，它是超越数可以无穷的循环下去。利用超越数可以无穷的循环下去的特征，进行以 e 为底的数理统计。它的统计意义是当 n 趋向于无穷大时超越数 e 可以无穷循环下去。以一个数 e 作为数理统计的数值，这个数就是当 n 趋向于无穷大时，数值（1＋1/n）^n 的数值，它是一个无穷循环的超越数。例如，玻尔兹曼平衡态统计分布函数的数值 f（x，V）d3xd3V＝Aexp（-1/2βmN^2-βU（x，y，z））d3xd3V，它又能写成当 n 趋向于无穷大时 f（x，V）d3xd3V＝A（1＋1/n）^n（-1/2βmN^2-βU（x，y，z））d3xd3V 的值，它的物理图像就是气体分子数趋向于无穷大时，平衡态时的分布函数的规律。

2 热力学系统集合体的特征解

热力学研究的是一个标准规范的集合体，为了解释和应用热力学系统建立一个标准规范的集合体更有效。我们描述的这个集合体（系统）不是孤立的，它连接着一个热源。我们通过微规范的集合体描述整个系统（系统加热源），我们通过如下方程来描述系统，N_ξ 是集合系统的总数，E（x，p）是系统的力学能，而 ψ，θ 是独立于描述系统的参数 x，p 的参数。

$$\rho（x，p）＝N_\xi exp［（\psi-E（x，p））/\theta］ \qquad (1)$$

$$\int \rho（x，p）d\tau＝N_\xi \qquad (2)$$

事实上方程（2）是有效的，而两个参数 ψ 和 θ 并不是独立的。引入如下方程（3），一般把方程中的 Z 的数量称作配分函数。

$$e^{-(\psi/\theta)}＝\int d\tau exp［-E（x，p）/\theta］＝Z \qquad (3)$$

我们同时定义 Z 为：N 个粒子的系统乘以普朗克常数，现在可以知道参数 ψ 和 θ 为热力学定义的函数。

$$Z＝1/N! \, h^{3N} \int exp［-E（x，p）/\theta］d\tau \qquad (4)$$

这些可以通过一些热力学之间的关系做到。例如，假设 y 是热力学熵，E 是热力学能量（内能），ψ 是自由能（哈密尔顿自由能），那么，对于气体来说可以由压强，体积和温度来表示（P，V，T），它们的某些热力学关系可以由如下方程所示：

$$\psi'=E-Ty \qquad (5)$$

$$d\psi'=-ydT-PdV \qquad (6)$$

$$d\psi'/dT=-y \quad d\psi'/dV=-P \qquad (7)$$

$$\xi=\psi'-Td\psi'/dT \qquad (8)$$

从方程（1）和方程（3）可以知道平均能量的计算。

$$E=\theta^2\partial\log Z/\theta \qquad (9)$$

对于理想气体来说，一个分子的能量为 $p^2/2m$，如下方程可以成立

$$Z=\int\cdots\int dx_1\ldots dp_{zN}\exp(-1/2m\theta\sum P_i^2)=V^N(2\pi m\theta)^{3N/2}$$

$$(10)$$

（基本的积分评估，空间积分只贡献了 V^N，动量积分是高斯积分）。

于是如下方程：

$$E=(3/2)N\theta \qquad (11)$$

$$E=(3/2)NKT=3/2RT \qquad (12)$$

得到一个理想气体，具有 N 个分子在容量为 V 的容器里的能量。由实验知道方程（12）的 1mol 理想气体的热力学能。方程（12）中的 R 为理想气体常数，T 为绝对温度，N 为阿伏伽德罗常数，K 为玻尔兹曼常数。比较方程（11）和方程（12）我们知道 $\theta=KT$。

同样很容易推导出麦克斯韦-玻尔兹曼分布：应用概率为 P（p_1，x_1）$d^3p_1d^3x_1=(\int\cdots\int d^3x_1d^3p_1\ldots d^3p_Ne^{-E/\theta})/\int\cdots\int d^3x1\cdots d^3p_Ne^{-E/\theta}=1/V$ $e^{-p2(2m\theta)}(2m\theta)^{-3/2}d^3p_1d^3x_1$

$$(13)$$

分子 1 有一个指定的位置和动量。计算公式中取消掉的符号的意思为分子 1 的动量和坐标是不可以积分的。方程（13）同样只符合理想气体，然而一般能够确定 $\theta=KT$。根据微分方程（3）中的 θ 很容易从方程（11）（$\theta=KT$）建立一般连接写成如下方程：

$$E=\psi-T\psi/T=\xi \qquad (14)$$

比较一般的热力学关系方程（8），根据这些关系我们可以推导出标准的集合体，参数 θ 和自由能 ψ 确实在这儿起着不同的作用。对于理想气体 ψ 确实能够计算，而且是理想气体的自由能。因此，一般在方程（3）中 ψ 和 ψ' 是有区别的，它是一个含微观力学的积分中的热力学自由能。同时，我们对观察到的 y' 的数量感兴趣，由方程（15）定义，在所有例子中，它起着热力学熵的规律。

$$y'=\int\rho\log\rho d\tau/\int\rho d\tau \qquad (15)$$

事实上方程 $\psi=\xi-Ty'$ 与方程（5）相一致。通过对相关定义的标准的集

合体的细节的这些热力学分析，确实能够产生非常正规的热力学概念。我们已经计算了标准集合体的平均能量 E。更重要的是我们从平均能量期望研究推导什么。于是，必须计算由如下注释定义的的能量的分数波动（离散率）

$$(E^2 - (E)^2) / (E)^2 \tag{16}$$

在方程（17）中，定义 E^2，从方程（17）知道 E^2 的数量直接可以由配分函数 Z 来表示。

$$E^2 = \int E^2 e^{-E/\theta} d\tau / \int e^{-E/\theta} d\tau \tag{17}$$

对于理想气体我们可以得到方程（10），对于波动能量的方程，我们得到方程（18）

$$(E^2 - (E)^2 / (E)^2)^{-1/2} = (2/3N)^{-1/2} \tag{18}$$

因为系统中粒子的数量 N 在 10^{-22} 以上，所以实际上我们观察到系统的平均能量是非常之小的。用同样方法，我们定义一个特殊的热容 $C_v = \partial E / \partial T$，对于能量分数波动的气体，我们一般可以写成如下方程

$$(E^2 - (E)^2 / (E)^2)^{-1/2} = (KT^2 C_v / (E)^2)^{-1/2} \tag{19}$$

对于理想气体能量波动可以忽略不计，对于别的系统就不一定了。对于低温下的固体，能量波动具有一定值。当相变（第一序）发生时，C_v 变成一个有限的值，从方程（19）可以知道，波动的能量变成非常的大。现在可以清楚对于热力学应用，主要的问题是计算和推导配分函数 Z，所有热力学问题都遵循方程（9）和方程（3）。

3　结束语

大数据的特征有一个量趋向无穷大，它的特征解是算符作用于一个函数，使它变成另外一个函数，称为本征函数，实数解称为本征值。对于理想气体我们可以得到方程（10），对于能量分数波动的方程，我们得到方程（18）$(E^2 - (E)^2 / (E)^2)^{-1/2} = (2/3N)^{-1/2}$。主要的问题是计算和推导配分函数 Z，所有热力学问题都遵循方程（9）和方程（3）。

2000—2010 年国家奖励农业科技成果概况分析

The General Situation Analysis on National Rewarding Scientific and Technological Achievements from 2000 to 2010

岳福菊

Yue Fuju

摘　要：1999 年 5 月国家科学技术奖励制度作出重大改革后，2000—2010 年农业科研、教育和企业等单位获得一批国家奖励的重大农业科技成果。通过获奖成果现状、分布和比较研究，初步反映出不同系统的科研实力和水平。

关键词：国家奖励；农业科技成果；科研实力和水平

中图分类号：S-1　　文献标识码：A

农业科学研究的根本目的，是出成果、出人才、出效益。农业科学技术在农业生产、经济建设中的作用，主要是通过科技成果的扩散、转化与推广来实现的，因此，农业科技成果管理在整个科技管理中占有极其重要的地位[1]。

1978 年恢复和颁布国家科学技术成果奖励制度后，特别是 1999 年 5 月国务院颁布《国家科学技术奖励条例》以来，国家科学技术奖励制度作出重大改革。2003 年 12 月国务院发布《修改〈国家科学技术奖励条例〉的决定》。国务院决定设立国家最高科学技术奖，国家自然科学奖、国家技术发明奖、国家科学技术进步奖（以下简称"三大奖"）和中华人民共和国国际科学技术合作奖。国家最高科学技术奖每年授予人数不超过 2 名，报请国家主席签署并颁发证书和奖金。国家自然科学奖、国家技术发明奖、国家科学技术进步奖分为一等奖、二等奖 2 个等级，对作出特别重大科学发现或者技术发明的公民，对完成具有特别重大意义的科学技术工程、计划、项目等作出突出贡献的公民、组织，可以授予特等奖。国家自然科学奖、国家技术发明奖、国家科学技术进步奖每年奖励项目总数不超过 400 项，由国务院颁发证书和奖金。中华人民共和国国际科学技术合作奖授予对中国科学技术事业作出重要贡献的外国人或者外国组织，每年授奖数额不超过 10 个。与 2000 年前比较，国家奖励的农业科技成果范围拓宽、数量减少，而成果水平和质量有所提高。

根据国家科学技术奖励制度改革的有关规定，2000 年以来，我国广大农业科技工作者高举中国特色社会主义伟大旗帜，以邓小平理论、"三个代表"、科学发展观重要思想为指导，在"自主创新，重点跨越，支撑发展，引领未来"的方针指引下，紧密结合"三农"实际，坚持理论联系实际，团结协作，联合攻关，取得了一批具有世界先进水平的科技成果。据统计，2000—2010年获国家奖励的重大科技成果 397 项，按农业行业分：种植业 239 项、林业 69 项、畜牧业 51 项、渔业 30 项、国家最高科学技术奖 2 名、中华人民共和国国际科学技术合作奖 6 名；按奖励项目分：国家最高科学技术奖 2 名，国家自然科学奖 14 项、国家技术发明奖 36 项、国家科学技术进步奖 339 项，中华人民共和国国际科学技术合作奖 6 名[2]。这些成果有很高科技水平，也产生了巨大的社会经济效益。农业科技进步对农业增长的贡献率由"九五"期间的45%[3]、上升到"十五"末的 48%，"十一五"末提高到 53.5%，10 年来增长了 8.5 个百分点[4]。农业科技巨大进步和贡献率的提高，农业综合生产能力不断增强，粮食生产实现"八连增"，农产品有效供给保障能力增强，农村经济全面发展，农民生活质量显著改善，人民生活总体上达到了小康水平。我国以占世界 9% 的耕地养活了占世界 21% 的人口，这是举世瞩目的巨大成就[5]。

1 获奖成果的基本概况

1.1 从获奖成果数量上看

2000—2010 年国家奖励的农业科技成果 3437 项。其中，国家最高科技奖18 项，农业方面有 2 项；国家自然科学奖 302 项，农业方面有 14 项，平均每年有 1.3 项；国家技术发明奖 408 项，农业方面有 36 项，平均每年 3.3 项；国家科学技术进步奖 2 660项，农业方面有 339 项，平均每年 30.8 项；国际科技合作奖 49 项，农业方面有 6 项。

1.2 从获奖成果行业分布上看

2000—2010 年国家奖励农业方面的"三大奖"共计 389 项，其中，种植业 239 项，占 61.4%；林业 69 项，占 17.7%；畜牧业 51 项，占 13.1%；水产业 30 项，占 7.7%。国家自然科学奖：种植业 11 项，林业 2 项，畜牧业 1项，水产业 0 项；国家技术发明奖：种植业 19 项，林业 7 项，畜牧业 5 项，水产业 5 项；国家科学技术进步奖：种植业 209 项，林业 60 项，畜牧业 45

项，水产业 25 项。

1.3 从获奖成果等级分布上看

2000—2010 年国家奖励农业方面的"三大奖"共计 389 项，其中，国家自然科学奖 14 项，没有一等奖，二等奖 14 项；国家技术发明没有一等奖，二等奖 36 项。国家科学技术进步奖 339 项，一等奖 13 项、二等奖 326 项。获国家科学技术进步一等奖的年际分布，即 2003 年 2 项，2005 年 2 项，2010 年 2 项，2000 年、2001 年、2002 年、2004 年、2006 年、2007 年、2008 年均为 1 项。

1.4 从获奖成果单位分布上看

2000—2010 年农业部和国家林业局所属的中国农业科学院、中国水产科学研究院、中国热带农业科学院和中国林业科学研究院，获国家"三大奖"80 项，其中，国家技术发明奖 7 项，国家科学技术进步奖 73 项，没有国家自然科学奖；各省、自治区、直辖市农业（林业）科研机构获国家"三大奖"93 项，其中，国家技术发明奖 5 项，国家科学技术进步奖 88 项，没有国家自然科学奖；高等农（林）院校获国家"三大奖"108 项，其中，国家自然科学奖 3 项，国家技术发明奖 14 项，国家科学技术进步奖 91 项；其他高等院校获国家"三大奖"41 项，其中，国家自然科学奖 4 项，国家技术发明奖 7 项，国家科学技术进步奖 30 项；中国科学院获国家"三大奖"35 项，其中，国家自然科学奖 7 项，国家技术发明奖 2 项，国家科学技术进步奖 26 项；有关部门属单位获"三大奖"15 项，其中，国家技术发明奖 1 项，国家科学技术进步奖 14 项，其他单位获国家"三大奖"17 项，均为国家科学技术进步奖，没有国家自然科学奖和国家技术发明奖。

1.5 从获奖成果转化率上看

国家自然科学奖为重大科学发现，即阐明农业科学某些现象、特征和规律；国家技术发明奖和国家科学技术进步奖主要是运用科学技术知识作出产品、工艺、材料及其系统和应用先进科技成果、完成重大科技工程、计划、项目等方面，创造出显著经济社会效益。前者为知识创新，主要是通过基础研究和应用基础研究，获得新的基础科学和技术科学的过程，其目的是追求新发现、探索新规律、创立新学识、创造新方法、积累新知识，一般不能直接转化为生产力，而后者是技术发明和知识转化与应用的主体，主要是瞄准产品、技术及有应用前景的先进科技成果，进行第二次开发创新研究与推广，促进农业增产、农业增效、农民增收和农村可持续发展[6]。

11 年来，国家奖励的重大农业科技成果转化率超过了 75%，特别是国家技术发明奖、国家科学技术进步奖一、二等奖的重大科技成果在生产上推广应用，产生了巨大的社会经济效益。从全国来看，农业科技进步对农业增长的贡献率增长了8.5个百分点，为粮食生产实现"八连增"，农产品有效供给，农村经济全面发展作出了重要贡献。

2 各系统获奖成果的分布

我国农业科学研究在20世纪50年代后期形成的多系统型体制，简称"四个方面军"，即国家农业科研机构、地方（省和地市级）农业科研机构、高等农（林）业院校和中国科学院有关科研机构等[7]。11年来，"四个方面军"在农业基础研究和高技术研究、重大科技攻关、科技成果转化和产业化环境建设的若干重点领域开展农业研究与开发工作，取得了一大批国家奖励的重大科技成果，按系统分布如下。

2.1 国家级农业科研机构

国务院部门所属的国家农业科研机构，主要由中国农业科学院、中国水产科学研究院、中国热带农业科学院和中国林业科学研究院所属科研机构组成。11年中，上述科研机构作为第一完成单位，取得了一批国家奖励的农业科技成果。

从数量上看，国家农业科研机构获国家奖励的"三大奖"共80项，其中国家技术发明奖7项，国家科学技术进步奖73项，没有国家自然科学奖。

从等级上看，没有国家自然科学奖一等奖、二等奖；没有国家技术发明奖一等奖、二等奖有7项；国家科学技术进步一等奖有5项、二等奖68项。

从不同单位看，中国农业科学院获得国家奖励农业科技成果较多，共46项，其中，国家技术发明奖二等奖4项，国家科学技术进步奖42项，其中，一等奖5项、二等奖37项，没有国家自然科学奖和国家技术发明奖一等奖；第二是中国林业科学研究院获得国家奖励的农业科技成果20项，没有国家自然科学奖，国家技术发明奖二等奖1项，国家科学进步奖19项，均为二等奖；第三是中国水产科学研究院，获得国家奖励的农业科技成果11项，没有国家自然科学奖，国家技术发明奖二等奖2项，国家科学技术进步奖9项，均为二等奖；第四是中国热带农业科学院获得国家奖励的农业科技成果3项，均为国家科学技术进步奖二等奖。

以上数据看出，在部门所属的国家农业科研机构中，中国农业科学院取得国家奖励的科技成果较多、等级较高，但同"十五"以前比较，获得国家奖励的科技成果数量由占总农业获奖成果 15.5%，下降到近 10 年的 11.6%，重要的是没有获得国家自然科学奖和国家技术发明奖一等奖，成果数量、等级和质量水平有明显的下降趋势[8]。

2.2　地方农业科研机构

地方农业科研机构作为一支重要的农业科技力量，主要包括省级和地市级农业科研院所为主体的 1 270 个农业科研机构[9]。11 年来，积极面向"三农"，积极进取，作为第一完成单位取得了一批国家奖励的农业科技成果。

湖南省农业科学院袁隆平获国家最高科学技术奖。

从数量和等级上看，地方农业科研机构获得国家奖励的"三大奖"93 项，其中，国家技术发明奖二等奖有 5 项，国家科学技术进步奖一等奖 5 项，二等奖 83 项，没有国家自然科学奖和国家技术发明奖一等奖。

从单位分布上看，取得国家奖励农业科技成果的地方农业科研机构中，项目最多的是山东省 17 项。河南省 11 项、湖南省 7 项、北京市 6 项、河北省 6 项、浙江省 6 项、四川省 5 项、黑龙江省 4 项、广东省 4 项、山西省 3 项、福建省 3 项、广西壮族自治区 3 项、新疆维吾尔自治区 3 项、内蒙古自治区 2 项、宁夏回族自治区 2 项、江苏省 2 项、安徽省 2 项、上海市 1 项、辽宁省 1 项、吉林省 1 项、贵州省 1 项、云南省 1 项、陕西省 1 项、青海省 1 项。

地方农业科研机构中，省级以山东省、河南省、湖南省、北京市、河北省、浙江省等农业科学院所科研实力强，获得了多项国家奖励成果。

2.3　高等农（林）业院校

高等农（林）业院校是一支重要科技力量。11 年来，取得了一批国家奖励的重要农业科技成果。

从数量上看，高等农（林）业院校获得国家奖励的"三大奖"有 108 项，其中，国家自然科学奖 3 项，国家技术发明奖 14 项，国家科学技术进步奖 91 项。

从等级上看，高等农（林）业院校获得国家自然科学奖二等奖有 3 项，国家技术发明奖二等奖 14 项，国家科学技术进步奖一等奖 2 项、二等奖 89 项。

从单位分布上看，中国农业大学获得国家奖励农业科技成果项目最多，22 项。北京林业大学 11 项、南京林业大学 10 项、南京农业大学 8 项、四川农业大学 7 项、山东农业大学 6 项、西北农林科技大学 6 项、华中农业大学 6 项、河南农业大学 4 项、东北林业大学 4 项、华南农业大学 3 项、湖南农业大学 3 项、沈阳农业大学 3 项、福建农林大学 2 项、云南农业大学 2 项、浙江林学院 2 项、河北农业大学 2 项、中南林业科技大学 2 项、东北农业大学 1 项、江西农业大学 1 项、安徽农业大学 1 项、北京农学院 1 项、莱阳农学院 1 项。

值得指出的是，教育部所属的综合性大学，紧密结合教学实践，开展有优势、有特色的农业基础研究和应用研究，取得国家奖励农业科技成果共 41 项，其中，国家自然科学奖 4 项、国家技术发明奖 7 项、国家科学技术进步奖 30 项。获得奖励的有浙江大学、武汉大学、南开大学、同济大学、北京师范大学、江苏大学、湖南大学、贵州大学、宁夏大学、兰州大学等。

2.4 中国科学院

中国科学院是国家在科学技术方面的最高学术机构和全国自然科学与高新技术的综合研究与发展中心。2000—2010 年来，发挥自身的学科优势，作为第一完成单位取得一批国家奖励的农业科技成果。

中国科学院李振声获国家最高科学技术奖。

从数量上看，中国科学院有关科研机构获得国家最高科学技术奖 1 项、国家自然科学奖 7 项，国家技术发明奖 2 项，国家科学技术进步奖 26 项。

从等级上看，在国家自然科学奖中，二等奖有 7 项，国家技术发明奖二等奖 2 项，国家科学技术进步奖二等奖 26 项。

从单位分布上看，中国科学院有 19 个研究所获得国家奖励的农业科技成果"三大奖"有 35 项，包括国家自然科学奖、国家技术发明奖和国家科学技术进步奖。

中国科学院基础好、力量较强，在农业科学相关领域获得国家自然科学奖数量多、比例大，基础研究和应用基础研究有很强优势和创新能力。

3 各系统获奖成果的比较

3.1 从数量上看

国家农业科研机构获得国家"三大奖"科技成果占同等受奖总数的 20.6%；地方农业科研机构获取的国家奖励成果占同等受奖总数的 23.7%；高等农（林）业院校获得国家奖励科技成果占同等受奖总数的 27.8%；中国科学院有关科研机构获得国家奖励的农业科技成果占同等受奖总数的 9.0%，此外，国务院有关部门属机构、其他高等院校等单位，获得国家奖励科技成果占同等受奖总数的 18.9%。

3.2 从受奖类别上看

国家农业科研机构，获国家技术发明奖占同等获奖总数的 19.4%，国家科学技术进步奖占同等获奖总数的 21.5%，没有获得国家自然科学奖。地方农业科研机构，获国家技术发明奖占同等获奖总数的 13.9％，国家科学技术进步奖占同等获奖总数的 26.0％，没有获得国家自然科学奖。高等农（林）业院校获国家自然科学奖占同等获奖总数的 21.4％，国家技术发明奖占同等获奖总数的 38.9％，国家科学进步奖占同等获奖总数的 26.8％。中国科学院有关科研机构获得国家自然科学奖占同等获奖总数的 50.0％，国家技术发明奖占同等获奖总数的 5.6％，国家科学技术进步奖占同等获奖总数的 7.7％。有关部门属单位、综合性大学和其他单位等获国家自然科学奖占同等受奖总数的 28.6％；国家技术发明奖占同等受奖总数的 22.2％；国家科学技术进步奖占同等受奖总数的 18.0％。

3.3　从等级上看

国家农业科研机构获国家技术发明奖二等奖占同等受奖总数的 19.4％；国家科学技术进步奖一等奖占同等受奖总数的 38.5％，没有获国家自然科学奖和国家技术发明奖一等奖。地方农业科研机构获国家技术发明奖二等奖占同等受奖总数的 13.9％；国家科学技术进步奖一等奖占同等受奖总数的 38.5％，没有获得国家自然科学奖和国家技术发明奖一等奖。高等农（林）业院校获国家自然科学奖二等奖占同等受奖总数的 21.4％；没有国家技术发明奖一等奖，二等奖占授奖总数的 38.9％；没有国家科学技术进步奖一等奖，二等奖占同等授奖总数的 27.3％。中国科学院有关科研机构获国家自然科学奖二等奖占同等授奖总数的 50.0％；没有国家技术发明奖一等奖，二等奖占同等授奖总数的 5.6％；没有国家科学技术进步奖一等奖，二等奖占同等授奖总数的 8.0％。

3.4　从受奖单位分布上看

在国家农业科研机构中，中国农业科学院获国家奖励农业科技成果数量较多，但没有国家自然科学奖和国家技术发明奖一等奖，成果质量和水平明显下降，其次是中国林业科学研究院；地方农业科研机构中，山东省获国家奖励农业科技成果数量最多，其次是河南省；高等农（林）业院校中，获国家奖励农业科技成果数量、质量和水平上升较快，中国农业科学大学居首位，其次是北京林业大学；中国科学院有关科研机构在农业基础研究和应用基础研究具有较强优势，获奖质量和水平较高；一些综合性大学在农业基础研究和应用基础研究具有较强优势，获奖数量、质量和水平明显增强[10]。

2000—2010 年，不同系统、不同单位获得国家奖励农业科技成果发生了新的变化，反映出一个时段各自的科研实力和水平，反映出各自在全国农业科技中的地位和作用。

参考文献

[1] 信乃诠. 从国家成果奖励看农业科技的综合实力 [J]. 2005 (1)：4-5.

[2] 许世卫，郭立彬. 2000—2010 年国家奖励农业科技成果汇编 [M]. 北京：中国农业出版社，2013.

[3] 朱希刚. 我国"九五"时期农业科技进步贡献率的测算 [J]. 农业经济问题，2002 (5)：12.

[4] 农业部，科技部，等."十二五"农业与农村科技发展规划. 2012.

[5] 熊争艳. 联合国粮农组织向温家宝颁发"农民"奖章 [EB/OL]. http：//news.xin-huanet. com/politics/2012-10-02/c＿113271929. htm2012-10-02/2014-02-06.

[6] 苏祺，陈敬全. 浅谈科学流派与科技创新 [J]. 科学，2010 (11)：40-41.

[7] 信乃诠. 中国农业科技若干问题 [J]. 中国农业信息，2008 (9)：11-12.

[8] 牛盾. 1978—2003 年国家奖励农业科技成果汇编 [M]. 北京：中国农业出版社，2004.

[9] 信乃诠. 中国农业科技改革 30 年 [J]. 中国科技论坛，2008 (9)：3-4.

[10] 信乃诠. 不同农业系统国家奖励科技成果的比较研究 [J]. 农业科技管理，2006 (6)：1-5.

2014

农业科技期刊

Agricultural Science and Technology Journal

《中国农业科学》初审稿件的文本重复分析
——AMLC 使用经验

Analysis on the Results of Duplicate Text Checking on the Paper that Submitted to the Journal Scientia Agricultura Sinica

孙雷心*

Sun Leixin

（中国农业科学院农业信息研究所《中国农业科学》编辑部，北京　100081）

摘　要： 使用科技期刊学术不端文献检测系统（AMLC）分析《中国农业科学》2009—2013 年初审稿件的文本重复情况，发现：农业相关领域学术论文低比例文本重复具有普遍性，似有内在规律可循；AMLC 是辅助编辑部初审筛选稿件的良好工具；AMLC 检测结果仅可作为评判论文内容新颖性的参考依据；AMLC 的使用不能取代内容审查和编辑流程中的同行评议；依据数据比对开发的类似检索系统，称之为"论文相似性检测系统"更特贴近其真实功能。

关键词： 学术不端文献检测系统；文本复制率；学术不端；农业科学

中图分类号： G250　　　**文献标识码：** A　　　**文章编号：**

　　《中国农业科学》创刊于 1960 年，是由农业部主管、中国农业科学院和中国农学会联合主办的农业综合性学术期刊，主要刊载农业相关领域的原创性论文和涉及农业重大问题及热点问题的综述文章。《中国农业科学》实行编委会指导下的主编负责制。由各领域专家对期刊内容的学术质量把关。编辑部具体实施编辑出版工作，起沟通作者、审者、读者的桥梁作用，并对期刊的可读性、标准化和规范化负责。

　　编辑初审任务包括核实稿件是否符合办刊宗旨、报道范围，与已有文献相比是否具有新颖性，论文写作是否规范，内容是否能引起读者群的广泛兴趣，以及决定是否需要将稿件送外审专家进行同行评议。这其中较难判断的是论文

---

　　* 作者简介：孙雷心（1963—　　），女，副编审，研究方向：期刊编辑与管理

的新颖性，很多情况下是凭借专业素养和文献积累的主观判断结果。

科技期刊学术不端文献检测系统（AMLC）可以检测目标文献与对比库中已有文献是否存在重复、重复位置和重复比例，为编辑部提供稿件存在重复的客观证据，通过文本复制比例提示抄袭剽窃、重复发表等学术不端行为线索，有助于维护学术期刊的学术声誉。

笔者所在的《中国农业科学》编辑部于 2008 年底启用 AMLC，在初审阶段辅助筛选论文，将期刊内容质量控制点前移，近 6 年来检测稿件近万篇，积累了大量数据，现做粗浅分析，以供后续工作参考。

1　系统使用和数据采集

检测对象为采编系统中形式审查合格的待收稿件。

从中国知网提供的 AMLC 入口进行检测，对比库为该系统提供的全部资源（http：//check. cnki. net/amlc2/）。

因我刊单篇论文较长（不含图表 7 000～15 000 字），比对时去除文中与中文对映的英文部分及非脚注和尾注的参考文献部分，如检测不成，则适当删除部分图表。

检测结果用 Excel 表导出，与记录重复比例、重复部位，及人工判断结果的收稿流水账比对，取 2009 年至 2013 年整 5 年去除重投稿的检测数据 8 228 条进行分析，以真实反映稿件的自然情况。

2　结果分析

2.1　不同重复比例区段论文的数量分布

稿件文本重复情况如表所示。1/3 强的稿件未检出文本重复；累计近 80% 稿件的文本重复比例低于 20%；重复比例超过 50 的稿件不到 1/10。

表　不同重复比例区段稿件数量分布状况（2009—2013 年）

重复比例	稿件数量	占比/%	累计/%
0	3 080	37.43	37.43
<20	3 431	41.70	79.13
<30	723	8.79	87.92
<40	372	4.52	92.44
<50	239	2.90	92.44
≥50	383	4.65	95.34
合计	8 228	99.99	99.99

2.2 不同重复比例区段论文的年度分布

检测结果如图所示，年度趋势相似。稿件整体质量良好，启用检测系统年限对区段分布无明显影响。

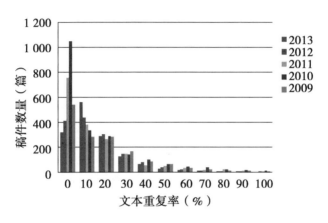

图 不同重复比例区段稿件的年度分布状况（2009—2013 年）

2.3 重复来源

有重复现象的论文，90％以上为多源重复。重复比例低于30％的受理稿件中，数值相对较高的重复源多现本团队相关研究，这类论文多延续已有研究策略、方法类似，在结果描述和讨论时的表述相近。

2.4 高重复比例论文

重复比例高于50％的383篇论文，大部分是以学生学位论文为主要内容改写而成的。改写第一作者近两年学位论文最多，其次非第一作者学位论文；少见未署名作者学位论文。也有会议论文集收录论文的改写论文。

2.5 低重复比例论文文本重复部位

重复比例低于30％的7234篇论文中，段落重复较易出现的是论文的材料与方法部分，如试验地概况、测定项目和测定方法、饲养条件和饲料配方、病害分级标准等；句子重复在引言和讨论部分常见；通常是在介绍研究背景和比较研究结果时转述他人成果，一般会标注引文。文本重复出现几率由高到低依次为论文的材料与方法（试验地概况）部分、引言（前人研究进展）部分、讨论部分（转述他人研究结果）、结果部分（程式化的描述语句）、结论部分罕见。

2.6 研究层次

不同地区不同单位的稿件平均文本重复比例存在一定差异。来自学科实力较弱的科研单位或学校的稿件文本重复比例相对高些。

3　讨论

学术不端行为在西方国家普遍被定义为在科研的立项申请、实施及结果报告过程中的捏造、篡改、抄袭剽窃或其他违背科研公德的行为。学术不端行为产生的原因复杂，产生的结果具有隐蔽性。

学术期刊的审稿过程本身就是去伪存真、去粗取精的甄选鉴别过程。审稿就是鉴定工作，是择优。涉嫌捏造、篡改、抄袭的问题稿件理应被拒之门外。

经笔者检测的稿件，从文本重复的角度来看，80%以上质量良好。检测出的问题，除不合理引用外，还包括不当署名（共享学位论文）、研究结果拆分发表、数据重复利用等情况。发现 1 例伪造兼剽窃。AMLC 对编辑部筛查稿件有实质性帮助。

3.1　AMLC 的优势和不足

AMLC 能为编辑筛选稿件提供客观依据，降低主观判断对编辑学术素养和知识面的依赖。使初审编辑对不十分熟悉的领域，也能依据检测结果，通过核实引文作出大致判断。这对涉及学科面广的综合性期刊确有帮助。彩条式的检测结果使论文整体情况一目了然。

但是对于隐蔽性的不端行为，如重新组合数据的表格，拷贝的图片照片等检测效果不佳，甚至检测不出。而这正是编辑部审稿时费心费力之处。

AMLC 对单篇论文的字数限制应能根据编辑部的实际需要进行调整。我刊超万字的论文加上图表基本上都超出检测限度，无法一次检测成功。

3.2　文本重复检测和学术不端认定

AMLC 研发者提供了鉴定学术不端的建议性量化诊断规则[1]。依此规则，我刊 60%以上的来稿存在不同程度的学术不端。以对学术不端零容忍的态度对待这些稿件，无疑会误伤大批作者。

从我刊的检测结果看，整体重复比例 30%以下的论文数量足以满足我刊的容量需求，超标论文权可作退稿处理。编辑部有无责任和义务对退稿是否学术不端或属于那种程度的学术不端加以鉴定尚待讨论。但对存在段落重复且未标注引用来源、同一个导师的学生共享学位论文的情况，可视为"学术失范"[2]。在退稿或退修时有必要将问题委婉转告，但不可上纲上线。因为编辑部使用 AMLC 的目的是遴选科学研究的新成果、新发现，而非人品鉴定。

仅根据 MALC 提供的数值指标，不能断定学术不端是否存在。例如某创新团队的论文与本团队已有文献文本重复比例高达 70%，经详细比对，两者研究策略相同，仅研究对象不同，这种水平的重复性研究对学习阶段的研究生而言，是有意义的；从证实的角度，对科学知识的积累也是有意义的。只是不适合高水平学术期刊对原创性论文稿件的要求。

3.3　文本重复率和论文新颖性

笔者检测的文本重复率为 0 的论文中，有一部分是采用传统方法进行的常规研究，参考文献数量少且旧，内容及方法普遍缺少新颖性。而另一些方法新颖、思路精巧的论文，在阐述研究背景和讨论过程中却会有重复现象出现。在这样的两组论文中，显然不能以有无文本重复而判断谁的新颖性更强。

学术期刊的权威性表现在学术圈的认同，表现在论文之间的引用行为。现行研究很大程度上是对已有研究的借鉴和发展。论文内容的新颖性不在于是否存在与已有文献的文本重复，换句话说文本重复比例为 0 的论文并不说明新颖性强、学术水平高。论文学术高水平的高低还是需要靠审稿专家对研究热点和研究方向的把握。论文新颖性如何还是要听取同行评议专家的意见。AMLC 检测结果不可取代同行评议。

3.4　对文本重复现象的解读

论文与已有文献存在重复是普遍现象[3~10]。

论文重复出现部位体现学科差异性。不同学科论文的写作范式存在差异，文本重复在论文中不同位置出现的几率不同：耕作栽培、土壤肥料、生态环境等涉及大田试验的论文重复部位通常在实验地概况及土质状况上；涉及分子生物学研究的论文多在实验方法、引物设计等实验条件叙述方面，生物信息学、基因克隆、QTL 定位则多重复在比较成熟的技术路线上；不同学科之间存在差异。这种情况，体现的是研究的可比性，如果仅用标注参考文献取代文本叙述，易产生阅读障碍。

作者对前人研究成果的罗列反映在论文比对结果中会呈现多源多句构成的整段重复现象。出现这种情况有可能是作者对已有文献没有吃透，缺乏深入理解；也不排除照搬照抄的懒学。这种情况若成常态，不利于科研创新。对这类稿件，须请作者消化理解相关文献，厘清思路。

4　结论和建议

关于 AMLA 系统：AMLC 是辅助编辑部筛选稿件的良好工具；AMLC 检测结果是编辑部取舍稿件的依据而不是判断学术不端的依据；AMLC 的使用不能取代编辑流程中的同行评议；依据数据比对开发的类似检索系统，称之为

"论文相似性检测系统"更贴切。

对于农业相关领域使用者：建议拒收重复比例高于 40%、或结果部分现 200 字以上重复、或结论有重复的稿件；不建议重复发表硕博或会议论文的改写论文；重复比例低于 15% 的稿件可受理；其他论文，须经人工比对，并据期刊定位和稿源情况决定是否受理。

编辑部应完善采编制度，严格执行三审制，公示编辑规范，签署版权协议明确编辑部和作者双方的责任和义务，是规避学术不端现象的好办法。加强服务意识，有义务提醒作者合理引用文献，建议并督促作者扩大视野，重新整理思路，突出研究的新颖性，实现作者与期刊水平同步提高。

参考文献

[1] 科技期刊学术不端文献检测系统用户使用手册（ADBD_M_20081201-A01）.

[2] 曹树基. 学术不端行为：概念及惩治. 社会科学论坛，2005（3）：37-40.

[3] 董建军.《眼科新进展》应用"学术不端文献检索系统"评价抄袭现象情况分析和体会 [J]. 中国科技期刊研究，2011，22（3）：388-390.

[4] 杨晨晨. "科技期刊学术不端文献检索系统"在《新疆医科大学学报》身高中的应用及判断 [J]. 中国科技期刊研究，2012，23（6）：1 088-1 090.

[5] 秦小川.《中医学报》应用 AMLC 检测结果分析和体会 [J]. 中国科技期刊研究，2013，24（6）：1 122-1 125.

[6] 陈芳. 应用 AMLC 对动物医学论文的查重结果分析 [J]. 编辑学报，2011，23（5）：416-418.

[7] 李家永，耿艳辉，张戈丽.《资源科学》自由来稿的文字复制状况分析 [J]. 中国科技期刊研究，2012，23（2）：256-260.

[8] 尹淑苹，郝艳丽.《岩石矿物学杂志》利用 AMLC 系统对稿件的评级及处理 [J]. 中国科技期刊研究，2014，25（3）：371-375.

[9] 严焱，吴霄. 西安科技大学学报（自然科学版）应用"学术不端系统"检索文献的情况分析 [J]. 西安科技大学学报，2011，31（5）：642-644.

[10] 阮爱萍，马艳霞，王沁萍，等. 学术不端文献检测系统在《山西医科大学学报》应用中存在的问题及应对措施 [J]. 山西医科大学学报，2012，43（12）：970-972.

基于 Web of Science 的国际
柑橘黄龙病文献计量分析

Bibliometric Analisis of the Research on Citrus
Huanglongbing Based on Web of Science

张 娟[*] 王 宁 张以民 李云霞

Zhang Juan，Wang Ning，Zhang Yimin，Li Yunxia

（中国农业科学院农业信息研究所《农业科学学报》编辑部，北京 100081）

摘 要：目的为了解国际柑橘黄龙病的研究总体水平以及我国与世界先进水平的差距，方便科技工作者掌握本领域的研究现状，方法基于 Web of Science 引文数据库，对 1995—2013 年间发表的柑橘黄龙病研究文献居世界前 10 位的国家、科研机构、期刊、作者及高被引论文进行了文献计量分析。结果表明，检索范围内发表的柑橘黄龙病研究文献共 448 篇，综合发文量、总被引频次、篇均被引次数、h 指数等指标，美国、法国和巴西为世界该研究领域的三大强国。美国和法国在世界排名前 10 位的科研机构和作者上占据明显的优势。植物病理学专业期刊是该领域研究的高关注度期刊。通过 Web of Science 检索平台与世界同期发展水平相比，中国在柑橘黄龙病研究中虽然起步较早，但近 20 年来，除发文量占据世界第 3 位，总被引频次、篇均被引次数均远远落后于发达国家。缺乏高水平的论文，缺乏具有国际高影响力的科研机构和领军人才，显示出我国在柑橘黄龙病研究方面与世界先进水平还存在很大的差距。

关键词：柑橘黄龙病；文献计量分析；Web of Science

0 引言

柑橘黄龙病（Citrus Huanglongbing，HLB）是由柑橘黄龙病相关病原菌

---

* 通讯作者：张娟，女，副编审，研究方向为植物病理学与文献计量学。E-mail：zhangjuan@caas.cn

引起的、为害全球柑橘产业发展最严重、最具毁灭性的病害之一[1]。目前该病主要分布在亚洲、非洲、大洋洲、北美洲和南美洲近50个国家和地区，中国19个柑橘生产省（自治区、市）中有11个已受到该病为害，据估计柑橘黄龙病已经造成全世界上亿株柑橘树染病或死亡[2]，严重制约了柑橘产业的健康发展。黄龙病病原物暂定为α-变形菌纲韧皮部杆菌属（*Candidatus Liberibacter*），包括3个种，分别为亚洲种（*Ca. L. asiaticus*）、非洲种（*Ca. L. africanus*）和美洲种（*Ca. L. americanus*）[1]。柑橘黄龙病最早是 Reinking 调查中国南方经济作物病害时记录的[3]。不同国家（地区）曾用不同的名称描述该病，如中国大陆称之为黄龙病，中国台湾称之为立枯病（likubin），菲律宾称之为叶斑驳病（1eaf mottle），印度称之为梢枯病（dieback），南非称之为青果病（greening），印度尼西亚称之为叶脉韧皮部退化病（vein phloem degeneration）[4]。由于黄龙病的嫁接传染性最先由林孔湘教授确认[5]，1995年在中国福建省福州市召开的第13届国际柑橘病毒学家组织（IOCV）会议商定以柑橘黄龙病（Critrus Huanglongbing，HLB）作为该病害在国际上统一的名称，以后均以此命名柑橘黄龙病[1]。目前柑橘黄龙病研究的热点主要集中在黄龙病病原细菌基因组学、柑橘病理学、柑橘黄龙病致病机理、检测技术、抗黄龙病的柑橘育种以及黄龙病的防治措施等方面。

为了了解国际柑橘黄龙病的研究总体水平以及我国与世界先进水平的差距，了解该病害的研究动态与发展趋势，方便科技工作者掌握本领域的研究现状，面对海量的研究文献，使用传统的综述方法很难进行全面分析，最好的手段就是用系统、精准的文献计量方法进行统计分析。文献计量学以其严谨的数量分析方法、令人信服的分析结果被公认为定量测度基础科学活动、学科布局以及学科发展动态的重要方法之一[6]。Web of Science（WOS）是美国 Thomson Reuters 公司基于 web 平台开发的产品，是全球最大、覆盖学科最多的综合性学术信息资源，收录了自然科学、工程技术、生物医学等各个研究领域最具影响力的超过12 000多种核心学术期刊。利用 WOS 丰富而强大的检索功能进行文献计量学统计分析，可以方便快速地找到有价值的科研信息，全面把握某一学科、某一课题最新的研究信息，跟踪国际学术前沿、科研立项，以及在课题研究过程中及时了解国际动态[7]，目前已广泛应用于医学、化学化工、农业科学、冶金选矿、机械、电子、建筑科学等50多个专业[8]。在农业方面已应用于水稻、大豆等作物[9~11]，水稻稻瘟病、玉米黑穗病、番茄灰霉病、亚洲玉米螟等植物病虫害[12~15]，林业外来有害生物[16]，土壤重金属污染[17]，草地退化[18]等方面的文献计量研究分析，得到了广大学者的认可。

在柑橘研究方面，赵晓苣等[19]通过 WOS 数据库对近 10 年的柑橘研究文献进行了文献计量学分析，探讨了整个柑橘研究的发展趋势和热点。本研究通过 WOS 数据库，从文献信息学的角度，对为害柑橘最严重的黄龙病在世界范围内研究前 10 名的国家（地区）、研究机构、作者、高被引论文、载文期刊等进行文献计量分析，以了解该病的世界研究动态，以期为我国柑橘黄龙病研究策略提供参考。

1   材料与方法

由于柑橘黄龙病到 1995 年才被全世界统一命名为 Huanglongbing，之前各国的叫法都不统一，因此，本文以"Huanglongbing"作为主题检索词。选用 Web of Science（WOS）数据库。检索范围为 WOS 数据库在 1995—2013 年期间发表的论文。数据采集时间为 2014 年 1 月 23 日。期刊分析使用美国科学情报研究所（ISI）出版的期刊引证报告 JCR（Journal Citation Reports）及 Excel 软件进行相关数据分析。

2   研究结果

2.1   柑橘黄龙病文献产出量的时间分布

文献总量反映一定时期内科研活动的绝对产出，是衡量科研活动的一个重要指示因子。本文对 1995—2013 年期间 WOS 数据库收录的文献进行检索，获得柑橘黄龙病相关文献 448 篇。通过数据分析发现，1995—2004 年只有零星报道，年发文量在 5 篇以下。2007 年开始进入快速发展阶段，发文量显著提高，2005—2007 年共发文 38 篇。2008 年进入飞跃发展阶段，仅 2008 年一年就发文 39 篇，2008—2010 年共发文 166 篇，2011—2013 年共发文 231 篇。通过了解柑橘黄龙病的起源不难发现，柑橘黄龙病最早起源于亚洲（印度或中国），直到近几年才蔓延至西方国家。巴西、美国（佛罗里达州）、古巴和伊朗分别自 2004 年、2005 年和 2008 年才首次报道该病。因此，引发 2005 年以后关于柑橘黄龙病的文献发文量迅速增加。从下图的发文量趋势可以看出，柑橘黄龙病研究领域在未来仍然是研究的热点。

2.2   柑橘黄龙病文献产出前 10 位国家分析

柑橘黄龙病的发文量前 10 位的国家见表 1。可以看出，美国、巴西和中国为发文量前三甲国家，其中，美国的发文量及总被引频次均遥遥领先于其他

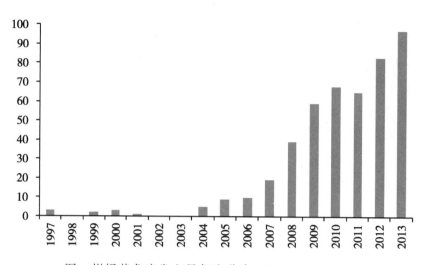

图　柑橘黄龙病发文量年度分布（1995—2013 年）

Fig　Annual tendency of publishing articles of citrus
Huanglongbing in the world during 1995—2013

国家。美国的发文总量占全部文献的 69.42％，是巴西发文量的 5 倍；总被引频次达到 2 413 次，占总被引频次的 60.57％，是巴西总被引频次的 2.76 倍。中国柑橘黄龙病的研究文献发文量与第 2 名的巴西比较相近，但总被引频次仅是巴西的 31.77％，导致篇均被引次数在发文量前 10 位的国家中仅排到第 7 位。篇均被引次数最高的是法国每年的总被引频次都高达 117～150 次，总被引频次位居第 2，可见其发文质量很高。

表 1　柑橘黄龙病发文量前 10 位国家

Table 1　Top 10 countries of publishing articles on citrus Huanglongbing during 1995—2013

排名 Rank	国家 Country	发文量 Articles no.	占全部文献 比例（％） Percentage（％）	总被引频次 Cited paper	篇均被引次数 Cited per paper
1	美国（USA）	311	69.42	2413	7.76
2	巴西（Brazil）	60	13.39	875	14.58
3	中国（China）	56	12.50	278	4.96
4	法国（France）	22	4.91	877	39.86
5	日本（Japan）	20	4.46	152	7.60
6	澳大利亚（Australia）	17	3.80	73	4.29
7	印度（India）	12	2.68	22	1.83
8	意大利（Italy）	11	2.46	55	5.00
9	马来西亚（Malaysia）	7	1.56	15	2.14
10	西班牙（Spain）	7	1.56	63	9.00

2.3 柑橘黄龙病文献产出前 10 位机构分析

从表 2 可以看出，黄龙病文献产出前 10 位的机构中，有一半来自美国，是柑橘黄龙病研究最多的国家，其次是巴西、法国和中国的科研机构。这些国家中，美国农业部、美国佛罗里达大学和美国加利福尼亚大学系统（即位于美国加利福尼亚州的十所大学联合体）分别占据前 3 名，全部文献的 82.81% 来源于这 3 家机构。巴西的圣保罗大学和柑橘保护基金会则紧跟美国，分别列于第 4 名和第 5 名，中国的华南农业大学也在此占据一席之地，位居第 8 名，仅以 2 篇文献之差落后于第 6 名和第 7 名。结果表明，美国的研究机构占据最多，这与美国自 2005 年发现柑橘黄龙病后，投入 6 000 多万美元的研究经费，组织全球柑橘育种、栽培、植保等领域的科学家联合攻关密不可分，并由此促使了对柑橘黄龙病开展快速、深入的研究，为后来世界范围内柑橘黄龙病的研究奠定了基础。而作为世界柑橘第一大生产国的巴西，在巴西圣保罗州成立了柑橘保护基金会，专门防治危险性病虫害的为害。该机构有 1 000 多人，主要是病害检疫人员，一年的预算经费在 1 000 万美元左右[20]，是巴西柑橘科研最主要的机构之一。

总被引频次数据分析显示，美国农业部和美国佛罗里达大学的研究水平远远高于其他国家和机构，均在 1 200 多次以上，特别是从 2011 年以后，年度总被引频次均超过 200 次，呈直线上升趋势。2013 年，这两家机构的年度被引频次分别是 441 次和 532 次，显示出这两家机构在研究水平上显著的优势。但从篇均被引次数的数据来看，美国这 5 家科研机构并不是名列前茅的，都没有超过 10。占据篇均被引次数前 3 名的机构分别是巴西的柑橘保护基金会、法国的波尔多第二大学和法国国家农业研究院（INRA）。巴西的柑橘保护基金会虽然发文量仅是发文最高的美国农业部的 1/6，但总被引频次却达到美国农业部的 1/2。通过对该机构文献进一步分析，发现该机构的有关学者是高被引作者，反映该机构在柑橘黄龙病的研究领域中拥有世界一流的研究人才。另外还发现，法国 INRA 与巴西柑橘保护基金会两个机构的高被引论文中，总被引频次前 10 名的研究文献中有 4 篇都是共同署名机构，且有着相同的作者群，表明两个机构有很深的科研合作关系和科研团队，也使得法国和巴西两家科研机构虽然发文量不多，但单篇论文的影响力却能将美国远远地甩在后面。

表2　柑橘黄龙病发文前10位机构

Table 2　Top 10 institutions of publishing articles on citrus Huanglongbing during 1995—2013

排名 Rank	机构 Institution	机构所在国家 Country	发文量 Articles no.	占全部文献 比例（%） Percentage （%）	总被引频次 Cited paper	篇均被 引次数 Cited per year
1	美国农业部（United States Department of Agriculture USDA）	美国（USA）	180	40.18	1 218	6.77
2	美国佛罗里达大学（University of Florida）	美国（USA）	159	35.49	1 431	9.00
3	美国加利福尼亚大学系统（University of California System）	美国（USA）	32	7.14	296	9.25
4	圣保罗大学（Universidade de Sao Paulo）	巴西（Brazil）	28	6.25	134	4.79
5	柑橘保护基金会（Fundecitrus）	巴西（Brazil）	27	6.03	708	26.22
6	波尔多第二大学（Universite Bordeaux Segalen-Bordeaux Ⅱ）	法国（France）	18	4.02	514	28.56
7	加州大学河滨分校（University of California Riverside）	美国（USA）	18	4.02	176	9.78
8	华南农业大学（South China Agricultural University）	中国（China）	16	3.57	71	4.44
9	法国国家农业研究院（Institut National de la Recherche Agronomique (INRA)）	法国（France）	14	3.13	448	32
10	美国糖业公司（US Sugar Corp）	美国（USA）	14	3.13	41	2.93

2.4　柑橘黄龙病文献产出前10位作者分析

在统计范围内，全球关于柑橘黄龙病发文量最多的作者分析来看，前10位作者共发文214篇，占全部作者发文量总数的47.77%。从作者来自的国家来看，美国依然具有绝对的发文量优势，前10位作者中仅Bové JM来自法国农业科学院，其余均来自美国的科研机构，其中美国农业部5名，美国佛罗里达大学3名。累计被引频次最高的3位作者分别是法国的Bové JM，美国农业部的Hall DG和Manjunath KL，而美国佛罗里达大学的Stelinski LL以细微的差距位居第4名。在对科研人员的评价中，h指数能够比较准确地反映一个人的学术成就。h指数是指该学者至多有h篇的论文分别被引用了至少h次，h代表高引用次数（high citations）。因此，h指数越高，表明该学者的论文影响力越大[21]。从表3我们可以看出，h指数最高的前3位作者是Bové JM，

Hall DG 和 Stelinski LL，表明发文质量高的核心作者与发文数量大的核心作者基本上在一个较小的范围内。结合高被引论文的数据分析，发现 Bové JM 在 2006 年发表的一篇综述，单篇累计被引频次就达到 310 次，成为业内最具影响力的论文。

中国作者群体分析表明，检索年期间，Web of Science 数据库收录的中国作者发表的柑橘黄龙病论文，华南农业大学的邓晓玲以发文量 8 篇位于第 35 位。

表 3　柑橘黄龙病发文前 10 位作者

Table 3　Top 10 authors of publishing articles on citrus Huanglongbing during 1995—2013

排名 Rank	作者 Author	单位 Institution	发文数 Articles no.	总被引频次 Cited paper	篇均被引次数 Cited per paper	h 指数 h index
1	HALL DG	美国农业部（United States Department of Agriculture USDA）	45	386	8.58	10
2	STELINSKI LL	美国佛罗里达大学（University of Florida）	26	275	10.58	10
3	DUAN YP	美国农业部（United States Department of Agriculture USDA）	26	218	8.38	8
4	BOVE JM	法国国家农业研究院（Recherche Agronomique（INRA）），法国波尔多第二大学（Universite Bordeaux Segalen- Bordeaux II）	19	771	40.58	12
5	BRLANSKY RH	美国佛罗里达大学（University of Florida）	19	126	6.63	7
6	LEE RF	美国农业部（United States Department of Agriculture USDA）	17	70	4.12	3
7	MANJUNATH KL	美国农业部（United States Department of Agriculture USDA）	16	278	17.38	3
8	RAMADUGU C	加州大学河滨分校（University of California Riverside）	16	63	3.94	2
9	LIN H	美国农业部（United States Department of Agriculture USDA）	15	170	11.33	6
10	WANG N	美国佛罗里达大学（University of Florida）	15	195	13.00	6

2.5　柑橘黄龙病文献产出前 10 种期刊分析

柑橘黄龙病研究文献所涉及的国际期刊中，发文量前 10 名的期刊占到全部文献的 49.12%（表 4），平均影响因子为 1.82（JCR2013）。发文量最大的前 5 种期刊中，植物病理学的专业期刊有 4 个，昆虫学专业期刊有 3 个，园艺学专业期刊、分子与细胞学期刊和综合性期刊各 1 个。Phytopathology 自 2006 年发文 2 篇，2007 年上升至 8 篇，2008 年以后每年都有十几篇的发文量。PLoS ONE 作为综合性期刊自 2011 年刊登相关文章后，2011 年和 2012 年每年仅发文 3 篇，到 2013 年发表 13 篇文章，显示出明显的上升态势，也表现出作者投稿的倾向。

发文量前 3 名的期刊中有 2 个是植物病理学专业期刊，即 Phytopathology 和 Plant Disease；总被引频次前 3 名的期刊分别是 Phytopathology，Plant Disease 和 Journal of Plant Pathology，也均为植物病理学专业期刊，其次才是与柑橘木虱有关的昆虫类期刊，可见柑橘黄龙病在病理学领域的研究依然是关注的热点，这与近年来国际范围内柑橘黄龙病日趋严重且受重视的程度日益加强密切相关。这 3 个期刊较为集中的刊登了柑橘黄龙病领域的研究成果，成为业内学者广泛认可、高度关注的知名学术期刊，有很强的行业影响力。

值得注意的是 Journal of Plant Pathology，虽然影响因子不高，发文量也不多，但凭借总被引频次第 2 名的优势在篇均被引次数的指标上遥遥领先，分析其刊登的文章，发现影响力最高的论文刊登于此，这从另一方面说明不能仅以影响因子评价论文的水平和影响力。

表 4　柑橘黄龙病载文量前 10 名期刊

Table 4　Top 10 journals of publishing articles on citrus Huanglongbing during 1995—2013

排名 Rank	期刊 Journal	期刊影响因子 （2013） IF（2013）	发文量 Articles no.	总被引频次 Cited paper	篇均被引次数 Cited per paper
1	Phytopathology	2.968	91	411	4.52
2	Plant Disease	2.455	30	331	11.03
3	PLOS ONE	3.73	19	46	2.42
4	Florida Entomologist	1.163	17	293	17.24
5	Hortscience	0.938	13	25	1.92
6	Journal of Economic Entomology	1.6	12	126	10.5
7	Journal of Plant Pathology	0.668	11	360	32.73
8	European Journal of Plant Pathology	1.61	10	82	8.2
9	Annals of the Entomological Society of America	1.196	9	57	6.33
10	Molecular and Cellular Probes	1.873	9	204	22.67

2.6　柑橘黄龙病高影响力论文分析

高被引论文有利于追踪某个领域最热门的研究专业领域和最新的发展方向。从表 5 可以看出，高被引前 10 篇论文中有 6 篇来自美国，显示出美国在柑橘黄龙病研究领域的研究地位绝对居世界前列。总被引次数最多的论文是 Bové JM 于 2006 年发表在 Journal of Plant Pathology 期刊的一篇综述，详细阐述了柑橘黄龙病的历史、病因学、生物学、流行病学、检测、地理分布及其防控，总被引频次达到 310 次。具有如此高的影响力，认为该文是在柑橘黄龙病自 2004 年由亚洲传入西方国家后，国际学者对柑橘黄龙病流行病学与黄龙病的起源、黄龙病菌亚洲种基因组进化之间的关联性、适应性潜力及致病力多样性产生浓厚的研究兴趣的时期发表的，因此，引起了国际学术界广泛的关注，奠定了这篇论文在柑橘黄龙病研究领域的地位。排在第 2 名的高被引论文也是一篇综述，是对引起柑橘黄龙病病原体最严重的害虫亚洲柑橘木虱从流行学和防控的角度进行的综述。

结合发文量前 10 名作者的数据，高被引论文前 10 名中，法国的 Bové JM 和美国的 Duan Yongping 也是发文量位居第 3 名和第 4 名的作者，表明这两位学者在柑橘黄龙病研究领域中即是高产作者也是论文高影响力的作者。另外，Teixeira DD 以第一作者身份发表了两篇论文均为高被引论文，其作者团队里也有 Bové JM，更加证实了 Bové JM 的研究论文代表了国际柑橘黄龙病研究的前沿和热点，是这个领域顶尖的科学家。

从研究内容来看，高被引前 10 位的论文中，除了 3 篇综述外，研究论文主要集中在柑橘黄龙病的检测方法和新物种的发现上。在检测方法的研究方面，由于柑橘黄龙病在田间的症状十分复杂，与黄龙病相关细菌性病原的检测主要采用 PCR 技术，自从柑橘黄龙病被发现以来，国内外都在不断发展和应用巢式、半巢式以及定量 PCR 来检测黄龙病病原菌，以提高检测的灵敏度，因此，这方面的文章也更容易受到关注。

排名前 20 篇的高被引论文中，中国的学者只有一篇有幸列入第 15 名，是国立台湾大学的 Hung T H 在 2004 年发表于 Plant Pathology 的一篇题为 "Detection by PCR of *Candidatus* Liberibacter asiaticus, the bacterium causing citrus huanglongbing in vector psyllids: application to the study of vector-pathogen relationships"，总被引频次 53 次。

表 5 　柑橘黄龙病高被引论文前 10 篇

Table 5 　Top 10 articles of publishing articles on citrus Huanglongbing during 1995—2013

排名 Rank	题目 Title	作者（机构 来源国家） Author（country）	期刊 Journal	发表年 Year	期刊影响因子 （2013） IF（2013）	总被引频次 Cited paper	年均引用 次数 Cited per year	类型 Type
1	Huanglongbing: A destructive, newly-emerging, century-old disease of citrus	Bove JM（法国 France）	Journal of Plant Pathology	2006	0.688	310	34.44	综述（Review）
2	Asian citrus psyllids（Sternorrhyncha: Psyllidae）and greening disease of citrus: A literature review and assessment of risk in Florida	Halbert SE（美国 USA）	Florida Entomologist	2004	1.163	213	19.36	综述（Review）
3	Quantitative real-time PCR for detection and identification of Candidatus Liberibacter species associated with citrus huanglongbing	Li WB（美国 USA）	Journal of Microbiological Methods	2006	2.161	131	14.56	研究论文（Article）
4	A new huanglongbing species, "Candidatus liberibacter psyllaurous," found to infect tomato and potato, is vectored by the psyllid Bactericera cockerelli（Sulc）	Hansen AK（美国 USA）	Applied and Environmental Microbiology	2008	3.678	110	15.71	研究论文（Article）
5	Complete Genome Sequence of Citrus Huanglongbing Bacterium, 'Candidatus Liberibacter asiaticus' Obtained Through Metagenomics	Duan, Yongping（美国 USA）	Molecular Plant-Microbe Interactions	2009	4.307	86	14.33	研究论文（Article）
6	Citrus huanglongbing in Sao Paulo State, Brazil: PCR detection of the 'Candidatus' Liberibacter species associated with the disease PCR	Teixeira DD（巴西 Brazil）	Molecular and Cellular Probes	2005	1.873	78	7.80	研究论文（Article）
7	'Candidatus Liberibacter americanus', associated with citrushuanglongbing（greening disease）in Sao Paulo State, Brazil	Teixeira DD（巴西 Brazil）	International Journal of SYSTEMATIC AND Evolutionary Microbiology	2005	2.112	77	7.70	研究论文（Article）
8	Genomic characterization of a liberibacter present in an ornamental rutaceous tree, Calodendrum capense, in the Western Cape province of South Africa. Proposal of 'Candidatus Liberibacter africanus subsp capensis'	Garnier M（法国 France）	International Journal of Systematic and Evolutionary Microbiology	2000	2.112	72	4.80	研究论文（Article）
9	Current Epidemiological Understanding of Citrus Huanglongbing	Gottwald TR（美国 USA）	Annual Review of Phytopathology	2010	10.229	70	14	综述（Review）
10	In planta distribution of 'Candidatus Liberibacter asiaticus' as revealed by polymerase chain reaction（PCR）and real-time PCR	Tatineni, S（美国 USA）	Phytopathology	2008	2.968	60	9.43	研究论文（Article）

3 讨论

从统计数据来看，柑橘黄龙病自有文献报道以来，一直处于非常活跃的态势，国内外科研人员从各个方面都在积极探索，这与该病发病的范围越来越大、造成的为害越来越严重有关。从发文量、总被引频次和高被引论文等指标综合来看，美国、法国和巴西在该领域的研究处于世界领先地位。美国的发文数量和发文质量均位居榜首，研究机构众多，研究人员整体实力较强。中国是柑橘黄龙病研究较早的国家，虽然发文数量位居世界第3，但是论文的总被引频次、篇均被引次数均远远落后，缺乏高质量、高影响力的论文，缺乏重要的研究机构和在国际上有影响力的领军人物。究其原因，认为有两个，一是经费，二是定位。在经费方面，中国用于柑橘黄龙病的研究远远达不到美国每年6 000万美元和巴西1 000万美元的经费投入；在定位方面，巴西柑橘科研机构的研究方向定位准确，研究队伍很精干。巴西圣保罗州最大的州立柑橘研究中心只有15个小组，一个小组一个人负责，每个小组负责一个研究方向。研究工作具有连续性[20]。而我国目前柑橘黄龙病的科研队伍在缩小，分散在大学和科研院所的研究团队各自为"政"，彼此间缺乏分工与合作，科研经费总量很少，也不稳定。这些导致我国的科研人员缺乏前瞻性研究领域的认识，思维不够开拓创新，缺乏学科的领军人物，在国际上发表的论文创新性不强，受关注度不够，导致论文的被引频次很低，使得我国在柑橘黄龙病研究领域的国际综合影响力和竞争力离世界先进水平还有很大的差距。

Web of Science 数据库收录了全球12 000余种世界权威的、高影响力的学术期刊，最早可以回溯至1900年，是获取全球学术信息重要的数据库。该数据库以其具有的强大的统计与分析功能，在快速锁定高影响力论文、发现国内外同行权威所关注的研究方向、揭示课题的发展趋势、选择合适的期刊投稿等方面显示出很强的优势，能够帮助科研人员更好的把握研究的突破与创新点，及时跟踪国际科研动态，已经越来越广泛地被科研人员所采用。当然，WOS数据库选取的期刊以英文期刊为主，无法检索到发表于非英文的论文。因此，对于中国科研人员而言，要想了解柑橘黄龙病在中国的研究现状，还需借助国内一些大型数据库，如CNKI，进行联合分析。

4 结论

采用 Web of Science 数据库检索了世界范围内发表于 1995—2013 年柑橘黄龙病的研究文献。通过文献计量学分析，对不同国家、机构、学者、期刊之间柑橘黄龙病研究的现状和相关热点研究领域有了全面的认识。结果表明，美国、巴西、法国是柑橘黄龙病研究领域发文量大、总被引频次高的三强国家；美国农业部、美国佛罗里达大学和美国加利福尼亚大学系统是文献产出最多的科研机构；巴西的柑橘保护基金会、法国的波尔多第二大学和法国国家农业研究院（INRA）是篇均被引次数前 3 名的科研机构。发文量最多的前 10 名作者有 9 名都来自美国的机构，高被引前 10 名的论文一半以上来自美国。美国和法国在柑橘黄龙病研究领域有着非常强的国际影响力和话语权。发文量和总被引频次最多的前 3 个期刊集中在植物病理学专业期刊，是该领域发文首选期刊和高关注期刊。我国在柑橘黄龙病领域的研究虽然开展较早，但遗憾的是，近 20 年来，我们具有国际高影响力的作者、科研机构和论文都很欠缺，亟待通过加强经费投入、人才引进、加强国际合作，推动我国柑橘黄龙病的研究，缩短与发达国家的差距，提高我国在该领域的国际影响力。

参考文献

[1] BOVÉ J M. Huanglongbing：A destructive，newly-emerging，century-old disease of citrus [J]. Journal of Plant Pathology，2006，88（1）：7-37.

[2] Grafton-carowell E E，Stelinski L L，Stansly P A. Biology and management of Asian citrus psyllid，vector of the huanglongbing pathogens [J]. Annual Review of Entomology，2013，58：413 - 432.

[3] Reinking O A. Diseases of economic plants in southern China [J]. Philippine Agricultural，1919，8：109-135.

[4] Hu Wenzhao，Zhou Changyong. Advances in the pathogen of citrus Huanglongbing [J]. Plant Protection，2010，36（3）：30-33.
胡文召，周常勇．柑橘黄龙病病原研究进展 [J]. 植物保护，2010，36（3）：30-33.

[5] Lin K H. Etiological studies of yellow shoot of citrus [J]. Acta Phytopathologica Sinica，1956，2：13 - 42.

[6] Qiu Junping. Bibliometrics [M]. Wuhan University Press，Wuhan. 1990.
邱均平．文献计量学 [M]. 武汉：武汉大学出版社．1990.

[7] Qi Qing. The retrieval and application of web of science [J]. Library Work And Study，2013 (204)：110-112.

齐青 . Web of Science 的检索和应用 [J]. 图书馆工作与研究，2013（204）：110-112.

[8] Cao Xueyan，Hu Wenjing. The study on the bibliometrics in China [J]. Journal of Information，2004 (2)：67-69.

曹学艳，胡文静 . 我国文献计量学进展研究 [J]. 情报杂志，2004 (2)：67-69.

[9] Wu Yawen，Xia Xiaodong，Zhi Guiye，et al. The analysis of the development and trend of international rice research based on the literature research [J]. Scientia Agricultura Sinica，2011，44 (20)：4 129-4 141.

邬亚文，夏小东，职桂叶，等 . 基于文献的国内外水稻研究发展态势分析 [J]. 中国农业科学，2011，44（20）：4 129-4 141.

[10] Zhang Yimin. Study on soybean QTL by biblio-metrological indices [J]. Soybean Science & Technology，2011 (4)：39-46.

张以民 . 大豆 QTL 研究的文献计量学分析 [J]. 大豆科技，2011 (4)：39-46.

[11] Wang Ning，Li Yunxia，Zhang Yimin，et al. Research Progress of Soybean Salt Tolerance in China Based on Bibliometrics [J]. Soybean Science，2013，32 (5)：708-710.

王宁，李云霞，张以民，等 . 基于文献计量分析我国大豆耐盐研究现状 [J]. 大豆科学，2013，32 (5)：708-710.

[12] Ding Ling，Lu Wenru. Analysis and comparison of research on the development of rice blast based on the bibliometric analysis [J]. Acta Phytopathologica Sinica，2013，43 (3)：258-266.

丁麟，路文如 . 基于文献计量的稻瘟病研究水平分析与比较 [J]. 植物病理学报，2013，43 (3)：258-266.

[13] Cui Xiaoning，Chai Haojun，Wang Yuanli. Bibliometric analysis of head smut in China [J]. Tropical Agricultural Engineering，2011，35 (3)：9-12.

崔晓宁，柴浩军，王元立 . 基于文献计量分析我国玉米黑穗病研究现状 [J]. 热带农业工程，2011，35 (3)：9-12.

[14] Wang Xinying，Song Jing，Zhang Dongdong. Bibliometric analysis of literatures on botrytis cinerea [J]. Hubei Agricultural Sciences，2011，50 (11)：2369-2370.

王欣莹，宋静，张冬冬 . 我国番茄灰霉病文献计量分析 [J]. 湖北农业科学，2011，50 (11)：2 369-2 370.

[15] Cai Zhuoping，Zhu Honghui. Using bibliometrics method to analyze researches on Asian corn borer during 2005—2009 in China [J]. Acta Agriculturae Zhejiangensis，2012，24 (1)：76-80.

[16] He Ping，Luo Youqing，Lu Wenru. A bibliometric analysis on global literatures of invasive alien species of forest [J]. Journal of Beijing Forestry University. 2009，31 (6)：77-85.

贺萍，骆有庆，路文如. 全球林业外来有害生物研究的文献计量分析 [J]. 北京林业大学学报，2009，31 (6)：77-85.

[17] Zhao Qinling，Lu Wenru. Research review and prospect of soil heavy metals pollution-Bibliometric analysis based on web of science [J]. Environmental Science & Technology，2010，33 (6)：105-111.

赵庆龄，路文如. 土壤重金属污染研究回顾与展望——基于 web of science 数据库的文献计量分析 [J]. 环境科学与技术，2010，33 (6)：105-111.

[18] Yu Wenzhi，Ren Yongkuan，Yu Youmin. A bibliometric analysis of grassland degradation research based on Web of Science [J]. Pratacultural Science，2013，30 (5)：805-811.

于文芝，任永宽，于友民. 基于 Web of Science 草地退化研究态势计量分析 [J]. 草业科学，2013，30 (5)：805-811.

[19] Zhao Xiaoli，Zhou Yan. A bibliometric analysis of citrus research based on Web of Science [J]. South China Fruits，2013，42 (2)：110-112.

赵晓苙，周艳. 基于 Web of Science ISI 数据库的柑橘研究文献计量学分析 [J]. 中国南方果树，2013，42 (2)：110-112.

[20] Liu Xinlu，Deng Xiuxin，Wang Xiaobing，et al. Report of Brazil citrus [J]. South China Fruits，2003，32 (5)：20-26.

刘新录，邓秀新，王小兵，等. 巴西柑橘考察报告 [J]. 中国南方果树，2003，32 (5)：20-26.

[21] Yuan Fei，Li Long. Discussion on web of science retrieval skills）— to SCIE as an example [J]. Journal of Modern Information，2013，33 (5)：62-65.

袁飞，李珑. 小议 Web of Science 检索技巧——以 SCIE 为例 [J]. 现代情报，2013，33 (5)：62-65.

基于文献的我国转基因大豆研究发展态势分析

Research Progress of Transgenic Soybean in China Based on Bibliometrics

王 宁[*]

Wang Ning

（中国农业科学院农业信息研究所《农业科学学报》，北京　100081）

摘　要： 以《中国期刊全文数据库》为检索对象，采用文献计量学方法，从年度载文量、主要分布学科、主要研究层次、分布期刊、基金项目、核心作者及机构、下载量及被引频次等方面对 2004—2013 年转基因大豆研究文献进行统计。结果表明，转基因大豆的文献数量总体随年度呈增加趋势，尤其在 2013 年有大幅提升，研究主要集中在农作物学科，基础与应用基础研究（自然）层次所占比重最大，主要刊载在专业类期刊上，其中，发表在《大豆科学》的文章比重占绝对优势，所获得的基金资助主要来自国家层面，核心作者和核心发文机构对此方向的研究均有较好的连续性，综述类文章更受读者关注，逆境、转基因研究现状及发展等方向文章影响力较大，另外，通过对关键词的检索，研究热点主要集中在遗传转化、检测、转基因食品等方向。

关键词： 转基因；大豆；文献计量

大豆起源于中国，是重要的植物蛋白质和食用油脂来源。转基因技术应用最广泛的领域之一就是转基因大豆（genetically engineered soybean，简称 GE 大豆），其研制最初是为了配合草甘膦除草剂的使用，人们提到的转基因大豆也多数指抗除草剂转基因大豆（Roundup Readysoybean，抗除草剂转基因大豆)[1]。自从 Hinchee 和 McCabe 等首次报道成功获得了大豆的转基因植株，转基因大豆在国际上的种植面积和类型不断增加，转基因技术正在逐步成为大豆分子育种的重要手段[2]。20 世纪 80 年代初王连铮研究员和邵启全

---

* 作者简介：王宁（1981—　），女，博士，助理研究员，从事作物逆境生理和情报学研究。
E-mail：wangning01@caas.cn

研究员等开展的大豆遗传转化研究开创了中国大豆转基因研究的历史[3~6]。国内大豆转基因的主要方法有：农介杆菌介导法、电击法、PEG 转化法、基因枪法、花粉管通道法，超声波法等[7~8]。文献计量学作为一种定量的文献统计分析方法，能从多方面多角度揭示学科整体发展方向及动态，目前广泛应用于各学科分析[9]。本文拟以文献计量学的方法，分析国内转基因大豆研究现状，揭示其发展趋势，以期为国内相关领域学者提供参考，促进本学科的可持续发展。

1 材料与方法

1.1 数据来源与研究方法

本研究所用数据均来源于中国知网（http：//www.cnki.net/），于 2014年 5 月 12 日在"期刊"中以"转基因"＋"大豆"为主题词，检索 2004—2013 年的数据，利用 Excel 2010 软件进行相关分析。

1.2 评价指标

本研究采用的评价指标主要有：年度载文量，分布学科，研究层次，分布期刊，基金项目，核心作者，核心机构，下载量前 10 位文献，被引频次前 10位文献[10]。

2 结果与分析

2.1 年度载文量

2004—2013 年在中国知网收录的中文期刊上发表的转基因大豆文章共计1329 篇，年均发表 133.3 篇。10 年间，发文量总体呈上升趋势，尤其从 2010年开始，发文量提升幅度较大，年发文量在 2013 年达到峰值 250 篇（图）。由此可见，转基因大豆研究总体随年度呈增加趋势，说明研究人员对该研究领域的关注度逐年提升。

2.2 主要分布学科

表 1 列出了这 10 年间转基因大豆的相关文献所分布学科的前 5 位。文献主要集中在农作物学科，占总数的 41.2%，其次是农业经济，农业基础科学，轻工业手工业，生物学，这 5 个学科的文献占到文献总数的近 92%。

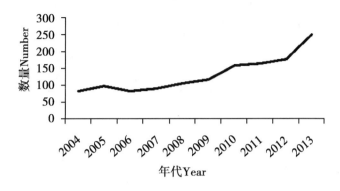

图 2004—2013 年转基因大豆发文量年度分布

Fig Number of articles concerning transgenicsoybeanduring 2004—2013

表 1 2004—2013 年转基因大豆发文主要分布学科

Table 1 Main discipline of transgenic soybean during 2004—2013

学科 Discipline	数量 Number	百分比（%）Percentage
农作物	547	41.2
农业经济	264	19.9
农业基础科学	180	13.5
轻工业手工业	119	9.0
生物学	112	8.4

2.3 主要研究层次分析

表 2 列出了 2004—2013 年转基因大豆文献主要研究层次的分布，可以看出，基础与应用基础研究（自然）层次所占的比重最大，达到 612 篇，其次为行业指导（社科），工程技术（自科），基础研究（社科），行业技术指导（自科）。这 5 个主要研究层次的文献也占到总比重的近 91.5%。

表 2 2004—2013 年转基因大豆发文主要研究层次

Table 2 Main study levels of transgenic soybean during 2004—2013

研究层次 Study level	数量 Number	百分比（%）Percentage
基础与应用基础研究（自科）	612	46.0
行业指导（社科）	209	15.7
工程技术（自科）	196	14.7
基础研究（社科）	109	8.2
行业技术指导（自科）	92	6.9

2.4 主要分布期刊

对 10 年转基因大豆的全部文献进行统计分析，表 3 列出了载文数量排在前 10 位的期刊，其中，专业类的刊物为 6 个，综合类的刊物为 4 个，《大豆科学》载文数量占绝对优势，可见专业类期刊更受相关领域作者和读者关注。

表 3　2004—2013 年转基因大豆文献主要分布期刊

Table 3　Main journals of transgenic soybean during 2004—2013

期刊名称 Journals	数量 Number
大豆科学	110
分子植物育种	44
农药市场信息	33
东北农业大学学报	29
北京农业	23
中国农学通报	21
黑龙江粮食	20
大豆科技	17
生物技术通报	17
中国农业科学	17

2.5　基金项目分析

表 4 列出了这 10 年间对转基因大豆文章资助基金的前 10 位，其中，国家自然科学基金的资助最多，有 105 项，国家层面的资助项目在前 10 位中占了 6 位，共计 234 项，除国家项目外，转基因大豆的项目资助主要集中在东北地区，黑龙江省的资助项目占 3 位，共计 34 项，这与大豆主产区的分布有很大关系。

表 4　2004—2013 年转基因大豆发文主要支持基金项目

Table 4　Main funds of transgenic soybean during 2004—2013

基金名称 Fund	数量 Number
国家自然科学基金	105
国家高技术研究发展计划（863）	62
国家重点基础研究发展计划（973）	22
国家转基因植物研究与产业化专项	18
国家科技支撑计划	14
黑龙江省自然科学基金	13
高等学校博士学科点专项科研基金	13
吉林省科技发展计划基金	12
黑龙江省科技攻关计划	11
黑龙江省博士后科研启动基金	10

2.6　核心作者

对 10 年来转基因大豆的全部文献作者进行统计分析，结果表明，东北农业大学的朱延明 10 年总发文量最高为 24 篇，排名前几位的还有柏锡，李文滨，才华，王丕武，纪巍，邱丽娟，付永平，杨殿林，李勇，韩天富。从分布年份可以看出，10 年来，韩天富，朱延明，柏锡，邱丽娟，李文滨对转基因大豆的研究均有较好的连续性，而其他 6 位对此方向的研究成果主要从近五六年开始（表 5）。

表 5 2004—2013 年转基因大豆文献核心作者
Table 5 Core authors of transgenic soybean during 2004—2013

作者 Author	机构 Affiliation	发文数量 Number	分布年份 Year distribution
朱延明	东北农业大学	24	2006，2008—2013
柏锡	东北农业大学	21	2006，2008，2009，2011—2013
李文滨	东北农业大学	20	2007，2010—2013
才华	东北农业大学	18	2008，2009，2011—2013
王丕武	吉林农业大学	18	2009—2013
纪巍	东北农业大学	16	2008，2009，2011—2013
邱丽娟	中国农业科学院作科所	13	2006—2008，2010—2012
付永平	吉林农业大学	12	2009—2013
杨殿林	中国农业部环境保护科研监测所	9	2008，2010，2011，2013
李勇	东北农业大学	9	2008，2009，2011—2013
韩天富	中国农业科学院作科所	9	2005，2007，2009—2013

2.7 核心研究机构

对 10 年来转基因大豆的全部文献研究机构进行统计分析，发文量排在前 10 位的分别为东北农业大学，中国农业科学院作物科学研究所，中国农业大学，南京农业大学，吉林农业大学，黑龙江省农业科学院，华南农业大学，河南工业大学，河北农业大学，吉林省农业科学院。可见，除南京农业大学和华南农业大学外，研究主要集中在我国北方地区，尤其是东北农业大学，发文量占绝对优势。从分布年份可以看出，10 年来，这些单位关于此方向的研究一直在持续（表 6）。

表 6 2004—2013 年转基因大豆文献核心研究机构
Table 6 Core affiliations of transgenic soybean during 2004—2013

机构 Affiliation	发文数量 Number	分布年份 Year distribution
东北农业大学	118	2005—2013
中国农业科学院作物科学研究所	45	2005—2013
中国农业大学	35	2004—2013

（续表）

机构 Affiliation	发文数量 Number	分布年份 Year distribution
南京农业大学	34	2004—2007，2009—2013
吉林农业大学	26	2005，2009—2013
黑龙江省农业科学院	22	2004，2006—2013
华南农业大学	16	2005，2006，2008—2010，2012，2013
河南工业大学	15	2004—2006，2008，2010—2013
河北农业大学	14	2004，2008—2013
吉林省农业科学院	14	2005，2007，2009—2013

2.8 被引前 10 位文献

2004—2013 年发表的转基因大豆的全部文献中，总被引频次最高为 2005 年的 925 次，篇均被引最高为 2005 年的 9.34 次，单篇文献最高被引频次为 104 次，是 2004 年上海交通大学管理学院侯守礼等发表在《农业技术经济》的文章"消费者对转基因食品的意愿支付：来自上海的经验证据"。表 7 列出了排名前 10 位的文献，其中，综述类文章有 4 篇，综合 10 篇文献来看，读者对逆境、大豆根癌农杆菌等研究方向的关注度较高。

表 7　2004—2013 年转基因大豆文献被引前 10 位文献

Table 7　Top 10 articles with the most cited times on transgenic soybean during 2004—2013

篇名 Title	作者 Authors	刊名 Journal	发表年/期 Published year/issue	被引频次 Total cited times
消费者对转基因食品的意愿支付：来自上海的经验证据	侯守礼等	农业技术经济	2004/04	104
利用根癌农杆菌介导转化大豆成熟种子胚尖获得转基因植株	刘海坤等	植物生理与分子生物学学报	2004/06	70
转大豆 GmDREB 基因增强小麦的耐旱及耐盐性	高世庆等	科学通报	2005/23	60
主要农作物转基因研究现状和展望	叶兴国等	中国生物工程杂志	2006/05	57
小麦转基因技术研究及其应用	喻修道等	中国农业科学	2010/08	53
根癌农杆菌介导的高效大豆遗传转化体系的建立	党尉等	分子细胞生物学报	2007/03	50
自由基、营养、天然抗氧化剂与衰老	赵保路	生物物理学报	2010/01	45
逆境相关植物锌指蛋白的研究进展	田路明等	生物技术通报	2005/06	44
获得转反义 PEP 基因超高油大豆新材料	赵桂兰等	分子植物育种	2005/06	43
花粉管通道法在植物转基因中的研究与应用	王永锋等	东北农业大学学报	2004/06	42

2.9 下载前 10 位文献

10 年间发表的转基因大豆的全部文献中，总下载量最高为 2010 年的 36 559 次，篇均下载量最高为 2005 年的 310.4 篇，单篇最高下载量的文献为 2010 年中国科学院生物物理研究所赵保路在《生物物理学报》发表的文章 "自由基、营养、天然抗氧化剂与衰老"。表 8 列出了下载量排名前 10 位的文章信息，其中有 7 篇为综述性质的文章，可见，对于相关研究方向系统性、综合性的阐述更受读者关注。综合被引前 10 位的文章，既高被引又高下载的文章有 3 篇，逆境、转基因研究现状及应用展望等研究方向的文章有较大影响力。

表 8 2004—2013 年转基因大豆文献下载前 10 位文献

Table 8 Top 10 articles with the most download times on transgenic soybean during 2004—2013

篇名 Title	作者 Authors	刊名 Journal	发表年/期 Published year/issue	下载量 Download times
自由基、营养、天然抗氧化剂与衰老	赵保路	生物物理学报	2010/01	2 495
中国转基因大豆的研究进展及其产业化	余永亮等	大豆科学	2010/01	2 471
小麦转基因技术研究及其应用	喻修道等	中国农业科学	2010/08	2 440
天使还是魔鬼——转基因大豆在中国的社会文化考察	郭于华	社会学研究	2005/01	2 077
大豆分子育种研究进展	邱丽娟等	中国农业科学	2007/11	1 699
转基因大豆发展及中国大豆产业对策	钟金传等	中国农业大学学报	2005/04	1 621
转基因大豆的发展及其安全性评价	叶汉英	粮油加工	2007/04	1 587
自由基、天然抗氧化剂与神经退行性疾病	赵保路	生物物理学报	2010/04	1 500
主要农作物转基因研究现状和展望	叶兴国等	中国生物工程杂志	2006/05	1 461
植物基因工程在作物育种中的应用与展望	侯文邦等	中国农学通报	2005/01	1 276

3 小结

通过对 2004—2013 年转基因大豆研究相关论文的文献计量学分析，可以发现如下几个问题。

（1）转基因大豆的文献数量总体随年度呈增加趋势，尤其在 2013 年有大幅提升，达到峰值，说明研究人员对该领域的关注度逐渐增加，转基因大豆作为热点研究还会继续受到关注，这与国内、国际的大背景相吻合。

（2）转基因大豆文献主要集中在农作物学科，基础与应用基础研究（自然）层次所占比重最大，主要刊载在专业类期刊上，其中，发表在《大豆科学》的文章比重占绝对优势。

（3）转基因大豆的研究所获得的基金资助主要来自国家层面，黑龙江和吉林两省也给予了大力支持，因此，产出比重主要也集中在黑龙江、吉林两省，同时，从核心作者和核心发文机构的分析可以看出，这些作者和机构对此方向的研究均有较好的连续性，这也有利于该方向的研究更广、更深，东北农业大学的产出占绝对优势，因此，基金支持对研究的发展有着重要的影响。

（4）总下载量分别在2005年，2010年有两次高峰，篇均下载量在2005—2007年达到高峰，总被引基本随年度呈下降趋势，在2005年，2008年，2010年有小幅回升，篇均被引基本随年度呈递减趋势，说明针对这一主题的研究呈越来越多元化发展，研究的具体方向也在不断细化。综述类文章更受读者关注，逆境、转基因研究现状及发展等方向文章影响力较大。另外，通过对关键词的检索，研究热点主要集中在遗传转化、检测、转基因食品等方向。

参考文献

[1] 邹恒伟. 国内外转基因大豆发展趋势与中国发展对策 [J]. 广西经济，2013（5）：44-46.

Zou H W. Status and trends of transgenic soybean in domestic and overseas and the development strategies in China [J]. Guangxi Economy，2012（5）：44-46.

[2] 郝东旭，胡景辉. 转基因技术及在大豆中的应用研究 [J]. 华北农学报，2013，28（增刊）：41-44.

Hao D X，Hu J H. Application study of transgenic technology in soybean [J]. ActaAgriculturaeBoreali-Sinica，2013（28）：44-46.

[3] 邱丽娟，王昌陵，周国安，等. 大豆分子育种研究进展 [J]，2007，40（11）：2 418-2 436.

Qiu L J，Wang C L，Zhou G A，et al. Soybean molecular breeding [J]. ScientiaAgriculturaSinica，2007，40（11）：2 418-2 436.

[4] 王连铮，尹光初，罗教芬，等. 大豆致瘤及基因转移研究 [J]. 中国科学B辑，1984，2：137-142.

Wang L Z，Yin G C，Luo J F，et al. Research of soybean tumorigenesis and genetransmission [J]. Science in China (Series B)，1984，2：137-142.

[5] 王连铮，尹光初，罗教芬，等. 大豆基因转移高蛋白受体系统的建立 [J]. 大豆科学，1984，3（4）：297-301.

Wang L Z，Yin G C，Luo J F，et al. Estabilishment of high protein recipient system of gene transmission in soyban [J]. Soybean Science，1984，3（4）：297-301.

[6] 王连铮，尹光初，罗教芬，等. 对1553个野生、半野生、栽培大豆基因型致瘤及基因转移研究 [J]. 大豆科学，1983，2（3）：194-199.

Wang L Z，Yin G C，Luo J F，et al. Gene transmission and tumor-induction for 1553 genotypes of *Glycine soja*，*G. gracilis* and *G. max* [J]. Soybean Science，1983，2（3）：194-199.

[7] 武小霞，李文滨，张淑珍. 我国大豆转基因研究进展 [J]. 大豆科学，2005，24（2）：144-149.

Wu X X，Li W B，Zhang S Z. The research advance on soybean transgene in China [J]. Soybean Science，2005，24（2）：144-149.

[8] 余永亮，梁慧珍，王树峰，等. 中国转基因大豆的研究进展及其产业化 [J]. 大豆科学，2010，29（1）：143-150.

Yu Y L，Liang H Z，Wang S F，et al. Research progress and commercialization on transgenic soybean in China [J]. Soybean Science，2010，29（1）：143-149.

[9] 邹亚文，夏小东，职桂叶，等. 基于文献的国内外水稻研究发展态势分析 [J]. 中国农业科学，2011，44（20）：4 129-4 141.

Wu Y W，Xia X D，Zhi G Y，et al. Status and trends of rice science based on bibliometrics [J]. ScientiaAgriculturaSinica，2011，44（20）：4 129-4 141.

[10] 王宁，李云霞，张以民，等. 基于文献计量分析我国大豆耐盐研究现状 [J]. 大豆科学，2013，32（5）：708-710.

Wang N，Li Y X，Zhang Y M，et al. Research progress of soybean salt tolerance in China based on bibliometrics [J]. Soybean Science，2013，32（5）：708-710.

原文发表于《大豆科学》，2014（5）.

基于文献计量分析我国猪肉质性状研究现状[*]

Research Progress of Swine Meat Quality Traits in China Based on Bibliometrics

赵伶俐[**]

Zhao Lingli

（中国农业科学院农业信息研究所《中国农业科学》编辑部，北京　100081）

摘　要：以中国知网的《中国学术期刊网络出版总库》为检索对象，采用文献计量学方法，从年度载文量与期刊分布、发文作者及主要产出机构、基金项目资助、下载频次及被引频次等方面对 1994—2013 年间我猪肉质性状研究文献进行了统计分析。结果表明：这 20 年间发表的相关文献量及发文刊数在 2008 年达到峰值后随年度呈下降趋势；华中农业大学、浙江大学、山东省农科院畜牧兽医研究所、四川农业大学和南京农业大学等研究机构是猪肉质性状研究的主体；目前猪肉质性状研究热点是基于基因组学技术的分子机理研究。

关键词：猪；肉质性状；文献计量

猪肉质性状包括肉色、大理石纹、pH 值、系水力、肌肉脂肪含量、滴水损失等指标，是一个典型的数量性状，其遗传力大在 $0.15 \sim 0.30$[1]。猪肉质性状为宰后测定性状，常规育种方法很难对其进行选择，这些性状是由微效多基因控制的，一些基因起主效作用[2]。20 世纪 70 年代始，随着人们对优质猪肉的强烈需求，猪肉质性状研究逐渐成为动物遗传育种领域一个重要的研究方向。近年来，随着分子数量遗传学和分子生物学技术的不断发展和完善，使猪肉质性状研究进入后基因组水平，国内研究机构对控制猪肉质性状的主效及候选基因，以及 QTL 定位研究已取得不少进展。本文采用文献计量学方法，分析中国知网收录的有关我国近 20 年关于猪肉质性状的研究文献，对文献的发

　＊ 基金项目：中国农业科学院农业信息研究所基本科研业务费专项资金（2014－J－028）

　＊＊ 第一作者简介：赵伶俐（1982—　），女，湖北荆州人，编辑，博士，从事期刊编辑与情报学研究工作。E-mail：zll.bj@126.com

表年度、分布期刊、作者、基金项目、文献被引及下载频次等指标进行统计分析，旨在了解目前我国猪肉质性状研究的概况与发展趋势。

1 材料与方法

1.1 数据来源

所用文献数据来源于中国知网（http：//www.cnki.net/）[3]，在"期刊"中以"猪"和"肉质性状"为关键词检索，检索时间设置为1994—2013年。所得结果利用 Excel 2010 进行数据统计分析。

1.2 评价指标

学术论文发文量的年度分布可以在一定程度上很好地反映出相关领域和学科的发展速度，对刊载文献的期刊进行统计分析可以揭示该学科领域的重要期刊，以便为相关研究者提供有价值的参考[4~5]。

本研究所采用的评价指标主要有：1994—2013年猪肉质性状研究的发文量及年度分布、发文期刊数、发文作者和科研机构、基金项目、下载与被引频次情况。

2 结果与分析

2.1 发文量及发文刊数

删除重复及其他不相关文献后，1994—2013年，收录在中国知网的中文期刊共发表关于猪肉质性状研究文章 132 篇，年均发表 6.6 篇。文献分布在40 种期刊上，其中《养猪》《中国畜牧杂志》《畜牧与兽医》和《中国畜牧兽医》发表文章数量排名前三，占文献总数分别为 10.6%、6.8% 和 1.5%。二十年间，发文量在 2008 年达到峰值 19 篇，分布期刊数也相应最多达到 14 种（图）。《养猪》《中国畜牧杂志》《畜牧与兽医》和《中国畜牧兽医》是我国猪肉质性状研究领域的主要期刊源。由图可知，猪肉质性状研究在 1994 到 2002年期间较少，2003 年后猪肉质性状的关注度呈上升趋势，尤其在 2008 年达到了一个研究的高峰。

2.2 作者分析

对 132 篇文献的作者进行统计分析，结果表明浙江大学的徐宁迎老师 20年来总体发文量最高，为 9 篇，5 篇以上的还有郭建凤、武英、王继英、陈杰、熊远著、陈代文和张克英。从分布年份可以看出，徐宁迎、郭建凤、武英

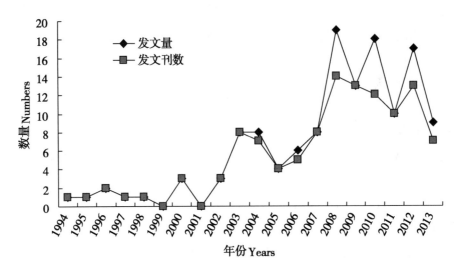

图 1994—2013 年猪肉质性状发文数量及发文期刊数年度分布

Fig. Numbers of articles and journals concerning swine meat quality traits during 1994—2013

对猪肉质性状进行了较连续性的研究（表 1）。

表 1 1994—2013 年猪肉质性状发文作者

Table 1 Core authors of articles on swine meat quality traits during 1994—2013

作者 Authors	发文量 Numbers of article	分布年份 Years distribution
徐宁迎	9	2004，2007，2008，2009，2012
郭建凤	9	2007，2008，2009，2011，2012
武英	9	2007，2008，2009，2010，2011
王继英	6	2007，2008，2009，2011
陈杰	5	2003，2005，2006，2009，2010
熊远著	5	2000，2003，2004，2007，2010
陈代文	5	2002，2008
张克英	5	2002，2008

2.3 核心研究机构

通过对 132 篇文献进行统计分析发现，华中农业大学、浙江大学、山东省农科院畜牧兽医研究所、四川农业大学和南京农业大学的发文量排名在前 5 位（表 2），主要集中在华中农业大学、浙江大学和山东省农业科学院畜牧兽医研究所，分别占发文总数的 10.6％、8.3％ 和 7.6％；从分布年份也可以看出，这个三个机构近 10 年来对猪肉质性状的研究有较好的持续性。

表2　1994—2013年猪肉质性状文献中核心科研机构

Table 2　Core affiliations of articles on swine meat quality traits during 1994—2013

机构名称 Names of affiliation	发文量 Numbers of articles	分布年份 Years distribution
华中农业大学	14	2000，2003，2004，2006，2007，2008，2010，2011
浙江大学	11	2002，2003，2004，2007，2008，2009，2012
山东省农业科学院畜牧兽医研究所	10	2007，2008，2009，2010，2011，2012
四川农业大学	10	1996，2002，2005，2008，2009，2013
南京农业大学	7	2003，2005，2006，2009，2010

2.4　基金项目资助分析

132篇文章共有29种基金，90个项目支持。其中，排在前10位的资助基金项目来源分别为国家重点基础研究发展计划（973计划）、国家自然科学基金、国家高技术研究发展计划（863计划）、国家科技支撑计划、山东省农业良种产业化项目、吉林省科技攻关计划、湖北省自然科学基金、湖北省科技攻关计划、江苏省自然科学基金和重庆市自然科学基金（表3）。其中，国家重点基础研究发展计划（973计划）和国家自然科学基金均占基金资助总数的15.6％。这表明猪肉质性状的研究还是比较受国家层面的关注，其来源的基金资助相应占较大比重。

表3　1994—2013年猪肉质性状文献中基金项目

Table 3　Funds of articles on swine meat quality traits during 1994—2013

基金名称 Names of Fund	数量 Numbers
国家重点基础研究发展计划（973计划）	14
国家自然科学基金	14
国家高技术研究发展计划（863计划）	11
国家科技支撑计划	6
山东省农业良种产业化项目	5
吉林省科技攻关计划	3
湖北省自然科学基金	3
湖北省科技攻关计划	3
江苏省自然科学基金	3
重庆市自然科学基金	3

2.5　被引用与下载频次分析

文献被引与下载频次在一定程度上可以体现出论文的参考价值和引领作用[6~7]，关于猪肉质性状研究的132篇文章中，共有88篇论文被引用，被引率达到66.67％；共被引645次，篇均被引7.33次；被引频次排名前10位的论文及相关信息见表 4，这 10 篇论文共被引 343 次，篇均被引 34.3 次。共有 126 篇论文被下载，下载率达 95.45%；下载总频次 14 412 次，篇均下载 114.38 次；下载频次排名前 10 位的论文及相关信息见表 5，这 10 篇论文共被下载 3 224 次，篇均下载达到 322.4 次，被引与下载排名前 10 的文章产出单位均为高校和科研院所。其中，华中农业大学的苏玉虹等发表的《猪的肉质性状基因定位研究进展》一文被引频次和下载频次均最高，表明读者对相关研究领域综述性文章的关注度挺高，可以从综述中较全面的把握研究进展。

表 4　被引频次前 10 位的文献及相关信息

Table 4　Citation frequency of top 10 documents and related information

题名 Title	作者 Author	期刊 Journal	被引频次 Citation frequency
猪的肉质性状基因定位研究进展	苏玉虹等	遗传	77
营养水平及性别对生长育肥猪肉质性状发育规律的影响	陈代文等	四川农业大学学报	52
微卫星 DNA 标记与猪肉质性状的相关分析	侯建国等	华南农业大学学报	31
猪鸡肉质性状分子标记及主效基因的研究进展	徐宁迎等	中国畜牧杂志	31
猪 UCP3 基因部分编码区序列分析及其单核苷酸多肽与酮体、肉质性状的遗传效应	涂荣剑等	遗传学报	30
半胱胺对育肥后期猪酮体性状和肉质性状的影响	韦习会等	南京农业大学学报	29
沙子岭猪肉质性状与肉的成分测定	谭毓平等	家畜生态	27
猪肉质性状基因及其遗传标记的研究进展	曾勇庆等	畜牧与兽医	25
季节和屠宰日对商品猪酮体和肉质性状的影响	张伟力	中国畜牧杂志	25
猪钙蛋白酶抑制蛋白基因 PCR-RFLP 多态性与肉质性状及背膘厚间的关系分析	孙立彬等	上海交通大学学报（农业科学版）	16

表 5　下载频次前 10 位的文献及相关信息

Table 5　Download frequency of top 10 documents and related information

题名 Title	作者 Author	期刊 Journal	下载频次 Download frequency
猪的肉质性状基因定位研究进展	苏玉虹等	遗传	494
影响猪肉质性状的主效基因和候选基因	严宏祥等	猪业科学	360
猪肉质性状基因及其定位的研究进展	李仕新等	猪业科学	330
猪钙蛋白酶抑制蛋白基因 PCR-RFLP 多态性与肉质性状及背膘厚间的关系分析	孙立彬等	上海交通大学学报（农业科学版）	311
猪肉质性状及其定位研究进展	包永玉等	养猪	303
影响猪肉质性状的基因的研究进展	许宗运等	山西农业大学学报	302
猪肉质性状基因及其遗传标记的研究进展	曾勇庆等	畜牧与兽医	292
猪鸡肉质性状分子标记及主效基因的研究进展	徐宁迎等	中国畜牧杂志	290
猪 13 号染色体部分微卫星标记与肉质性状关系的研究	邵根宝等	遗传学报	272
影响猪肉质性状遗传因素的研究进展	田锦等	中国畜牧兽医	270

3 结论与讨论

对 1994—2013 年我国猪肉质性状研究文献的分析可知，国内猪肉性状研究的文章逐年下降，其原因有可能是研究领域更加多样化，随着猪基因组图谱的完成、完善和科研人员数量的剧增，在生物大数据背景下，对同一学科开辟出很多不同的研究方向，这也分散了某一文献的关注度；此外，随着研究的逐渐深入和学术影响的考虑，国内机构已偏向将重要结果发表在国际 SCI 收录期刊上，也是近年来这一领域国内文献下降的主要原因之一。另外，研究主要集中在高校和科研院所，这与国家的基金项目支助等是密不可分的。从本文的研究结果来看，某一领域相关文献会随时变化，要获得最新研究动态就需要持续关注与分析。

参考文献

[1] Sellier P. Genetics of meat and carcass traits [A]. Rothschild M F，Ruvinsky A. The Genetics of the Pig [M]. UK CAB，1998：463-510.

[2] 徐宁迎，赵兴波，蒋思文. 猪鸡肉质性状分子标记及主效基因的研究进展 [J]. 中国畜牧杂志，2004，40（4）：42-45.

[3] 中国知网中国学术期：FfJ（光盘版）电子杂志社. 中国学术期刊网络出版总库 [EB/OL]. http：//219.239.34.177/Kns55/brief/result.aspx？dbPrefix＝CJFQ.

[4] 张丽敏，王佳敏. 基于文献计量的国内水资源承载力研究发展与评价 [J]. 水资源与水工程学报，2012，23（4）：56-60.

[5] 王宁，李云霞，张以民，张娟，孙鲁娟，翁凌云，赵伶俐. 基于文献计量分析我国大豆耐盐研究现状 [J]. 大豆科学，2013，32（5）：708-710.

[6] 尹秀波. 我国图书馆核心竞争力研究文献计量分析 [J]. 情报探索，2010（4）：33-35.

[7] 马晓晶，秦强，曹冰. 近 21 年国内牡丹花期调控相关期刊论文的计量分析 [J]. 中国农学通报，2012，28（17）：195-199.

附 录

Appendixes

一、中国农业科学院农业信息研究所 2014 年主要在研项目

序号	课题名称	起止时间（年）	主持人	课题来源
1	2012/2013 中文出版物项目	2014.01—2014.12	信息所	FAO
2	农业生产与市场流通匹配管理及信息服务关键技术研究与示范	2012.01—2014.12	许世卫	科技部
3	农产品市场短期预测模型方法	2012.03—2015.12	许世卫	FAO
4	现代农业人才支撑计划	2014.01—2014.12	许世卫	农业部
5	农业监测预警与展望研究	2014.01—2014.12	许世卫	农业部
6	农业行业标准制定修订	2014.01—2014.12	许世卫	农业部
7	农业法制建设与政策调研	2014.01—2014.12	许世卫	农业部
8	农业展望报告	2014.01—2016.12	许世卫	FAO
9	农业信息分析学课程建设	2014.12—2016.03	许世卫	研究生院
10	科普惠农兴村计划"十三五"发展研究	2014.03—2014.12	刘继芳	中国科协
11	欧盟农业科学数据基础设施	2011.10—2014.10	孟宪学	欧盟第七框架
12	农业信息技术应用交流	2014.10—2015.10	孟宪学	FAO
13	农业知识组织与共享环境建设	2014.01—2014.11	孟宪学	国家外国专家局
14	基于 3G 等技术的设施农业技术服务信息化平台示范与推广	2012.01—2014.12	王文生	新疆科技厅
15	农村信息服务云存储与云计算技术研究与应用	2013.01—2015.12	王文生	科技部
16	基于信息技术的基层农技推广服务技术集成与示范	2013.01—2017.12	王文生	农业部
17	新乡综合试验基地农技推广信息化示范	2014.01—2014.12	王文生	中国农业科学院
18	农业信息教研室	2014.01—2014.12	张蕙杰	中国农业科学院研究生院
19	高层次农业外交官培养机制研究	2014.01—2015.12	张蕙杰	中国农学会
20	现代农业人才支撑计划管理	2014.12—2015.12	张蕙杰	农业部
21	北京畜产品市场价格风险预警与决策支持	2014.01—2016.06	王川	北京市科委
22	金堂县特色农业示范区规划	2012.01—2014.12	魏虹	金堂县
23	我国农产品市场风险评估与管理研究	2013.04—2014.12	魏虹	中国农业科学院
24	作物虚拟设计与可视化技术	2013.01—2017.12	诸叶平	科技部
25	蜂产品质量跟踪	2014.05—2017.12	诸叶平	蜜蜂所
26	现代农业示范区评价管理系统研究	2014.01—2014.12	海占广	农业部
27	基于 DSSAT 模型和长期定位试验的小麦-玉米轮作肥料效应研究	2014.03—2015.06	刘海龙	资划所

（续表）

序号	课题名称	起止时间（年）	主持人	课题来源
28	基于模型的果园与油菜作物生产数字化管理平台	2013.01—2017.12	周国民	科技部
29	全国性的财政专项数据应用系统升级维护	2014.01—2014.12	周国民	中国农业科学院
30	我国高等农业教育人才培养信息管理系统的完善	2013.06—2014.12	刘世洪	中国农业科学院研究生院
31	农业部财务管理信息系统应用设计	2014.01—2014.12	刘世洪	农业部
32	我国农科人才培养数据库系统开发	2014.06—2014.12	郑火国	中国农业科学院研究生院
33	烟草研究所中英文门户网站策划与开发	2014.04—2014.08	杨晓蓉	烟草所
34	食物与营养领域网络信息跟踪	2013.05—2014.11	张学福	中科院
35	创新团队评估数据处理与分析	2014.01—2014.12	崔运鹏	北京市农林科学院
36	区域大气气溶胶辐射强迫敏感因子时空模式及农作物响应机制研究	2012.01—2015.12	冯建中	国家自然科学基金
37	中国农业科学院科技创新工程管理系统维护服务	2014.10—2015.12	谢能付	中国农业科学院
38	农业科技项目管理平台二期升级维护开发	2014.10—2015.12	谢能付	农业部科技发展中心
39	农业野生植物资源数据库系统开发	2014.11—2015.06	谢能付	农业部农业生态与资源保护总站
40	欧盟取消牛奶生产配额对我国奶业影响的预判	2014.01—2014.12	李哲敏	农业部
41	金砖国家农业基础信息系统建设与农业发展国别比较研究	2014.07—2014.12	李哲敏、董晓霞	农业部对外经济合作中心
42	基于全产业链视角的我国畜产品垂直价格传导机制非对称性研究	2013.01—2015.12	董晓霞	国家自然科学基金
43	贫困地区惠农政策实施效果的微观模拟分析-基于贵州住户和村级 CGE 模型	2013.01—2015.12	张玉梅	国家自然科学基金
44	我国生猪价格指数保险研究与设计	2013.12—2015.06	张峭	人保财险
45	我国生猪价格指数保险研究与设计	2014.01—2014.12	张峭	人保公司
46	基于 3S 技术的农险评估技术研究及综合服务平台建设应用	2014.01—2016.12	张峭	北京市科委
47	北京市主要农产品生产风险评估、保险定价及方案设计	2014.03—2015.03	张峭	北京市农委
48	我国粮食作物收入保险方案设计	2014.08—2015.12	张峭	人保公司
49	基于分位数回归与极值统计视角的农业巨灾风险评估研究	2013.01—2015.12	徐磊	国家自然科学基金
50	农村贫困人口粮食安全研究	2012.01—2015.12	聂凤英	国家自然科学基金
51	中国贫困地区农户食物安全与脆弱性分析	2012.12—2014.01	聂凤英	WFP
52	中国经贸合作规划及农业规划咨询	2012.04—2014.12	聂凤英	国家开发银行
53	农业技术信息需求：途径、反馈、效果	2013.10—2014.03	聂凤英	CABI
54	2014-2020 年中荷农业合作规划	2013.06—2014.12	聂凤英	农业部对外经济合作中心
55	粮食进出口政策调整模型	2014.01—2015.12	聂凤英	中国科学院

（续表）

序号	课题名称	起止时间（年）	主持人	课题来源
56	提升我国主要粮食作物单产的科技创新战略研究	2014.03—2014.12	聂凤英	中粮东海粮油工业公司
57	亚太地区粮食安全研究与监测	2014.04—2014.12	聂凤英	财政部
58	中国苏里南农业规划合作研究	2014.05—2015.05	聂凤英	国家开发银行
59	中国与拉美地区在农村领域的科技合作政策和机制研究调研	2014.09—2015.09	聂凤英	科技部
60	中国拉美农业科技示范园规划与建设	2014.01—2014.12	聂凤英	中国农业科学院国合局
61	中国古巴农业科技示范园建设	2014.01—2014.12	聂凤英	中国农业科学院国合局
62	完善生猪市场价格调控机制研究	2014.06—2014.12	朱增勇	国家发展委
63	青年创新性参与农业发展研究	2014.01—2015.12	毕洁颖	FAO
64	新型职业农民培训规范编写	2014.10—2017.12	孔繁涛	农业部农民科技教育培训中心
65	畜牧业统计指标体系研究	2014.11—2015.12	孔繁涛	畜牧总站
66	中国粮食生产消费协调度测定模型构建及实证研究	2013.01—2015.12	吴建寨	国家自然科学基金
67	大麦青稞产业技术经济跟踪分析和政策研究	2014.01—2014.12	王盛威	农经所
68	农业专业知识服务系统建设	2014.01—2014.12	赵瑞雪	中国工程院
69	农业技术试验示范	2014.01—2014.12	冯艳秋	农业部
70	农产品质量安全监管	2014.01—2014.12	冯艳秋	农业部
71	《中国农业科学》中、英文版	2013.01—2014.12	刘旭、李云霞、张以民	重点学术期刊专项基金
72	中国农业科学英文版国际合作	2014.1—2014.12	张以民	荷兰 Elsevier

二、中国农业科学院农业信息研究所科研人员 2014 年出版的著作

《奶牛规模化养殖与环境保护》

董晓霞等著，中国农业科学技术出版社 2014 年 6 月出版。专著基于畜禽养殖污染防治问题的新形势，从我国奶牛养殖业的规模化演变历程及其未来趋势入手，对现有的奶牛养殖环境管理政策、规模化奶牛养殖场的环境管理现状、粪污处理模式、现代化管理水平等进行了系统调研分析，深入剖析了我国奶牛规模化养殖环境管理存在的主要问题。同时，专著详细介绍了欧盟、美国、澳大利亚、新西兰、日本等世界奶业发展国的污染防治技术与环境管理政策，从各国的资源禀赋出发，探析了各国采取的不同粪污处理方式，并深入研究了各国选取不同粪污处理方式的原因，提出了借鉴发达国家和地区畜禽规模化养殖污染防治的管理思路。

《农业巨灾风险评估：理论、方法与实践》

徐磊著，中国农业出版社 2014 年 11 月出版。农业巨灾风险评估是在全球气候变化大背景下我国农业稳定发展亟须解决的现实问题，同时又是自然灾害风险评估亟待解决的科学问题。本书基于现代风险分析和评估理论，构建了一个农业巨灾风险评估的基本框架，利用分位数回归、蒙特卡罗模拟、超越阈值模型、风险值等为基本分析手段，从极端性天气事件对农作物产量影响的分位数回归模型和农业巨灾损失概率分布的极值统计模型两方面加以突破，在此基础上，开展了农业巨灾灾情预测、预报和农业巨灾保险费率厘定的应用研究。

《东亚经济一体化对中国农业的影响研究》

赵亮等著，中国经济出版社 2014 年 5 月出版。随着区域经济合作不断升

级，东亚经济一体化正以双边/多边自贸区的形式逐渐形成，而我国农产品贸易额的三分之一发生在东亚。因此，在世界贸易自由化，区域经济一体化背景下，研究东亚经济一体化对我国农业的影响具有重要的现实意义。本书在东亚"10＋3"框架内，以国际经济理论、一般均衡理论，产业组织和国家竞争优势理论等为基础，构建理论模型分析对我国农业的影响机理，主要运用可计算一般均衡（Computable General Equilibrium，CGE）等实证模拟分析影响的程度和传导路径。主要研究内容包括：东盟"10＋3"农产品贸易相对竞争力；基于纵向关联农业生产均衡的东亚经济合作对我国农业影响的机理分析；基于东亚经济合作的关税变化对我国农业影响的研究；东亚经济一体化背景下 FDI 与技术进步对我国农业影响的分析；东亚非关税贸易壁垒对我国农业的影响等。

《中国农业科学院科研产出及学术影响力评价——基于论文、专利产出的分析》

王婷、刘敏娟著，中国农业科学技术出版社 2014 年 4 月出版。作为科研产出的重要载体，科技论文和专利是机构科研创新能力和科技竞争力的重要方面，是反映其整体科研能力与水平的重要指标。本书从中国农业科学院科研产出及影响力研究与分析技术构建、世界农业科学与中国农业科学产出情况、中国农业科学院国际论文产出能力及其影响力分析、中国农业科学院国内论文产出及影响力分析与评价和中国农业科学院技术创新产出能力分析等 5 个方面入手，实证分析、评价中国农业科学院在全球农业科学发展和文献交流中的作用，以及研究成果在世界范围内传播和影响的深度和广度，为农业科研管理部门制定重大科技决策、推进科研体制机制改革提供理论依据和数据支持。

三、中国农业科学院农业信息研究所 2014 年获奖的科研成果

先进农产品市场信息采集设备（农信采）的研制与应用

第一完成单位：中国农业科学院农业信息研究所

第一完成人：许世卫

报奖时间：2014 年 2 月

获奖情况：2014 年中国农业科学院科技进步奖一等奖

2014 年北京市科技进步奖三等奖

内容提要：

该成果是历经多年在信息采集领域取得的一项创新性研究成果，在国家科技支撑计划和农业部农业信息监测预警专项等支持下，根据国家信息化和市场化不断融合背景下的农产品市场信息采集工作需求，积极追踪世界信息前沿技术，面向中国农产品市场实际需要，成功研制的先进农产品市场信息采集设备（农信采）。

主要体现在：一是提出了农产品市场全息信息理论，研制出农产品全息市场信息采集规范行业标准两个，研发出标准化农产品市场信息采集技术与系统。二是建立完成全国主要农产品批发市场以及相关田头市场、零售市场的农产品市场地理信息关联表，创建了农产品市场信息定位匹配采集与优化传输关键技术，实现了农产品市场的自动定位与实地匹配以及市场信息的全天候、实时性采集。三是创新了农产品市场数据智能处理与分析技术，研究与建立了农产品市场空间信息处理方法，提出了农产品市场信息展示技术，实现了农产品市场的地理信息空间分析。四是提出嵌入式技术与组件技术相结合的开发设计理念，研制出具有可自动定位、标准化采集、CAMES 智能支持、操作简单便捷的市场信息采集先进专用设备。

目前，农信采已在北京、河北、广东等全国多个省市推广应用，加速推动了农业市场信息采集方式发生变革，显著提高数据采集质量与效率，社会经济

效益显著。根据农信采监测数据撰写"CAMES 监测日报"和各类分析报告，报送相关部门，决策咨询效果显现。相关报告中形成的诸多观点为联合国粮农组织、经合组织农业展望报告《OECD-FAO Agricultural Outlook 2013—2022》提供了参考资料，以农信采数据为基础之一，2014 年 4 月召开了"首届中国农业展望大会"，并发布了《中国农业展望报告（2014—2023）》。项目的理论与技术创新成果丰富了学科内容，推动了农业信息分析学的发展，加强了农业信息科技在农业现代化建设中的作用，提升了我国农业信息分析研究的国际影响力。农信采的广泛应用，将成为把握农产品市场信息的利器，将为国家农业宏观管理决策提供重要技术支撑，在推进"四化同步"发展中发挥重要作用。

农业科学数据共享平台构建与应用服务

第一完成单位：中国农业科学院农业信息研究所

第一完成人：孟宪学

报奖时间：2014 年 2 月

获奖情况：中国农业科学院 2014 年度科技成果二等奖

内容提要：

"农业科学数据共享平台构建与应用服务"以国家科学数据共享总体规划为依据，进行农业科学数据共享标准体系研究与建设，农业科学数据资源整合与集成，共享平台搭建，以及人才队伍培养，最终建成了国家科技基础条件平台——农业科学数据共享中心。主要取得了以下成果。

（1）以现代农业发展与科技创新、农业生产经营、农业管理决策等对农业科学数据的重大需求为导向，开展农业科学数据资源收集、数字化整合、知识化组织等多项关键技术研究与集成应用，形成了一条从资源采集、加工、汇交、存储到管理和发布的完整工作流程。在此基础上，按照"学科—主体数据库—数据集"三级模式重点整合了作物科学、动物科学与动物医学、农业区划科学、草地与草业科学、渔业与水产科学、热带作物科学等十二大类农业核心学科的科学数据资源，主体数据库达 60 个，数据集 700 多个，数据总量近 3TB。

（2）研究制定了包括《农业科学数据共享管理办法》《农业科学数据检查与质量控制管理办法》《农业科学数据分类规范》《农业科学数据加工流程规范》《农业科学数据元数据标准》等在内的 71 项农业科学数据制作、共享服务方面的管理办法和标准规范，其中《草业资源信息元数据标准》已成为所在学科的行业标准。

（3）构建了包括 1 个数据主中心（http：//www.agridata.cn）、7 个数据分中心、10 个省级服务分中心、31 个数据节点的农业科学数据共享平台，组建了一支超过 200 人的专业服务人才队伍，为用户提供方便快捷、类型丰富的农业科学数据共享服务。

成果通过推广应用，成效显著。截至 2013 年年底，中心门户网站访问量累计达千万次，面向全国科研院所、高等院校、政府部门、生产企业以及社会公众提供线下服务两千余次，开展专题服务及培训服务 120 余次。为超过 240 项国家重大专项（工程）、863、973、国家自然科学基金、国家科技支撑（攻关）项目（课题）提供了数据及技术支持服务。支撑发表论文 152 篇，出版论著 22 部，获取专利及软件著作权 20 项，制定标准 14 项，获奖科技成果 17 项。

四、中国农业科学院农业信息研究所 2014 年登记的软件著作权

序号	名称	证书号码	授权或批准部门
1	基于 Solr 的中英文提问扩展软件 V1.0	2014SR008312	国家版权局
2	开放获取会议集成检索系统 V1.0	2014SR008324	国家版权局
3	畜产品质量安全追溯用户权限管理系统	2014SR036661	国家版权局
4	畜产品质量安全追溯用户基本信息管理系统	2014SR036662	国家版权局
5	牲畜流动信息管理系统	2014SR036664	国家版权局
6	牲畜屠宰管理信息系统	2014SR036678	国家版权局
7	牲畜养殖管理信息系统	2014SR036887	国家版权局
8	ICFARM 网络平台	2014SR053313	国家版权局
9	蔬菜农情数据管理系统	2014SR053318	国家版权局
10	畜产品质量安全溯源系统	2014SR056316	国家版权局
11	基于 Internet 手机投票系统	2014SR062145	国家版权局
12	国家重点实验室设备购置管理决策支持子系统 V2.0	2014SR075049	国家版权局
13	中央级科学事业单位修缮购置专项资金项目管理系统 V2.0	2014SR075606	国家版权局
14	公益性行业科研专项经费预算管理系统客户端软件 V2.0	2014SR075668	国家版权局
15	中央补助地方科技基础条件专项资金管理系统 V2.0	2014SR075680	国家版权局
16	公益性行业科研专项经费预算管理系统服务器端软件 V2.0	2014SR076031	国家版权局
17	国家重点实验室科研仪器设备经费管理系统 V2.0	2014SR076180	国家版权局
18	基于传感器的西红柿病虫害管理系统 V1.0	2014SR077550	国家版权局
19	农业信息智能收集与处理系统 V1.0	2014SR077588	国家版权局
20	基于图像处理的棉花虫害识别系统 V1.0	2014SR077593	国家版权局
21	基于远程控制的辣椒滴灌自动控制系统 V1.0	2014SR077782	国家版权局
22	基于 CAMES 模型的农产品监测预警知识管理系统 V1.0	2014SR077786	国家版权局
23	农业展望信息智能管理系统 V1.0	2014SR077807	国家版权局
24	中央级科学事业单位修缮购置专项决策分析子系统 V2.0	2014SR078514	国家版权局
25	基于 CAMES 模型的农产品监测预警系统 V1.0	2014SR079490	国家版权局
26	基于无线传感器的水稻虫害管理系统 V1.0	2014SR079493	国家版权局
27	在线互动技术支持系统 V2.0	2014SR079760	国家版权局

序号	名称	证书号码	授权或批准部门
28	中央级科学事业单位修缮购置专项实施进度管理子系统 V2.0	2014SR079763	国家版权局
29	ICFARM 数据管理平台	2014SR092854	国家版权局
30	中国农业科技文献查新与检索服务网络平台 v2.0	2014SR093551	国家版权局
31	河北省农业经济信息空间分析系统	2014SR095504	国家版权局
32	农业经济查询预测辅助决策系统 V1.0	2014SR095717	国家版权局
33	农业科技产出分析与学科评价系统	2014SR102926	国家版权局
34	乡镇农业经济分析与辅助决策系统 V1.0	2014SR106820	国家版权局
35	农产品品种匹配指标体系构建与管理系统 V1.0	2014SR111802	国家版权局
36	基于 CAMES 模型的农产品生产与消费智能匹配系统［简称：APCIMS］V1.0	2014SR111804	国家版权局
37	基于物联网的玉米环境实时监测系统 V1.0	2014SR111808	国家版权局
38	基于地理信息的粮食数量监测、评估与预警系统［简称：FMAES］V1.0	2014SR111835	国家版权局
39	基于 GIS 的农产品时间与空间智能匹配系统 V1.0	2014SR111962	国家版权局
40	基于冲击模型的粮食生产风险预测与预警系统 V1.0	2014SR111998	国家版权局
41	农产品市场流通感知与信息处理系统［简称：AM-CPS］V1.0	2014SR112092	国家版权局
42	基于远程图像识别的农田作物生长状态实时监测系统 V1.0	2014SR112095	国家版权局
43	农产品价格模型与趋势分析系统 V1.0	2014SR119480	国家版权局
44	农业监测预警研究空间综合应用系统［简称：农业监测预警研究空间］V1.0	2014SR119481	国家版权局
45	农产品全息信息展示与查询系统 V1.0	2014SR119665	国家版权局
46	转基因重大专项项目申请书上报管理系统	2014SR128457	国家版权局
47	转基因重大专项项目合同上报管理系统	2014SR128658	国家版权局
48	中文科技文摘信息检索系统	2014SR128662	国家版权局
49	面向科研机构绩效评估系统	2014SR128825	国家版权局
50	科研项目信息管理系统	2014SR128843	国家版权局
51	转基因重大专项项目预算上报管理系统	2014SR128927	国家版权局
52	空间图形多方式采集系统	2014SR140845	国家版权局
53	农业灾损信息远程收集系统	2014SR142510	国家版权局
54	农作物长势调查记录系统	2014SR142513	国家版权局
55	基于无线传感器的奶牛养殖环境自动控制系统 V1.0	2014SR144088	国家版权局
56	基于 RFID 的奶牛精细化饲养管理系统 V1.0	2014SR144092	国家版权局
57	基于小波神经网络的农产品匹配程度智能评估系统 V1.0	2014SR144109	国家版权局
58	基于深度学习的棉花病虫害智能分类系统 V1.0	2014SR144240	国家版权局
59	基于无线传感器的奶牛养殖环境实时监测系统 V1.0	2014SR144474	国家版权局
60	基于压缩感知的棉花病害识别系统 V1.0	2014SR144539	国家版权局
61	中国农业科技文献查新与检索服务数据管理平台 V2.0	2014SR158934	国家版权局

(续表)

序号	名称	证书号码	授权或批准部门
62	水稻功能结构模型系统软件	2014SR171508	国家版权局
63	基于小波分析的多区域蔬菜价格波动自动识别系统 V1.0	2014SR182713	国家版权局
64	棉花盲椿象危害等级自动识别系统 V1.0	2014SR183822	国家版权局
65	基于热红外成像的奶牛疫病早期诊断系统 V1.0	2014SR183871	国家版权局
66	自然条件下棉花叶部病斑自动分割系统 V1.0	2014SR183881	国家版权局
67	农田作物微环境实时监测系统 V1.0	2014SR184138	国家版权局
68	基于传感器的棉花虫害早期自动测报与预警系统 V1.0	2014SR184149	国家版权局
69	基于红外的奶牛躺卧时间实时采集与分析系统 V1.0	2014SR184212	国家版权局
70	图书馆短信服务系统	2014SR188740	国家版权局
71	农业专业知识服务系统	2014SR188855	国家版权局
72	农业科技数据元数据采集与共享系统	2014SR188916	国家版权局
73	分布式农业科学数据库管理系统	2014SR189123	国家版权局
74	农业科技文摘智能检索系统	2014SR189149	国家版权局
75	科学数据审核工作平台软件	2014SR189152	国家版权局
76	移动图书馆终端软件系统	2014SR189286	国家版权局
77	农产品产销全程服务网络系统 V1.0	2014SR195940	国家版权局
78	跨平台匹配管理决策分析系统 V1.0	2014SR199179	国家版权局
79	基于农产品数量、品种、时间与空间匹配的监测、评估、预警系统 V1.0	2014SR199184	国家版权局
80	农业生产特大灾害风险与异常预测预警系统 V1.0	2014SR199204	国家版权局
81	棉花病虫害与缺素状态远程诊断与自动施药控制系统 V1.0	2014SR199287	国家版权局
82	农业多源数据清洗、规约、处理与融合系统 V1.0	2014SR199681	国家版权局
83	物联牧场养殖环境远程监测与自动化控制系统 V1.0	2014SR199703	国家版权局
84	物联牧场气体浓度多层次采集与通风控制系统 V1.0	2014SR200608	国家版权局
85	全科农技员信息化管理平台经验交流系统	2014SR203977	国家版权局
86	全科农技员信息化管理平台专家会诊系统	2014SR204123	国家版权局
87	全科农技员信息化管理平台农技问答系统	2014SR204887	国家版权局
88	全科农技员信息化管理平台农情信息定向采集系统	2014SR204917	国家版权局
89	全科农技员信息化管理平台农技知识库系统	2014SR204922	国家版权局
90	全科农技员信息化管理平台种养殖处方信息系统	2014SR204927	国家版权局
91	全科农技员信息化管理平台农技员绩效考核管理系统	2014SR204933	国家版权局
92	全科农技员信息化管理平台课件点播系统	2014SR204991	国家版权局
93	全科农技员信息化管理平台推广日志管理发布系统	2014SR205068	国家版权局
94	全科农技员信息化管理平台视频会议系统	2014SR205071	国家版权局
95	全科农技员信息化管理平台设施农业动态监测系统	2014SR205077	国家版权局
96	全科农技员信息化管理平台农事黄历管理系统	2014SR205089	国家版权局
97	畜产品条形码追溯管理系统	2014SR036883	国家版权局

五、中国农业科学院农业信息研究所 2014 年专利权

序号	类别	名　　称	证书号码	授权或批准部门
1	发明专利	信息分类统计装置	ZL 201320889767.5	国家知识产权局
2	发明专利	作物农情监测装置	ZL 201320889776.4	国家知识产权局
3	实用新型专利	语音输入的信息采集装置	ZL 201320890457.5	国家知识产权局
4	实用新型专利	基于物联网的奶牛场无线监测系统	ZL 201420174298.3	国家知识产权局
5	实用新型专利	多参数离子传感器、传感器芯片和监测系统	ZL 201420226891.8	国家知识产权局
6	实用新型专利	一种智能疏花疏果器	ZL 201420288422.9	国家知识产权局
7	实用新型专利	养殖场动态环境监测装置及系统	ZL 201420362917.1	国家知识产权局
8	实用新型专利	一种环境因子集中采集装置	ZL 201420391411.3	国家知识产权局
9	实用新型专利	Kinect 便携式野外采集硬件平台	ZL 201420425850.1	国家知识产权局
10	实用新型专利	基于 RFID 技术的苗木防伪技术追溯装置	ZL 201420425988.1	国家知识产权局
11	实用新型专利	一种用于防震抗摔的信息采集器	ZL 201420429509.3	国家知识产权局
12	实用新型专利	一种农作物生长状态监测预警装置	ZL 201420431064.2	国家知识产权局
13	实用新型专利	便携式农产品信息发布装置	ZL 201420486129.3	国家知识产权局
14	实用新型专利	基于 4G 网络的农业生产环境异步无线视频监控装置	ZL 201420535075.5	国家知识产权局
15	实用新型专利	基于 4G 网络的农业生产环境双模式视频监控装置	ZL 201420535260.4	国家知识产权局
16	实用新型专利	一种基于 WSN 用于微环境监测的主从式信息采集设备	ZL 201420622113.0	国家知识产权局

六、中国农业科学院农业信息研究所
2014年大事记

1月

1月3日，信息所签订对口支援塔里木大学信息工程学院的合作意向，决定在塔里木大学成立"中国农业科学院农业信息研究所新疆南疆农业信息化研究中心"，信息所为该中心研究方向的制定和科技的研发提供指导，塔里木大学信息工程学院负责相关研究成果的本地化实施。

1月27日，中国农业科学院党组书记陈萌山一行到信息所调研，听取了所党委关于加强基层服务型党组织建设的情况汇报。所长许世卫、党委书记刘继芳，以及党委委员与党支部书记代表、相关科研骨干参加了座谈。

1月29日，信息所召开党的群众路线教育实践活动总结大会，全体党员对教育实践活动开展得好和较好的评价比率为96.5％。

3月

3月6日，信息所选送的参赛作品情景诗朗诵《信息女人花》在院妇工委举办的"魅力巾帼 芳耀农科"赛诗会中荣获一等奖。

3月11日，信息所在新疆塔里木大学举行"新疆南疆农业信息化研究中心"揭牌仪式。

3月13日，农科信息人〔2014〕12号文，李干琼同志任农业监测预警研究中心副主任。

3月25日，由信息所诸叶平主持研发的"农业经济空间信息服务关键技术与应用平台"获2013年北京市科技进步二等奖。

4 月

4 月 2 日，中国气象局党组书记、局长郑国光率中国气象局党组中心理论学习组成员来到信息所，参观考察了信息所古籍书库、阅览大厅以及农业监测预警研究空间。对中国农科院的科技创新与信息服务工作十分赞赏，并指出，农业与气象关系密切，要加强农业信息科技与农业气象科技的协作，共同为农业发展贡献力量。

4 月 12 日，农业部管理干部学院"全国农牧渔业大县局长轮训班"的 120 余名学员到信息所开展参观学习活动。

4 月 20—21 日，由研究所主办的首届中国农业展望大会在京召开，农业部副部长陈晓华、中国农业科学院党组书记陈萌山、农业部市场与经济信息司司长张合成、经济合作与发展组织（OECD）农业与贸易司副司长瑞德·萨法迪（Raed Safadi）等出席会议并讲话。会议由中国农业科学院副院长吴孔明院士主持。大会执行主席、中国农业科学院农业信息研究所所长许世卫研究员发布《中国农业展望报告（2014—2023）》。本次展望大会的召开，标志着中国特色农业信息监测预警体系建设取得成效，开启了提前发布市场信号、有效引导市场、主动应对国际变化的新篇章。来自全国各地农业生产经营者、科研工作者、政府管理者以及来自 OECD、美国、澳大利亚等国际专家共 500 多人参加了大会。

4 月 23 日，澳大利亚农业部农业与资源经济科学局（ABARES）副局长、首席商品分析师潘隆章先生（Jammie Penm）来我所进行学术报告，主要讲授了 ABARES 农业展望的目的与作用、农业展望预测方法和预测效果评估等 3 个方面内容，并介绍了澳大利亚农业展望大会的具体内容。

5 月

5 月 4 日，由信息所主持的"863"课题"作物虚拟设计与可视化技术"取得阶段性进展，数字果园阶段性研究成果在陕西洛川县落地应用。

5 月 5 日，《瞭望》新闻周刊（2014 年第 18 期）刊登了许世卫所长的"'百年目标'下的农业前景"文章，阐述了农业发展的有利条件、挑战及未来 10 年农业发展走势等分析观点。

5 月 9 日，为了解拉美和加勒比海国家农业科技合作需求，推动中拉农业科技合作深入发展，探讨全面开展中拉农业科技合作的方式和途径，受农业部国际合作司委托，由中国农科院信息所承办的中拉农业科技合作座谈会在京召开。

5月12—14日，由农业科研系统电子资源建设与服务联盟（以下简称农科联盟）、中国农学会农业图书馆分会联合主办的"农科联盟科研竞争力评价课题学术讨论与培训"在京举办。

5月14日，由农业信息研究所《中国乳业》杂志社和宁夏奶业协会共同主办的"2014（第三届）中国乳业技术创新与可持续发展大会"在银川召开。

5月23日，农业部党组成员、副部长陈晓华到信息所调研。先后参观了研究所新建国家农业图书馆相关功能区、网络中心机房、农业监测预警研究空间、农业信息分析研究区和农业信息技术研究区等，听取了许世卫所长的汇报，并与所领导班子和科研人员代表进行了座谈。陈晓华副部长对信息所的工作成绩给予充分肯定和赞扬，并对信息所支撑农业部监测预警工作任务提出了要求。

6月

6月6日，全国农业市场信息系统业务知识培训班150余名学员到信息所开展现场教学。

6月6日，农科人劳函〔2014〕80号文，经人事局局务会研究审定，我所荣获中国农科院2014年人事劳动统计工作先进单位。

6月9—16日，根据上级部门的要求，开展所厉行节约反对浪费制度落实情况自查工作，各研究室进行科研经费相关情况的自查，办公室、科研处、财务、人事、党办等职能部门工作人员进行全所情况的自查，完成自查报告上交院机关党委。

6月16—19日，全球农业发展青年论坛YPARD与信息所开展合作交流活动。双方交流了YPARD未来发展方向以及在亚洲举办的一系列支持农业领域青年学者交流活动情况。

6月17日，受加拿大农业与农业食品部邀请，信息所研究人员参加了"中国—加拿大农业科学联络网（中加农业科学网）"研讨会。

6月20日，由信息所许世卫研究员主持研发的"先进农产品市场信息采集设备（农信采）的研制与应用"获我院科技成果一等奖，由孟宪学研究员主持研发的"农业科学数据共享平台构建与应用服务"获二等奖。

6月20—21日，由中国农学会农业图书馆分会主办、新疆畜牧科学院科技信息研究所承办的"农业科技图书期刊管理创新研讨会"在乌鲁木齐召开。

6月26日，信息所在读研究生成立了研究生会。

7 月

7月15日，信息所召开了农业信息教研室工作会议。会议就农业信息学科研究生培养以及教研室工作内容进行研究，提出了教研室工作计划。

7月17日，信息所组织了财务管理培训和档案工作培训班。

7月25日，中央政策研究室、中央改革办农村局冯海发局长应邀到信息所作了题为"三农工作新思路新举措"的学术报告，帮助我所科研人员深入了解当前我国农业农村政策动向，更好把握农业信息科技创新的国家需求。

8 月

8月27日，信息所与中国农业科技出版社签署战略合作协议，双方今后将在图书出版、期刊转型、数字出版、图书馆藏、科学研究等方面进行长期深度合作。

9 月

9月1日，由农业部人事司主办、中国农科院人事局及信息所承办的"农业信息技术和农业监测预警高级研修班"在京开班。来自各省（区、市）农业行政主管部门、信息支持部门的同志、各省农科院农业信息研究所和农业部各有关事业单位的同志，共计100多人参加培训班，孙九林院士、许世卫研究员等应邀授课。

9月17日，信息所召开理论中心组学习扩大会议，传达贯彻了习近平总书记在中央政治局第十六次集体学习时的重要讲话精神和关于"三严三实"的重要论述，认真学习了《关于落实党风廉政建设主体责任监督责任的意见》《关于严格落实组织工作重要事项请示报告制度的通知》《关于进一步规范党内称呼的通知》等3个重要文件。

9月23日，国家农业图书馆召开了中国农业科学院电子文献资源建设专家咨询会议。

9 月 24 日，中国农业科学院党组书记陈萌山代表院党组到信息所调研指导工作。陈萌山转达了有关部委领导对信息所工作的肯定，对信息所 2013 年在科研创新、支持院公益服务、国家农业图书馆大楼安全搬迁等方面取得的显著成绩表示祝贺。

9 月 26 日，农业部人事劳动司副司长刘英杰一行到信息所专题调研专业技术岗位设置与管理工作。

9 月 29 日，信息所举办了科研人员健康讲座、消防疏散演习及反恐防暴知识讲座。

9 月 30 日，信息所赴新疆畜牧科学院开展交流培训。

10 月

10 月 14 日，院文明单位第三考核小组到信息所考核文明单位创建工作。

10 月 15—16 日，由中国农学会科技情报分会主办、江苏省农学会智慧农业分会协办、江苏省农业科学院农业经济与信息研究所和金陵科技学院共同承办的"2014 农业信息科技前沿技术与应用学术年会暨农业大数据、物联网与智慧农业研讨会"在南京召开，全国 100 多人参加了研讨会。

10 月 17 日，信息所举办 2014 年第七届职工趣味运动会。

10 月 20 日，为推动信息所牵头的国家农业科学数据共享中心"面向新疆农牧业发展需求的农业科技资源专题服务"工作，信息所深入新疆塔里木大学开展科学数据资源建设与应用服务工作培训。

10 月 21 日，由塔里木大学和信息所共建的"新疆南疆农业信息化研究中心"主办的"新疆南疆农业信息化发展论坛"在新疆塔里木大学举行，许世卫、刘继芳专程赴会。

10 月 28 日，信息所获 2014 年研究生院秋季师生运动会最佳组织奖。

10 月 28 日，信息所党委成立青年工作委员会，全面加强对青年工作的组织领导，引导广大青年为研究所的发展贡献聪明才智。

10 月 30—31 日，由中国农学会农业图书馆分会主办、贵州省农业科学院农业科技信息研究所承办的"2014 农业图书馆分会学术年会暨农业知识服务模式与创新研讨会"在贵阳召开。

11 月

11 月 2 日，信息所应邀赴哈兽研、油料所开展"国家农业图书馆资源与服务"培训活动。

11 月 12—14 日，信息所支持下的第五次中国农业科技信息共享（CIARD CN）研讨会与技术培训在福建省农科院举办。会后进行了农业信息与数据共享体系（CIARD RING）信息服务与资源注册培训。

11 月 18—20 日，在全球农业研究论坛（GFAR）、农业研究与发展信息共享体系（CIARD）、联合国粮农组织（FAO）资助下，信息所青年工作委员会、全球农业发展青年论坛（YPARD）亚洲办公室主办了农业开放数据创新应用编程马拉松（Hackathon）竞赛。

11 月 19 日，全球农业研究论坛秘书处（GFAR）专家 AjitMaru 博士来信息所做学术报告。

11 月 21 日，信息所赴江苏省大丰市"丰收大地"现代农业示范区开展了调研活动。

11 月 26 日，塔里木大学校长王合理教授率团访问信息所。

11 月 27 日，信息所获中国农业科学院党的建设和思想政治工作研究会优秀论文二等奖。

11 月 30 日，信息所召开所长办公会，听取全所各方面意见，专题研讨本所事业单位分类改革意向。会议决定，根据各方面意见，选择我所本次事业单位分类改革意向为公益一类。

12 月

12 月 1—3 日，经济合作与发展组织（OECD）农业贸易司经济学家格莱格尔·泰拉德（GregoireTallard）、联合国粮农组织（FAO）贸易及市场司经济学家马萨托·纳卡米（Masato Nakame）来信息所开展全球农产品市场模拟分析动态局部均衡模型（Aglink-Cosimo）使用培训及农业监测预警方法专题研讨，信息所监测预警团队 50 余人参加了培训与研讨活动。

12 月 4 日，信息所召开理论中心组学习扩大会议，所领导班子成员和中层干部结合工作实际就依法治所、科研经费管理、所训等问题进行了交流。

12 月 9 日，中国农科院党组成员、副院长雷茂良赴信息所开展调研。

12月12日，由信息所主持，联合中国农学会科技情报分会、中国农学会农业图书馆分会开展的第三次中国农业核心期刊遴选工作顺利完成，共评选出农业核心期刊189个，并发布《2014中国农业核心期刊》。

12月16日，《中国农业科学》和《Journal of Integrative Agriculture》双双连续3年入选"中国最具国际影响力学术期刊"。

12月20—21日，第20届中国农学会计算机应用分会年会在北京召开。全国各省从事农业信息技术工作的科研机构、大专院校和相关公司代表110余人参加会议。

12月26日，农科院人〔2014〕343号文，同意我所组建副高级专业技术职务任职资格评审委员会。

七、中国农业科学院农业信息研究所组织机构和各部门负责人名单

（截至 2014 年 12 月 31 日）

　　中国农业科学院农业信息研究所，是以农业信息科学研究和提供农业科技信息服务为主要任务的国家级非营利性科研机构，主要开展农业信息分析、农业信息技术、农业信息管理等三大学科的科学研究，是全国农业文献信息收藏、加工、分析的国家级科技图书文献中心。中国农业科学院农业信息研究所是由中国农业科学院情报所（1957 年成立）、图书馆（1957 年成立）、计算中心（1981 年成立）、宏观室（1992 年成立）等独立机构逐步合并整合而成的。建所以来，在农业信息技术、农业信息管理、农业信息传播、数字图书馆、农业情报与信息分析、农业宏观战略研究等领域取得 80 多项国家与省部级科研成果，所属的国家农业图书馆馆藏 210 万余册。编辑公开出版期刊 13 种，与世界 40 多个国家和机构建立了合作关系。

　　农业信息研究所拥有系统的研究体系与公益服务队伍。现有职工编制 319 人，全所共有享受政府特殊津贴专家 2 人，农业部有突出贡献的中青年专家 1 人，在职高级专业技术职务人员 102 人，中国农科院二级岗位杰出人才 4 人，三级岗位杰出人才 9 人。研究人员中具有博士学位 78 人，硕士学位 99 人。现有处、室、部、中心共 22 个部门，其中 5 个职能管理部门、17 个业务部门。职能管理部门包括办公室、科技管理处、人事处、党委办公室、财务资产处；业务部门包括智能农业技术研究室、多媒体技术研究室、网络技术研究室、网站资源系统室、知识工程研究室、数据库研究室、农业监测预警研究中心、信息分析评估室、国际情报研究室、食物与营养信息室、数字图书馆研究与建设部、文献资源发展部、文献信息服务部、期刊编辑与出版部、《中国农业科学》编辑出版部、物业管理部、信息产业开发中心。

所长兼党委副书记	许世卫
党委书记兼副所长	刘继芳
副　　所　　长	孟宪学
	王文生

办　公　室	主　　任	严定春
科技管理处	处　　长	张蕙杰
	副处长	王　川
人　事　处	处　　长	陆美芳
党委办公室	主　　任	李志强
财务资产处	处　　长	王义明

业务部门

智能农业技术研究室

主　任　诸叶平

副主任　刘升平

研究方向　主要开展智能技术应用、3S技术应用、决策支持系统、作物生长模拟、数字农业等研究。

多媒体技术研究室

主　　任　周国民

主任助理　王　健

研究方向　主要开展农业多媒体技术和虚拟农业方面的创新研究，包括：多媒体网络信息处理技术的研究与应用、虚拟农业共性技术研究与应用、信息技术在果园生产和市场管理中的应用研究。

网络技术研究室

主　任　刘世洪

研究方向和任务　在服务方面，作为中国农业科学院信息化技术支撑部门，承担京区院内院属各研究所、院机关各部门的网络接入和管理维护；中国农业科学院电子邮件系统、CNKI全文数据库、维普中文期刊数据库等业务系统的管理与运维。在科研方面，研究方向是农业信息技术应用研究，包括农业网络信息获取与共享服务技术研究、农业知识组织和融合技术研究等。

网站资源系统室

主　任　杨晓蓉

副主任　王　丹

研究方向　作为中国农业科学院信息化支撑部门之一，主要承担中国农业科学院门户网站、中国农业科技信息网、农业信息研究所门户网站等 13 个网站的资源建设、系统开发和技术支持工作。

知识工程研究室

主　任　张学福

副主任　崔运鹏

研究方向　主要开展农业知识管理理论、方法、技术方面的研究与应用，并依托信息所庞大的信息资源面向政府、农业科研工作者、农业企业和最终用户提供多种类型和形式的深度知识服务。

数据库研究室

主　任　李秀峰

研究方向和任务　主要开展农业数据库技术应用研究、农业信息资源管理和信息系统的理论和方法研究、农业管理信息系统开发及农业文摘类刊物的刊库一体化建设和开发等任务。

农业监测预警研究中心

常务副主任　李哲敏（正处级）

副　主　任　李干琼

研究方向和任务　开展农业信息分析与预警的理论研究、农业信息分析与预警技术方法的创新；通过不同学科间的交叉融合，探索出具有国际先进水平的农业信息分析与预警技术，实现农业预警关键技术、复杂系统、关键设备的创新。

信息分析评估室

主　任　张　峭

副主任　徐　磊

研究方向和任务　主要开展农业科技竞争力评估、科技查新、数据咨询、农业生产信息、农业市场信息、农业科技信息、农业政策信息等研究，为农业生产者、农业企业和政府部门服务。

国际情报研究室

主　任　聂凤英

副主任　魏　虹（兼学会办公室主任，正处级）

研究方向和任务 主要开展对农业技术学科的国外研究、应用进展、国际农业技术标准等研究跟踪，为专业科技人员、政府部门和相关信息需求者提供高水平信息服务，承担与 FAO、CABI、AGRIS 等的相关合作任务。

食物与营养信息室

主　任 孔繁涛

副主任 刘　宏

研究方向和任务 主要开展粮食与食物安全预警理论、方法研究，食物安全、食物发展战略与政策研究，主要农产品市场行情监测与预警研究，重点农产品市场价格传导、短期价格波动及价格预测研究，粮食及粮食品种消费需求研究与预测等。

数字图书馆研究与建设部

主　任 赵瑞雪

副主任 赵颖波

研究方向和任务 开展农业数字图书馆技术研究，承担中外文数据加工；承担 NAIS 系统管理及国家科技图书文献中心数字图书馆相关任务；承担图书馆系统维护和支撑任务。

文献资源发展部

主　任 颜蕴

主任助理 王　婷

业务范围 负责国家农业图书馆中外文书刊及电子出版物的采购、验收、登记以及国际交换等工作；负责对中外文图书和期刊进行分类、主题标引、MARC 著录以及建设馆藏书目数据库等工作。

文献信息服务部

主　任 皮介郑　邵长磊（兼）

副主任 周爱莲

主任助理 郭溪川

业务范围 为全国农业科技、教育、管理等各领域信息用户提供全方位的文献信息服务，包括：文献检索、原文提供、馆际代查、论文收录和引用检索、参考咨询、定题和专题信息服务、动态信息提供、个性化信息推送、文献借阅和复制服务等。

期刊编辑与出版部

主　任　冯艳秋

副主任　刘　东

主要任务与方向　承担《中国乳业》《中国猪业》《农业科技通讯》《农业图书情报学刊》《农业网络信息》《中国畜禽种业》刊物的出版发行工作。

《中国农业科学》编辑出版部

常务副主任　李云霞（正处级）

副　主　任　张以民

主要任务与方向　承担《中国农业科学》《Journal of Integrative Agriculture》《生物技术通报》《农业展望》刊物的出版发行工作。

物业管理部

主　任　程海鹏

副主任　杨　利（正处级）

业务范围　承担农业信息研究所物业的管理、维护、房屋安全和车辆运营等工作。

信息产业开发中心

主　任　邵长磊

副主任　黄　卫（正处级）

业务范围　对农业信息研究所农业科技信息产品进行市场化营销，建立全国农产品电子商务平台；开展农业科技咨询、相关技术培训服务；承担各种排版、复印等服务以及图书期刊的发行等相关工作。

中国农业科学院农业信息研究所

地址：北京市海淀区中关村南大街 12 号

邮编：100081

电话：010-82109915

传真：010-82103127

E-mail：aii@caas.cn